Rで学ぶ統計学

長畑 秀和 著

共立出版

は し が き

　本書は，データ解析のための統計的手法の基礎に関して解説しています．そして，フリーソフトである R を利用してコンピュータを使って実際に計算し，統計的な解析手法を会得するための実習書でもあります．統計的推測の基本的な考え方についても述べています．内容は主に，拙著『統計学へのステップ』をもとに分散分析と回帰分析の内容を追加し，例題・演習を R で実行する形で記述しています．

　本書の構成を以下に簡単に述べておきます．第 1 章で統計学への導入について述べています．そして，R を使ったデータの処理の基本的な内容を扱っています．第 2 章はデータの表れ方を記述する確率分布についての話です．R を使ってのグラフの描き方も説明しています．第 3 章では検定と推定について説明しています．母集団の数と確率分布が離散的か連続的かに応じて場合分けをしながら，順番に説明しています．R で実行するために，それぞれの問題に対応したプログラム（関数）を作成して，それを利用して実行しています．第 4 章では要因が特性に効いているかどうかを調べる分散分析について解説しています．R のライブラリにあるプログラム（関数）を利用して実行しています．第 5 章では変数間の関係を調べる相関分析と目的とする変数に効いている 1 つの変数で線形なモデルを考える単回帰分析について解説しています．こちらも R でのプログラムを利用して実行しています．付録の章において，R の利用として，R の基本的な使い方とメニュー方式で利用できる R コマンダーの機能について説明していますので参考にしてください．

　以上で扱われるプログラムのうち，ライブラリにあるものはそれを利用していますが，問題に対応したものがない場合，簡単に作成できるプログラムは作成して本書に載せています．それは共立出版のホームページ (http://www.kyoritsu-pub.co.jp/) からダウンロードできるようにしています．

　また，『R で学ぶ経営工学の手法』（共立出版）で，R の導入と基本的な使い方を説明しています．この本では，オペレーションズリサーチにおける R の利用について書いておりますので参考にしてください．

　この本を著すにあたっていろいろな方にお世話になりました．美作大学の森田築雄氏には日常的にいろいろなことをコメントしていただきました．感謝いたします．

　本書の出版にあたって共立出版の松原茂氏には大変お世話になりました．また，共立出版の鵜飼訓子さんには細部にわたって校正をしていただき，大変お世話になりました．心より感謝いたします．なお，表紙のデザインのアイデア及びイラストは川上綾子さんによるものです．最後に，日頃，いろいろと励ましてくれた家族に一言お礼をいいたいと思います．

2009 年 3 月

長畑　秀和

謝辞
　フリーソフトウェア R を開発された方，また，フリーの組版システム TeX の開発者とその環境を維持・管理・向上されている方々に敬意を表します。

免責
　本書で記載されているソフトの実行手順，結果に関して万一障害などが発生しても，弊社および著者は一切の責任を負いません。
　本書で使用しているフリーソフト R の日本語化版は，2007 年 7 月に RjpWiki よりダウンロード可能な Windows 版の R-2.4.1 を用いての解説を行っております。その後の内容につきましては予告なく変更されている場合がありますのでご注意下さい。なお，2008 年 12 月には，R-2.8.1 版となっています。
　MS-Windows，MS-Excel は，米国 Microsoft 社の登録商標です。

目 次

はしがき i
記号，等 v

第1章　導入とデータのまとめ方　1

1.1　はじめに 1
1.2　統計と情報 2
1.3　データのまとめ方 6
　1.3.1　視覚的なまとめ 6
　1.3.2　数量的なまとめ 19

第2章　確率と確率分布　39

2.1　確率と確率変数 39
　2.1.1　事象と確率 39
　2.1.2　確率変数，確率分布と期待値 42
2.2　主要な分布 50
　2.2.1　連続型分布 50
　2.2.2　離散型分布 62
　2.2.3　いくつかの統計量の分布 75
　2.2.4　分布間の関係 83

第3章　検定と推定　87

3.1　検定と推定の考え方 87
　3.1.1　点推定と区間推定 87
　3.1.2　検定における仮説と有意水準 92
3.2　1標本での検定と推定 101
　3.2.1　連続型分布に関する検定と推定 101
　3.2.2　離散型分布に関する検定と推定 121
3.3　2標本での検定と推定 137
　3.3.1　連続型分布に関する検定と推定 137
　3.3.2　離散型分布に関する検定と推定 163
3.4　多標本での検定と推定 174
　3.4.1　連続型分布に関する検定と推定 174
　3.4.2　離散型分布に関する検定 179

第4章　分散分析　193

4.1　分散分析とは 193
4.2　1元配置法 195
　4.2.1　繰返し数が等しい場合 195
　4.2.2　繰返し数が異なる場合 204

		4.2.3 多重比較 206
4.3	2元配置法 211	
		4.3.1 繰返しありの場合 212
		4.3.2 繰返しなしの場合 226
4.4	変量因子を含む分散分析 227	

第5章 相関分析と単回帰分析 　　　　　　　　　　　　　　231

5.1	相関分析とは 231	
5.2	相関係数に関する検定と推定 234	
		5.2.1 2次元正規分布における相関 234
		5.2.2 相関表からの相関係数 245
		5.2.3 クロス集計（分割表）での相関 245
5.3	回帰分析とは 247	
5.4	単回帰分析 248	
		5.4.1 繰返しがない場合 248
		5.4.2 繰返しのある場合 273

付章　Rの利用　　　　　　　　　　　　　　　　　　　　　　279

付1	Rの基本操作入門 279	
		付1.1 Rの導入 279
		付1.2 Rの起動と終了 279
		付1.3 データと変数 280
		付1.4 データおよびプログラムの入力と編集 281
		付1.5 データの入出力 287
		付1.6 データの編集 292
		付1.7 簡単な計算など 294
		付1.8 行列における演算と関数 296
		付1.9 プログラミング 298
付2	Rコマンダーの利用 306	
		付2.1 Rコマンダーのインストールと起動・終了 306
		付2.2 Rコマンダーの機能 307

参　考　文　献 313

演習の解答 315

索　　　　引 351

記 号 , 等

以下に,本書で使用される文字,記号などについてまとめる。

① $\sum$(サメンション)記号は普通,添え字とともに用いて,その添え字のある番地のものについて,$\sum$記号の下で指定された番地から$\sum$記号の上で指定された番地まで足し合わせることを意味する。

[例] ・ $\sum_{i=1}^{n} x_i = x_1 + x_2 + \cdots + x_n$

② 順列と組合せ

異なるn個のものからr個をとって,1列に並べる並べ方は

$$n(n-1)(n-2)\cdots(n-r+2)(n-r+1)$$

通りあり,これを$_nP_r$と表す。これは階乗を使って,$_nP_r = \dfrac{n!}{(n-r)!}$ とも表せる。なお,$n! = n(n-1)\cdots 2\cdot 1$ であり,$0! = 1$ である (cf. Permutation)。異なるn個のものからr個とる組合せの数は(とったものの順番は区別しない),順列の数をとってきたr個の中での順列の数で割った

$$\dfrac{_nP_r}{r!} = \dfrac{n!}{(n-r)!r!}$$

通りである。これを,$_nC_r$ または $\begin{pmatrix} n \\ r \end{pmatrix}$ と表す (cf. Combination)。

[例] ・ $_5P_3 = 5 \times 4 \times 3 = 60,$ ・ $_5C_3 = \dfrac{5 \times 4 \times 3}{3 \times 2 \times 1} = 10$

③ ギリシャ文字

表 ギリシャ文字の一覧表

大文字	小文字	読み	大文字	小文字	読み
A	α	アルファ	N	ν	ニュー
B	β	ベータ	Ξ	ξ	クサイ(グザイ)
Γ	γ	ガンマ	O	o	オミクロン
Δ	δ	デルタ	Π	π	パイ
E	ε	イプシロン	P	ρ	ロー
Z	ζ	ゼータ(ツェータ)	Σ	σ	シグマ
H	η	イータ	T	τ	タウ
Θ	θ	テータ(シータ)	Υ	υ	ユ(ウ)プシロン
I	ι	イオタ	Φ	ϕ	ファイ
K	κ	カッパ	X	χ	カイ
Λ	λ	ラムダ	Ψ	ψ	サイ(プサイ)
M	μ	ミュー	Ω	ω	オメガ

なお,通常μを平均,σ^2を分散を表すために用いることが多い。

・ $\hat{\ }$(ハット)記号は$\hat{\mu}$のように用いて,μの推定量を表す。

第1章
導入とデータのまとめ方

1.1 はじめに

　我々は日常的な生活においてさまざまな出来事に接している。それらの出来事は言葉で報道・処理されたり，映像として伝達されたり，数値として処理されたりと，さまざまに変化して伝わり処理されていく。それらの広い意味でのデータから我々は日常的な判断を行っている。例えば天気予報から傘をもって行くことを決めたり，交通渋滞があるので早くでかけたり，株価をみてどの株を買うかを決めたり，旅行の予算などから行き先を決めることなどである。しかし，実際には与えられたデータを処理することもなくそのままの状態から判断することは困難であり，しかも，最終的にはより誰もが納得する結論を導くことが望まれる。そこで，<u>データに基づいて客観的に判断する力</u>を養うことは今後の社会にでて生活していくうえで大切である。そのための主要な手法の一つに統計的手法がある。

　実際，製品を製造している工場では品質管理のための主要な手法として統計が用いられている。ここでの品質 (quality) は顧客の要求 (needs) にどれだけ合うかの度合いの意味で，それを管理 (control) することが製品を作るうえで大切である。管理とはPDCAのサイクルを回しながら製品の品質を向上していくことをいう。そして，P（Plan：計画），D（Do：実行），C（Check：チェック），A（Act：処置）の中で，特にチェックにおいて有効な手法に統計があるのである。また経済の分野では景気変動をみたり，マーケティングでの市場調査を行い，検討・解析をする際に用いられる。心理学では人の行動解析のために用いられることが多い。教育の成績データの処理，医学データの因果関係の判断の解析にも用いられることもある。このように，統計はあらゆる分野において解析・判断するための手法として用いられている。現在はコンピュータの利用とあいまってその利用度は高く，今後も統計学の果たす役割は大きい。

　統計は，データを整理し，そのおおまかな全体的な把握に用いる記述統計と，データの分布に関して推定・予測したり，判断・検定を行うなど確率等の数理的側面に基づいた客観的判断を行う推測統計に大きく分けられる。以下で記述的な側面から推測的側面へと統計を学習していこう。

1.2 統計と情報

処置・推測したい対象を**母集団** (population) という．例えば，製造者が缶ジュースの中身の重量を調べたいとき，缶への中身注入ラインで注入された缶ジュース，ブラウン管に疵がないかを調べるとき，電器工場のブラウン管製造ラインで製造されたブラウン管，国民の内閣支持率を調べたいときの調査対象となる国民などは母集団である．母集団はその構成要素が有限の場合，**有限母集団** (finite population)，構成要素が無限の場合，**無限母集団** (infinite population) という．その母集団の要素について全部調べる（全数検査）には時間・労力・費用等の問題があり，実際にはいくつかの**サンプル** (sample：標本, 試料, 個体) を採る．この採ることを**サンプリング** (sampling) といい，採るサンプルの個数を**サンプルの大きさ**（size：サイズ）とか**サンプル数**という．そのサンプルについて，観測・測定することにより数値化・文字化・画像化などを行い，扱いやすい**データ** (data) とする．これを後述の事柄も含めて図式化すると，図 1.1 のようになろう．なお，一度取り出したサンプルを元に戻して再度取り出すことを**復元抽出**といい，一度取り出したサンプルを元に戻さない場合を**非復元抽出**という．

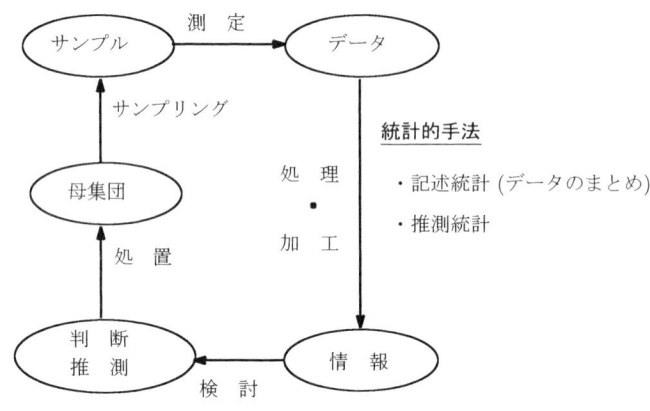

図 1.1　母集団からの情報

我々が客観的に判断する際にデータを処理・加工する統計的手法が大変役に立つのである．このときデータの平均・分散を求めたり，グラフにしたりしてまとめる**記述統計**から，仮説を立てて検証したり，推定する**推測統計**がある．この処理・加工されたデータにより我々は情報を得て，母集団について判断（推測）をし，処置・予測などの行動をとるのである．

(1) サンプリングとサンプル

最初に母集団から採られるサンプルは，正しく母集団を反映・代表することが必要である．一を聞いて十を知るには，もとの一が正しくないと，より誤ったものとなる．そして，サンプリングの仕方・方法には以下のような方法があり，誤差 (error) の評価を考えて用いることが必要である．

① **(単純) ランダムサンプリング** ((simple) random sampling)

母集団を構成している単位体，単位量などがいずれも同じような確率でサンプルとしてサンプリングされる方法をいう．無作為抽出ともいわれる．例えば，あるクラスの生徒の数学の成績を単純ランダムサンプリングで調べるような場合，ある生徒はランダムに選ばれる．

② **層別サンプリング** (stratified sampling)

母集団をいくつかのできるだけ等質な層（グループ）に分け，各層から幾つかのサンプルを採る方法である．例えば，職種別にアンケート集計を行う場合，各職種はアンケート項目に関して等質な集団とみなされている．図 1.2 のような概念である．

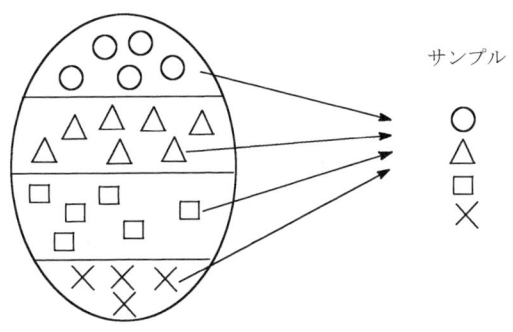

図 **1.2** 層別サンプリングの概念図

③ **集落サンプリング** (cluster sampling)

母集団を，各グループには異なったいろいろな資料の組が入り，どのグループにもできるだけ似た資料がいるように分ける．その後，これらのグループのいくつかを抽出し，そのグループをすべて調べる方法である．例えば，社会調査を行う場合のように大都市，中都市，小都市と分けていくつかの都市をサンプリングして調査を行うような場合である．以下の図 1.3 のような概念である．

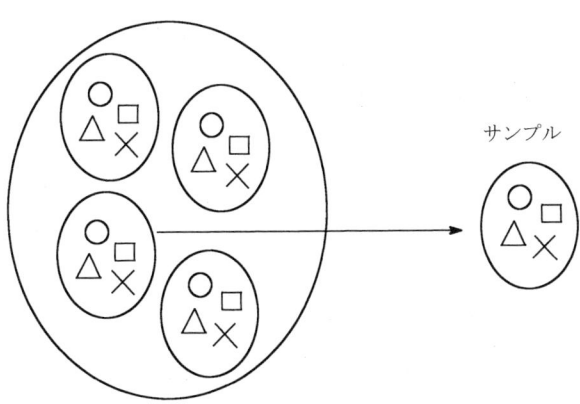

図 **1.3** 集落サンプリングの概念図

④ **系統サンプリング** (systematic sampling)

順番に並んだ母集団の構成要素を，図 1.4 のように一定間隔ごとに採る方法である。製品がラインで次々と生産されている場合，一定時間ごとにサンプリングして製品を検査するような場合である。

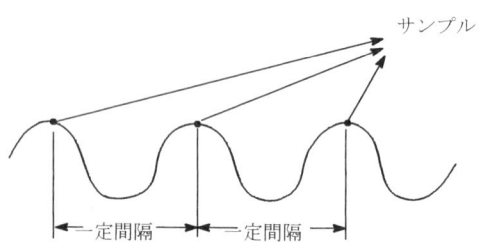

図 1.4　系統サンプリングの概念図

また，1 回でサンプルを得る場合と，2 回の段階でサンプルを得る **2 段サンプリング** (two-stage sampling) と，更に 3 段階以上をまとめていう **多段サンプリング** (multi-stage sampling) がある。例えば，瓶づめされた錠剤の検査をする場合，まず瓶がいくつか入った箱をランダムに選び，更にその箱の中の瓶をランダムに選び，更に錠剤を選ぶといったように何段階かにわたってサンプリングされる場合である。

(2) 測定とデータ

次にサンプルを測定することでデータが得られるが，実際のデータは差をもつ。ここに誤差はデータと真の値との差であり，この誤差を **信頼性** (reliability)，**偏り** (bias)，**ばらつき** (dispersion) の面から眺めることができる。信頼性は誤差に規則性があることで，データに再現性があることを意味している。偏りについては，データを x，その期待値を $E[x]$，真の値を μ （ミュー），誤差を ε （イプシロン）とすると

(1.1) $\quad \underbrace{\varepsilon}_{\text{誤差}} = \underbrace{x}_{\text{データ}} - \underbrace{\mu}_{\text{真の値}} = \underbrace{(x - E[x])}_{\text{ばらつき}} + \underbrace{(E[x] - \mu)}_{\text{偏り}}$

と分解される。そこで，図 1.5 のようになる。このように誤差を分けて解釈するとき，式 (1.1) の右辺第 2 項が偏りである。この偏りがないこと（不偏性）が望ましい。更に，式 (1.1) 第 1 項で，ばらつきが小さいことが望まれ，これを評価するものとしては，よく使われるものに **分散** (variance) がある。これはばらつきの 2 乗の期待値 σ^2（シグマの 2 乗）$= E[x - E[x]]^2$ である。

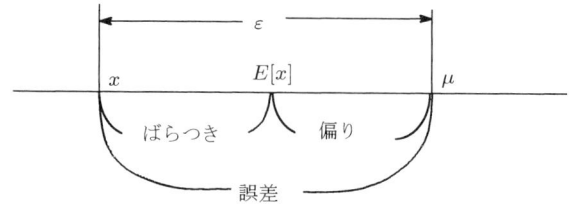

図 1.5　誤差の分解

(注 1-1) サンプリングするにあたっては，誤差ができるだけ少ない方法であることが望まれる。更に，誤差は**サンプリング誤差** s と**測定誤差** m に分けられる。つまり，$\varepsilon = s + m$ と書かれる。そこで，いずれの誤差も小さくするようにすることが望まれる。◁

統計でよく扱われるデータの種類には，**質的（定性的）データ**と**量的（定量的）データ**がある。質的データは対象の属性や内容を表すデータで，言葉や文字を用いて表されることが多い。そして，質的データには，単なる分類の形で測定される**名義尺度**（nominal scale：分類尺度）があり，性別，職業，未婚・既婚，製品の等級などを表すために用いられる。分類のカテゴリーに数値をつけても四則演算は意味がない。また，ある基準に基づいて順序付けをし，1位，2位，3位，… などの一連の番号で示す場合の質的データを**順序尺度** (ordinal scale) という。好きな歌手の順位のデータ，成績のデータの良い順などである。

量的なデータはそのものの量・大きさを表すもので，連続の値をとる場合，**連続（計量）型データ**ともいわれる。また個数を表すようなとびとびの値をとる場合，**離散（計数）型データ**といわれる。そして，数値の間隔が意味をもち，原点が指定されていない尺度を**間隔（距離）尺度**（interval scale：単位尺度）という。偏差値，知能指数などがそうである。また，**比例（比率）尺度** (ratio scale) は，一般的な長さ，重さ，時間，濃度，金額など四則演算ができるもので，尺度の原点が一意に決まっている。このような分類から，データは図 1.6 のように分類される。

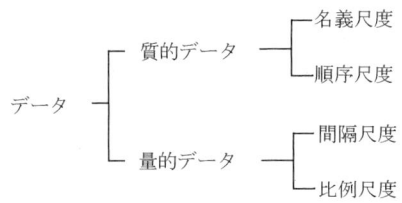

図 1.6 データの分類

例題 1-1

個人の名前，性，身長，体重，体温，年齢，成績順位のデータについて種類（尺度）を答えよ。

[解] 表 1.1 のようなデータであるので，分類は最下行のようになる。

表 1.1 個人のデータ（尺度は省略）

名前	性	身長 (cm)	体重 (kg)	体温 (°)	年齢 (才)	成績順位
岡山 太郎	男	176	66	37	20	15
名義	名義	比例	比例	間隔	比例	順序

□

演習 1-1 次のデータの種類は何か。
① 電話番号 ② 入試の合否 ③ 偏差値 ④ 年収 ⑤ 硬貨を投げた時の表と裏 ⑥ 血液型 ⑦ 出身地 ⑧ 所持金

また，データはそのまま使うのではなく，変換をすることによりデータの分布を正規分布に近づけたり，分散の安定化を計ったり，データの範囲を広げたりしたのち利用することも行われている。そうすることでデータをその後の解析手法に合ったものにし，より扱いやすいものにすることができる。

1.3 データのまとめ方

データ全体について情報を得るためのまとめ方を考えると，人の五感に訴えるとものとして分ければ，図1.7のように視覚的にまとめる場合，数量的にまとめる場合，聴覚によるまとめ，味覚によるまとめなどが考えられる。ここでは本による媒体を通して伝えるまとめ方として，以下の図1.7のような視覚的なまとめと数量的なまとめを考えよう。

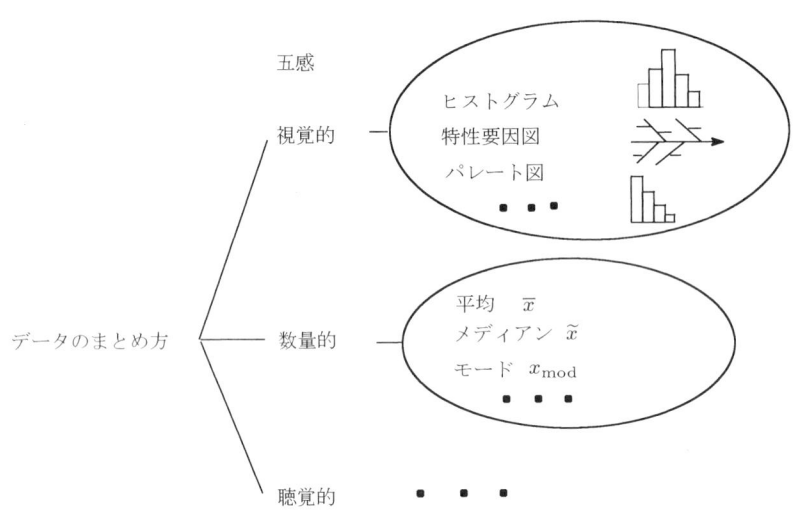

図 1.7　データのまとめ方

1.3.1　視覚的なまとめ

グラフまたは図として代表的なもの，また表計算ソフトに取り込まれているものには次のようなものがある。度数分布表とヒストグラム，累積度数，度数多角形，折れ線，棒グラフ，円グラフ，レーダーチャート（くもの巣グラフ），帯グラフ，ステレオグラム，星座グラフ，チャーノフの顔型グラフ，特性要因図，パレート図，管理図，箱ひげ図，散布図などである。表計算ソフトを用いて，いくつかのグラフを作成したものを図1.8にのせておこう。

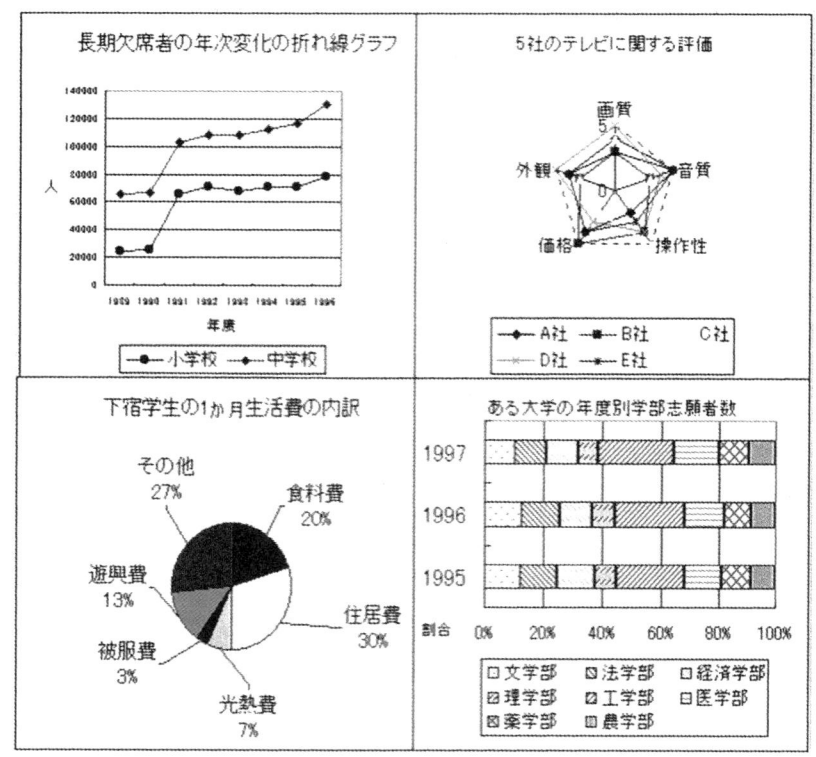

図 1.8 代表的なグラフと図

次に、このうち解析の基礎となるものを以下で取り上げよう。

(1) 特性要因図

例えばカレーのおいしさ、テレビの画質、パンの売り上げ高、タレントの人気度などの特性を取り上げ、その特性に影響を与えていると思われる要因をすべて洗い出し、整理するために用いる図を**特性要因図** (cause and effect diagram) という。その形から**魚の骨グラフ**ともいわれる。石川馨(カオル)氏が考えた手法である。

特性と要因の関係のみならず、結果と原因、目的と手段などの関係の把握と整理にも幅広く利用される手法である。まずその作成手順を示そう。

手順1 取り上げた特性に影響を与えると思われる要因を列挙する。

手順2 要因の中から絞込みをする。重複しているもの、明らかに不適当なものを除く。

手順3 要因をある大まかな分類、例えば「カレーのおいしさ」では材料、料理する人、作り方などで分類し、それらの分類を1次要因とする。アクションのとりやすさに重点をおいたものが良いだろう。なお分類には4M1H (Man (人)、Machine (機械)、Material (原材料)、Method (方法)、How (いかに)) が製造工程などでの製品のばらつきの影響分類に用いられる。さらに、Measurement (測定)、Environment (環境) も用いられることもある。

手順4 最初の特性を右端に書き、これに向かって左から太い矢線を書き、その上下に一次

分類での要因を書く．更に2次要因があれば矢線を書いて，分類し，このような要因分類を適当な段階まで行っていく．

手順5 要因の中からアクションがとれる重要な項目にチェックし，今後の検討課題とする．

なお要因を列挙する際には，**ブレーンストーミング**（相手の意見を批判することなく自由に意見を述べ合うこと）などにより要因の洗い出しを行う．

例題 1-2

栗饅頭の売り上げを特性としたときの要因を考え，特性要因図を作成せよ．

[解] **手順1** ブレーンストーミングなどにより，栗饅頭の売り上げに影響があると思われる要因をすべて列挙する．

手順2 カード等に要因を記入し，要因について大まかな分類を行う．例えば味，値段，外観，量，売り方などの面が考えられよう．

手順3 大骨となる矢印を記述後，それらへ分類した要因ごとに矢印を記入する．

手順4 各要因に更に小骨として要因を分類しながら矢印を記入し，以下の図1.9のように整理していく．例えば，味も一つの特性であり，更に材料，作り方，人，道具など要因に分けて考えられる．

手順5 要因のうち特に重要（効果がある）と思われる要因を丸印などで囲み，チェックする．例えば味の良さが主な要因と考えられるなら，味について特に影響のある要因である作り方を更に調べる．それらの要因について，今後の調査・検討方向を考える．□

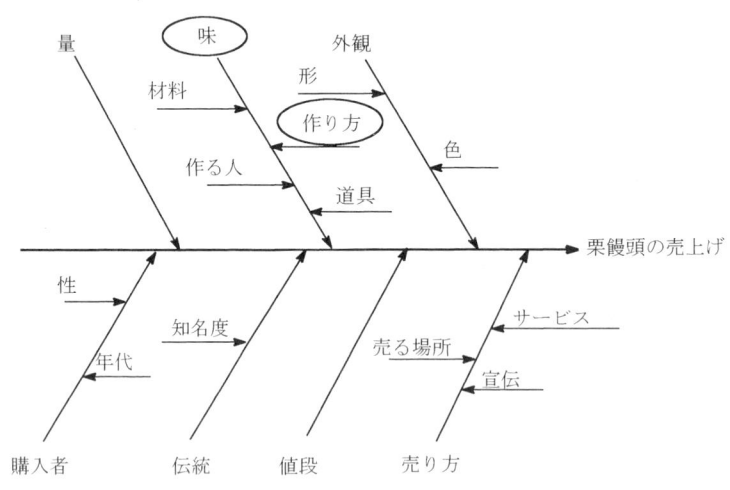

図 1.9 特性要因図

演習 1-2 各自特性を決め，特性要因図を作成せよ．

(2) 度数分布表とヒストグラム

計数値（離散型）のデータにおいて，そのデータの値とそのデータの現れる度数とを**度数分布** (frequency distribution) といい，それを表にまとめたものを**度数（分布）表** (frequency table) という．例えばサイコロを30回振ったときの出た目の数と，その回数を表1.2のよ

うにまとめたものである。

表 1.2 度数分布表

出た目の数 (x)	度数 (n_i)
1	3
2	5
3	4
4	6
5	7
6	5
計	30

多くのデータが得られると，それらのデータの全体的な散らばり具合（分布）をみるために作成するものをヒストグラムという。普通，計量値（連続型）のデータの場合，その準備としてデータの値の大きさに従ってクラス（級）分けをし，そのクラスに属すデータの個数を表にした度数分布表を作成する。度数を高さとした柱で表した図がヒストグラムである。このとき，分類した個々の区間を**階級**（クラス）といい，その幅を**級の幅**（級間隔）という。また各階級での級の最小値を**下側境界値**（級下端），級の最大値を**上側境界値**（級上端）という。またその級（区間）の真ん中の値（中点）を**階級値**（級の代表値）という。以下に，まず度数分布表の作り方からはじめよう。

① 度数分布表の作成手順

手順1 解析したい対象についてデータをとる。データ数を n とする。

手順2 データの最大値 $(x_{\max})$ と最小値 $(x_{\min})$ を求める。

求め方として，行（列）単位で最大（最小）を求め，更にそれらの中での最大（最小）を求め，全体での最大（最小）とする方法が便利である。

手順3 級の幅 (h) を決める。仮の級の数 k を $\sqrt{n}$ に近い整数として，級の幅を
$$h = \frac{x_{\max} - x_{\min}}{k}$$
から求め，データの測定単位の整数倍で近い値とする。

なお，級の数として経験的には表 1.3 のような目安がある。しかし，過去のデータ，他のデータと比較する場合などは同じ級，境界値を用いた方が良い。

表 1.3 データ数 (n) と適当な級の数 (k)

データ数 (n)	級の数 (k)
50 ～ 100	6 ～ 10
100 ～ 250	7 ～ 12
250 以上	10 ～ 20

手順4 級の境界値を決める。まず一番下側の境界値を，データの最小値 $(x_{\min})$ から $\dfrac{測定単位}{2}$ を引いたものとする。そして逐次幅 h を足していき，データの最大値 $(x_{\max})$ を含むまで級の境界値を決めていく。

手順5 各級に含まれるデータ数を正，\ （バックスラッシュ）等によるカウント記号でチェックする。

手順 6 度数分布表の完成。階級値（級の中央値）等，必要事項も記入する。

（**注 1-2**） 級の数 k を**スタージェス (Sturges) の式** $1 + \log_2 n$ で決める方法もある。これは図 1.10 のように二項係数の展開で上段から二つずつに分かれていき，k 個（上から $k-1$ 段）の入れ物に n 個のデータが入るとすれば $(1+1)^{k-1} = n$ より k について解けば得られる，という方法である。この決め方は，k がやや大きくなる傾向がある。◁

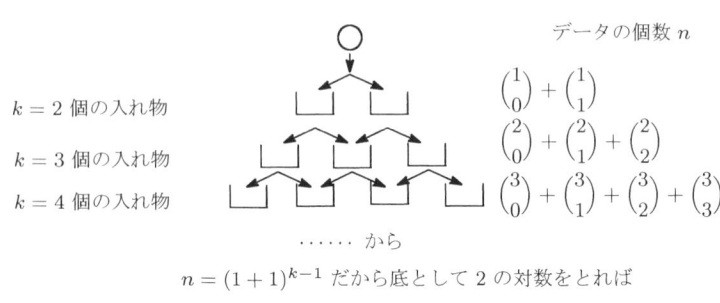

図 1.10 スタージェスの式

② ヒストグラムの作成

度数分布表から柱の高さを度数に表すグラフを描いたものがヒストグラムである。データの履歴も記入する（データ数，採取期間，規格値，平均 ($\bar{x}$)，標準偏差 ($\sqrt{V}$)）。

③ ヒストグラムの見方

まず，形の代表的パターンをあげておこう。図 1.11 のような対応である。

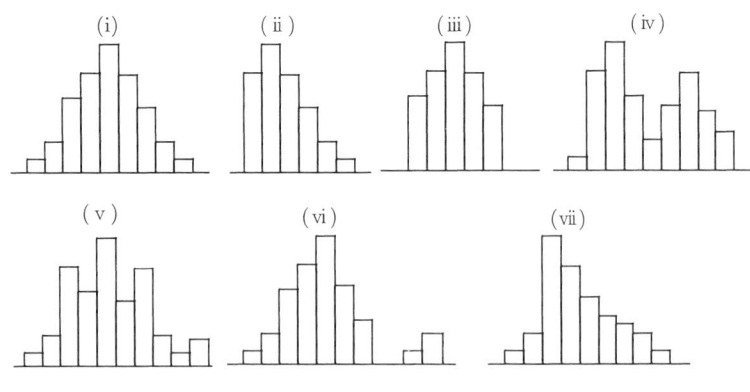

図 1.11 ヒストグラムのタイプ

（ⅰ） **標準（一般）型** 普通に現れる型のヒストグラムで，中心が最も度数が多く，中心から離れるに従って度数が小さくなる。一山型で左右対称な標準的な形をしている。

（ⅱ） **絶壁型** ある値から急にデータがなくなる状況である。例えば，データがそれ以下では測定できないとか，ある値からデータを消去しているなどの場合がある。検査ミス，デー

(iii) 高原型　各度数があまり変わらず，高原のようになっている。平均の異なる分布が混じりあっている可能性がある。
(iv) 二山型（ふたやま）　平均の異なる二つのデータが混ざったような場合で，中心のあたりの度数が少ない。層別を考える必要がある。
(v) 歯抜け型　級の間隔の取り方が悪かったり，測定単位が大きすぎたりした場合が考えられる。
(vi) 離れ小島型　異常なデータが混ざっているような場合である。
(vii) 右（左）裾引き型　平均値が中心より左（右）寄りにあり，データが小さい（大きい）値を取りやすい傾向にある場合である。

例題 1-3

以下の表 1.4 の学生の身長に関するデータについて，度数分布表およびヒストグラムを作成し，分布について考察せよ。

表 1.4　身長のデータ (cm)

147	149	150	152	156	154	153	155	154	152	153	153
155	153	157	159	160	158	157	160	158	157	158	153
159	160	159	158	157	163	165	162	165	165	165	164
164	165	166	167	168	169	170	168	171	173	172	174
178	180										

[解]　手順1　データはすでにとられていて，データ数は $n=50$ である（普通 $n \geqq 50$ ぐらいデータをとる）。また，測定単位（測定の最小のキザミ）は 1cm である。

手順2　データの最大値 $x_{\max}=180$ であり，最小値 $x_{\min}=147$ である。

手順3　級の幅 (h) を決める。

仮の級の数 k を $\sqrt{n}=\sqrt{50}=7.07$ に近い整数である 7 として，級の幅を
$$h = \frac{x_{\max}-x_{\min}}{k} = \frac{180-147}{7} = 4.71\cdots$$
から，データの測定単位 1 の整数倍で近い値の 5 とする。

手順4　級の境界値を決める。

まず一番下側の境界値をデータの最小値 ($x_{\min}=147$) から
$$\frac{測定単位}{2} = \frac{1}{2} = 0.5$$
を引いたものとする。つまり一番下側の境界値 = $147-0.5=146.5$ である。そして逐次幅 $h=5$(cm) を足していき，データの最大値 ($x_{\max}=180$) を含むまで級の境界値を決めていく。

手順5　度数表の用紙を用意し，各級に含まれるデータ数を正の字，\ 等によるカウント記号でチェックする。

手順6　度数分布表の完成。階級値（級の中央値）等，必要事項も記入し，表 1.5 のような度数分布

表を作成する。

表 1.5 度数分布表

No.	級の境界値	階級値 (x_i)	チェック	度数 (n_i)
1	$146.5 \sim 151.5$	149	///	3
2	$151.5 \sim 156.5$	154	////, ////, //	12
3	$156.5 \sim 161.5$	159	////, ////, ////	14
4	$161.5 \sim 166.5$	164	////, ////	10
5	$166.5 \sim 171.5$	169	////, /	6
6	$171.5 \sim 176.5$	174	///	3
7	$176.5 \sim 181.5$	179	//	2
計				50

手順 7 度数表からヒストグラムを描き（図 1.12），必要事項も記入する。必要事項としては，何のデータであるか，データ数 n，平均 $\bar{x}$，標準偏差 $s = \sqrt{V}$，期間，作成者などである。

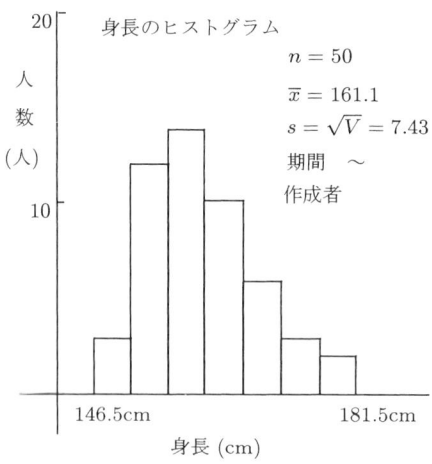

図 1.12 例題 1-3 のヒストグラム

手順 8 考察。図 1.12 のヒストグラムから右に裾をひいたタイプの分布であることがわかる。モードが 159cm であることがわかるが，数人，背が高い人が混じっている。おそらく，女性の中に数人，男性が混じっている集まりであると思われる。□

── R による実行結果 ──

```
>rei13<-read.table("rei13.txt",header=T)
# ファイル名 rei13.txt のファイルをヘッダー付きで
# 読み込み，変数 rei13 に代入する。
> rei13 # rei13 を表示する。
    se
1   147
   ...
50  180
```

1.3 データのまとめ方

```
> names(rei13)
[1] "se"
> rei13$se
 [1] 147 149 150 152 156 154 153 155 154 152 153 153 155
     153 157 159 160 158 157
[20] 160 158 157 158 153 159 160 159 158 157 163 165 162
     165 165 165 164 164 165
[39] 166 167 168 169 170 168 171 173 172 174 178 180
> attach(rei13) # 変数名のみでデータを扱えるようにする。
> hist(se) # 自動でヒストグラムを作成する。
> summary(se) # 変数名 se の要約を求め，表示する。
   Min. 1st Qu.  Median    Mean 3rd Qu.    Max.
  147.0   155.0   159.0   160.8   165.0   180.0
> length(se) # 変数 se の長さ (データ数) を求め，表示をする。
[1] 50
> sqrt(50) # 50 の平方根を求め，表示する。
[1] 7.071068
> k<-7 # k(=仮の区間数)に 7 を代入する。
> (180-147)/k # 区間幅の計算をする。
[1] 4.714286
> h<-5 # h(=区間幅)に 5 を代入する。
> sita<-min(se)-1/2
# sita(=最下側境界値) を se の最小値から測定単位
# の半分を引いて代入する。
> sita+h*k
# 最下側境界値に区間数だけ幅を足した値を求め最大値を含む
# かを調べる。
[1] 181.5
> ue<-sita+h*k
# ue(=最上側境界値) を最下側境界値から最大値を含む
# まで区間幅を足していった値とする。
> kyokai<-seq(sita,ue,h)
# kyokai に sita から逐次幅 h を代入して ue
# までの値を代入する。sita+h*(0:7) でもよい。
> hist(se,breaks=kyokai,xlab="身長 (cm)",ylab="人数",main="身長のヒストグラム")
```

```
# se のデータを分割点を kyokai としてヒストグラムを作成する。
# なお x 軸のラベルを身長 (cm)，y 軸のラベルを人数とし，タイトル
# を身長のヒストグラムとする。
> hist(se,breaks=kyokai,prob=T,xlab="身長 (cm)",ylab="人数"
,main="身長のヒストグラム")
# 面積が全部で1になるようにヒストグラムを描く。
>lines(density(se),col=2)  # 曲線で描く。
> dosu<-table(cut(se,kyokai))  # 各区間に属すデータ数を数える。
> dosu  # dosu を表示する。
(147,152] (152,157] (157,162] (162,167] (167,172] (172,177] (177,182]
    3        12        14        10         6         3         2
```

演習 1-3 ① 幕内相撲力士の体重に関してヒストグラムを作成し，考察せよ。

② 各自小遣いのデータを 50 人以上についてとり，ヒストグラムを描き，考察せよ。

(3) パレート図

学校への遅刻件数の要因を件数で調べると，朝寝坊で遅れるのがほとんどで，他に交通機関の遅れが少しある程度と，実際は 2～3 個の原因で説明される。このように事象がいくつかの項目で構成されているとき，事象全体に占める割合を考えると，2, 3 の項目で占められることが多い。この状況を「Vital is few.」といい，重点項目は少数であることで**パレートの原則** (Pareto) という。コンビニエンスストアでお弁当が売れ残るときには，その種類別に売れ残り個数と 1 個の値段をかけたコスト（費用）の多い順に並べて調べたほうがよい。このように不良率，不良件数，コストなどを要因（原因）別に多い順に並び換えて，件数を高さとする柱にあらわした図（ヒストグラム）をパレート図という。

① パレート図の作成手順

手順 1 解析の対象と，その分類項目を決める。

手順 2 データをとり，項目ごとに分類し，度数の多い順に度数を高さとする柱を描く。ただし，その他の項目は右端とする。

手順 3 右側に累積百分率をとる。

手順 4 必要事項の記入をする（特性，データ数，採取期間，記録者，作成者など）。

② パレート図の見方

アクションの重点を判断するようにみる。

例題 1-4

以下の表 1.6 は，あるコンビニエンスストアでの食品についてのある日における売れ残りの種類と，その 1 個あたりの費用である。売れ残りのコストに関してパレート図を作成し，占める主要な項目は何かについて考察せよ。

1.3 データのまとめ方

表 1.6 売れ残り食品に関するデータ

種類	個数（個）	値段（円）	種類	個数（個）	値段（円）
弁当	2	450	おにぎり	12	120
そば	15	45	ハンバーガー	15	150
サンドイッチ	8	160	うどん	23	50

[解] **手順1** データはとられているので，コストに関してデータを降順に並び替えた表を作成する（表 1.7）。

表 1.7 コストにより並び替えたデータ

種類	値段（円）	種類	値段（円）	種類	値段（円）
ハンバーガー	2250	おにぎり	1440	サンドイッチ	1280
うどん	1150	弁当	900	そば	675

手順2 横軸に食品の種類をとり，縦軸に費用をとり，図 1.13 のように棒グラフに表す。

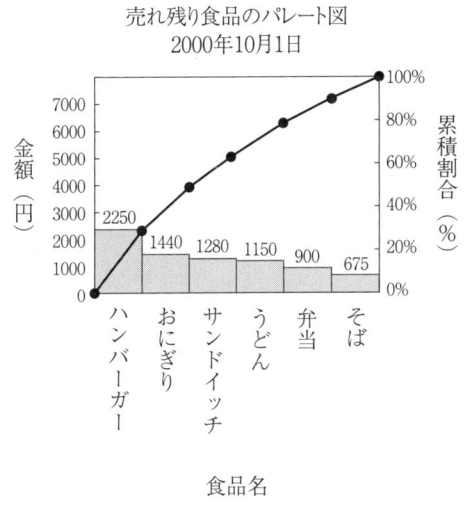

図 1.13 例題 1-4 のパレート図（売れ残りに関するパレート図）

手順3 必要事項を記入する。何のデータであるか，いつ誰にとられたデータか，誰が作成したものか，等を記入する。

手順4 考察。ハンバーガーの売れ残りによるコストが，29.2%でほぼ3割を占めている。ハンバーガーの売れ残りを削減することにより大きなコスト削減が期待される。□

―― R による実行結果 ――
```
> rei14<-read.table("rei14.txt",header=T)   # データの読み込み
```

```
> rei14
   syurui kosu nedan
1   bento    2   450
2    soba   15    45
3   sando    8   160
4 onigiri   12   120
5    baga   15   150
6    udon   23    50
> attach(rei14)
> gaku<-kosu*nedan  # 個数と値段をかけたものを gaku に代入
> gaku.st<-rev(sort(gaku))
# コストの降順に並べ替えたものを gaku.st に代入する
> gaku.st    # gaku.st を表示する
[1] 2250 1440 1280 1150  900  675
> barplot(gaku.st)   # 棒グラフで表示
> gaku.st[1]/sum(gaku.st)*100 # 総和に対する gaku.st の 1 番目のデータの割合
[1] 29.23977
```

演習 1-4 表 1.8 のわが国の自動車等（原付以上）運転者の違反別交通死亡事故件数のデータについて，原因別を x 軸にとったパレート図を作成せよ（交通事故総合分析センター「交通統計」（平成 9 年版）より）。

表 1.8　交通死亡事故件数

原因	最高速度違反	運転操作	漫然運転	脇見運転	一時不停止
件数	1642	679	921	1052	408
原因	通行区分違反	信号無視	安全不確認	安全速度	歩行者妨害等
件数	335	382	588	337	371

演習 1-5 表 1.9 は，ある大学への合格者の出身地（県）別の人数データである。パレート図を作成し，考察せよ。

表 1.9　出身別人数

北海道	8	青森県	2	岩手県	4	宮城県	2	秋田県	1
山形県	3	福島県	1	茨城県	4	栃木県	6	群馬県	3
埼玉県	0	千葉県	5	東京都	6	神奈川県	7	新潟県	1
富山県	5	石川県	8	福井県	14	山梨県	2	長野県	4
岐阜県	10	静岡県	19	愛知県	40	三重県	5	滋賀県	22
京都府	27	大阪府	99	兵庫県	388	奈良県	22	和歌山県	25
鳥取県	56	島根県	79	岡山県	820	広島県	153	山口県	81
徳島県	83	香川県	127	愛媛県	194	高知県	45	福岡県	67
佐賀県	19	長崎県	41	熊本県	15	大分県	36	宮崎県	33
鹿児島県	22	沖縄県	8	その他	14				

(4) 散布図

対応のあるデータ（組）を2次元の平面に打点（プロット）して得られる図を散布図 (scatter diagram) という。2変量間の関係を調べるのに利用される。

① 散布図の作成手順

手順1 関係を知りたい二つの変量について，データをとる。

手順2 目的とする変量（特性）を縦軸，残りの変量を横軸にとる。なお，それぞれの最大値と最小値の幅がほぼ同じになるように目盛る。

手順3 データの打点（プロット）をする。

② 散布図の見方

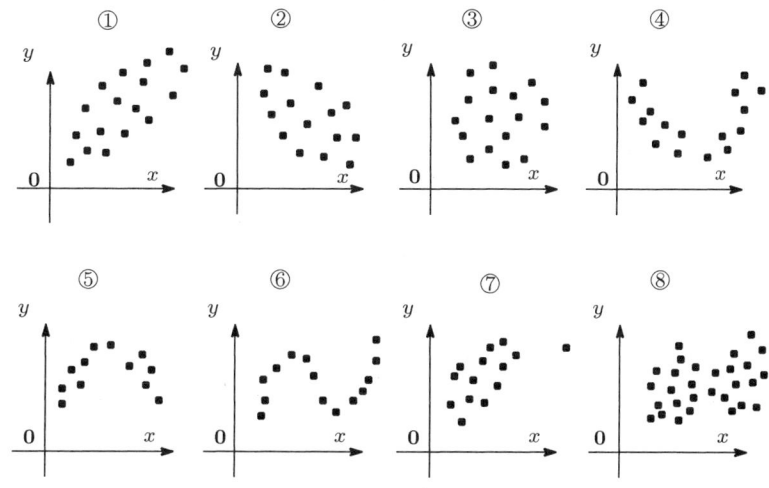

図 1.14 いろいろのタイプの散布図

代表的なパターンとして以上のようなものがある（図1.14）。x が増加するとき y も増加するときには**正の相関**があるという（①）。逆に x が増加するとき y が減少するときに**負の相関**があるという（②）。また x の変化に対して，y がその変化に対応することなく変化したり，一定であるような場合には**無相関**であるという（③）。さらに，変量 x と y の間の相関の度合いを測るものさしとして，後述（p.37，式 (1.27)）の（ピアソンの）標本相関係数 r がよく使われる。その r は $-1 \leqq r \leqq 1$ であり（シュワルツの不等式から導かれる），直線的な関係があるときには $|r|$ は 1 に近い値となり，相関関係が高いことを示している。しかし，散布図で相関があっても，相関係数の絶対値は小さいこともある（④，⑤）。また，特殊な関連性（⑥のような）がないか，データに異常値が含まれてないか（⑦），層別（⑧）の必要性の有無などを調べる基本が散布図である。

例題 1-5

以下の表 1.10 は，ある大学の学生に関する親子の身長のデータである。散布図を作成せよ。

表 1.10 父子の身長のデータ (単位：cm)

子	172	173	169	183	171	168	170	165	168	176	177	173
父親	175	170	169	180	169	170	165	164	160	173	182	170
子	181	167	176	171	160	175	170	173	176	177	163	175
父親	173	160	172	170	169	170	160	168	162	170	165	170
子	172	171	172	163	172	162	167					
父親	177	160	172	160	176	161	170					

[解] **手順 1** 図の作成。横軸と縦軸の長さをほぼ同じ長さになるようにして，x 軸を子供，y 軸を親の身長 (cm) とし，組 (x, y) を打点（プロット）すると，図 1.15 のようになる（R により作成）。

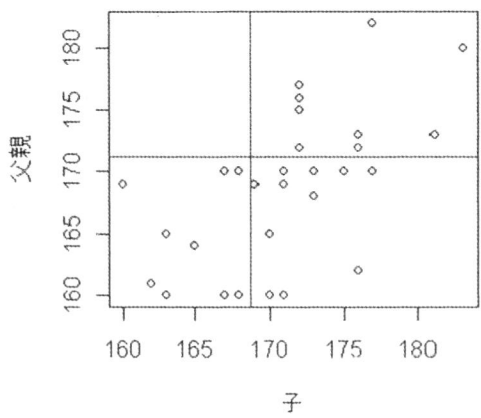

図 1.15 例題 1-5 の散布図

手順 2 考察。x が増えると y も増える傾向があり，正の相関がありそうである。□

―――― R による実行結果 ――――

```
> rei15<-read.table("rei15.txt",header=T)
> rei15
    子 父親
1   172  175
2   173  170
    ～
30  162  161
31  167  170
> attach(rei15)
```

```
> plot(子, 父親,main="息子と父親の身長の散布図")
> abline(h=mean(子),v=mean(父親),col=2)
```

<書式>

plot(x, y, xlim=x の範囲, ylim=y の範囲, type="p", main=タイトル, xlab=x 軸の名前, ylab=y 軸の名前)

<意味>

座標 (x,y) の指定に従って打点する。

演習 1-6 以下の表 1.11 のプロ野球チームの，これまでの勝率と打率のデータについて，散布図を作成せよ。

表 1.11 プロ野球チーム勝率表（1998 年度）

チーム名 \ 項目	勝率	打率	得点/失点
横浜	0.585	0.277	1.23
中日	0.556	0.248	1.07
巨人	0.541	0.267	1.15
ヤクルト	0.489	0.253	0.900
広島	0.444	0.265	0.943
阪神	0.385	0.242	0.764

1.3.2 数量的なまとめ

データを数量としてまとめるには，図 1.16 にあるようにデータの代表となる中心的傾向をみる量，ばらつき具合をみる量および分布のその他の特徴をみる量に分類される。その他の特徴とは，例えば，分布の歪み具合とか尖り具合をみる量に分けられる。

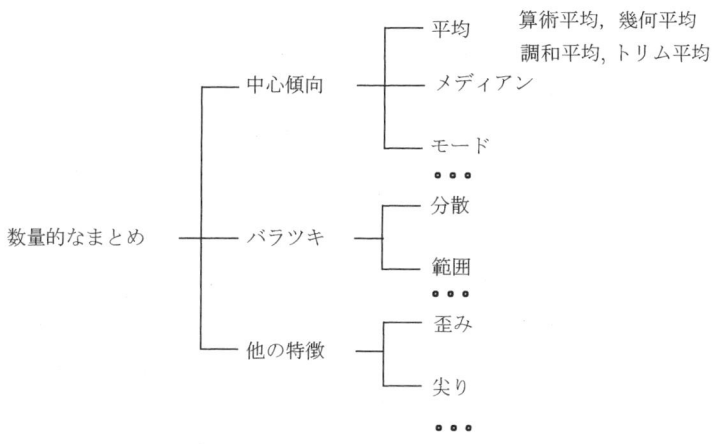

図 1.16 数量的なまとめ

(1) データ（分布）の中心的傾向をみる量

① 平均 (sample mean：算術平均)

$\overline{x}$（エックスバー）で表す。データ $x_1,\ldots,x_n$ に対し，データの和を $T = x_1 + \cdots + x_n$ で表すと，それらの平均 $\overline{x}$ は

$$(1.2) \quad \overline{x} = \frac{x_1 + \cdots + x_n}{n} = \frac{T}{n} = \frac{\text{データの和}}{\text{データ数}}$$

で定義される。

R では，> mean(x) のように入力する。

データが k 個のクラスに分けられた形で得られ，$i(=1,\cdots,k)$ クラスの階級値が x_i で，その度数が n_i であるとする。そこで表 1.12 のように度数分布表で与えられる場合には，次のように同じクラスに属するデータは，その度数だけ重複して足して平均化される。

表 1.12　度数分布表

No.＼項目	階級値 (x)	度数 (n)
1	x_1	n_1
2	x_2	n_2
$\vdots$	$\vdots$	$\vdots$
k	x_k	n_k
計		N

$$(1.3) \quad \overline{x} = \frac{x_1 n_1 + \cdots + x_k n_k}{n_1 + \cdots + n_k} = \frac{\sum_{i=1}^{k} x_i n_i}{N} \quad \left(N = \sum_{i=1}^{k} n_i\right)$$

（**注 1-3**）　データ数 $(=n)$ でデータの総和を割っているが，変数 n 個のうち独立な変数は，やはり n 個なので自由度が n と考えられ，**自由度**でデータの和を割ると考えれば，ばらつきのものさしの分散での自由度と対応がつく。◁

例題 1-6

次の学生 6 人の大学への通学時間のデータに関して平均を求めよ。

  5，3，15，30，5，20（分）

[解]　総和 T を求め，データ数で割ると求まる。つまり，表 1.13 の補助表より

$$\overline{x} = \frac{5+3+15+30+5+20}{6} = 13\,(\text{分})$$

と計算される。なお，表中の=SUM(B2:B7) は表計算ソフトの指定範囲のセルの数値の合計を求める関数である。

1.3 データのまとめ方

表 1.13　補助表（表計算ソフト）

項目 No.	x（分）
1	5
2	3
3	15
4	30
5	5
6	20
計	$T=78(=\text{SUM(B2:B7)})$

□

───── R による実行結果 ─────

```
> x<-c(5,3,15,30,5,20) # x に 5,3,15,5,20 を代入する。
> # なお，c は{c}oncatenate(…を鎖状につなぐ)の頭文字である。
> x # x の値を表示する。
[1]  5  3 15 30  5 20
> T<-sum(x)
> T
[1] 78
> n<-length(x)
> heikin<-T/n
> heikin
[1] 13
> mean(x)
[1] 13
# （参考）以下は度数分布表でデータが与えられた場合の例
> x<-c(2,5,6,3,1) # 階級値 x
> n<-c(4,5,8,6,2) # 度数 n
> wa<-sum(x*n)
> wa
[1] 101
> N<-sum(n)
> N
[1] 25
> mx<-wa/N
> mx
[1] 4.04
```

なお，# の後に記述した内容はコメントとなり，R の実行に影響を与えない．また，表 1.14 にみられるような，いろいろな関数がある．

表 1.14　いろいろな関数

関　数	表　記	意　味
総和	sum(x)	ベクトル x の成分の合計
累積和	cumsum(x)	ベクトル x の各成分までの累積和
行・列別への適用	apply(x,n,sum)	行列 x の行 (n=1) または列 (n=2) 和
積	prod(x)	ベクトル x の成分の積
累積の積	cumprod(x)	ベクトル x の各成分までの積
度数	table(x)	ベクトル x の成分の値ごとの度数
差分	diff(x)	ベクトル x の各成分の前と後ろの差
順位	rank(x)	ベクトル x の各成分の全成分中での順位
位置	order(x)	ベクトル x の各成分の元の位置
並替え	sort(x)	昇順に整列する
逆順	rev(x)	データ x を逆の順に並べたもの
長さ	length(x)	ベクトル x の要素の個数
5 数要約	fivnum(x)	最小値, 下側ヒンジ, 中央値, 上側ヒンジ, 最大値
四分位範囲	IQR(x)	75%点から 25%点を引いた値
最大値	max(x)	データ x で最も大きい値
累積最大値	cummax(x)	ベクトル x の各成分までの最大値
最小値	min(x)	データ x で最も小さい値
累積最小値	cummin(x)	ベクトル x の各成分までの最小値
平均	mean(x)	データの算術平均
中央値	median(x)	データ x を昇順に並べたときの真ん中の値
分位点	quantile(x)	データ x を昇順に並べたときの分位点
範囲	range(x)	最大値から最小値を引いたもの
標準偏差	sd(x)	不偏分散の正の平方根
不偏分散	var(x)	偏差平方和をデータ数 -1 で割ったもの

演習 1-7　以下は学生の所持金のデータである．平均金額を求めよ．

3000, 1000, 4500, 25000, 6000 （円）

② **メディアン**（median：中央値, 中位数）

$\tilde{x}$（エックス・テュルダまたはエックスウェーブと読む），Me，x_{med} で表す．データを大小の順に並べたときの真ん中の値である．そこでデータ数が奇数個のときは $(n+1)/2$ 番目の値で，偶数個のときは $n/2$ 番目と $n/2+1$ 番目を足して 2 で割ったものである．つまり，データ $x_1,\ldots,x_n$ に対し，それらを昇順に並べたものを $x_{(1)} \leqq x_{(2)} \leqq \cdots \leqq x_{(n)}$ としたとき，

$$(1.4) \qquad \tilde{x} = \begin{cases} x_{\left(\frac{n+1}{2}\right)} & (n \text{ が奇数}) \\ \dfrac{x_{\left(\frac{n}{2}\right)} + x_{\left(\frac{n}{2}+1\right)}}{2} & (n \text{ が偶数}) \end{cases}$$

である．なお，$x_{(i)}\,(i=1,\ldots,n)$ を **順序統計量** という．そして，その定義から異常値の影響を受けにくい性質がある．

R では，> median(x)　と入力する．

また，データが 度数分布表で与えられる場合 は真ん中の値が属す級（クラス）を比例配分した値とする。つまり，

(1.5) $\tilde{x}$＝属す級の下側境界値
　　　　＋ 級間隔 $\times (n/2-$ その級の1つ前までの累積度数)/その級の度数

で与えられる。

例題 1-7

以下は下宿している8人の学生の月当りの家賃の金額である。中央値を求めよ。
45000, 53000, 50000, 65000, 48000, 60000, 80000, 39000（円）

[解] **手順1** データを昇順に並びかえると

$$x_{(1)} = 39000 \leqq x_{(2)} = 45000 \leqq x_{(3)} = 48000 \leqq x_{(4)} = 50000$$
$$\leqq x_{(5)} = 53000 \leqq x_{(6)} = 60000 \leqq x_{(7)} = 65000 \leqq x_{(8)} = 80000$$

となる。$n = 8$ である。

手順2 データ数が偶数なので，$n/2 = 4$ 番目のデータ $x_{(4)} = 50000$ と $n/2 + 1 = 5$ 番目のデータ $x_{(5)} = 53000$ を足して，2で割った 51500 円がメディアンである。□

── R による実行結果 ──

```
> x<-c(45000,53000,50000,65000,48000,60000,80000,39000)
# x に 45000,53000,50000,65000,48000,60000,80000,39000 を代入する。
> x # x を表示する。
[1] 45000 53000 50000 65000 48000 60000 80000 39000
> sort(x) # x の成分を昇順に並べ替えて表示する。
[1] 39000 45000 48000 50000 53000 60000 65000 80000
> median(x) # x のメディアンを求める。
[1] 51500
> mean(x,trim=0.4)
# x の上下を合わせて 40 ％を除いた平均（トリム平均）を求める。
[1] 51500
```

演習 1-8 以下は6人の学生の昼ご飯にかける時間である。メディアンを求めよ。
20, 15, 5, 18, 40, 30（分）

③ **モード**（mode：最頻値）

M_o，x_{mod} で表す。データで最も多く観測される値である。度数分布表で普通用いられ，最も度数の多い階級の値である。

例題 1-8

次のある地区のサラリーマン 30 人の 1 か月の小遣いのデータについて，モードを求めよ．　2 万円：2 人，3 万円：5 人，4 万円：12 人，3 万 5 千円：4 人，
2 万 5 千円：3 人，5 万円：4 人

表 1.15 小遣いデータ（単位：万円）

No. 項目	階級値（x 単位：万円）	度数（n：人）
1	2	2
2	2.5	3
3	3	5
4	3.5	4
5	4	12
6	5	4
計		$N = 30$

[解]　**手順 1**　データの度数分布を求める．表 1.15 のようになる．

手順 2　度数の最も大きい階級の値 4 万円がモードとなる．□

――――――――― R による実行結果 ―――――――――

```
> x<-c(rep(2,2),rep(3,5),rep(4,12),rep(3.5,4),rep(2.5,3),rep(5,4))
# x に 2 を 2 個, 3 を 5 個, ..., 5 を 4 個代入する．
> x # x を表示する．
 [1] 2.0 2.0 3.0 3.0 3.0 3.0 3.0 4.0 4.0 4.0 4.0 4.0 4.0 4.0 4.0 4.0
 4.0 4.0 4.0
[20] 3.5 3.5 3.5 3.5 2.5 2.5 2.5 5.0 5.0 5.0 5.0
> table(x) # x を度数表として表示する．
x
  2 2.5   3 3.5   4   5
  2   3   5   4  12   4
```

演習 1-9　次のある学部学生 200 人の図書の貸し出し冊数のデータについて，モードを求めよ．

0 冊 5 人，1 冊 10 人，2 冊 76 人，3 冊 44 人，

4 冊 25 人，5 冊 10 人，6 冊以上 30 人

演習 1-10　演習 1-5 のデータについて，モードを求めよ．

例題 1-9

ある地区の月収の世帯数の分布は表 1.16 のようであった．このとき，モード，平均，メディアンの大小関係を調べよ．

表 1.16 月収の世帯数分布表

No. \ 項目	階級値 (x)	度数 (n)
5.5〜15.5	10.5	1
15.5〜25.5	20.5	15
25.5〜35.5	30.5	26
35.5〜45.5	40.5	13
45.5〜55.5	50.5	4
55.5〜65.5	60.5	1
計		$N=60$

[解] 定義にしたがって求めると，以下のような大小関係になる．

$$x_{\mathrm{mod}} = 30.5, \quad \overline{x} = \frac{10.5 \times 1 + \cdots + 60.5 \times 1}{60} = \frac{1900}{60} = 31.67,$$

$$\widetilde{x} = 25.5 + 10 \times \frac{30-16}{26} = 30.88 \text{ より } x_{\mathrm{mod}} < \widetilde{x} < \overline{x} \text{ である．} \square$$

なおデータの分布に対応して，だいたい以下の図 1.17 のような関係がある．

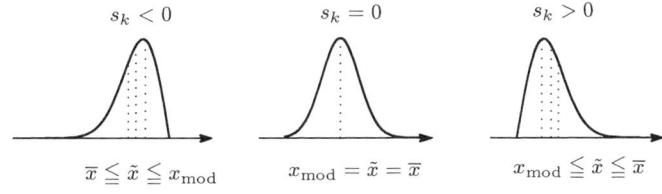

図 1.17 代表値と分布

④* **幾何平均** (geometric mean)

$\overline{x}_G$（エックスバー・ジー）で表す．正の値をとるデータ $x_1, \ldots, x_n\ (>0)$ に対し，

(1.6) $\quad \overline{x}_G = \sqrt[n]{x_1 \times \cdots \times x_n} = \sqrt[n]{\prod_{i=1}^{n} x_i}$

で与えられ，年平均成長率，年平均物価上昇率などで使われる．

n 年の物価上昇率が $r_1\%, \cdots, r_n\%$ であるとき，n 年での平均物価上昇率は，

$$\sqrt[n]{(1+r_1/100) \times \cdots \times (1+r_n/100)} - 1$$

から計算される．ここで，過去5か年の経済成長率が3%，2%，1%，4%，2%のとき，5年間の平均成長率を求めてみよう．

───── R による実行結果 ─────

```
> x<-c(1.03,1.02,1.01,1.04,1.02)
# x に 1.03,1.02,1.01,1.04,1.02 を代入する．
> x # x を表示する．
[1] 1.03 1.02 1.01 1.04 1.02
> prod(x)^(1/length(x))-1 # x の幾何平均を求める．
```

```
[1] 0.02394931
> # または exp(sum(log(x))/length(x))-1
```

演習 1-11 過去 10 か年の経済成長率が 1%, 3%, 2%, 5%, 2%, 3%, 2%, 1%, 4%, 2% のとき, 10 年間の平均成長率を求めよ.

⑤* **調和平均** (harmonic mean)

$\overline{x}_H$ (エックスバー・エイチ) で表す. データ $x_1, \ldots, x_n$ に対し,

$$(1.7) \quad \overline{x}_H = \frac{n}{\frac{1}{x_1} + \cdots + \frac{1}{x_n}} = \frac{1}{\frac{1}{n}\sum_{i=1}^{n}\frac{1}{x_i}}$$

で与えられる. お金のドル換算, 平均時速などの例がある.

ここで, 行きは 60km/時, 帰りが 40km/時で, 目的地まで往復したときの平均時速を求める場合, 平均時速は移動距離を要した時間で割ればよいので, 距離を $a$km とすれば, 要した時間が $\frac{a}{60} + \frac{a}{40}$ より, 平均時速は, $\frac{2a}{\frac{a}{60} + \frac{a}{40}} = \frac{2}{\frac{1}{60} + \frac{1}{40}}$ と求まる.

───── R による実行結果 ─────
```
> x<-c(60,40) # x に 60,40 を代入する.
> 1/sum(1/x)*length(x) # x の調和平均を求める.
[1] 48
```

演習 1-12 行きは 30km/時, 帰りが 50km/時で, 目的地まで往復したときの平均時速を求めよ.

演習 1-13 1 ドルが 90 円, 100 円, 120 円, 112 円であるときの平均換算率を求めよ.

演習 1-14 $x_1, \cdots, x_n > 0$ のとき, $\overline{x}_H \leqq \overline{x}_G \leqq \overline{x}$ の関係が成立することを示せ.

(2) データ（分布）の広がり具合（ばらつき, 散布度）をみる量

① **（偏差）平方和** (sum of squares)

S で表す. データ $x_1, \ldots, x_n$ に対し, それらの（偏差）平方和 S は

$$(1.8) \quad S = \sum_{i=1}^{n}(x_i - \overline{x})^2 = \sum\left(x_i^2 - 2x_i\overline{x} + \overline{x}^2\right) = \sum x_i^2 - 2\overline{x}\sum x_i + n\overline{x}^2$$

$$= \sum x_i^2 - n\overline{x}^2 \quad (\because \sum x_i = n\overline{x}) = \sum x_i^2 - \frac{(\sum x_i)^2}{n} = \sum x_i^2 - \frac{T^2}{n}$$

$$= データの2乗和 - \frac{データの和の2乗}{データ数}$$

で定義される.

また $\frac{(\sum x_i)^2}{n}$ を **修正項** (correction term) といい, CT で表す. このとき, 式 (1.9) が成立する.

$$(1.9) \quad S = \sum x_i^2 - CT$$

度数分布表でデータが与えられる場合（表1.17参照）の平方和は，以下で定義される。

$$(1.10) \quad S = \sum_{i=1}^{k}(x_i - \overline{x})^2 n_i = \sum \left(x_i^2 - 2x_i\overline{x} + \overline{x}^2\right)n_i = \sum x_i^2 n_i - 2\overline{x}\sum x_i n_i + N\overline{x}^2$$

$$= \sum x_i^2 n_i - N\overline{x}^2 = \sum x_i^2 n_i - \frac{(\sum x_i n_i)^2}{N} \quad (\because \sum x_i n_i = N\overline{x})$$

表 1.17　度数分布表

No. 項目	階級値 (x)	度数 (n)	$x_i n_i$	$x_i^2 n_i$
1	x_1	n_1	$x_1 n_1$	$x_1^2 n_1$
2	x_2	n_2	$x_2 n_2$	$x_2^2 n_2$
⋮	⋮	⋮	⋮	⋮
k	x_k	n_k	$x_k n_k$	$x_k^2 n_k$
計		$n. = N$	$\sum x_i n_i$	$\sum x_i^2 n_i$

――― 例題 1-10 ―――

以下は学生6人の1か月のアルバイト代のデータである。このデータについて平方和を求めよ。

25000，30000，45000，21000，15000，8000（円）

[解]　**手順 1**　各データの和，個々のデータの2乗和を求めるため補助表（表1.18）を作成する。

表 1.18　補助表

No. 項目	x	x^2
1	25000	625000000
2	30000	900000000
3	45000	2025000000
4	21000	441000000
5	15000	225000000
6	8000	64000000
計	① 144000	② 4280000000

手順 2　補助表より平方和は以下のように計算される。

$$S = ② - \frac{①^2}{6} = 4280000000 - \frac{144000^2}{6} = 824000000 \quad \square$$

――― Rによる実行結果 ―――

```
> x<-c(25000,30000,45000,21000,15000,8000)
# x に 25000,30000,45000,21000,15000,8000 を代入する。
> x # x を表示する。
[1] 25000 30000 45000 21000 15000  8000
> (mx<-mean(x)) # 平均の値を mx に代入し，表示する。
[1] 24000
> sum((x-mx)^2)
[1] 8.24e+08
```

(**補 1-1**)　データの桁数が大きい場合や小数点以下の小さい値をとる場合などには，データ変換 $(u_i = \dfrac{x_i - a}{b})$ をした u について統計量を計算しておいて，後で戻して求めて良い．ただし，$\overline{x} = b\overline{u} + a$, $S_x = b^2 S_u$ なる関係がある．例題 1-10 では $a = 0, b = 1000$ として計算すれば，$\overline{u} = (25 + \cdots + 8)/6 = 24, S_u = 25^2 + \cdots + 8^2 - (25 + \cdots + 8)^2/6 = 824$ より，$\overline{x} = 1000\overline{u} + 0 = 24000$, $S_x = 1000^2 S_u = 824000000$ と求まる．◁

演習 1-15　表 1.19 のアルバイトの業種別時間給のデータに関して，平方和 S を求めよ．

表 1.19　アルバイト時間給

種別	スーパー店員	家庭教師	コンビニ店員	調査員	飲食店店員
時給 (円)	650	2000	750	900	850
種別	ファーストフード店員	添削	パチンコ店員		
時給 (円)	800	650	950		

② （不偏）分散 (unbiased variance)

V で表す．データ $x_1, \ldots, x_n$ に対し，平方和 S をデータ数 $-1 (= n-1 = \phi)$ で割ったものが（不偏）分散 V である．

(1.11)　　$V = \dfrac{S}{n-1} = \dfrac{S}{\phi}$

(**注 1-4**)　ここで $n - 1$ は**自由度** (df:degree of freedom) と呼ばれ，ϕ（ファイ）で表す．S は $x_1 - \overline{x}, \cdots, x_n - \overline{x}$ の n 個のそれぞれの 2 乗和であるが，それらの和について，$x_1 - \overline{x} + \ldots + x_n - \overline{x} = 0$ が成立し，制約が一つある．つまり，自由度が一つ減り $n - 1$ が自由度になると考えればよい．データが同じ分散 σ^2 の分布から独立にとられるとき，V の期待値について，$E(V) = \sigma^2$ が成立し，V は σ^2 の不偏 (unbiased) な推定量になっている．なお，n で S を割ったものを（標本）分散としている本も多い．◁

データが 度数分布表で与えられている場合，（不偏）分散は

(1.12)　　$V = \dfrac{S}{N-1} = \dfrac{1}{N-1}\left\{\sum x_i^2 n_i - \dfrac{(\sum x_i n_i)^2}{N}\right\}$

で定義される．ここで，データ 1, 3, 10, 6, 5, 2 の（不偏）分散を求めてみよう．

```
─────────── R による実行結果 ───────────
> (x<-c(1,3,10,6,5,2)) # x に 1,3,10,6,5,2 を代入し，表示する．
[1]  1  3 10  6  5  2
> var(x) # x の不偏分散を求める．
[1] 10.7
```

③ **標準偏差** (standard deviation)

s で表す．データ $x_1, \ldots, x_n$ に対し，分散 V の平方根を標準偏差 s という．つまり

(1.13)　　$s = \sqrt{V}$

で定義される。

ここで，データ 1, 3, 10, 6, 5, 2 の標準偏差を求めてみよう。

―――――― R による実行結果 ――――――
```
> x<-c(1,3,10,6,5,2) # x に 1,3,10,5,2 を代入する。
> sqrt(var(x)) # x の標準偏差を求める。
[1] 3.271085
> sd(x) # x の標準偏差を求める。
[1] 3.271085
```

（補 1-2） 度数分布表でデータが与えられる場合で級の数が少ない（12 以下の）とき，級の中心が平均より分布の端へずれるので，度数分布表の V が真の分散より大きくなる傾向がある。それを修正する次のシェパードの式がある。$s' = \sqrt{V - \dfrac{h^2}{12}}$ ◁

④ **範囲** (range)

データ $x_1, \ldots, x_n$ に対し，最大値 $(= x_{\max})$ から最小値 $(= x_{\min})$ を引いたものを範囲といい，R で表す。つまり

(1.14) $\quad R = x_{\max} - x_{\min} = x_{(n)} - x_{(1)}$

で，普通データ数が 10 以下のような少ないときに利用する。

ここで，データ 1, 3, 10, 6, 5, 2 の範囲を求めてみよう。なお，range(x) は x の最小値と最大値を表示する。

―――――― R による実行結果 ――――――
```
> x<-c(1,3,10,6,5,2) # x に 1,3,10,5,2 を代入する。
> R<-max(x)-min(x) # 範囲の計算をし，R に代入する。
> R
[1] 9
```

（補 1-3） $X_1, \cdots, X_n$ が互いに独立に $N(\mu, \sigma^2)$ に従うとき，範囲 R の期待値と分散は $E(R) = d_2\sigma$, $V(R) = d_3^2\sigma^2$ である。◁

⑤* **四分位範囲** (interquartile range)

IQR で表す。

(1.15) $\quad IQR = Q_3 - Q_1$

である。また，$Q = IQR/2$ を**四分位偏差**という。ただし，データを昇順に並べたときの小さい方から 1/4 番目のデータを Q_1，小さい方から 3/4 番目のデータを Q_3 で表す。ちょうど 1/4 番目，3/4 番目のデータがないときは線形（直線）補間を用いる。度数分布表の場合

には Q_1 は，小さい方から $n/4$ 番目のデータの属す級（クラス）を用いて，

(1.16)　　$Q_1 =$ その級の下側境界値
　　　　　　$+$ 級間隔 $\times (n/4 -$ その級の1つ前までの累積度数$)/$ その級の度数

で与えられる。同様に Q_3 も計算する。

ここで，データ 1, 3, 10, 6, 5, 2 の四分位範囲を求めてみよう。

```
―――――――――――― Rによる実行結果 ――――――――――――
> x<-c(1,3,10,6,5,2) # xに1,3,10,5,2を代入する。
> Q1<-quantile(x,.25) # 下側25％点をQ1に代入する。
> Q1 # Q1を表示する。
 25%
2.25
> (Q3<-quantile(x,.75)) # 下側75％点をQ3に代入し，表示する。
 75%
5.75
> quantile(x) # 分位点をまとめて表示する。
   0%   25%   50%   75%  100%
 1.00  2.25  4.00  5.75 10.00
> IQR(x) # 四分位範囲を表示する。
[1] 3.5
```

⑥* 平均（絶対）偏差 (<u>m</u>ean <u>d</u>eviation)

データ $x_1, \ldots, x_n$ に対し，平均との絶対値での偏差の平均を絶対偏差といい，MD で表す。つまり

$$(1.17) \quad MD = \frac{\sum_{i=1}^{n} |x_i - \overline{x}|}{n}$$

ここで，データ 1, 3, 10, 6, 5, 2 の平均偏差を求めてみよう。

```
―――――――――――― Rによる実行結果 ――――――――――――
> x<-c(1,3,10,6,5,2) # xに1,3,10,5,2を代入する。
> (mx<-mean(x)) # 平均の値をmxに代入し，表示する。
[1] 4.5
> md<-sum(abs(x-mx)/length(x)) # 絶対偏差の計算結果をmdに代入。
> md # mdの値を表示する。
[1] 2.5
```

⑦* **変動係数** (coefficient of variation)

データ $x_1, \ldots, x_n$ に対し，ばらつき具合を平均値と相対的にみる量で，標準偏差を平均で割ったものを変動係数といい，CV で表す．つまり

$$(1.18) \quad CV = \frac{s}{\bar{x}}$$

であり，相対的な変動としてみる．単位の異なるデータ間でのばらつきを比較したい場合などに利用される．例えば，体重 (kg) と身長 (cm) それぞれについて，クラスでのばらつきの比較を考える際，体重，身長それぞれの CV は $\frac{\text{kg}}{\text{kg}}, \frac{\text{cm}}{\text{cm}}$ いう量で単位に関係ない．そこで，ばらつきが比較できる．

ここで，データ 1, 3, 10, 6, 5, 2 の変動係数 CV を求めてみよう．

───── R による実行結果 ─────
```
> x<-c(1,3,10,6,5,2) # x に 1,3,10,5,2 を代入する．
> (cv<-sd(x)/mx) # 変動係数の計算結果を cv に代入し，表示する．
[1] 0.7269079
> fivenum(x) # 5 個の要約統計量を表示する．
[1]  1  2  4  6 10
> summary(x)
   Min. 1st Qu.  Median    Mean 3rd Qu.    Max.
   1.00    2.25    4.00    4.50    5.75   10.00
```

なお，下側 α%点は $(n-1) \times \alpha/100$ の整数部分を p，小数部分を f とすれば，$(1-f)x_{(p+1)} + fx_{(p+2)}$ で計算される．また，fivenum(x)：5 個の要約統計量とは，データ x に関する最小値，下側ヒンジ，中央値，上側ヒンジ，最大値の 5 個である．なお，下側ヒンジとは中央値より小さいデータの中央値であり，上側ヒンジとは中央値より大きいデータの中央値である．

演習 1-16　以下の小学生の平均テレビ視聴時間数について

$\quad\quad\quad$ 1, 2, 4, 1, 3, 2, 5, 2（時間）

$\quad\quad$①平均　②メディアン　③モード　④分散　⑤標準偏差
$\quad\quad$⑥範囲　⑦* 四分位範囲　⑧* 平均偏差　⑨* 変動係数

を求めよ．

以下に取り上げた統計量で重要なものを再度載せておこう．

───── 公式 ─────

平均：$\overline{X} = \dfrac{T}{n} = \dfrac{\text{データの和}}{\text{データ数}}$

平方和：$S = \sum(X_i - \overline{X})^2 = \sum X_i^2 - \dfrac{T^2}{n} = \sum X_i^2 - \underbrace{CT}_{\text{修正項}}$

$$= \text{データの2乗和} - \frac{\text{データの和の2乗}}{\text{データ数}}$$

分散：$V = \dfrac{S}{n-1} = \dfrac{\text{平方和}}{\text{データ数} - 1}$

(3) データ（分布）のその他の特徴をみる量

① （標本）モーメント (moment)

データ $x_1, \ldots, x_n$ に対し，原点のまわりの k 次のモーメントは

$$(1.19) \quad a_k = \frac{1}{n} \sum_{i=1}^{n} x_i^k$$

で定義され，平均のまわりの k 次のモーメントは

$$(1.20) \quad m_k = \frac{1}{n} \sum_{i=1}^{n} (x_i - \overline{x})^k$$

と定義される。

なお，p 次のモーメントを求める関数は以下のように作成される。

```
 ─── モーメントを求める関数 moment ───
moment=function(x,p){ # x:データ,p:モーメントの次数
 n=length(x);mp=0;m=mean(x)
 for (i in 1:n){ mp=mp+(x[i]-m)^p }
 mp=mp/n
 paste(p,"次のモーメント=",mp)
}
```

ここで，データ 1, 3, 10, 6, 5, 2 の 3 次のモーメントを求めてみよう。

```
 ─── R による実行結果 ───
> x<-c(1,3,10,6,5,2) # x に 1,3,10,5,2 を代入する。
> moment(x,3) # 上の関数を使って x の 3 次のモーメントを求める。
[1] "3 次のモーメント= 18"
```

演習 1-17 以下の式を示せ。

① $m_1 = 0$ ② $m_2 = a_2 - \overline{x}^2$ ③ $m_3 = a_3 - 3a_2\overline{x} + 2\overline{x}^3$

④ $m_4 = a_4 - 4a_3\overline{x} + 6a_2\overline{x}^2 - 3\overline{x}^4$ ⑤ $m_k = \sum_{r=0}^{k} {}_kC_r a_{k-r}(-\overline{x})^r$

② 歪度(skewness)

s_k で表す。歪みともいわれ，分布の非対称度を測るものさしであり，以下に定義される。

$$(1.21) \quad s_k = \frac{m_3}{m_2^{3/2}}$$

0 であれば，ほぼ対称とみなせる．その正負との関係は図 1.18 のようである．

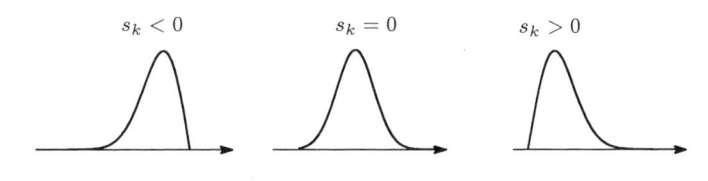

$s_k < 0$ $\quad s_k = 0$ $\quad s_k > 0$

図 1.18 歪みと分布

───── 歪度を求める関数 skew ─────
```
skew=function(x){ # x:データ
 m3<-sum((x-mean(x))^3)/length(x)
 s3<-sqrt(sum((x-mean(x))^2)/length(x))^3
 c("歪度"=m3/s3)
}
```

───── R による実行結果 ─────
```
> x<-rnorm(10000) # 10000 個の標準正規乱数を生成し，x に代入する．
> skew(x) # 上の関数を使って x の歪度を求める．
        歪度
0.005924972
```

③ 尖度(kurtosis)

κ（カッパ）で表す．尖りともいわれ，分布のモードでのとがり具合を表す量であり，以下で定義される．

$$(1.22) \quad \kappa = \frac{m_4}{m_2^2}$$

なお正規分布の場合，期待値で計算すれば 3 である．

───── 尖度を求める関数 kurtosis ─────
```
kurtosis=function(x){
m4<-sum((x-mean(x))^4)/length(x)
s4<-(sum((x-mean(x))^2)/length(x))^2
c("尖度"=m4/s4)
}
```

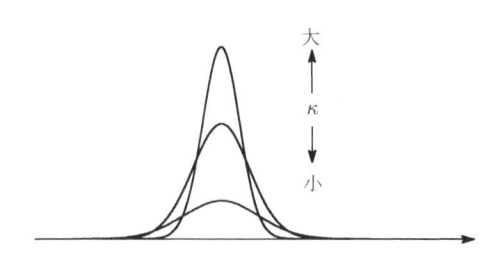

図 1.19　尖りと分布

```
─────────────── R による実行結果 ───────────────
> x<-rnorm(10000);kurtosis(x)
# 標準正規乱数 10000 個を生成し x に代入し，上の関数を使って尖度を求める。
  尖度
2.97647
```

④* **工程能力指数** (process capability index)

C_p, C_{pk} で表す。安定した工程における規格と比較して，工程の良さを表す指標であり，以下で定義される。S_U：上限規格 (upper specification limit)，S_L：下限規格 (lower specification limit) と表記するとする。このとき，規格が目標値に関して対称である場合には

$$(1.23) \quad C_p = \frac{S_U - S_L}{6s}$$

であり，対称でない場合には

$$(1.24) \quad C_{pk} = \min\left\{\frac{S_U - \overline{x}}{3s}, \frac{\overline{x} - S_L}{3s}\right\}$$

で定義される。図 1.20 のようである。

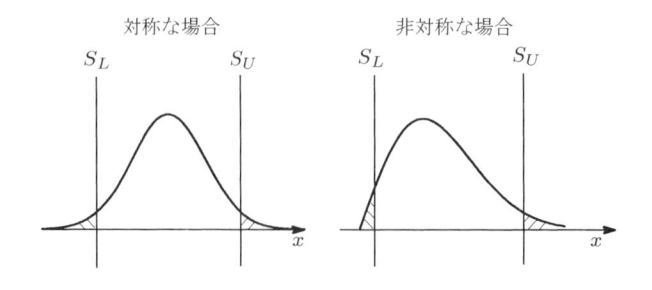

図 1.20　規格と分布

指数による評価としては

$1.33 < C_p$ 　工程は十分よい，

$1 < C_p < 1.33$ 　まあ良い，

$C_p < 1$ 　不足している

が目安となっている。

---- 工程能力指数を求める関数 CP ----

```
CP=function(x,u,l){
 mx=mean(x);s=sd(x)
 CP=(u-l)/6/s;c("工程能力指数 CP"=CP)
}
```

---- R による実行結果 ----

```
> x<-rnorm(30)  # 標準正規乱数 30 個を生成し，x に代入する。
> CP(x,1,-1)    # 上の関数を使って x の CP を求める。
工程能力指数 CP
      0.3487046
```

---- 工程能力指数を求める関数 CPK ----

```
CPK=function(x,u,l){
 mx=mean(x);s=sd(x)
 CPK=min((u-mx)/3/s,(mx-l)/3/s);c("工程能力指数 CPK"=CPK)
}
```

---- R による実行結果 ----

```
> x<-rnorm(50)  # 標準正規乱数 50 個を生成し，x に代入する。
> CPK(x,1,-1)   # 上の関数を使って x の CPK を求める。
工程能力指数 CPK
      0.2998721
```

⑤* ジニ係数

GI で表す。平均差と算術平均 $\bar{x}$ の 2 倍との比である

$$(1.25) \qquad GI = \frac{1}{2n^2 \bar{x}} \sum_{i=1}^{n} \sum_{j=1}^{n} |x_i - x_j|$$

をジニ (Gini,C) 係数という。

データ $x_1, \ldots, x_n$ を大きさの順に並べ替えた $x_{(1)} \leqq \cdots \leqq x_{(n)}$（順序統計量という）を用いれば

$$(1.26) \quad GI = \frac{1}{n^2 \bar{x}} \sum_{i<j}^n (x_{(j)} - x_{(i)}) = \frac{1}{\bar{x}} \sum_{i=1}^n \left(\frac{2i-n-1}{n^2} \right) x_{(i)}$$

$$= \frac{2}{n^2 \bar{x}} \left(\sum_{i=1}^n i x_{(i)} \right) - \frac{n+1}{2n}$$

とも書ける。$0 \leqq GI < 1$ が成立している。不平等度や集中度の指標として用いられる。ジニ係数は，45度の完全平等線とローレンツ曲線 (Lorenz curve) に囲まれる弓形の面積の2倍である。ローレンツ曲線は横軸を累積相対度数，縦軸を累積データの割合（累積所得の割合）をとって打点したものを折れ線で結んだものである。つまり，全データの和を $T = x_1 + \cdots + x_n$ とし，データの小さい順に i 個足したものを $r_i = x_{(1)} + \cdots + x_{(i)}$ とするとき，点 $(0,0)$, $\left(\frac{1}{n}, \frac{r_1}{T} \right), \ldots, \left(\frac{i}{n}, \frac{r_i}{T} \right), \ldots, (1,1)$ を直線で結んだグラフである。図1.21を参照されたい。

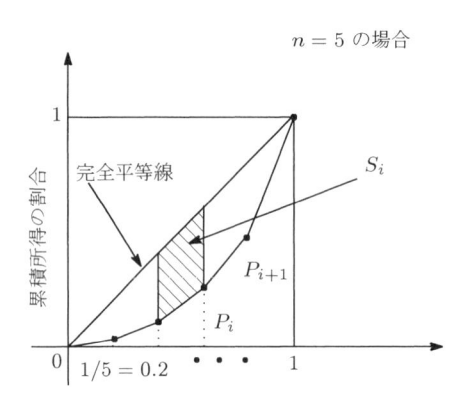

図 1.21 ローレンツ曲線

───── ジニ係数を求める関数 GI ─────

```
GI=function(x){ # x:データ
 n=length(x);s=0
 for (i in 1:n){
   for (j in 1:n) {
     s=s+abs(x[i]-x[j])}
 }
 gini=s/2/n^2/mean(x);c("ジニ係数"=gini)
}
```

―― Rによる実行結果 ――
```
> x<-30+10*rnorm(50) # 平均30,標準偏差10の正規乱数を50個生成し,xに代入
>  GI(x) # 上の関数を使ってxのジニ係数を求める。
 ジニ係数
0.2286495
```

演習 1-18 ① $\sum_{i<j}(x_{(j)}-x_{(i)}) = \sum_{i=1}^{n}(2i-n-1)x_{(i)}$ が成立することを示せ。

② 図 1.21 中の斜線部の面積 $S_i(i=0,\cdots,n-1)$ について

$$S_i = \frac{1}{n^2\overline{x}}\left(\sum_{i=1}^{n}ix_{(i)}\right) - \frac{n+1}{2n}$$

が成立することを示せ。

⑥* (標本) **相関係数** (2次元での指標)

r で表す。例えば，身長と体重といった二つの変数（量）の関連の度合いを表す量に相関係数がある。身長が高ければやはり体重も重いのか，数学の成績が良い生徒は英語の成績も良いか，など一つの変数の変動に対し，もう一つの変数の変動はどうかといったことをみる量でもある。ランダムに得られる n 個のデータの組 $(x_1,y_1),\cdots,(x_n,y_n)$ に対して，

(1.27) $\qquad r = \dfrac{S(x,y)}{\sqrt{S(x,x)S(y,y)}}$

ただし，

$S(x,y) = \sum_{i=1}^{n}(x_i-\overline{x})(y_i-\overline{y}) = \sum x_iy_i - \dfrac{(\sum x_i)(\sum y_i)}{n}$: x と y の偏差積和,

$S(x,x) = \sum_{i=1}^{n}(x_i-\overline{x})^2 = \sum x_i^2 - \dfrac{(\sum x_i)^2}{n}$: x の偏差平方和,

$S(y,y) = \sum_{i=1}^{n}(y_i-\overline{y})^2 = \sum y_i^2 - \dfrac{(\sum y_i)^2}{n}$: y の偏差平方和

である。

これを（標本）**相関係数**という。シュワルツの不等式から $-1 \leqq r \leqq 1$ である。

ここで，4個のデータの組 $(2,6), (4,12), (16,34), (9,36)$ の相関係数を求めてみよう。

―― Rによる実行結果 ――
```
> x<-c(2,4,6,9) # xに2,4,6,9を代入する。
> y<-c(6,12,34,36) # yに6,12,34,36を代入する。
> cor(x,y)   # xとyの相関係数を求める。
[1] 0.9234301
```

⑦* α（アルファ）**係数**

観測されるテスト得点のみを用いて，合計得点の信頼性を計る係数である．クロンバック (Cronbach) によって提案され，以下のように定義される**アルファ信頼性係数**がある．

(1.28) $\quad \alpha = \dfrac{n}{n-1}\left(1 - \sum_{k=1}^{n} \dfrac{\sigma_k^2}{\sigma_T^2}\right)$

ただし，n は項目数，σ_k^2 は各項目の分散，σ_T^2 は合計点の分散である．

―――――――― クロンバックの信頼係数を求める関数 cron ――――――――

```
cron=function(x){ # 引数が x のクロンバックの α 信頼性係数を定義する
x <- as.matrix(x);n <- ncol(x)  # x を行列にし，n に変数の個数（列数）を代入
vx <-var(x);VT <-sum(vx) # vx に分散共分散行列,VT に合計点の不偏分散を代入
Vk <- sum(diag(vx)) # Vk に各変数ごとの不偏分散の和を代入
return(n/(n-1)*(1-Vk/VT))} # 計算式の結果を戻す
```

―――――――― R による実行結果 ――――――――

```
x <- matrix(c(44,37,54,36,67,42,42,51,35,47,
69,54,54,72,68,77,55,67), byrow=TRUE, ncol=3)
> cron(x) # クロンバックの α 信頼性係数を表示する．
[1] 0.5888789
```

ここで，パッケージ psy にクロンバックの α 信頼性係数を求める関数 cronbach があるので，パッケージ psy をインストール後に関数 cronbach を以下に実行してみよう．

―――――――― R による実行結果 ――――――――

```
> library(psy) # パッケージ  psy を読み込む．
> cronbach(x) # クロンバックの α 信頼性係数を表示する．
$sample.size # データ数
[1] 6
$number.of.items # 項目数
[1] 3
$alpha #  α 信頼係数
[1] 0.5888789
```

第2章
確率と確率分布

2.1 確率と確率変数

2.1.1 事象と確率

サイコロを1回振って出る目といったように，起こる事柄を**事象** (event) という。そして，事象をアルファベット大文字で表すことにする。このとき，以下のようにいろいろな事象が定義される。

全事象：起こりうる全体の事象をいい，U で表す。
空事象：起こりえない事象をいい，ϕ で表す。
和事象：事象 A または事象 B のいずれかが起こるとき，それを事象 A と B の和事象といい，$A \cup B$ で表す。
積事象：事象 A と事象 B のどちらも起こる事象をいい，$A \cap B$ で表す。
余事象：事象 A が起こらないという事象のことを A の余事象といい，A^c または $\overline{A}$ で表す。

なお，互いに同時に起こることのない事象を互いに**排反**であるという。つまり，事象 A, B について $A \cap B = \phi$ が成立するとき，事象 A, B は互いに排反であるという。そしてその事象の起こる確からしさの程度を，0から1の間の数値で表したものを**確率** (probability) といい，次の性質をみたすものとしている。

① 任意の事象 A について，　　$0 \leqq P(A) \leqq 1$
② 全事象 U について，　　$P(U) = 1$
③ 互いに排反な事象 $A_1, A_2, \cdots, A_n, \cdots$，に対して，事象 $A_1, A_2, \cdots, A_n, \cdots$，のいずれかが起こる和事象 $\cup_{i=1}^{\infty} A_i$ の起こる確率について，

$$P\left(\bigcup_{i=1}^{\infty} A_i\right) = \sum_{i=1}^{\infty} P(A_i)$$

が成立する。

この性質を**確率の公理**という。これらから以下の性質が導かれる。

---性質---
(2.1) $\quad P(A \cup B) = P(A) + P(B) - P(A \cap B)$
$\quad\quad\quad P(A^c) = 1 - P(A)$

(∵) 式 (2.1) の第 1 式について　事象 $A \cap B^c$, $A \cap B$, $A^c \cap B$ は排反で，$A \cup B = A \cap B^c + A \cap B + A^c \cap B$ だから公理の③から $P(A \cup B) = P(A \cap B^c) + P(A^c \cap B) + P(A \cap B)$ が成立する．同様に $P(A) = P(A \cap B^c) + P(A \cap B)$, $P(B) = P(A^c \cap B) + P(A \cap B)$ だから，$P(A \cap B^c) = P(A) - P(A \cap B)$, $P(A^c \cap B) = P(B) - P(A \cap B)$ を上の式に代入して，求める右辺が導かれる．
式 (2.1) の第 2 式について　事象 A と A^c は排反で，$U = A + A^c$ だから公理の②，③から $1 = P(U) = P(A) + P(A^c)$ が成立する．そこで $P(A^c)$ を移項して，求める関係式が導かれる．□

事象 A が起こるもとで事象 B が起こる確率を，A のもとでの B の**条件付確率** (conditional probability) といい，$P(B|A)$ で表す．このとき，A と B が同時に起こる積事象 $A \cap B$ の確率は $P(A \cap B) = P(A)P(B|A) = P(B)P(A|B)$ である．また事象 A が起きても起きなくても事象 B の起こる確率に変わりがないとき，事象 A と B は**独立**であるという．このとき，$P(B|A) = P(B|A^c) = P(B)$ が成立する．また積事象について $P(A \cap B) = P(A)P(B)$ が成立することと同値である．そこで事象 A と B が独立であることを $P(A \cap B) = P(A)P(B)$ が成立することで定義しても同じである．

例題 2-1

100 円玉を独立に 2 回投げたとき，2 回目が表という条件のもとで 1 回目が裏である確率を求めよ．

[解]　1 回目に表が出る事象を A，2 回目に表が出る事象を B で表すとする．このとき起こりうる事象は，表 2.1 のように 4 通りである．

表 2.1

1 回目	2 回目
表	表
表	裏
裏	表
裏	裏

そこで求める事象は，B の条件のもとでの A^c であり，求める確率は
$$P(A^c|B) = \frac{P(A^c \cap B)}{P(B)} = \frac{1/4}{1/2} = \frac{1}{2} \quad □$$

R による実行結果

```
> PB=1/2 # 事象 B の起こる確率を PB に代入する
> PA_candB=1/4 # 事象 A の余事象と事象 B が同時に起こる確率を代入する
> PA_ccondB=PA_candB/PB # B が起きた下での A の余事象が起こる条件付確率の計算
> PA_ccondB # 上の結果の表示
[1] 0.5
```

演習 2-1　サイコロを 2 回投げたときの 1 回目，2 回目の出る目の数をそれぞれ x_1, x_2 と表すとき，$x_1 + x_2 = 6$ の条件のもとで，$x_1 = x_2$ である確率を求めよ．

事象 $E_1, E_2, \cdots, E_k$ が互いに排反,すなわち $E_i \cap E_j = \phi$ for all i, j $(i \neq j)$ であり,$E_1 \cup E_2 \cup \cdots \cup E_k = U$ のとき,任意の事象 A に対して,

$$P(A) = P(E_1)P(A|E_1) + P(E_2)P(A|E_2) + \cdots + P(E_k)P(A|E_k)$$

が成立する。これを**全確率の定理**という。

任意の事象 A と標本空間 U の分割 $E_1, \cdots, E_k$ について,

(2.2) $\quad P(E_1|A) = \dfrac{P(E_1 \cap A)}{P(A)} = \dfrac{P(A|E_1)P(E_1)}{P(A)}$

$\qquad = \dfrac{P(A|E_1)P(E_1)}{P(A|E_1)P(E_1) + \cdots + P(A|E_k)P(E_k)}$

が成立する。これを**ベイズの定理**といい,条件確率 $P(E|A)$ を計算するために,すでに既知である確率 $P(A|E), P(E)$ を利用することができることを示している。事象 A が起こったとすると,確率 $P(E_1), \cdots, P(E_k)$ は事象 A が観測される前(事前)に与えられているので,**事前確率**(prior probability)という。また,事象 A が起こった後(事後)での条件付確率である $P(E_1|A), \cdots, P(E_k|A)$ を**事後確率**(posterior probability)という。

例題 2-2

ある病気であるかどうかの検査で陽性反応が出る事象を A とし,実際にある病気を発病する事象を E とする。そして,次のように各確率が与えられとする。

$P(A|E) = 0.56, P(A^c|E) = 0.44, P(A|E^c) = 0.04, P(A^c|E^c) = 0.96, P(E) = 0.035$,$P(E^c) = 0.965$

このとき,検査で陽性反応である確率,陽性反応で実際に病気を発病する確率を求めよ。

[解] $P(A)$ が検査で陽性反応である確率であり,$P(E|A)$ が陽性反応で実際に病気を発病する確率である。そこでベイズの定理から求める。

$$P(A) = P(A|E)P(E) + P(A|E^c)P(E^c) = 0.56 \times 0.035 + 0.04 \times 0.965 = 0.0582$$

と検査で陽性反応である確率が求まる。また,

$$P(E|A) = \frac{P(E \cap A)}{P(A)} = \frac{P(A|E)P(E)}{P(A)}$$

$$= \frac{P(A|E)P(E)}{P(A|E)P(E) + P(A|E^c)P(E^c)}$$

$$= \frac{0.035 \times 0.56}{0.56 \times 0.035 + 0.04 \times 0.965} = 0.0196/0.0582 = 0.337 \quad \square$$

演習 2-2 ある適正検査で適正と判定される事象を T とし,実際に適正があるという事象を E とする。$P(E) = 0.6, P(E^c) = 0.4, P(T|E) = 0.8, P(T|E^c) = 0.04$ のとき,適正と判定されるもとで適正である事象の確率を求めよ。

2.1.2 確率変数,確率分布と期待値

(1) 1次元の場合

実数の値をとる変数 X の値のとり方が確率に基づいているとき,変数 X を**確率変数**(random variable: r.v.) といい,普通,アルファベット大文字で表す。そして,実際のとる値を**実現値**(realized value)といい,普通,アルファベット小文字で表される。表も裏も 1/2 の確率で出るコイン投げをして,表が出るとき 1 をとり,裏が出ると 0 をとる変数は確率変数で値 1, 0 のとり方はいずれも確率 1/2 である。またサイコロを振ったときに出る目の数のように,とびとびの値をとる確率変数を**離散(計数)型確率変数**(discrete random variable) という。実際のとる値を $x_1, \cdots, x_n$ とし,それぞれのとる確率を $p_{x_1}, \cdots, p_{x_n} (p_{x_i} \geqq 0, \sum_{i=1}^n p_{x_i} = 1)$ とするとき,$\{p_{x_i} (i = 1, \cdots, n)\}$ を**確率分布**(probability distribution) という。また,塩分の濃度,あるクラスの生徒のそれぞれの身長,体重のように連続な値をとる確率変数を**連続(計量)型の確率変数**(continuous random variable) という。そして,x 以下である確率が

$$(2.3) \quad P(X \leqq x) = F(x) = \begin{cases} \displaystyle\sum_{x_i \leqq x} P(X = x_i) = \sum_{x_i \leqq x} p_{x_i} & (X\text{ が離散型のとき}) \\ \displaystyle\int_{-\infty}^x f(x)dx & (X\text{ が連続型のとき}) \end{cases}$$

と書かれるとき,$F(x)$ を**分布関数**(distribution function: d.f.) という。離散型の場合 $P(X = x_i) = p_{x_i}$ を**確率関数**(probability function: p.f.) といい,連続型の場合 $f(x)$ を(確率)**密度関数**(probability density function: p.d.f.) という。分布関数と確率関数(密度関数)をグラフに描くと,図 2.1 のようになる。

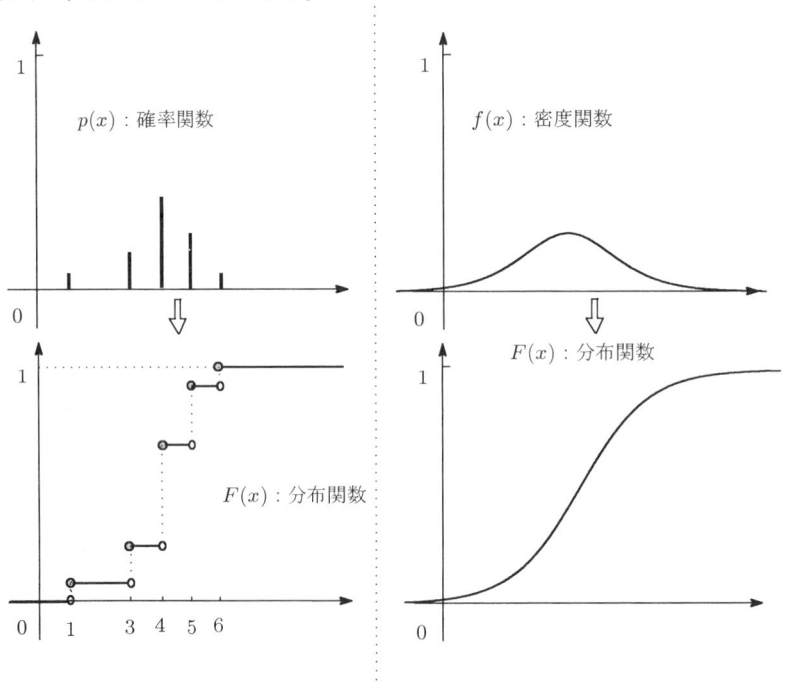

図 2.1 分布関数と確率関数(確率密度関数)

このとき分布関数について

① $F(x)$ は単調非減少な関数
② $\lim_{x \to -\infty} F(x) = 0$, $\lim_{x \to \infty} F(x) = 1$
③ $F(x)$ は右連続な関数 $\left(\lim_{x \to a+0} F(x) = F(a)\right)$

$\left(\lim_{x \to a+0}: \text{は } x \text{ が } a \text{ より大きな値をとりながら } a \text{ に近づくことを意味する。}\right)$

また，確率関数（密度関数）について

① $p_{x_i} \geqq 0$ $(f(x) \geqq 0)$
② $\sum p_{x_i} = 1$ $\left(\int_{-\infty}^{\infty} f(x)dx = 1\right)$

が成立している。

なお，<u>X がある分布 $F(x)$ に従う確率変数である</u> ことを $X \sim F(x)$ のように表す。

演習 2-3 ①100 円玉 2 枚を投げたときに表の出る枚数の確率関数と分布関数を求めよ。
②サイコロを独立に 2 回振ったときに出る目の数の和の確率関数と分布関数を求めよ。

（補 2-1）　ヒストグラムで n 個のサンプルのうち区間幅 h の区間 $\left(x - \dfrac{h}{2}, x + \dfrac{h}{2}\right]$ に入る確率変数の個数を n_i とする。$F_n(x)$ が x 以下のサンプルの個数を n で割った x 以下の割合を表す関数とすると $F_n(x+h/2) - F_n(x-h/2) = \dfrac{n_i}{n}$ である。そこで，$f_n(x) = \dfrac{F_n(x+h/2) - F_n(x-h/2)}{h} = \dfrac{n_i}{nh}$ とおけば，$n \to \infty$ $(h \to 0)$ のとき $f_n(x) \to f(x)$ である。◁

次に，<u>確率変数のとる値とその確率の積の総和</u>を**期待値** (expectation) といい，以下のように定義される。

$$(2.4) \quad E(X) = \begin{cases} \displaystyle\sum_{i=1}^{n} x_i P(X = x_i) = \sum_{i=1}^{n} x_i p_{x_i} & \text{（離散型）} \\ \displaystyle\int_{-\infty}^{\infty} x f(x) dx & \text{（連続型）} \end{cases}$$

x の関数を $h(x)$ とするとき，$h(X)$ の期待値は以下で定義される。

$$(2.5) \quad E(h(X)) = \begin{cases} \displaystyle\sum_{i=1}^{n} h(x_i) P(X = x_i) = \sum_{i=1}^{n} h(x_i) p_{x_i} & \text{（離散型）} \\ \displaystyle\int_{-\infty}^{\infty} h(x) f(x) dx & \text{（連続型）} \end{cases}$$

例題 2-3

サイコロを 1 回振ったときに出る目の数を X とするとき，X の確率関数と分布関数を求め，グラフに表せ。さらに X および X^2 の期待値を求めよ。

[解]　**手順 1**　出る目の数とそれぞれの目の出る確率を求めると，以下のようになる（確率関数）。

出る目の数 x	1	2	3	4	5	6
確率 $P(X=x)$	$\dfrac{1}{6}$	$\dfrac{1}{6}$	$\dfrac{1}{6}$	$\dfrac{1}{6}$	$\dfrac{1}{6}$	$\dfrac{1}{6}$

そこで分布関数は以下のような階段関数となる。

出る目の数 x	1	2	3	4	5	6
確率 $P(X \leqq x)$	$\frac{1}{6}$	$\frac{2}{6}$	$\frac{3}{6}$	$\frac{4}{6}$	$\frac{5}{6}$	1

さらにグラフに表すと，図 2.2 のようになる．

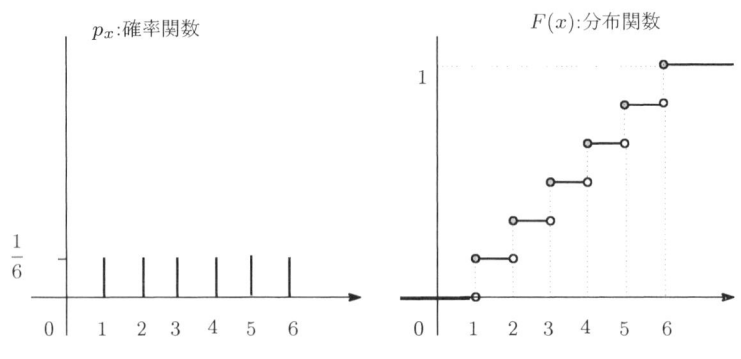

図 2.2 確率関数と分布関数

手順 2 X および X^2 の期待値をそれぞれ定義に沿って計算すると
$$E(X) = \sum_{i=1}^{6} iP(X=i) = (1+2+3+4+5+6)/6 = 3.5$$
$$E(X^2) = \sum_{i=1}^{6} i^2 P(X=i) = \sum i^2/6 = 91/6 = 15\frac{1}{6}$$

となる．表 2.2 のようにして表計算ソフトを用いて計算してもよい．

表 2.2 計算補助表

x	p_x	xp_x	$x^2 p_x$
1	1/6	1/6	1/6
2	1/6	2/6	4/6
3	1/6	3/6	9/6
4	1/6	4/6	16/6
5	1/6	5/6	25/6
6	1/6	6/6	36/6
計	1 $=\sum p_x$	21/6 $=E(X)$	91/6 $=E(X^2)$

─── R による実行結果 ───

```
> x<-seq(1,6,1) # x に 1 から 6 まで 1 刻みの値を代入する。
> table(x)    # x をデータのとる値で度数分布を作成する。
x
1 2 3 4 5 6
1 1 1 1 1 1
> y<-table(x)/6 # y に確率の値を代入する。
# 画面を 1 行 2 列に分割するには par(mfrow=c(1,2)) を入力する。
> plot(x,y,"h",lwd=3,main="確率関数") # 確率関数を描く。
> z<-cumsum(y) #  z に累積確率の値を代入する。
```

```
> plot(x,z,"s",lwd=3,col=2,main="累積分布関数")
# または以下の 1 行を入力する。
> plot(ecdf(x)) # 経験分布関数を描く。
> (ex<-sum(x*y))
# とる値と確率の積の和で x の期待値を計算し, 表示する。
# ex<-t(x) %*% y  x の転置と y との行列での積を計算し, ex に代入
> (ex2<-sum(x^2*y)) # x の 2 乗の期待値を計算し, 表示する。
# x2<-x*x;ex2<-t(x2)%*%y # x の各成分の 2 乗を計算し,
# x2 の転置と y との行列での積で x の 2 乗の期待値を計算してもよい。
```

演習 2-4 サイコロを 1 回振って出た目の数に関して, 偶数の目のときは 100 円もらい, 奇数のときは 50 円あげるとする。このときのもらえる金額の期待値を求めよ。

演習 2-5 コインを投げて表のとき 0, 裏のとき 1 をとる変数 X の期待値を求めよ。

───── 性質 ─────

$$(2.6) \quad E(aX+b) = aE(X)+b$$

($\because$) 離散型の場合

$$\text{左辺} = E(aX+b) = \sum(ax_i+b)P(X=x_i) = a\underbrace{\sum x_i P(X=x_i)}_{=E(X)} + b\underbrace{\sum P(X=x_i)}_{=1}$$

$$= aE(X)+b = \text{右辺}$$

連続型の場合

$$\text{左辺} = E(aX+b) = \int(ax+b)f(x)dx = a\underbrace{\int xf(x)dx}_{=E(X)} + b\underbrace{\int f(x)dx}_{=1}$$

$$= aE(X)+b = \text{右辺} \quad \square$$

また, 特に $h(x) = (x-\mu)^2 (\mu = E(X))$ のときである $(X-E(X))^2$ の期待値を X の**分散** (variance) といい, $V(X)$ または $Var(X)$ で表す。つまり

$$(2.7) \quad V(X) = E\Big((X-E(X))^2\Big) = \begin{cases} \displaystyle\sum_{i=1}^n (x_i-E(X))^2 P(X=x_i) & \text{(離散型)} \\ \displaystyle\int_{-\infty}^\infty (x-E(X))^2 f(x)dx & \text{(連続型)} \end{cases}$$

と定義される。

───── 性質 ─────

$$(2.8) \quad V(X) = E(X^2) - \{E(X)\}^2$$

$$(2.9) \quad V(aX+b) = a^2 V(X)$$

($\because$) 左辺 $= V(X) = E(X-E(X))^2 = E(X^2) - 2E(XE(X)) + \{E(X)\}^2 =$ 右辺 $\quad \square$

演習 2-6 例題 2-3 でのサイコロの出る目の数 X の分散を求めよ。

演習 2-7 上の性質の第 2 式を示せ。

演習 2-8 密度関数 $f(x)$ が以下で与えられる確率変数 X について，以下の設問に答えよ。

$$f(x) = \begin{cases} 1-|x| & |x| \leq 1 \\ 0 & |x| > 1 \end{cases}$$

① X の分布関数を求めよ。

② X の期待値 $E(X)$ と分散 $V(X)$ を求めよ。

（補 2-2）　X の原点のまわりの k 次のモーメント (moment) は

$$\alpha_k = E(X^k) = \int x^k f(x) dx \left(= \sum_i x_i^k p(x_i) \right)$$

である。X の平均 μ のまわりの k 次のモーメントは

$$\mu_k = E(X-\mu)^k = \int (x-\mu)^k f(x) dx \left(= \sum_i (x_i-\mu)^k p(x_i) \right)$$

である。$\phi(\theta) = E[e^{\theta X}]$ を X の**積率母関数** (moment generating function) といい，分布と 1 対 1 に対応している。つまり積率母関数が決まれば分布が決まり，その逆もいえる。◁

(2) 2 次元もしくはそれ以上（多次元）の場合

まず 2 次元の場合を考えてみよう。

● <u>離散型の場合</u>　2 変数の組 (X,Y) について**同時確率関数**が $P(X=x_i, Y=y_j) = p(x_i, y_j)$ で与えられるとき，分布関数 $F(x,y)$ は

(2.10) $\qquad F(x,y) = P(X \leq x, Y \leq y) = \sum_{u \leq x, v \leq y} p(u,v)$

となる。Y の値は何でもよく，X の値が x である確率である　$p_{x\cdot} = P(X=x)$ を X の**周辺分布**という。同様に，$p_{\cdot y} = P(Y=y)$ を Y の**周辺分布**という（図 2.3）。

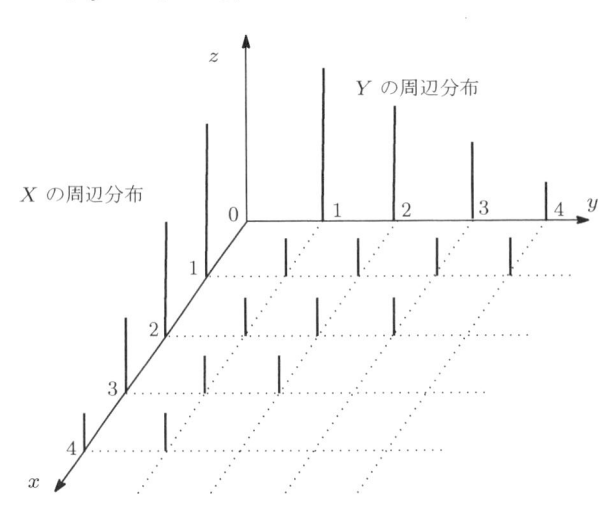

図 2.3　X と Y の周辺分布

(2.11) $\quad p_{x\cdot} = P(X = x) = \sum_{y=-\infty}^{+\infty} p_{xy}$

(2.12) $\quad p_{\cdot y} = P(Y = y) = \sum_{x=-\infty}^{+\infty} p_{xy}$

さらに，X と Y が**独立**とは，すべての (x, y) の組について

(2.13) $\quad p_{xy} = p_{x\cdot} \times p_{\cdot y}$

が成立する場合をいう。つまり，同時分布が周辺分布の積で表される場合で，X の値の出方が Y の値の影響を受けない場合である。また，Y の値の出方が X の値の影響を受けない場合である。

例題 2-4

$1 \leqq X \leqq 4, 1 \leqq Y \leqq 4$ である確率変数 X, Y の同時確率分布 p_{xy} が表 2.3 のように与えられる場合，空欄を埋めよ。

表 2.3 X と Y の同時分布

$X \backslash Y$	1	2	3	4	$p_{x\cdot}$
1	0.1	0.1		0.1	0.4
2	0.1	0.1	0.1	0	0.3
3	0.1	0.1	0	0	
4	0.1	0	0	0	0.1
$p_{\cdot y}$	0.4		0.2	0.1	

[解] 1行の空欄は行和が 0.4 より，0.1 である。3行の空欄は行和である 0.2 である。最下行の 3 列目の空欄は列和である 0.3 である。最下行の右端列の空欄は，確率の総和である 1 である。□

● <u>X と Y がともに連続的な確率変数の場合</u>　X と Y の同時分布の密度関数を $f(x,y)$ とすると，

X が $a < X \leqq b$ かつ Y が $c < Y \leqq d$ となる確率は

(2.14) $\quad P(a < X \leqq b, c < Y \leqq d) = \int_{c}^{d} \left\{ \int_{a}^{b} f(x,y) dx \right\} dy$

となる。また X, Y の取り得る値全域で確率が 1 となるから

(2.15) $\quad \int_{-\infty}^{+\infty} \left\{ \int_{-\infty}^{+\infty} f(x,y) dx \right\} dy = 1$

特に 2 次元正規分布 $N(\mu_x, \mu_y, \sigma_x^2, \sigma_y^2, \rho)$ の同時確率密度関数は，以下の式 (2.16) で与えられる。

$$
(2.16) \quad f(x,y) = \frac{1}{\sqrt{(2\pi)^2 \sigma_x^2 \sigma_y^2 (1-\rho^2)}} \exp\left[-\frac{1}{2(1-\rho^2)}\left\{\left(\frac{x-\mu_x}{\sigma_x}\right)^2 \right.\right.
$$
$$
\left.\left. -2\rho\left(\frac{x-\mu_x}{\sigma_x}\right)\left(\frac{y-\mu_y}{\sigma_y}\right) + \left(\frac{y-\mu_y}{\sigma_y}\right)^2\right\}\right]
$$

また，同時確率密度関数 $f(x,y)$ を Y の全域で積分すると，X だけの確率密度関数 $f_x(x)$ が得られる．これを X の**周辺密度関数** (marginal density function) という．同様に Y の**周辺密度関数** $f_y(y)$ も定義される．

$$
(2.17) \quad f_x(x) = \int_{-\infty}^{+\infty} f(x,y) dy
$$

$$
(2.18) \quad f_y(y) = \int_{-\infty}^{+\infty} f(x,y) dx
$$

さらに X と Y が**独立**とは任意の (x,y) に対し，

$$
(2.19) \quad f(x,y) = f_x(x) \times f_y(y)
$$

が成立する場合をいう．

分布関数 $F(x,y)$ は

$$
(2.20) \quad F(x,y) = P(X \leqq x, Y \leqq y) = \int_{-\infty}^{x}\int_{-\infty}^{y} f(u,v) du dv
$$

となる．

そして，二つの確率変数 X, Y の分散に関して以下が成立する．

性質

$$
(2.21) \quad V(X+Y) = V(X) + V(Y) + 2C(X,Y)
$$

($\because$) 左辺 $= V(X+Y) = E(X+Y-E(X+Y))^2$
$= E(X-E(X))^2 + 2E(X-E(X))(Y-E(Y)) + E(Y-E(Y))^2$
$= V(X) + 2C(X,Y) + V(Y) = $ 右辺 となり，示される．□

なお

$$
(2.22) \quad C(X,Y) = Cov(X,Y) = E(X-E(X))(Y-E(Y))
$$
$$
= E(XY) - E(X)E(Y)
$$

で，これは X と Y の**共分散** (covariance) といわれ，<u>X と Y が独立なときには 0</u> である．

($\because$) $E(XY) = \iint xy f(x,y) dx dy = \int x f_x(x) dx \times \int y f_y(y) dy = E(X) \times E(Y)$ から
$C(X,Y) = 0$ がいえる．□

演習 2-9 二つの確率変数 X と Y の同時分布が以下（表 2.4）のように与えられている。

表 2.4 X と Y の同時分布

X \ Y	1	2	$p_{x\cdot}$
0	0.3		0.4
1	0.1	0.5	
$p_{\cdot y}$		0.6	1

① 表の空欄を埋めよ。
② X と Y の周辺分布を求めよ。また，X と Y は独立か。
③ X の周辺分布の平均と分散を求めよ。
④ X と Y の共分散，相関係数を求めよ。
⑤ $Y = 1$ が与えられたもとでの，X の条件付分布および平均，分散を求めよ。
⑥ $Z = X + Y$ とするとき，Z の確率分布およびその平均と分散を求めよ。

また n 個の確率変数 $X_1, \ldots, X_n$ についても，次のように平均と分散についての関係が成立する。

性質

(2.23) $\quad E(a_1 X_1 + \cdots + a_n X_n) = a_1 E(X_1) + \cdots + a_n E(X_n)$

(2.24) $\quad V(a_1 X_1 + \cdots + a_n X_n)$
$\quad = a_1^2 V(X_1) + \cdots + a_n^2 V(X_n) + 2 a_1 a_2 C(X_1, X_2) + \cdots + 2 a_{n-1} a_n C(X_{n-1}, X_n)$

演習 2-10 式 (2.23)，(2.24) が成立することを示せ。

(3) 条件付分布

X と Y の同時分布を考え，$Y = y$ が与えられたときの X の分布を**条件付分布**といい，その確率関数（密度関数）を

(2.25) $\quad p(x|y) = P(X = x | Y = y)(f(x|y))$

で表す。二つの確率変数 X, Y に関して，図 2.4 のように同時密度関数を条件 $Y = y$ のうえで確率分布を考えることになる。

演習 2-11 サイコロを2回独立に振ったときの1回目，2回目の出る目の数を X, Y とするとき，以下の設問に答えよ。

① Y が偶数という条件のもとで X の確率分布を求めよ。
② Y が偶数という条件のもとで X が奇数である確率を求めよ。
③ 目の和 $(X + Y)$ が 8 であるという条件のもとで X, Y とも偶数である確率を求めよ。

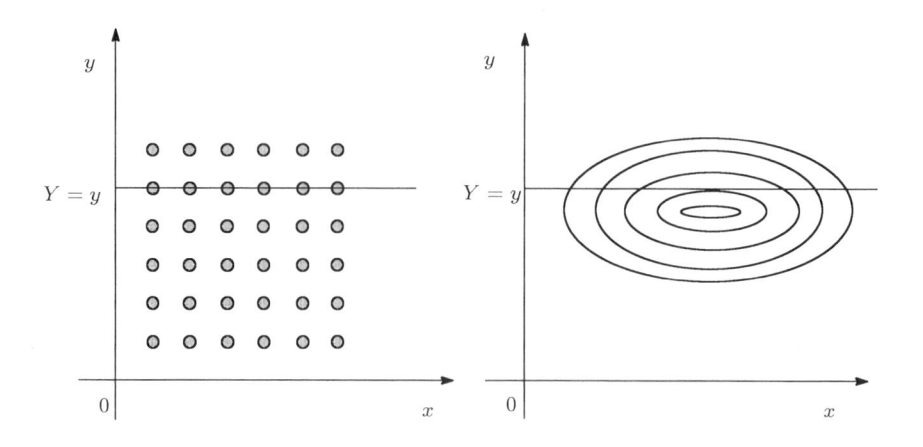

図 2.4 条件付の確率分布

2.2 主要な分布

データは連続的な値をとる連続型分布と，とびとびの値をとる離散型確率変数に対応した確率分布の離散型分布に大別される。以下にいろいろな分布の密度関数をあげながら特徴を調べよう。

2.2.1 連続型分布

(1) 正規分布 (normal distribution)

密度関数 $f(x)$ が式 (2.26) で与えられる分布を平均 μ，分散 σ^2 の正規分布といい，$N(\mu, \sigma^2)$ と表す。特に $\mu = 0, \sigma^2 = 1$ のとき $N(0, 1^2)$ であり，これを**標準正規分布**という。発見者に因んで**ガウス分布** (Gauss distribution) ともいわれる。

$$(2.26) \qquad f(x) = \frac{1}{\sqrt{2\pi\sigma^2}} \exp\left[-\frac{(x-\mu)^2}{2\sigma^2}\right] \quad (-\infty < x < \infty)$$

ただし，$\pi = 3.14159\cdots$，$\exp(x) = e^x$ で $e = 2.7182818\cdots$ である。

グラフを描くと図 2.5 のようである。そして，密度関数の性質 $f(x) \geq 0$ と $\int_{-\infty}^{\infty} f(x)dx = 1$ を満足している。

2.2 主要な分布

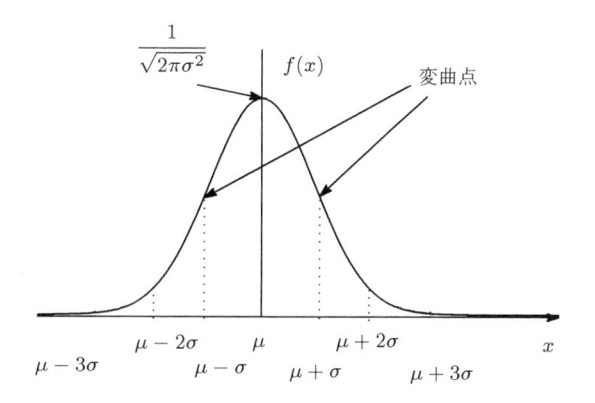

図 2.5 正規分布 $N(\mu, \sigma^2)$ の密度関数

(補 2-3) ここで，$\int_{-\infty}^{\infty} f(x)dx = 1$ であることは $t = \dfrac{x-\mu}{\sigma}$ なる変数変換をして

$$\int_{-\infty}^{\infty} \frac{1}{\sqrt{2\pi}} e^{-t^2/2} dt = 1$$

を示せばよい．これは広義積分で微積分のテキストに載っているので参照されたい．$\int_{-\infty}^{\infty} e^{-t^2/2} dt = \sqrt{2\pi}$ と覚えておくと便利である．◁

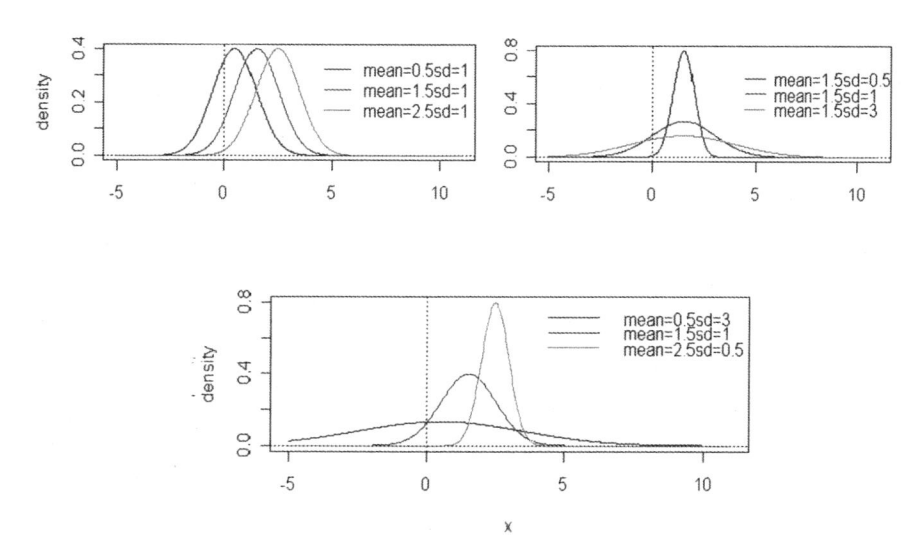

図 2.6 μ, σ^2 の変化と正規分布の密度関数のグラフ

そして以下のような性質がある。

① 平均 μ に関して対称である。

② $x = \mu \pm \sigma$ で変曲点をとる（曲線が下（上）に凸から上（下）に凸となる点）。

③ x 軸が漸近線である $\left(\lim_{x \to \pm\infty} f(x) = 0\right)$。

また平均と分散は以下のようである。

―― 性質 ――
$$X \sim N(\mu, \sigma^2) \text{ のとき, } E(X) = \mu, V(X) = \sigma^2$$

―― Rによる実行結果 ――
```
# 正規分布の密度関数のグラフ 図2.6 上左側
> plot.new() # frame()
> x=seq(-5,11,length=500);i=c(0.5,1.5,2.5)
> y<-sapply(i,function(a){dnorm(x,mean=a,sd=1)})
> y
              [,1]          [,2]          [,3]
  [1,] 1.076976e-07 2.669557e-10 2.434321e-13
    ...
[500,] 4.575376e-25 1.007794e-20 8.166236e-17
> matplot(x,y,type="l",lty=1,col=1:3,ylab="density"
+ ,main="正規分布の密度関数")
>legend(4,0.4,paste("mean=",i,"sd=",1,sep=""),col=1:3,lty=1,bty="n")
> abline(h=0,v=0,lty=3)
# 図2.6 右上側
> plot.new() # frame() グラフ画面をクリアする。
> x=seq(-5,11,length=500);j=c(0.5,1,3)
> y<-sapply(i,function(a){dnorm(x,mean=1.5,sd=a)})
> matplot(x,y,type="l",lty=1,col=1:3,ylab="density"
+ ,main="正規分布の密度関数")
> legend(4,0.7,paste("mean=",1.5,"sd=",j,sep=""),col=1:3,lty=1,bty="n")
> abline(h=0,v=0,lty=3)
# 図2.6 下中
> plot.new() # frame()
> x=seq(-5,11,length=500)
> m=c(0.5,1.5,2.5); s=c(3,1,0.5)
> y<-matrix(0,nrow=500,ncol=3)
```

```
> for (j in 1:3){
+     d<-dnorm(x,mean=m[j],sd=s[j])
+     y[,j]<-d
+ }
> matplot(x,y,type="l",lty=1,col=1:3,ylab="density"
+ ,main="正規分布の密度関数")
> legend(3.5,0.8,paste("mean=",m,"sd=",s,sep=""),col=1:3,lty=1,bty="n")
> abline(h=0,v=0,lty=3)
```

特に**標準（規準）化** $\left(U = \dfrac{X-\mu}{\sigma}\right)$ したときの密度関数は$\phi(u)$（ファイ）で表し，

(2.27) $\quad \phi(u) = \dfrac{1}{\sqrt{2\pi}}\exp\left[-\dfrac{u^2}{2}\right] = \dfrac{1}{\sqrt{2\pi}}e^{-\frac{u^2}{2}}$

である。そこで，$U \sim N(0, 1^2)$ である。また標準正規分布の分布関数は$\Phi(x)$（ファイ）と表す。つまり，$U \sim N(0, 1^2)$ のとき，

(2.28) $\quad P(U \leqq x) = \displaystyle\int_{-\infty}^{x} \phi(x)dx = \Phi(x), \quad \left(\dfrac{d\Phi(x)}{dx} = \phi(x)\right)$

である。

例題 2-5（偏差値）

各個人の数学の成績は平均 60 点，分散 10^2 点の正規分布 $N(60, 10^2)$ に従っているとする。このとき数学の成績が 70 点の人の偏差値を求めよ。また偏差値はどのような分布に従っているか。ただし，偏差値は次式で定義される。

$$\text{偏差値} = 10 \times \dfrac{\text{個人の得点} - \text{平均点}}{\text{標準偏差}} + 50$$

[解] 各個人の数学の成績を X で表し，$X \sim N(\mu, \sigma^2)$ とする。このとき偏差値 T は，

$$T = 10 \times \dfrac{X-\mu}{\sigma} + 50$$

と表される。$U = \dfrac{X-\mu}{\sigma}$ とおけば，$U \sim N(0, 1^2)$ である。そこで，$T \sim N(50, 10^2)$ とわかる。次に実際の得点 $X = 70$ を代入して偏差値は，$T = 10 \times (70-60)/10 + 50 = 60$ と求まる。□

R による実行結果

```
> T<-10*(70-60)/10+50
> T
[1] 60
```

そして，次の重要な性質がある。

> **―― 性質 ――**
> $X_1, \ldots, X_n$ が互いに独立に $N(\mu, \sigma^2)$ に従うとき
> $$\overline{X} \sim N\left(\mu, \frac{\sigma^2}{n}\right)$$

（補 2-4） データ数が増えてくるときの（算術）平均の行き先（収束）に関して以下の性質がある。

- **大数の法則**

$X_1, \ldots, X_n$ が互いに独立で平均がいずれも μ、分散が $\sigma^2 (< \infty)$ であるとき、データ数が増えてくると算術平均 $\overline{X}$ は確率的に平均 μ に近づく。式で書けば次のようである。

> 任意の正数 ε に対し、$P(|\overline{X} - \mu| > \varepsilon) \to 0 \, (n \to \infty)$

これを証明するとき利用される、確率の集中度を大雑把に評価する**チェビシェフ (Chebyshef) の不等式**がある。それは以下で与えられる。

- **チェビシェフの不等式** 確率変数 X の平均を μ、分散を σ^2 とするとき、

> 正の数 k に対し、$P(|X - \mu| \geq k\sigma) \leq \dfrac{1}{k^2}$

が成立する。

(∵) 連続型のデータのとき、$\sigma^2 = \int_{-\infty}^{\infty} (x - \mu)^2 f(x) dx \geq \int_{|x-\mu| \geq k\sigma} (x - \mu)^2 f(x) dx$
$\geq k^2 \sigma^2 \int_{|x-\mu| \geq k\sigma} f(x) dx = k^2 \sigma^2 P(|X - \mu| \geq k\sigma)$ から示される。X が離散型データの場合も同様に示される。各自やってみよう。□

- **中心極限定理**

$X_1, \ldots, X_n$ が互いに独立で平均がいずれも $E(X_i) = \mu$ で、分散が $V(X_i) = \sigma^2$ の分布に従うとき、データ数が増えてくると算術平均 $\overline{X}$ の分布は平均 μ、分散 $\dfrac{\sigma^2}{n}$ の正規分布で近似される。式で書けば以下のようになる。◁

> $$\frac{\overline{X} - E(\overline{X})}{\sqrt{V(\overline{X})}} = \frac{\sqrt{n}(\overline{X} - \mu)}{\sigma} \quad \longrightarrow \quad N(0, 1^2) \qquad (n \to \infty)$$

正規分布に従う（確率）変数に関する確率を求めるときには、標準化することで標準正規分布に従うので、基本となる標準正規分布に関する面積などの数値表があればよい。そして、$u \sim N(0, 1^2)$ のとき、$P(|u| \geq u(\alpha)) = \alpha$ を満足する $u(\alpha)$ を標準正規分布の**両側 100α% 点**または**両側 α 分位点** (α-th quantile) という。片側では**$\alpha/2$ 分位点**または $100\dfrac{\alpha}{2}$**% 点**という。

正規分布数値表の見方

① x **座標**から**面積**（確率：α）を与える表の見方 $\left(u(\alpha) \Longrightarrow \dfrac{\alpha}{2}\right)$

数値表では図 2.7 のように小数第 1 位までが縦（行）方向の値で，小数第 2 位が横（列）方向の値で，その交差する位置に求める上側確率の値がのっている．例えば $u(\alpha) = 1.96$ だと縦方向に 1.9 のところまで下りて，横方向に 0.06 いったところで交差する位置の値の 0.025 が上側確率である．

$$u(\alpha) : x\,\text{座標} \Longrightarrow \frac{\alpha}{2} : \text{面積（確率）}$$

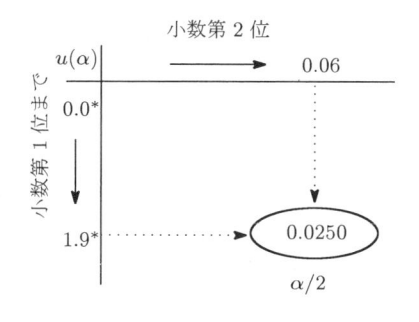

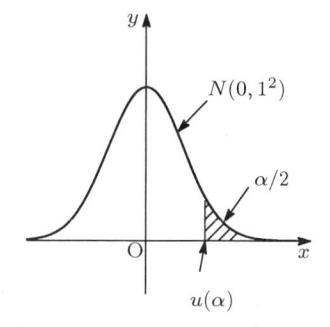

図 2.7 数値表の見方

② **面積**（確率：α）から x **座標**を与える表の見方（図 2.8）

$$\frac{\alpha}{2} : \text{面積（確率）} \Longrightarrow u(\alpha) : x\,\text{座標}$$

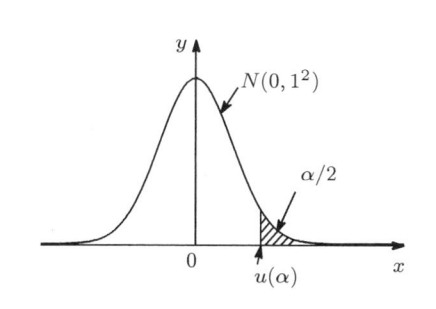

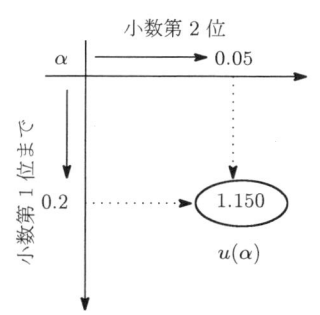

図 2.8 確率から x 座標の見方

例えば $\alpha/2 = 0.05 \quad \longrightarrow \quad u(\alpha) = u(0.10) = 1.645$ のようにみる．一部を以下の表 2.5 に与えておこう．

表 2.5 正規分布表（一部）$\alpha/2 \to u(\alpha)$

$\alpha/2$	0.10	0.05	0.025	0.01	0.005
$u(\alpha)$	1.282	1.645	1.960	2.326	2.576

対称な密度関数の分布は両側確率の形で与えることにする．本によっては片側で与えている．また $\varepsilon \to K_\varepsilon, Z_\varepsilon, \; P \to K_P$ の記号を用いた数表も多い．

例題 2-6

正規分布表を利用して，次の確率を求めよ．

(1) $X \sim N(\mu,\sigma^2)$ のとき，$P(\mu - k\sigma < X < \mu + k\sigma)(k=1,2,3)$ を求めよ．

(2) $X \sim N(3,2^2)$ のとき，以下の確率を求めよ．

① $P(X<4)$　　② $P(X<0)$　　③ $P(-0.5<X<5.5)$

(3) 標準正規分布において以下の数値を求めよ．

① 下側 1%点　② 下側 5%点（上側 95%点）　③ 上側 10%点（下側 90%点）

④ 上側 2.5%点（下側 97.5%点）　⑤ 両側 5%点　⑥ 両側 10%点

[解]　(1) $P\left(-k < \dfrac{X-\mu}{\sigma} < k\right) = P(-k < U < k)$ で，$U \sim N(0,1^2)$ なので，

$k=1$ のとき，$P(-1<U<1) = 1 - 2P(U>1) = 0.6826$,

$k=2$ のとき，$P(-2<U<2) = 0.9544$,

$k=3$ のとき，$P(-3<U<3) = 0.9974$

である．そこで，3シグマからはずれる確率は，**千三つの法則**といわれるように約 0.003 である．以下の図 2.9 を参照されたい．

標準正規分布 $N(0,1^2)$ のグラフ

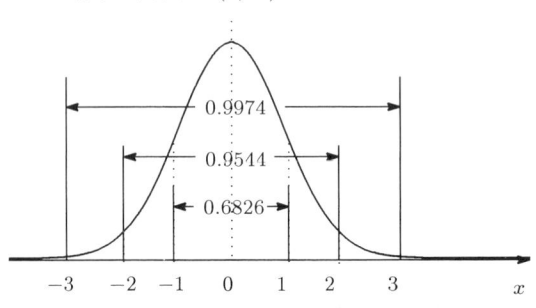

図 2.9　正規分布の 3 シグマ範囲と確率

例題 2-5 の偏差値 T について，

$$P(20 < T < 80) = P(-3 < U < 3) = 0.9974 \quad (\mu = 50, \sigma = 10, k = 3)$$

だから，偏差値が 20 から 80 の間に約 99.7%の人がいるとわかる．

(2) 各問の確率に対応して，以下のように考えて計算する．不等号の向きに注意しながら図を描いて求めるようにしたい．

① $P(X<4) = P\left(\dfrac{X-3}{2} < \dfrac{4-3}{2}\right) = P(U<0.5) = 0.6915$

② $P(X<0) = P(U<-1.5) = 0.0668$

③ $P(-0.5<X<5.5) = P(-1.75<U<1.25) = 0.8543$

(3) ① 上側 99%点で，$-u(0.02) = -2.326$　② 上側 95%点で，$-u(0.10) = -1.645$　③ 下側 90%で，$u(0.20) = 1.281552$　④ 下側 97.5%点で，$u(0.05) = 1.96$　⑤ 下側 2.5%点と上側 2.5%点で，$\pm u(0.05) = \pm 1.96$　⑥ 下側 5%点と上側 5%点で，$\pm u(0.10) = \pm 1.645$　□

2.2 主要な分布

ここで正規分布に関して，R において密度，累積確率，分位点を与える関数をみておこう。x 座標に対して，dnorm(x) が x における標準正規分布の密度の値を与え，pnorm(x) が x 以下である確率（累積確率または下側確率）を与える。また確率 p に対して，qnorm(p) が累積確率が p となる x 座標の値を与える。平均と標準偏差が与えられる場合には dnorm(x,μ,σ) のように関数を書けばよい。図 2.10 を参照されたい。

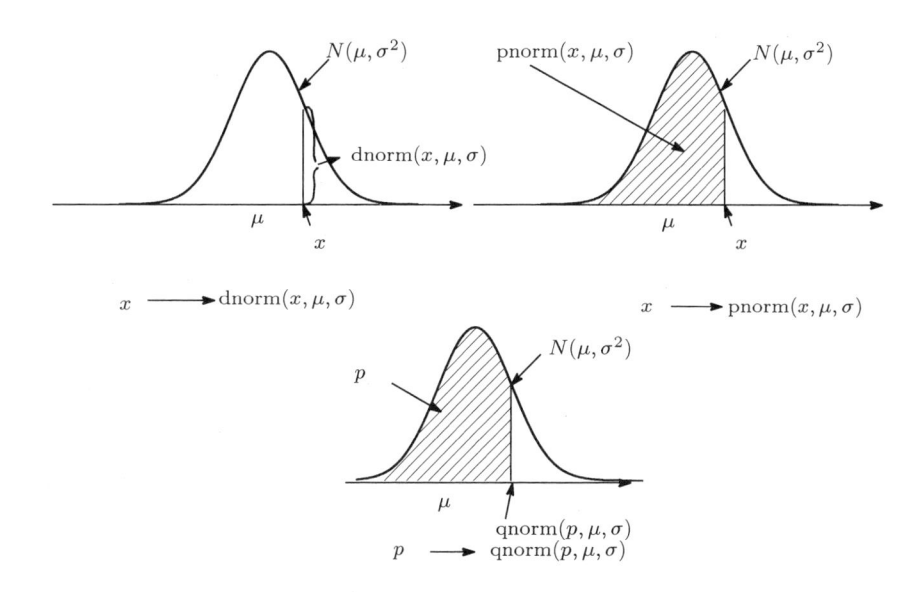

図 2.10 平均 μ, 分散 σ^2 の正規分布の密度関数の値，下側確率，下側分位点 (％点)

以下に具体的な例をあげて実行してみよう。

───── R による実行結果 ─────

```
> dnorm(0)  # 標準正規分布の x 座標が 0 のときの密度関数の値
[1] 0.3989423
> 1/sqrt(2*pi)
[1] 0.3989423
> pnorm(.4)  # 標準正規分布の x 座標が 0.4 のときの下側確率
[1] 0.6554217
> pnorm(0.4,lower.tail=F)  # 標準正規分布の x 座標が 0.4 のときの上側確率
[1] 0.3445783
> pnorm(0)  # 標準正規分布の x 座標が 0 のときの下側確率
[1] 0.5
> pnorm(-1,0,1)
# 平均 0, 標準偏差 1 の正規分布の x 座標が -1 のときの下側確率
[1] 0.1586553
```

```
> pnorm(0,2,2)
# 平均 2, 標準偏差 2 の正規分布の x 座標が 0 のときの下側確率
[1] 0.1586553
> qnorm(.75) # 標準正規分布の下側確率が 0.75 である x 座標
[1] 0.6744898
> qnorm(.25,lower.tail=FALSE) # 標準正規分布の上側確率が 0.25 である x 座標
[1] 0.6744898
```

次に，例題を R を利用して解いてみよう．

――――――――― R による実行結果 ―――――――――

```
# (1)
> pnorm(3)-pnorm(-3)
# 標準正規分布に従う確率変数が-3 から 3 であるときの確率
[1] 0.9973002
> pnorm(2)-pnorm(-2)
# 標準正規分布に従う確率変数が-2 から 2 であるときの確率
[1] 0.9544997
> pnorm(1)-pnorm(-1)
# 標準正規分布に従う確率変数が-1 から 1 であるときの確率
[1] 0.6826895
# (2)
> pnorm(4,3,2)
# ①平均 3, 標準偏差 2 の正規分布に従う確率変数が 4 以下である確率
[1] 0.6914625
> pnorm((4-3)/2)
[1] 0.6914625
> pnorm(0,3,2)  # ②平均 3, 標準偏差 2 の正規分布に従う確率変数が
# 0 以下である確率 または > pnorm((0-3)/2)
[1] 0.0668072
> pnorm(5.5,3,2)-pnorm(-0.5,3,2)
# ③平均 2, 標準偏差 2 の正規分布に従う確率変数が-0.5 以上 5.5 以下
# である確率 または > pnorm((5.5-3)/2)-pnorm((-0.5-3)/2)
[1] 0.854291
#(3)
> qnorm(.01) # ① 標準正規分布の下側確率が 0.01 である x 座標の値
```

```
[1] -2.326348 # 下側 1 % 点, 上側 99 % 点
> qnorm(.05) # ② 標準正規分布の下側確率が 0.05 である x 座標の値
[1] -1.644854 # 下側 5 % 点, 上側 90 % 点
> qnorm(.90) # ③ 標準正規分布の下側確率が 0.90 である x 座標の値
[1] 1.281552 # 下側 90 % 点, 上側 10 % 点
> qnorm(.975) # または >qnorm(0.025,lower.tail=F)
# ④ 標準正規分布の下側確率が 0.975 である x 座標の値
[1] 1.959964 # 下側 97.5 % 点, 上側 2.5 % 点
> qnorm(0.975) # または >qnorm(0.025,lower.tail=FALSE)
# ⑤ 標準正規分布の下側確率が 0.975 である x 座標の値
[1] 1.959964 # 解答は± 1.959964
> qnorm(0.95) # ⑥ 標準正規分布の下側確率が 0.95 である x 座標の値
[1] 1.644854 # 解答は± 1.644854 または >qnorm(0.05,lower.tail=F)
```

次に,正規分布の密度関数,分布関数のグラフを描いてみよう.

─── R による実行結果 ───
```
> curve(dnorm(x,mean=0,sd=1),xlim=c(-5,5),ylim=c(0,1)
,main="標準正規分布の密度関数")
# xlim=c(-5,5) は from=-5,to=5 でもよい。
> abline(h=0,v=c(-4,0,4))
# y=0 の水平線を引く, x=-4,0,4 の垂直線を引く。
> curve(pnorm(x,mean=0,sd=1),xlim=c(-5,5),ylim=c(0,1)
,main="標準正規分布の分布関数")
> abline(h=0.5) # y=0.5 の水平線を引く。
> dx<-function(x) {dnorm(x,0,1)}
> px<-function(x) {pnorm(x,0,1)}
> plot(px,-4,4,main="標準正規分布の密度と分布関数")
> plot(dx,-4,4,add=T,lty=2)
```

演習 2-12 以下について数値表を利用して求めよ.
(1) $X \sim N(20, 16^2)$ のとき,以下の確率を求めよ.
① $P(X \leq 4)$ ② $P(X \leq 25)$ ③ $P(X \geq 35)$ ④ $P(-2 \leq X \leq 45)$
(2) 英語の校内での試験は平均 40,分散 12^2 の正規分布に従っているとみなされる.このとき,以下の設問に答えよ.
① 70 点の人は偏差値はいくらか.

② 偏差値が 60 の人は上位何%と考えられるか。

(2)* **一様分布** (<u>u</u>niform)

$U(a,b)$ で表す。密度関数 $f(x)$ が式 (2.29) で与えられる分布で，$a=0, b=1$ の場合の $f(x)$ は図 2.11 のようである。一様乱数が従う分布である。

$$(2.29) \qquad f(x) = \begin{cases} \dfrac{1}{b-a} & a < x < b \\ 0 & その他 \end{cases}$$

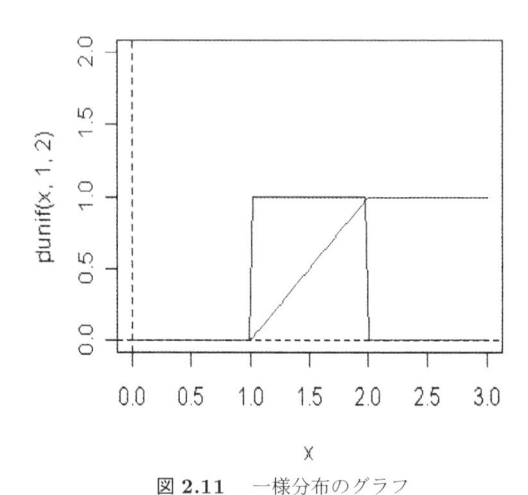

図 2.11 一様分布のグラフ

R による実行結果

```
> plot.new()
> curve(dunif(x,1,2),xlim=c(0,3),ylim=c(0,2),col=4
+ ,main="(1,2)上の一様分布の密度関数と分布関数")
> par(new=T)  # 前の図を残したまま次の図を描く。
> curve(punif(x,1,2),xlim=c(0,3),ylim=c(0,2),col=2)
> abline(h=0,v=0,lty=2)  # y=0 の水平線と x=0 の垂直線を引く。
> dx<-function(x) {dunif(x,1,2)}  # 関数の定義をする。
> px<-function(x) {punif(x,1,2)}  # 関数の定義をする。
> plot(px,1,2,col=2,lty=2)  # 点線でグラフを描く。
> plot(dx,1,2,col=4,add=T)  # 実線でグラフを追加する。
```

演習 2-13 ① $X \sim U(a,b)$ のとき，X の分布関数 $F(x)$ を求めよ。

② X の分布関数を $F(x)$ とするとき，$F(X)$ は一様分布 $U(0,1)$ に従うことを示せ。

演習 2-14 ① $X \sim U(a,b)$ のとき $E(X), V(X)$ を求めよ。

② $X \sim U(a,b)$ のとき $\dfrac{X-a}{b-a}$ の分布を求めよ。

2.2 主要な分布

(3)* 指数分布 (exponential)

$Exp(\lambda)$ で表す。密度関数 $f(x)$ が式 (2.30) で与えられる分布である。そして，いくつかの λ に対し $f(x)$ は図 2.12 のようになる。待ち行列でよく利用される分布である。

$$(2.30) \quad f(x) = \begin{cases} \lambda e^{-\lambda x} & 0 \leq x \ (\lambda > 0) \\ 0 & x < 0 \end{cases}$$

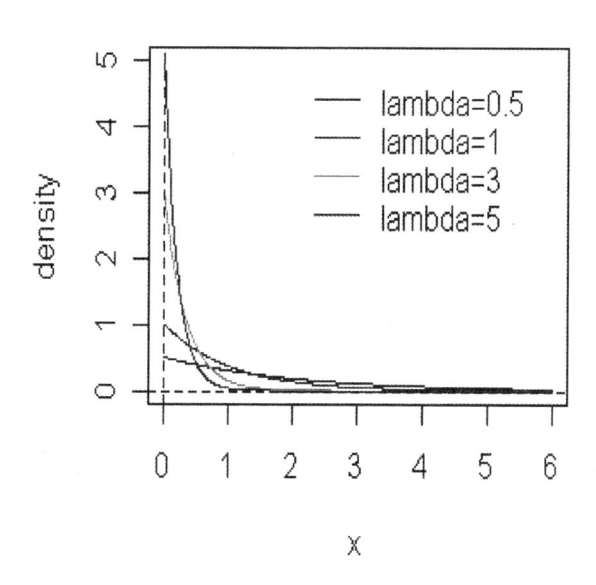

図 2.12 指数分布のグラフ

```
─────────────── R による実行結果 ───────────────
> x=seq(0,6,length=500)
> i=c(0.5,1,3,5)
> y<-sapply(i,function(a){a*exp(-a*x)})
> matplot(x,y,type="l",lty=1,col=1:4,ylab="density"
,main="指数分布のグラフ")
> legend(2,5,paste("lambda=",i,sep=""),col=1:4,lty=1,bty="n")
> abline(h=0,v=0,lty=2) # y=0 の水平線と x=0 の垂直線を引く。
> py<- function(x) {1-exp(-3*x)}
> curve(py,xlim=c(0,4),ylim=c(0,1),main="指数分布 (母数 3) の密
度関数と分布関数")
> dy<- function(x) {3*exp(-3*x)}
> curve(dy,col=2,add=T)
```

演習 2-15 ① $X \sim Exp(\lambda)$ のとき，分布関数 $F(x)$ を求めよ。
② $X \sim U(0,1)$ のとき $-\log X$ の分布を求めよ。

演習 2-16 $X \sim Exp(\lambda)$ のとき $E(X), V(X)$ を求めよ。

例題 2-7

あるハンバーガー店のドライブスルーへは，車で来る客の到着間隔の分布が平均3分の指数分布である。このとき，以下の設問に答えよ。
① 5分以上，車が来ない確率を求めよ。
② 単位時間あたりに来る車の台数（平均到着率）はいくらか。
③ t 分来ないという条件のもとで，さらに次の車が x 分来ない確率を求めよ。

[解] ① 到着間隔時間を X 分とすると $X \sim Exp(1/3)$ だから，X が5以上である確率は

$$P(X > 5) = 1 - P(X \leq 5) = 1 - \int_0^5 \lambda e^{-\lambda x} dx = 1 - \lambda \left[\frac{e^{-\lambda x}}{-\lambda}\right]_0^5 = 1 + \left[e^{-x/3}\right]_0^5$$
$$= e^{-5/3} \fallingdotseq 0.189$$

② 3分で1台だから，1分あたりでは $\lambda = 1/3$（台/分）である。

③ 求める確率は条件付確率で，以下のようになる。

$$P(X \geq x+t | X \geq t) = \frac{P(X \geq x+t)}{P(X \geq t)} = \frac{\int_{x+t}^\infty \lambda e^{-\lambda x} dx}{\int_t^\infty \lambda e^{-\lambda x} dx} = e^{-\lambda x} \text{（t に無関係）} \quad \Box$$

演習 2-17 あるガソリンスタンドへは，車が平均10分に1台の割合で給油に訪れている。この時間分布が指数分布に従うとして，以下の設問に答えよ。
① 平均待ち時間はいくらか。
② 15分以上，車が来ない確率はいくらか。

2.2.2 離散型分布

(1) 二項分布 (binomial distribution)

1回の試行で失敗する確率が p で成功する確率が $1-p$ であるとき，独立に5回試行したうち2回失敗する確率は，順番を考えないときには $p^2(1-p)^{5-2}$ である。このような試行をベルヌーイ試行 (Bernoulli trial) という。そして順番を考えると，×：失敗，○：成功と表せば以下のように5個から2個とる組合せの数の場合がある。

○○○××，○○××○，…，××○○○

そこで X が失敗回数を表すとすれば，2回失敗する確率は

$$P(X=2) = \binom{5}{2} p^2 (1-p)^3$$

となる。一般に，不良率 $p(0 < p < 1)$ の工程からランダムに n 個の製品を取ったとき，x 個が不良品である確率は

$$\text{(2.31)} \quad P(X=x) = \binom{n}{x} p^x (1-p)^{n-x} \quad (x=0,1,\cdots,n) \quad \left(\binom{n}{x} = {}_nC_x\right)$$

で与えられる。ただし，$\binom{n}{x}$ は相異なる n 個から x 個取るときの組合せの数を表し，

$$\text{(2.32)} \quad \binom{n}{x} = \frac{n!}{x!(n-x)!} = \frac{n(n-1)\cdots(n-x+1)}{x(x-1)\cdots 1} = \binom{n}{n-x}$$

である。このような確率変数 X は二項分布 $B(n,p)$ に従うといい，$X \sim B(n,p)$ と表す。

――― R による実行結果 ―――

```
# 図 2.13 上左側
> plot.new() # frame() グラフ画面をクリアする。
> x=0:10
> p<-seq(0.1,0.9,0.1)
> y<-sapply(p,function(a){dbinom(x,10,a)})
> matplot(x,y,type="o",lty=1,ylim=c(0,1),pch=1:9,col=1:9
 ,ylab="density",main="二項分布")
> legend(2,1.1,paste("p=",p,"(n=10)",sep=""),col=1:9,lty=1,bty="n")
> abline(h=0,v=0,lty=2,col=2)
> # 図 2.13 上右側
> plot.new() # frame()
> x=0:25
> n<-c(5,10,20,30,50)
> y<-sapply(n,function(a){dbinom(x,a,0.2)})
> matplot(x,y,type="o",lty=1,ylim=c(0,0.45),pch=1:5,col=1:5
 ,ylab="density",main="二項分布")
> legend(5,0.4,paste("n=",n,"(p=0.2)",sep=""),col=1:5,lty=1,bty="n")
> abline(h=0,v=0,lty=2,col=2)
# 図 2.13 下中
> plot.new() # frame()
> x=0:20
> n<-c(10,20,30,50)
> p<-c(0.6,0.3,0.2,0.12)
> y<-matrix(0,nrow=21,ncol=4)
> for (j in 1:4){
+   d<-dbinom(x,n[j],p[j])
+   y[,j]<-d
+ }
```

```
> matplot(x,y,type="o",lty=1,ylim=c(0,0.3),pch=1:4,col=1:4
 ,ylab="density",main="二項分布")
> legend(10,0.3,paste("n=",n,"p=",p,sep=""),col=1:4,lty=1,bty="n")
> abline(h=0,v=0,lty=2,col=2)
```

確率計算をするときはこの式を使って計算する。コンピュータによって逐次計算すればよいが，累積確率を計算するときには F 分布の積分によっても求められ，数値表が利用できる。そして，各 n, p に対してその確率をグラフに描くと図 2.13 のようになる。図 2.13 の左上の図は n を 10 で一定のもと p を 0.1 から 0.9 まで変化させたときのグラフであり，右上の図は逆に p を 0.2 で一定としたもとで，n を 5，10，20，30 と変化させたときのグラフである。下中央の図は n と p の積 np を $6(\geqq 5)$ で一定となる n と p の組についてグラフを描いたものである。

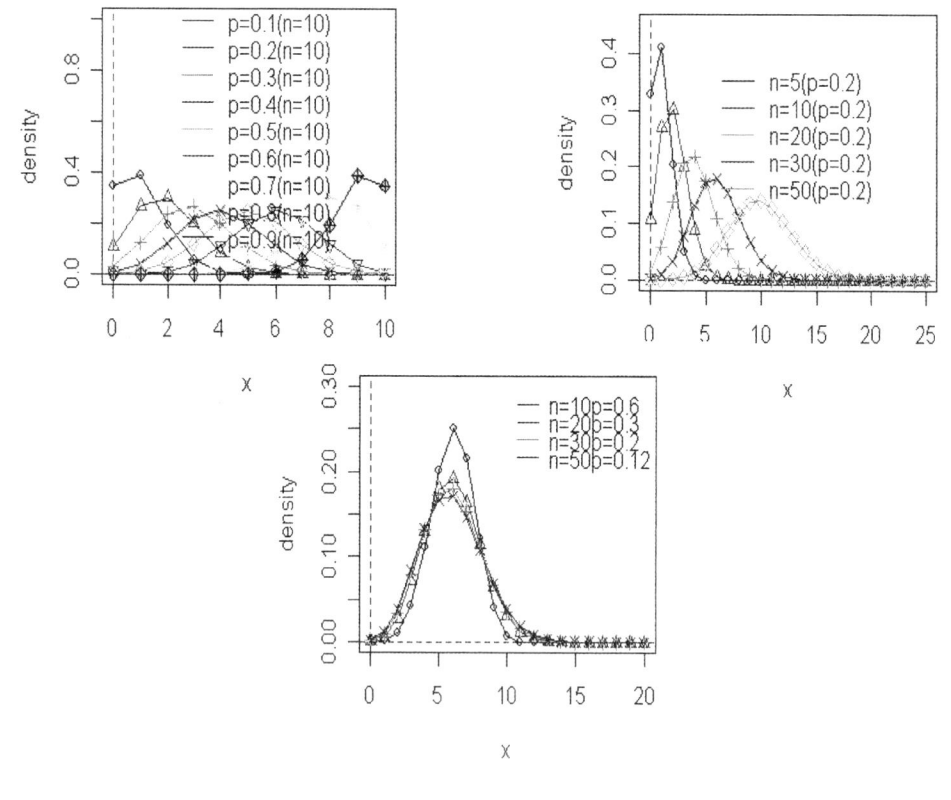

図 **2.13**　二項分布の確率

― 例題 **2-8** ―

バスケットボールでシュートの成功率が 0.6 である人が，4 回シュートするときの成功回数を X とする。このとき，X のとる値とその確率，および分布関数を求めよ。さらに確率関数と分布関数グラフに表せ。

[解] 題意から，X は成功確率 $p = 0.6$ の二項分布に従う．つまり，$X \sim B(n,p)$ で $n = 4$, $p = 0.6$ である．□

R による実行結果

```
> par(mfrow=c(1,2)) # グラフ画面を1行2列に分割する．
> x<-0:4 # x に 0,1,2,3,4 を代入する．
> plot(x,dbinom(x,4,0.6),col=4,type="h",lwd=3)
# "h"は各点からx軸までの垂線を引く．
>y<-pbinom(x,4,0.6)
# 正確には y<-pbinom(x,size=4,prob=0.6) と入力する．
> y
[1] 0.0256 0.1792 0.5248 0.8704 1.0000
>plot(x,y,type="s",lwd=3)
# "s"は左側の値に基づいて階段状に結ぶ．
>par(mfrow=c(1,1)) # グラフ画面を1行1列に戻す．
```

演習 2-18 二項分布 $B(n,p)$ に関して，$n = 3$, $p = 0.2$ のときの確率を表 2.6 について計算し，グラフを描け．また分布関数も求めグラフを描け．

表 2.6

とる値 x	0	1	2	3
確率 $P(X=x)$				

演習 2-19 二項分布 $B(n,p)$ に関して，

$$\sum_{x=0}^{n} \binom{n}{x} p^x (1-p)^{n-x} = 1$$

が成立することを示せ．

演習 2-20 打率が 3 割であるバッターが 4 回打つとき，ヒットである回数の確率分布と分布関数を求めよ．

演習 2-21 マウスにある薬を一定量投与するとき死亡率が 0.8 であるとする．ランダムに 6 匹のマウスにこの薬を投与して死亡する数の確率分布を求めよ．また分布関数も求めよ．

なお二項係数のパスカルの三角形（図 2.14）について，上段の前後 2 項の和が下段の項と同じなので

(2.33) $\quad \binom{n+1}{x+1} = \binom{n}{x} + \binom{n}{x+1} \quad \left({}_{n+1}C_{x+1} = {}_nC_x + {}_nC_{x+1} \right)$

が成立する．

```
        1   1
         \ /
      1   2   1
       \ / \ /
    1   3   3   1
     \ / \ / \ /
  1   4   6   4   1
   \ / \ / \ / \ /
       ・・・
```

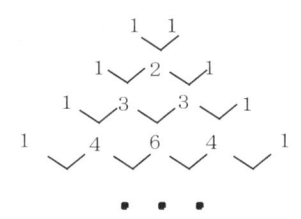

図 2.14 パスカルの三角形

性質

$X \sim B(n,p)$ のとき,

(2.34)　　$E(X) = np, \quad V(X) = np(1-p)$

$(\because)\quad E(X) = \sum_{x=0}^{n} x \frac{n!}{x!(n-x)!} p^x (1-p)^{n-x}$

$\qquad\qquad = \sum_{x=1}^{n} \frac{n(n-1)!}{(x-1)!(n-1-(x-1))!} pp^{x-1} (1-p)^{n-1-(x-1)}$

$\qquad\qquad = np \underbrace{\sum_{y=0}^{n-1} \frac{(n-1)!}{y!(n-1-y)!} p^y (1-p)^{n-1-y}}_{=1} = np$

$E(X(X-1)) = \sum_{x=0}^{n} x(x-1) \frac{n!}{x!(n-x)!} p^x (1-p)^{n-x}$

$\qquad\qquad = \sum_{x=2}^{n} \frac{n(n-1)(n-2)!}{(x-2)!(n-2-(x-2))!} p^2 p^{x-2} (1-p)^{n-2-(x-2)}$

$\qquad\qquad = n(n-1)p^2 \underbrace{\sum_{y=0}^{n-2} \frac{(n-2)!}{y!(n-2-y)!} p^y (1-p)^{n-2-y}}_{=1} = n(n-1)p^2$

$E(X^2) = EX(X-1) + E(X) = n(n-1)p^2 + np,$

$V(X) = E(X^2) - E(X)^2 = n(n-1)p^2 + np - n^2 p^2 = np(1-p) \quad \square$

正規近似 $\left[np \geqq 5, \quad n(1-p) \geqq 5 \right]$ のとき

$$\frac{X - np}{\sqrt{np(1-p)}} \quad \longrightarrow \quad N(0,1) \quad as \quad n \to \infty$$

例題 2-9

$X \sim B(n,p)$ のとき, $n = 15, p = 0.4$ の場合について X が 4 以下である確率を直接計算と正規近似および連続補正による計算で比較してみよ.

[解]

$$P(X \leqq x) = P\Big(\frac{X-np}{\sqrt{np(1-p)}} \leqq \frac{x-np}{\sqrt{np(1-p)}}\Big) \fallingdotseq \Phi\Big(\frac{x-np}{\sqrt{np(1-p)}}\Big) \fallingdotseq \Phi\Big(\frac{x-np+1/2}{\sqrt{np(1-p)}}\Big)$$

直接計算だと $\sum_{k \leq x} P(X = k)$ より求めるので，逐次漸化式を利用して確率 $P(x = k)$ を計算し，足し合わせて求めればよい．最後から 2 番目の列は正規近似による計算式である．最後の列での近似式は**連続補正** (continuity correction)（または**半整数補正**という）により近似の精度をあげている．整数値が 1 ずつの変化なのでその半分による修正である．そこで表 2.11 のような計算結果となる．表 2.7 より連続修正による確率近似がかなりよいことがわかる．□

表 2.7　計算表

x	$P(X = x) = p_x$	$P(X \leq x)$	$\Phi\left(\dfrac{x - np}{\sqrt{np(1-p)}}\right)$	$\Phi\left(\dfrac{x - np + 1/2}{\sqrt{np(1-p)}}\right)$
0	$p_0 = 0.00047$	0.00047	$\Phi(-3.16) = 0.00078$	$\Phi(-2.90) = 0.00187$
1	$p_1 = 0.0047$	0.00517	$\Phi(-2.64) = 0.0042$	$\Phi(-2.37) = 0.00889$
2	$p_2 = 0.0219$	0.027	$\Phi(-2.108) = 0.0175$	$\Phi(-1.85) = 0.03216$
3	$p_3 = 0.0634$	0.091	$\Phi(-1.58) = 0.0569$	$\Phi(-1.32) = 0.09342$
4	$p_4 = 0.1268$	0.2173	$\Phi(-1.05) = 0.1459$	$\Phi(-0.79) = 0.21476$

───── R による実行結果 ─────

```
> x<-seq(0,15,1)  # x を 0 から 15 までの整数値とする。
> d.niko<-dbinom(x,15,0.4)
# 試行回数 15 成功率 0.4 のとき，x を 0 から 15 までの整数値に
# 対しての x 以下である二項確率を計算し，代入する。
> p.niko<-pbinom(x,15,0.4)  # 試行回数 15 成功率 0.4 のとき，
# x を 0 から 15 までの整数値に対しての二項確率を計算し，代入する。
> p.nikokin1<-pnorm((x-15*0.4)/sqrt(15*0.4*(1-0.4)))
# 正規近似による x 以下である確率計算し，代入する。
> p.nikokin2<-pnorm((x-15*0.4+0.5)/sqrt(15*0.4*(1-0.4)))
# 連続修正したときの正規近似による x 以下である確率計算し，代入する。
> hyouni<-cbind(x,d.niko,p.niko,p.nikokin1,p.nikokin2)
# 上記の計算結果を行列に結合して hyouni に代入する。
> hyouni
       x     d.niko         p.niko    p.nikokin1   p.nikokin2
 [1,]  0 4.701850e-04  0.000470185  0.0007827011  0.001873240
 [2,]  1 4.701850e-03  0.005172035  0.0042039973  0.008853033
 [3,]  2 2.194197e-02  0.027114001  0.0175074905  0.032543363
 [4,]  3 6.338790e-02  0.090501902  0.0569231490  0.093816165
 [5,]  4 1.267758e-01  0.217277706  0.1459202726  0.214597650
 [6,]  5 1.859378e-01  0.403215550  0.2990807263  0.396073696
 [7,]  6 2.065976e-01  0.609813156  0.5000000000  0.603926304
 [8,]  7 1.770837e-01  0.786896817  0.7009192737  0.785402350
 [9,]  8 1.180558e-01  0.904952592  0.8540797274  0.906183835
```

```
[10,]    9 6.121411e-02 0.966166697 0.9430768510 0.967456637
[11,]   10 2.448564e-02 0.990652339 0.9824925095 0.991146967
[12,]   11 7.419892e-03 0.998072231 0.9957960027 0.998126760
[13,]   12 1.648865e-03 0.999721096 0.9992172989 0.999693505
[14,]   13 2.536715e-04 0.999974767 0.9998875746 0.999961387
[15,]   14 2.415919e-05 0.999998926 0.9999875867 0.999996266
> matplot(hyouni[,c(3,4,5)],type="l",col=c(1,2,3))
```

(補 2-5) $X \sim B(n,p)$, $U \sim N(0,1^2)$ と二つの確率変数を考える。次の図 2.15 から斜線部の長方形の面積を連続な曲線の面積で近似するとき、直観的にみて半整数補正したほうが近似がよい。そこで x が整数のとき、以下のように三つの場合に分けて補正をして確率計算の近似をすればよいだろう。

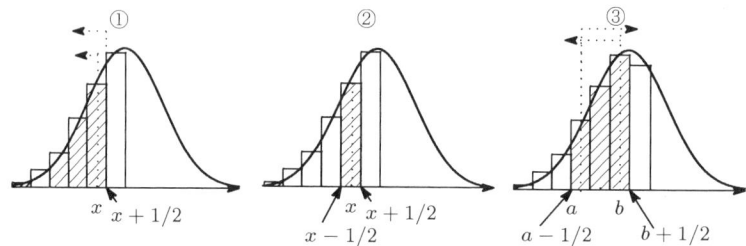

図 2.15 半整数補正

① $P(X \leqq x) = P(X < x+1/2) = P\Big(\dfrac{X-np}{\sqrt{np(1-p)}} \leqq \dfrac{x-np+1/2}{\sqrt{np(1-p)}}\Big)$

$\qquad \fallingdotseq P\Big(U \leqq \dfrac{x-np+1/2}{\sqrt{np(1-p)}}\Big) = \Phi\Big(\dfrac{x-np+1/2}{\sqrt{np(1-p)}}\Big)$

② $P(X = x) = P(x-1/2 < X < x+1/2)$

$\qquad = P\Big(\dfrac{x-np-1/2}{\sqrt{np(1-p)}} < \dfrac{X-np}{\sqrt{np(1-p)}} < \dfrac{x-np+1/2}{\sqrt{np(1-p)}}\Big)$

$\qquad \fallingdotseq P\Big(\dfrac{x-np-1/2}{\sqrt{np(1-p)}} < U < \dfrac{x-np+1/2}{\sqrt{np(1-p)}}\Big)$

③ $P(a \leqq X \leqq b) \fallingdotseq P\Big(\dfrac{a-np-1/2}{\sqrt{np(1-p)}} < U < \dfrac{b-np+1/2}{\sqrt{np(1-p)}}\Big)$ ◁

演習 2-22 コンビニエンスストアで仕入れる弁当の数 n のうち売れ残る数を X で表すとする。$X \sim B(n,p)$ のとき、$n=20, p=0.3$ の場合について売れ残る数が 5 以上 10 以下である確率を直接計算と正規近似による計算で比較してみよ。

(2) ポアソン (poisson) 分布

1日の火事の件数、単位時間内に銀行の窓口に来店する客の数、単位面積あたりのトタン板のキズの数、布の1反あたりのキズの数、本の1ページあたりのミス数などの確率分布は次のような確率分布で近似される。つまり平均の欠点数が $\lambda(>0)$ のとき、単位あたりの欠点数 X が、x である確率が、

$$
(2.35) \quad P(X=x) = p_x = \frac{e^{-\lambda}\lambda^x}{x!} \quad (x = 0, 1, \cdots)
$$

で与えられるとき，X は平均 λ の**ポアソン分布**に従うといい，$X \sim P_o(\lambda)$ のように表す．ただし，e はネイピア (Napier) 数または自然対数の底と呼ばれる無理数で $e = 2.7182828\cdots$ であり，

$$
\lim_{n \to \infty} \left(1 + \frac{1}{n}\right)^n = e
$$

である．これは少ない回数が起こる確率が大きく回数が多いと確率は単調に減少する．

そしていくつかの λ について確率のグラフを描くと図 2.16 のようである．

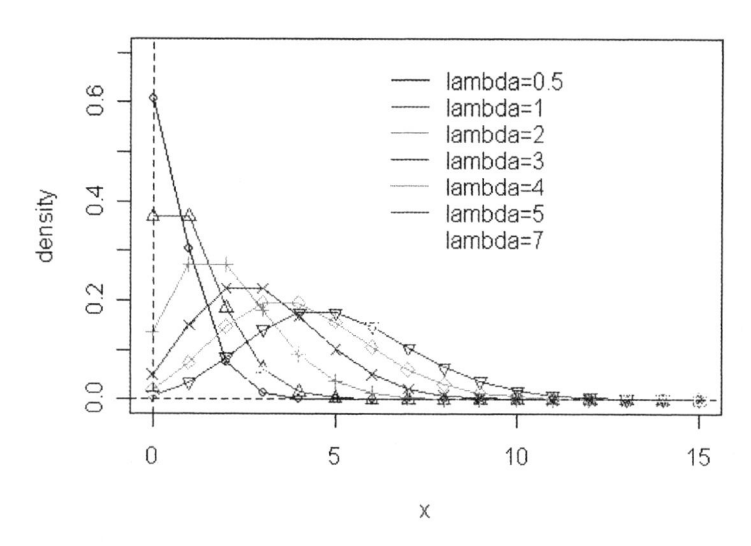

図 2.16 ポアソン分布の確率のグラフ

―― R による実行結果 ――

```
> # 図 2.16
> plot.new() # frame()
> x=0:15
> lam<-c(0.5,1,2,3,4,5,7)
> y<-matrix(0,nrow=16,ncol=7)
> for (j in 1:7){
+   d<-dpois(x,lam[j])
+   y[,j]<-d
+ }
> matplot(x,y,type="o",lty=1,ylim=c(0,0.7),pch=1:7,col=1:7
,ylab="density",main="ポアソン分布")
> legend(6,0.7,paste("lambda=",lam,sep=""),col=1:7,lty=1,bty="n")
> abline(v=0,h=0,lty=2,col=1)
```

例題 2-10

ある市における 1 日の火事の発生件数が平均 $\lambda = 2$ のポアソン分布に従うとして，件数についての確率関数，分布関数を求めグラフに表せ．さらに 1 日に 3 件以下の火事が起こる確率はいくらか．実際にある都市での 1 年間での各自で決めた件数以下の火事が起こる割合とポアソン分布による確率と比較してみよ．

[解] 文章から発生件数 X は，平均 2 のポアソン分布に従う．つまり $X \sim P_o(2)$ である．また，1 日に火事が 3 件以下である確率は，

$$P(X \leqq 3) = \sum_{x=0}^{3} \frac{e^{-2} 2^x}{x!} = 0.8571$$

である．□

―― R による実行結果 ――

```
> x<-seq(0,10,1)
> py<-ppois(x,2)
> plot(x,py,"s",xlim=c(0,10),ylim=c(0,1),lwd=3,main="ポアソン分布（欠点数2）の確率関数と累積分布関数")
> par(new=T) # 前の図を残したまま次の図を描く（重ね描きの指定）．
> dy<-dpois(x,lambda=2)
> plot(x,dy,ylim=c(0,1),"h",lwd=3,col=2)
```

演習 2-23 $X \sim P_o(\lambda)$ で $\lambda = 4$ のとき，X のとる値とその確率を求めグラフに表せ．さらに分布関数も求めグラフに表せ．

演習 2-24 ポアソン分布 $P_o(\lambda)$ に関して，$\lambda = 3$ のときの下表の場合に確率を計算し，グラフを描け．さらに分布関数も求めグラフに表せ．

とる値 x	0	1	2	3	4	5	6
確率 $P(X = x)$							

演習 2-25 ポアソン分布 $P_o(\lambda)$ に関して，

$$\sum_{x=0}^{\infty} \frac{e^{-\lambda} \lambda^x}{x!} = 1$$

が成立することを示せ．

また次の指数分布とポアソン分布の関係がある．

―――― 性質 ――――

ある事象についてその発生回数が平均 λ のポアソン分布に従うとき，その事象の発生時間間隔は母数 λ(平均 $1/\lambda$) の指数分布に従う。

演習 2-26 ある銀行のキャッシュサービスには 1 時間あたり平均 3 人の客がきている。いま来客数がポアソン分布に従うとして以下の設問に答えよ。

① 1 時間に 5 人以上の客が来る確率を求めよ。

② 3 時間にお客が 1 人も来ない確率を求めよ。

③ 次の客が来るまでの間隔が 20 分を越える確率を求めよ。

―――― 性質 ――――

$X \sim P_o(\lambda)$ のとき，
(2.36)　　$E(X) = \lambda, \quad V(X) = \lambda$

$(\because)\quad E(X) = \sum_{x=0}^{\infty} x \frac{e^{-\lambda}\lambda^x}{x!} = \sum_{x=1}^{\infty} \frac{e^{-\lambda}\lambda\lambda^{x-1}}{(x-1)!} = \lambda \underbrace{\sum_{y=0}^{\infty} \frac{e^{-\lambda}\lambda^y}{y!}}_{=1} = \lambda \quad \square$

演習 2-27 上の性質のポアソン分布に従う変数の分散の式を示せ。

正規近似 $\left[\lambda \geqq 5\right]$ されるとき

$$\frac{X-\lambda}{\sqrt{\lambda}} \longrightarrow N(0,1) \quad as \quad \lambda \to \infty$$

―――― 例題 2-11 ――――

$X \sim P_o(\lambda)$ のとき，$\lambda = 6$ の場合について X が 4 以下である確率を直接計算と正規近似による計算で比較してみよ。

[解] 以下の式変形を利用して計算する。

$$P(X \leqq x) = P\left(\frac{X-\lambda}{\sqrt{\lambda}} \leqq \frac{x-\lambda}{\sqrt{\lambda}}\right) \fallingdotseq \Phi\left(\frac{x-\lambda}{\sqrt{\lambda}}\right) \fallingdotseq \Phi\left(\frac{x-\lambda+1/2}{\sqrt{\lambda}}\right)$$

二項分布の場合（例題 2-12）と同様に，直接だと $\sum_{k \leqq x} P(X=k)$ より求めるので，逐次漸化式を利用して確率 $P(X=k)$ を計算し，足し合わせて求める。また，最後の列から 2 番目が正規近似の式で，最後の列での近似式は **連続補正** (continuity correction) により近似の精度をあげている（表 2.8）。□

表 2.8　計算結果表

x	$P(X=x) = p_x$	$P(X \leqq x)$	$\Phi\left(\dfrac{x-\lambda}{\sqrt{\lambda}}\right)$	$\Phi\left(\dfrac{x-\lambda+1/2}{\sqrt{\lambda}}\right)$
0	$p_0 = 0.00248$	0.00248	$\Phi(-2.449) = 0.0072$	$\Phi(-2.25) = 0.01222$
1	$p_1 = 0.0149$	0.017	$\Phi(-2.041) = 0.0206$	$\Phi(-1.84) = 0.03288$
2	$p_2 = 0.0446$	0.062	$\Phi(-1.633) = 0.0512$	$\Phi(-1.43) = 0.07636$
3	$p_3 = 0.0892$	0.151	$\Phi(-1.225) = 0.1103$	$\Phi(-1.02) = 0.15386$
4	$p_4 = 0.1339$	0.285	$\Phi(-0.817) = 0.207$	$\Phi(-0.61) = 0.27093$

────── R による実行結果 ──────

```
> x<-seq(0,10,1)
> d.po<-dpois(x,6)
> p.po<-ppois(x,6)
> p.pokin1<-pnorm((x-6)/sqrt(6))
> p.pokin2<-pnorm((x-6+0.5)/sqrt(6))
> hyoupo<-cbind(x,d.po,p.po,p.pokin1,p.pokin2)
> hyoupo
        x      d.po        p.po      p.pokin1    p.pokin2
 [1,]   0 0.002478752 0.002478752 0.007152939 0.01237234
 [2,]   1 0.014872513 0.017351265 0.020613417 0.03309629
 [3,]   2 0.044617539 0.061968804 0.051235217 0.07652094
 [4,]   3 0.089235078 0.151203883 0.110335681 0.15371708
 [5,]   4 0.133852618 0.285056500 0.207108089 0.27014569
 [6,]   5 0.160623141 0.445679641 0.341545699 0.41912824
 [7,]   6 0.160623141 0.606302782 0.500000000 0.58087176
 [8,]   7 0.137676978 0.743979760 0.658454301 0.72985431
 [9,]   8 0.103257734 0.847237494 0.792891911 0.84628292
[10,]   9 0.068838489 0.916075983 0.889664319 0.92347906
[11,]  10 0.041303093 0.957379076 0.948764783 0.96690371
> matplot(hyoupo[,c(3,4,5)],type="l",xlab="x",ylab=
"累積確率",main="ポアソン分布の正規近似",col=c(1,2,3))
```

演習 2-28　ある書籍において，1 ページあたり 8 個のミスがあるとき，ミスの個数 X が 4 以下である確率を直接計算と正規近似による計算で比較してみよ．

演習 2-29　$X \sim P_o(\lambda)$ のとき，$\lambda = 5$ の場合について X が 4 以下である確率を直接計算と正規近似による計算で比較してみよ．

（補 2-6）二項分布 $B(n,p)$ の特別な場合として，ポアソン分布 $P_o(\lambda)$ が導出される．つまり $np = \lambda$ 一定のもと $n \to \infty (p \to 0)$ の場合で以下のように二項確率がポアソン確率で近似される．

$$P(X=x) = \frac{n!}{x!(n-x)!}p^x(1-p)^{n-x}$$

$$= \frac{n!}{(n-x)!} \cdot \frac{1}{x!} \cdot \frac{\lambda^x}{n^x}\left(1-\frac{\lambda}{n}\right)^n\left(1-\frac{\lambda}{n}\right)^{-x} \quad (p=\frac{\lambda}{n}\text{を代入})$$

$$= \frac{n(n-1)\times\cdots\times(n-x+1)}{n^x}\frac{\lambda^x}{x!}\left(1-\frac{\lambda}{n}\right)^n\left(1-\frac{\lambda}{n}\right)^{-x}$$

$$= \underbrace{1\times\left(1-\frac{1}{n}\right)\times\cdots\times\left(1-\frac{x-1}{n}\right)}_{\to 1}\frac{\lambda^x}{x!}\underbrace{\left(1-\frac{\lambda}{n}\right)^n}_{\to e^{-\lambda}}\underbrace{\left(1-\frac{\lambda}{n}\right)^{-x}}_{\to 1(n\to\infty)} \longrightarrow \frac{e^{-\lambda}\lambda^x}{x!} \quad \triangleleft$$

演習 2-30 ある路線の電車では乗降客 500 人あたり平均 4 件の忘れ物がある。この路線の電車で，100 人の乗降客について，2 件以上の忘れ物がある確率を二項分布，ポアソン分布による近似，正規近似でそれぞれ求めよ。

(3)* その他の分布など

● **超幾何分布** (hyper geometric distribution)

$H(N, M, n)$ で表す。N 個のある製品からなる母集団のうち M 個が不良品であることがわかっている。この N 個の製品の中からランダムに n 個の製品を取ってくるとき，x 個が不良品である確率は

$$(2.37) \quad P(X=x) = \frac{\binom{M}{x}\binom{N-M}{n-x}}{\binom{N}{n}} \qquad \max\{0, n-(N-M)\} \leqq x \leqq \min\{n, M\}$$

であり，図 2.17 のようなサンプリングである。n/N は**抜き取り比**といわれ，$n/N < 0.1$ なら二項分布 $B(n,p)$ で確率は近似される。

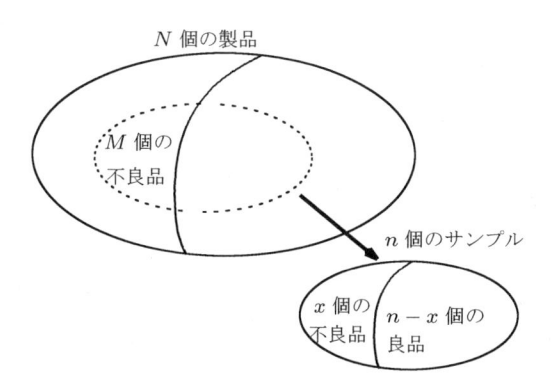

図 2.17 超幾何分布の概念図

(補 2-7) $\quad \dfrac{M}{N} = p$ とおき $N \to \infty (M \to \infty)$ のとき

$$P(X=x) \longrightarrow \binom{n}{x}p^x(1-p)^{n-x}$$

と二項分布で近似される。 $\triangleleft$

演習 2-31 X が超幾何分布に従うとき
$$E(X) = \frac{nM}{N}, V(X) = n\frac{M}{N}\frac{N-M}{N}\frac{N-n}{N-1}$$
であることを示せ．また，$EX(X-1)$ を求めよ．

演習 2-32 一点のみに確率をもつ分布を**単位分布**という．そこで確率は式 (2.38) のように与えられる．

(2.38) $\qquad P(X = x) = \begin{cases} 1 & (x = a) \\ 0 & (x \neq a) \end{cases}$

X が単位分布（$X = a$ でのみ値をとる）のとき，$E(X), V(X)$ を求めよ．

演習 2-33 2 点の一点を確率 p，もう一点を確率 $1-p$ でとる分布を**2 点分布**という．つまり，$P(X = a) = p, P(X = b) = 1 - p (0 < p < 1)$ のようになる．
① このとき n 個の独立な同じ 2 点分布に従う変数のうち，値 a をとる変数の個数の分布は何か．
② $E(X), V(X)$ を求めよ．

● **多項分布** (<u>m</u>ultinomial distribution)

$M(n; p_1, \ldots, p_k)$ で表す．k 個の互いに排反な事象（項目）のいずれかが確率 $p_1, \ldots, p_k$ で起るとき（$\sum_i p_i = 1$）独立な n 回の試行のうち各項目が $n_1, \ldots, n_k$ 回起こる確率は

(2.39) $\qquad P(n_1, \cdots, n_k) = \frac{n!}{\prod_{i=1}^k n_i!} \prod_{i=1}^k p_i^{n_i} \quad \left(\frac{n!}{\prod_{i=1}^k n_i!} = \binom{n}{n_1 n_2 \cdots n_k} \right)$

で与えられる．このような確率変数の組（確率ベクトル）$\boldsymbol{n} = (n_1, \cdots, n_k)$ は多項分布 $M(n; p_1, \ldots, p_k)$ に従うといい，$\boldsymbol{n} \sim M(n; p_1, \ldots, p_k)$ と表す．

例題 2-12

ゲームで勝ちか，負けか，引き分けかのいずれかが起こる確率がそれぞれ 0.4, 0.5, 0.1 である人が 6 回試行して，勝ちが 3 回，負けが 2 回，引き分けが 1 回である確率を求めよ．

[解] 確率計算の式に代入して計算する．
$$P(n_1 = 3, n_2 = 2, n_3 = 1) = \frac{6!}{3!2!1!} 0.4^3 0.5^2 0.1^1 = 60 \times 0.064 \times 0.25 \times 0.1$$
$$= 0.096 \quad \square$$

R による実行結果

```
>prob<-gamma(7)/gamma(4)/gamma(3)/gamma(2)*0.4^3*0.5^2*0.1^1
>prob
[1] 0.096
```

演習 2-34 ある農家ではある果物を L，M，S に等級分けして箱につめて出荷している．各等級の割合が 0.2, 0.5, 0.3 であるとき，10 個について L，M，S がそれぞれ 2, 4, 4 個である確率を求めよ．

2.2.3 いくつかの統計量の分布

(1) $\overline{X}, \widetilde{X}$ の分布

$X_1, \ldots, X_n$ が互いに独立に正規分布 $N(\mu, \sigma^2)$ に従うとき，$\overline{X}$ は正規分布 $N\left(\mu, \dfrac{\sigma^2}{n}\right)$ に従う．

また，メディアン $\widetilde{X}$ の分布は順序統計量の分布で，密度関数はやや複雑な形をしているため省略するが，期待値と分散は

---性質---
$$(2.40) \qquad E(\widetilde{X}) = \mu, \qquad V(\widetilde{X}) = \frac{(m_3\sigma)^2}{n}$$

である．m_3 は n に応じて決まる数で表 2.10（85 ページ）に与えている．

(2) V, S, s, R の分布

$X_1, \ldots, X_n$ が互いに独立に正規分布 $N(\mu, \sigma^2)$ に従うとき，V は補正して次の (3) の自由度 $n-1$ のカイ 2 乗分布に従うが，その期待値と分散は

---性質---
$$(2.41) \qquad E(V) = \sigma^2, \qquad V(V) = \frac{2}{n-2}\sigma^4$$

である．また $s = \sqrt{V}, R$ の期待値と分散は

---性質---
$$(2.42) \qquad E(s) = c_2^*\sigma, \qquad V(s) = (c_3^*)^2 \sigma^2$$
$$(2.43) \qquad E(R) = d_2\sigma, \qquad V(R) = d_3^2\sigma^2$$

である．

ただし，c_2^*, c_3^*, d_2, d_3 はいずれもデータ数 n によって定まる定数で表 2.10（85 ページ）に与えてある．

(3) χ^2（カイ 2 乗）分布

$X_1, \ldots, X_n$ が互いに独立に標準正規分布 $N(0, 1^2)$ に従うとき，$T = \sum_{i=1}^{n} X_i^2$ は**自由度 n のカイ 2 乗分布**に従うといい，$T \sim \chi_n^2$ のように表す．

自然数 n に対し，T の密度関数は

$$(2.44) \qquad f(t) = \frac{1}{2^{\frac{n}{2}} \Gamma(n/2)} t^{\frac{n}{2}-1} e^{-\frac{t}{2}} \qquad (0 < t < \infty)$$

で与えられる。(ここに $\Gamma(x)$ はガンマ関数で,$\Gamma(x) = \int_0^\infty e^{-t} t^{x-1} dt (x>0)$ で定義される。そこで部分積分により, $\Gamma(x+1) = x\Gamma(x)$ なる関係がある。また $\Gamma(1/2) = \sqrt{\pi}, \Gamma(1) = 1$ である。)

また,いくつかの n についてそのグラフを描くと,図 2.18 のようになる。

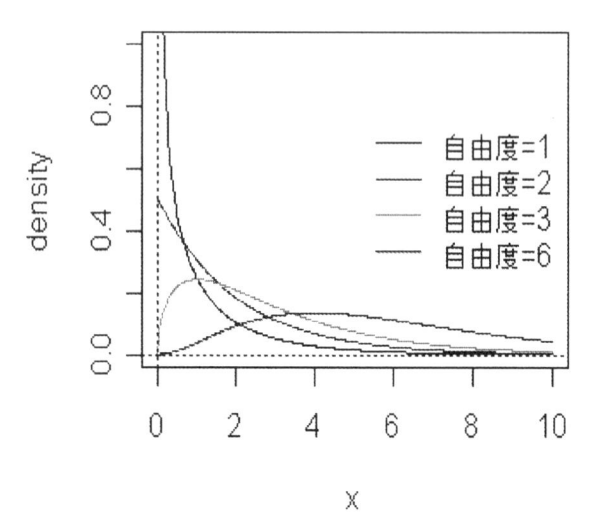

図 2.18 カイ 2 乗分布の密度関数のグラフ

```
─ R による実行結果 ─
> # 図 2.18
> plot.new() # frame()
> x=seq(0,10,length=500)
> n<-c(1,2,3,6)
> y<-sapply(n/2,function(a){dgamma(x,shape=a,scale=2)})
> matplot(x,y,type="l",ylim=c(0,1),lty=1,col=1:4
,ylab="density",main="カイ 2 乗分布のグラフ")
> legend(5,0.8,paste("自由度=",n,sep=""),col=1:4,lty=1,bty="n")
> abline(h=0,v=0,lty=3)
```

そして自由度 n のカイ 2 乗分布に従う確率変数の平均と分散は以下のようになる。

─ 性質 ─
$T \sim \chi_n^2$ のとき,
(2.45)　　$E(T) = n, \; V(T) = 2n \, (n \geq 1)$

$X \sim \chi_n^2$ のとき,確率 $P(X \geq \chi^2(n, \alpha)) = \alpha$ を満足する $\chi^2(n, \alpha)$ を**上側 α 分位点**または**上側 $100\alpha\%$ 点**という.これは**下側 $1-\alpha$ 分位点**または**下側 $100(1-\alpha)\%$ 点**でもある.

カイ2乗分布の数値表の見方

数値表は自由度と面積から x 座標を与えている.自由度が上下(縦)で与えられ,左右(横)に片側(上側)の面積を与え,その交差点が x 座標の値である.そこで図 2.19 のように与えられる.

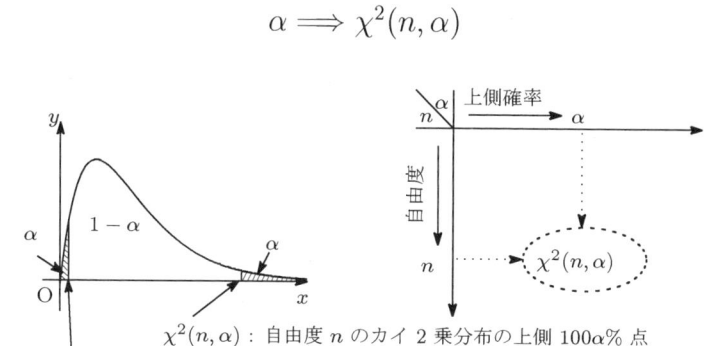

$$\alpha \Longrightarrow \chi^2(n, \alpha)$$

$\chi^2(n, \alpha)$:自由度 n のカイ2乗分布の上側 $100\alpha\%$ 点
$\chi^2(n, 1-\alpha)$:自由度 n のカイ2乗分布の下側 $100\alpha\%$ 点

図 2.19 カイ2乗分布の分位点(%点)

R では,x 座標と自由度が与えれらたカイ2乗分布の密度,分布関数が dchisq (x,自由度),pchisq (x,自由度) で得られ,その分位点は qchisq (累積確率,自由度) で得られる.以下で具体的に実行してみよう.

```
───────── R による実行結果 ─────────
> dx<-function(x) {dchisq(x,3)}
> px<-function(x) {pchisq(x,3)}
> plot(px,0,10,main="カイ2乗分布(自由度3)の密度と分布関数")
> plot(dx,0,10,add=T,lty=2)
> abline(h=0,v=0,lty=3)
> qchisq(0.95,3)
# 自由度3のカイ2乗分布の下側95%(上側5%)点
[1] 7.814728
```

演習 2-35 数値表または R により以下の値を求めよ.
① $\chi^2(3, 0.05)$ ② $\chi^2(5, 0.025)$ ③ $\chi^2(8, 0.975)$

また他の分布に関する関数も用意されている.表 2.9 に代表的なものをあげておこう.

表 2.9 代表的な分布の密度, 累積確率と分位点 (%点) を与える関数

分 布	密度関数
正規分布	dnorm(u 値, 平均, 標準偏差)
二項分布	dbinom(生起回数, 試行回数, 不良率)
ポアソン分布	dpois(生起回数, 母欠点数)
カイ 2 乗分布	dchisq(カイ 2 乗値, 自由度)
t 分布	dt(t 値, 自由度)
F 分布	df(F 値, 第 1 自由度, 第 2 自由度)

分 布	累積確率 (下側確率, 分布関数)
正規分布	pnorm(u 値, 平均, 標準偏差)
二項分布	pbinom(生起回数, 試行回数, 不良率)
ポアソン分布	ppois(生起回数, 母欠点数)
カイ 2 乗分布	pchisq(カイ 2 乗値, 自由度)
t 分布	pt(t 値, 自由度)
F 分布	pf(F 値, 第 1 自由度, 第 2 自由度)

分 布	下側分位点 (%点)
正規分布	qnorm(累積確率, 平均, 分散)
二項分布	qbinom(下側確率, 試行回数, 不良率)
ポアソン分布	qpois(下側確率, 母欠点数)
カイ 2 乗分布	qchisq(累積確率, 自由度)
t 分布	qt(累積確率, 自由度)
F 分布	qf(累積確率, 第 1 自由度, 第 2 自由度)

(4) t 分布

X が標準正規分布 $N(0, 1^2)$ に従い, それと独立な Y が自由度 n のカイ 2 乗分布に従うとき, $T = \dfrac{X}{\sqrt{Y/n}}$ は**自由度 n の t 分布**に従うといい, $T \sim t_n$ のように表す。

その密度関数は自然数 n に対し

$$(2.46) \quad f(t) = \frac{1}{\sqrt{n\pi}} \frac{\Gamma\left(\dfrac{n+1}{2}\right)}{\Gamma\left(\dfrac{n}{2}\right)} \frac{1}{\left(1+\dfrac{t^2}{n}\right)^{\frac{n+1}{2}}} \quad (-\infty < t < \infty)$$

で与えられる。この分布を, 自由度 n の t 分布といい, t_n で表す。$n = 1$ のとき, t_1 はコーシー分布 $C(0, 1)$ である。いくつかの n ついて, そのグラフは図 2.20 のようになる。

───── R による実行結果 ─────

```
> # 図 2.20
> plot.new() # frame()
> x=seq(-6,6,length=500)
> n<-c(1,3,100)
> y<-sapply(n,function(a){dt(x,a)})
```

```
> matplot(x,y,type="l",ylim=c(0,0.6),lty=1,col=1:3
,ylab="density",main="t 分布の密度関数のグラフ")
> legend(1,0.6,paste("自由度=",n,sep=""),col=1:3,lty=1,bty="n")
> abline(h=0,v=0,lty=3)
```

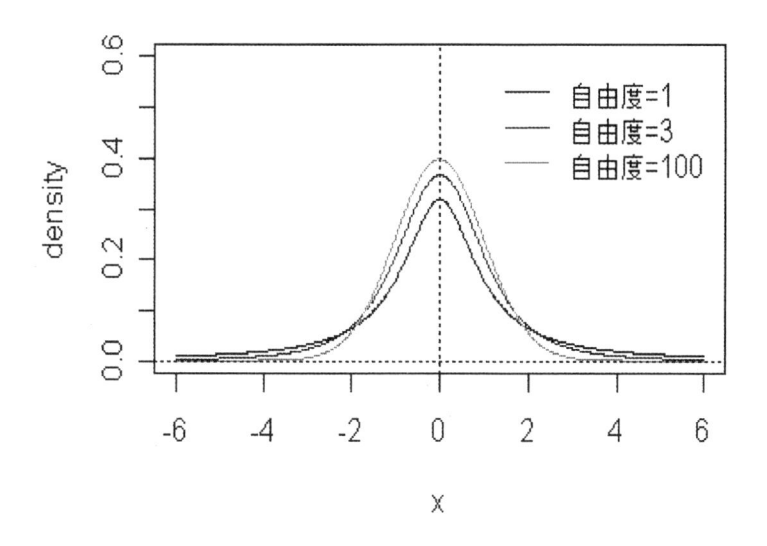

図 2.20 t 分布の密度関数のグラフ

そして自由度 n の t 分布に従う確率変数の平均と分散は以下のようになる。

―― 性質 ――

$T \sim t_n$ のとき,
(2.47) $\quad E(T) = 0, \quad V(T) = \dfrac{n}{n-2}(n \geqq 3)$

$X \sim t_n$ のとき,確率 $P(|X| \geqq t(n,\alpha)) = \alpha$ を満足する $t(n,\alpha)$ を**両側 α 分位点**または**両側 100α%点**という。これは**片側 $\alpha/2$ 分位点**でもある。

t 分布の数値表の見方

数値表は自由度と面積から x 座標を与えている。自由度が上下（縦）で与えられ，左右（横）に両側の面積を与えその交差点が x 座標の値である。そこで図 2.21 のようになる。

R では，x 座標と自由度が与えられた t 分布の密度，分布関数が dt（x, 自由度），pt（x, 自由度）で得られ，その分位点は qchisq（累積確率, 自由度）で与えられる。以下で具体的に実行してみよう。

$$\alpha \Longrightarrow t(n,\alpha)$$

$t(n,\alpha)$：自由度 n の t 分布の両側 100α%点

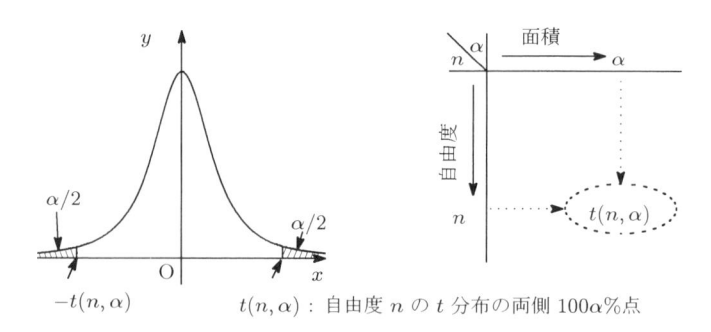

図 2.21　t 分布の両側分位点（%点）

R による実行結果

```
> dx<-function(x) {dt(x,5)}
> px<-function(x) {pt(x,5)}
> plot(px,-5,5,main="t 分布（自由度 5）の密度と分布関数")
> plot(dx,-5,5,add=T,lty=2,col=2)
> abline(h=0,v=0,lty=3)
> qt(0.05,5);qt(0.95,5)
# 自由度 5 の t 分布の下側 5％,95％点を表示する。
[1] -2.015048
[1] 2.015048
```

演習 2-36　数値表または R により以下の値を求めよ。

① $t(4,0.05)$　　② $t(8,0.025)$　　③ $t(\infty,0.05)$

(5) F 分布

X が自由度 m のカイ 2 乗分布に従い，それと独立な Y が自由度 n のカイ 2 乗分布に従うとき，

$$T = \frac{X/m}{Y/n} \text{ は自由度 } (m,n) \text{ の } F \text{ 分布に従うといい,}$$

$T \sim F_{m,n}$ のように表す。

その密度関数は自然数 m,n に対し，

$$(2.48) \quad f(t) = \frac{\Gamma\left(\dfrac{m+n}{2}\right) m^{\frac{m}{2}} n^{\frac{n}{2}}}{\Gamma\left(\dfrac{m}{2}\right) \Gamma\left(\dfrac{n}{2}\right)} \frac{t^{\frac{m}{2}-1}}{(mt+n)^{\frac{m+n}{2}}} \quad (0 < t < \infty)$$

で与えられる。この分布を，自由度 (m,n) の F 分布といい，$F_{m,n}$ で表す。また，いくつかの (m,n) の組についてそのグラフは図 2.22 のようになる。

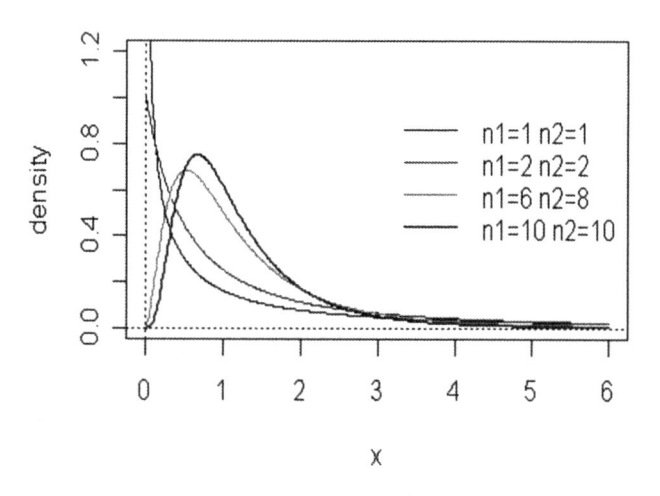

図 2.22　F 分布の密度関数のグラフ

Rによる実行結果

```
> # 図 2.22
> plot.new() # frame()
> x=seq(0,6,length=500)
> n1=c(1,2,6,10)
> n2=c(1,2,8,10)
> y<-matrix(0,nrow=500,ncol=4)
> for (j in 1:4){
+     d<-df(x,n1[j],n2[j])
+     y[,j]<-d
+ }
> matplot(x,y,type="l",ylim=c(0,1.2),lty=1,col=1:4
,ylab="density",main="F 分布の密度関数のグラフ")
> legend(3,1,paste("n1=",n1," n2=",n2,sep=""),col=1:4,lty=1,bty="n")
> abline(h=0,v=0,lty=3)
```

性質

(2.49) $T \sim F_{m,n}$ のとき，$E(T) = \dfrac{n}{n-2}(n>2)$，

$V(T) = \dfrac{2n^2(m+n-2)}{m(n-2)^2(n-4)}(n>4)$

$X \sim F_{m,n}$ のとき，確率 $P\bigl(X \geqq F(m,n;\alpha)\bigr) = \alpha$ を満足する $F(m,n;\alpha)$ を **上側 α 分位点** または **上側 100α%点** という。これは **下側 $1-\alpha$ 分位点** でもある。

また，$\dfrac{1}{X} \sim F_{n,m}$ だから次の性質が成り立つ。

性質

(2.50) $F(m,n;\alpha) = \dfrac{1}{F(n,m;1-\alpha)}$

($\because$)　$\alpha = P\Bigl(X \geqq F(m,n;\alpha)\Bigr) = P\Bigl(\dfrac{1}{X} \leqq \dfrac{1}{F(m,n;\alpha)}\Bigr)$　だから，

$P\Bigl(\dfrac{1}{X} \geqq \dfrac{1}{F(m,n;\alpha)}\Bigr) = 1-\alpha$ となる。また，$\dfrac{1}{X} \sim F_{n,m}$ より，

$\dfrac{1}{F(m,n;\alpha)} = F(n,m;1-\alpha)$ 　□

F 分布の数値表の見方

数値表は自由度の組と面積から x 座標を与えている。各面積の値（片側確率）（0.025, 0.05, 0.10 など）ごとに数表があり，自由度の組は左右（横）が分子の自由度で，上下（縦）が分母の自由度で与えられ，その交差点が x 座標の値である。そこで図 2.23 のようになる。

$$\alpha \Longrightarrow F(m,n;\alpha)$$

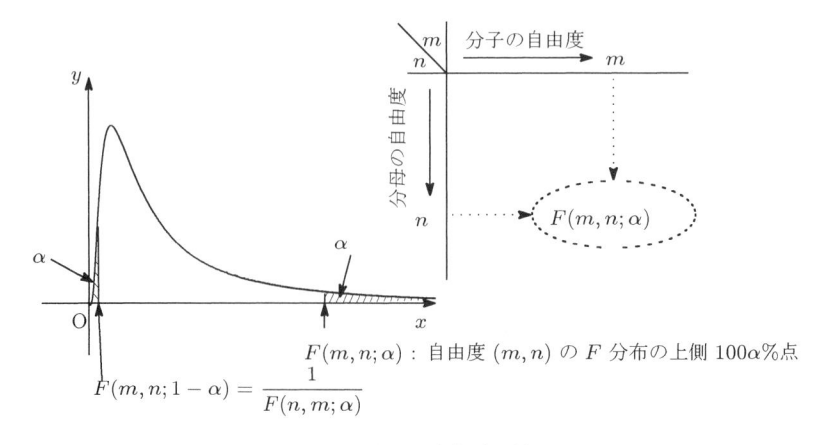

図 2.23　F 分布の分位点（%点）

Rでは，x座標と自由度1と自由度2が与えられたF分布の密度，分布関数がdf (x, 自由度1, 自由度2)，pt (x, 自由度1, 自由度2) で得られ，その分位点はqf (累積確率, 自由度1, 自由度2) で得られる。以下で具体的に実行してみよう。

───── Rによる実行結果 ─────
```
> dx<-function(x) {df(x,6,8)}
> px<-function(x) {pf(x,6,8)}
> plot(px,0,8,main="F分布(自由度(6,8))の密度と分布関数")
> plot(dx,0,8,add=T,lty=2,col=2)
> abline(h=0,v=0,lty=3)
> qf(0.05,2,3);1/qf(0.95,3,2) # 自由度(2,3)のF分布の下側5％
# 点と自由度(3,2)のF分布の下側95％点の逆数を表示する。
[1] 0.05218038
[1] 0.05218038
```

演習 2-37 数値表またはRにより以下の値を求めよ。

① $F(3,2;0.05)$ ② $F(6,5;0.025)$ ③ $F(5,6;0.975)$

2.2.4 分布間の関係

① $X \sim N(0,1^2)$ のとき，$X^2 \sim \chi_1^2$ だから $u(\alpha) = \sqrt{\chi^2(1,\alpha/2)}$

② t_∞ と $N(0,1^2)$ は同じだから，$t(\infty,\alpha) = u(\alpha)$

③ $t \sim t_\phi \Rightarrow t^2 \sim F_{1,\phi}$ だから $t(\phi,\alpha) = \sqrt{F(1,\phi;\alpha/2)}$

④ $\chi^2 \sim \chi_\phi^2 \Rightarrow \dfrac{\chi^2}{\phi} \sim F_{\phi,\infty}$ だから $\chi^2(\phi,P) = \phi F(\phi,\infty;P)$

そこで，統計量の分布間では，図2.24のような関係がある。

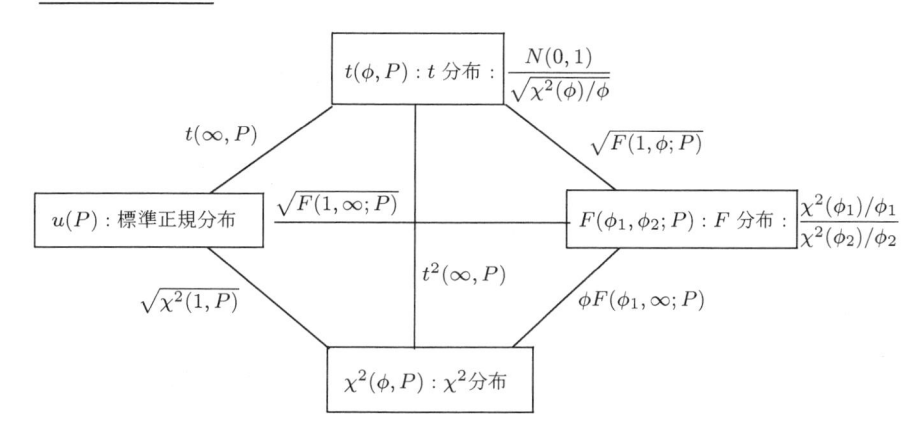

図 2.24 統計量の分布間の関係

演習 2-38 数値表により以下の値を求めよ。

① $u(0.05)$ と $\chi^2(1, 0.025)$ ② $t(\infty, 0.05)$ と $u(0.05)$ ③ $t(6, 0.05)$ と $F(1, 6; 0.025)$

④ $\chi^2(3, 0.05)$ と $3 \times F(3, \infty; 0.05)$

また<u>分布間での母数が変化したとき</u>（近似）では，以下の図 2.25 のような関係がある。

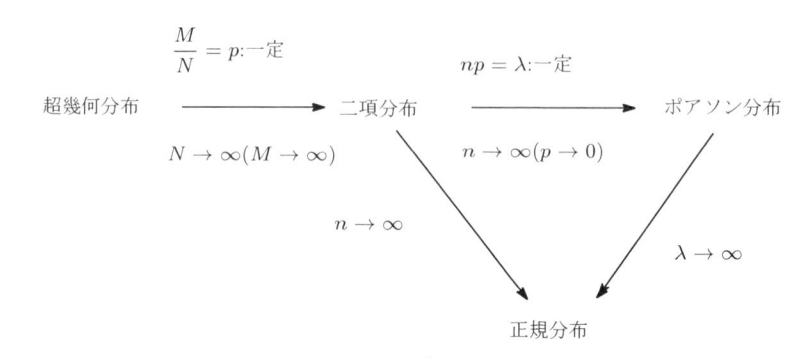

```
              M/N = p:一定                      np = λ:一定
超幾何分布  ───────────────→  二項分布  ───────────────→  ポアソン分布
              N → ∞(M → ∞)                      n → ∞(p → 0)
                            n → ∞                          λ → ∞
                                  ↘              ↙
                                      正規分布
```

図 2.25　母集団分布間の近似関係

代表的な二項分布とポアソン分布については，確率で関係式を表すと以下のような式になる。

$$(2.51) \quad P(X \leqq x) = P\left(\frac{X - np}{\sqrt{np(1-p)}} \leqq \frac{x - np}{\sqrt{np(1-p)}}\right) \fallingdotseq \Phi\left(\frac{x - np}{\sqrt{np(1-p)}}\right)$$

$$(2.52) \quad P(X \leqq x) = P\left(\frac{X - \lambda}{\sqrt{\lambda}} \leqq \frac{x - \lambda}{\sqrt{\lambda}}\right) \fallingdotseq \Phi\left(\frac{x - \lambda}{\sqrt{\lambda}}\right)$$

（補 2-8）

● 二項分布での累積確率は F 分布の密度関数の積分によって計算できる。まず帰納的に以下が示される。$X \sim B(n, p)$ のとき

$$(2.53) \quad P(X \leqq k) = \sum_{r=0}^{k} \binom{n}{r} p^r (1-p)^{n-r} = 1 - \sum_{r=k+1}^{n} \binom{n}{r} p^r (1-p)^{n-r}$$

$$= 1 - \frac{n!}{k!(n-k-1)} \int_0^p t^k (1-t)^{n-k-1} dt$$

更に，自由度 (n_1, n_2) の F 分布の密度関数を $f_{n_1, n_2}(x)$ で表すと，式 (2.47) の右辺は以下のように表せる。

$$(2.47) = 1 - \int_0^f f_{n_1, n_2}(x) dx = \int_f^\infty f_{n_1, n_2}(x) dx = P(Y \geqq f)$$

ただし，$n_1 = 2(k+1), n_2 = 2(n-k)$ かつ，確率変数 Y は $Y \sim F_{n_1, n_2}$ で $f = \dfrac{n_2 p}{n_1(1-p)}$ である。

- ポアソン分布での累積確率はカイ2乗分布の密度関数の積分計算により計算できる．$X \sim P_o(\lambda)$ のとき

$$(2.54) \quad P(X \leqq k) = \sum_{r=0}^{k} \frac{e^{-\lambda}\lambda^r}{r!} = 1 - \sum_{r=k+1}^{n} \frac{e^{-\lambda}\lambda^r}{r!} = 1 - \frac{1}{k!}\int_0^\lambda t^k e^{-t}dt$$

が示される．更に，自由度 $2(k+1)$ のカイ2乗分布の密度関数を $f_{2(k+1)}(x)$ で表すと，式 (2.54) の右辺は以下のように表せる．

$$(2.54) = \int_{2\lambda}^{\infty} f_{2(k+1)}(x)dx = P(Y \geqq 2\lambda)$$

ただし，確率変数 Y は $Y \sim \chi^2_{2(k+1)}$ である．◁

表 2.10 標準偏差, 範囲などに関する係数表

群の大きさ n	m_3	d_2	d_3	c_2^*	c_3^*
2	1.000	1.128	0.853	0.7979	0.6028
3	1.160	1.693	0.888	0.8862	0.4632
4	1.092	2.059	0.880	0.9213	0.3888
5	1.198	2.326	0.864	0.9400	0.3412
6	1.135	2.534	0.848	0.9515	0.3076
7	1.214	2.704	0.833	0.9594	0.2822
8	1.160	2.847	0.820	0.9650	0.2458
9	1.223	2.970	0.808	0.9693	0.2458
10	1.177	3.078	0.797	0.9727	0.2322
...					
20 以上				$1 - \frac{1}{4n}$	$\frac{1}{\sqrt{2n}}$

第3章
検定と推定

3.1 検定と推定の考え方

3.1.1 点推定と区間推定

正規分布の（母）平均 μ, （母）分散 σ^2 のように分布を決めるような定数を分布の**母数**（パラメータ：parameter）という。そこで，この母数がわかれば分布がわかる。そして，その母数の推定 (estimation) には，ある一つの値で指定しようとする**点推定** (point estimation) と，母数をある区間でもって指定しようとする**区間推定** (interval estimation) がある（図 3.1 参照）。

$$\text{推 定} \begin{cases} \text{点推定 (point estimation)} \\ \text{区間推定 (interval estimation)} \end{cases}$$

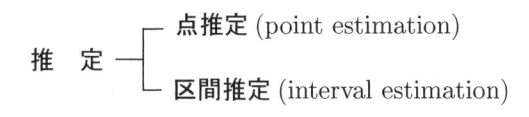

図 3.1 推定の種類

つまり，区間推定では，ある区間 $[a,b]$ に母数が含まれるというように指定する。そして推定の良さの評価法にはいくつかの基準がある。θ（テータ，スイータ）の点推定量を $\widehat{\theta}$（テータハット）と表すとき $b(\theta) = E(\widehat{\theta}) - \theta$ を**かたより** (bias) と呼び，$b(\theta) = 0$ のとき**不偏**(unbiased) であるという。推定量としては不偏で分散が小さいことが望ましい。良さの評価基準は他にもいろいろ考えられている。

（補 3-1） 一致性，有効性，十分性，許容性，minimax 性などの良さの評価規準がある。また推定方法には，最尤法，モーメント法，最小 2 乗法などがある。◁

サンプルから構成した母数 θ を含む区間の下限を**信頼下限**（下側信頼限界）といい，θ_L（テータエル）で表し，区間の上限を**信頼上限**（上側信頼限界）といい，θ_U（テータユー）とするとき，両者をあわせて**信頼限界** (confidence limits) という。そして区間 (θ_L, θ_U) を**信頼区間** (confidence interval) という。また母数 θ を区間が含む確率を**信頼率** (confidence coefficient：信頼係数，信頼確率，信頼度）という。信頼度は十分小さな $\alpha(0 < \alpha < 1)$ に対して，$1-\alpha, 100(1-\alpha)\%$ のように表し，通常 $\alpha = 0.05, 0.10$ のときに信頼区間が求められる。つまり，通常 95%, 90%信頼区間が求められる。

> 例題 3-1

ある大学生の昼飯代のデータ $X_1,\cdots,X_n$ が正規分布 $N(\mu,50^2)$ に従っているとき，母平均 μ の点推定量，及び信頼係数 95％の信頼区間を構成せよ．また，ランダムにある大学の大学生 4 人に昼食代を聞いたところ，450，350，280，500（円）であった．このデータに関して，昼食代の母平均の点推定値，信頼係数 95％の信頼区間を求めよ．

[解] **手順 1** μ の点推定量 $\hat{\mu}$ は $\hat{\mu}=\overline{X}$ である．

手順 2 μ の信頼率 $1-\alpha$ の信頼区間は，$X_1,\cdots,X_n$ が独立に同一の分布 $N(\mu,\sigma^2)$ に従うとき，それらの算術平均は平均 μ，分散 $\dfrac{\sigma^2}{n}$ の正規分布に従うので，$\overline{X}\sim N\left(\mu,\dfrac{\sigma^2}{n}\right)$ より

$$(3.1)\qquad P\left(\left|\frac{\overline{X}-\mu}{\sqrt{\sigma^2/n}}\right|<u(\alpha)\right)=1-\alpha$$

なので，確率の中の不等式を μ について解くことにより $\overline{X}\pm u(\alpha)\sqrt{\dfrac{\sigma^2}{n}}$ で与えられる．

次に，信頼係数 95％ = $100(1-\alpha)$ より $\alpha=0.05$ だから $u(0.05)=1.96$ であり，分散が $\sigma^2=50^2$ で既知より，

$$\overline{X}\pm 1.96\sqrt{\frac{50^2}{n}}=\overline{X}\pm\frac{98}{\sqrt{n}}$$

である．

そして，実際のデータを代入することで

点推定値は，$\hat{\mu}=\overline{X}=\dfrac{450+350+280+500}{4}=395$，

95％信頼区間は，$\overline{X}\pm 1.96\sqrt{\dfrac{50^2}{n}}=395\pm\dfrac{98}{\sqrt{4}}=395\pm 49=346\sim 444$ と求まる．□

─── R による実行結果 ───
```
> x<-c(450,350,280,500)  # データ入力
> mean(x)
[1] 395
> (haba<-qnorm(0.975)*50/sqrt(length(x)))  # 区間幅を求める
[1] 48.9991
> (sita<-mean(x)-haba);(ue<-mean(x)+haba)  # 信頼限界を求める
[1] 346.0009
[1] 443.9991
```

ここで，R によってデータから信頼区間を構成する関数を作成すると以下のようになる．なお，関数の名前を付けるにあたって ここでは n1m.evk() としているが，順に n は正規分布 (normal distribution)，1 は 1 母集団，m は平均 (mean) で e は推定 (estimation)，v は分散 (variance)，k は既知 (known) であることを示すように付けている．

3.1 検定と推定の考え方

───── 1 標本での平均の推定関数（分散既知） n1m.evk ─────

```
n1m.evk=function(x,v0,conf.level){   # x:データ,v0:既知の分散
# conf.level：信頼係数 (0 と 1 の間)
n=length(x);mx=mean(x)
alpha=1-conf.level
cl=100*conf.level
haba=qnorm(1-alpha/2)*sqrt(v0/n)
sita=mx-haba;ue=mx+haba
kai=c(mx,sita,ue)
names(kai)=c("点推定",paste((cl),"%下側信頼限界"),paste((cl),"%上側信頼限界"))
kai
}
```

───── R による実行結果 ─────

```
> n1m.evk(x,50^2,0.95)
        点推定  95 %下側信頼限界  95 %上側信頼限界
      395.0000         346.0009         443.9991
```

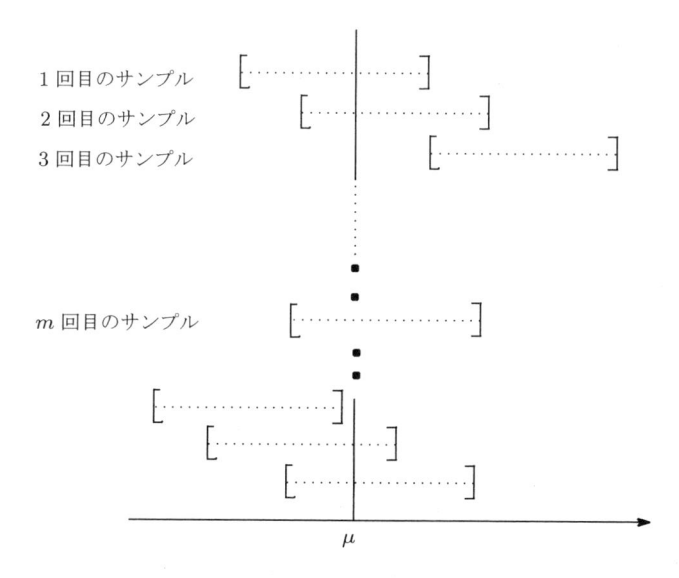

図 3.2　信頼区間

例題 3-1 で信頼区間は $\left[\overline{X}-\dfrac{98}{\sqrt{n}}, \overline{X}+\dfrac{98}{\sqrt{n}}\right]$ であるが，データ数 n が一定であれば $\overline{X}$ が

変化するのみなので，例えば n 個ずつ 100 回繰返しデータを取れば，図 3.2 のように母数 μ を 5 回ぐらいは含まないこともある。また n が大きいほど区間幅は狭くなり，信頼度をあげれば区間幅は広くなる。

演習 3-1 ある製品の製造工程からランダムに n 個の製品を抜き取り調べたところ，x 個が不良であるとき，不良率 p の点推定量を求めよ。

演習 3-2 通学時間のデータ $X_1, \cdots, X_n$ が $N(\mu, 4^2)$ の正規分布に従っているとき，これらのデータを用いて μ の点推定量及び信頼係数 90% の信頼区間を構成せよ。

演習 3-3 $N(60, 5^2)$ の正規乱数を 10 個ずつ 100 回発生し，毎回 95% 信頼区間を構成し，60 を何回含むか実行してみよ。

（参考）R による関数

演習 3-3 に対応して R で作成した関数が以下である。その実行結果が図 3.3 で，横の中心線が真の平均で，100 回の繰返し作成した信頼区間が縦の線分である。何本かの線分が中心線を含まない状況がうかがえるだろう。

────── 1 標本での平均の信頼区間のシミュレーション関数（分散既知） n1m.evksm ──────

```
正規分布の1標本での平均に関する推定（分散既知）でのシミュレーション (simulation)
n1m.evksm=function(n,r,m,s,conf.level){ # n:発生乱数の個数
# r:繰返し数 m:平均 # s:標準偏差 conf.leve:信頼係数
alpha=1-conf.level
kaisu=0;haba=qnorm(1-alpha/2)*sqrt(s^2/n)
ko=1:r
v<-matrix(c(0,0),nrow=2)
 mu.l<-c();mu.u<-c();ch<-c()
   for (i in 1:r ) {
     x=rnorm(n,m,s)
     mu.l[i]=mean(x)-haba; mu.u[i]=mean(x)+haba
     v<-cbind(v,c(mu.l[i],mu.u[i]))
     kai=0
     if ( (mu.l[i]<=m) && (m<=mu.u[i])){
      kai=1;ch[i]=""
     } else {
     kai=0;ch[i]="*"}
    kaisu=kaisu+kai
    cat("(",mu.l[i],mu.u[i],")",ch[i],"¥n")
   }
```

3.1 検定と推定の考え方

```
ylim=range(c(mu.l,mu.u))
xlim=range(ko)
v<-v[,2:(r+1)]
plot(apply(v,2,mean),xlim=xlim,ylim=ylim,col="red")
abline(m,0,col=4)
#axis(side=1,pos=m,col="red",labels=F)
segments(1:r,mu.l,1:r,mu.u,lwd=2)
wari=kaisu/r*100
c("割合=",wari,"%")
}
```

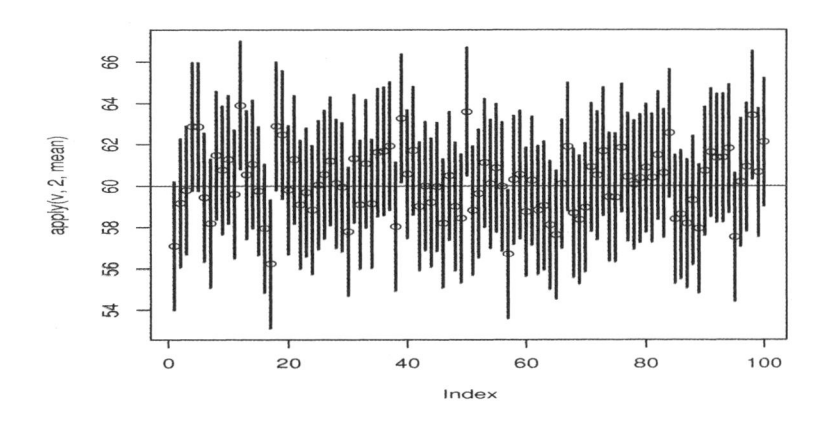

――――― R による実行結果 ―――――

```
> n1m.evksm(10,100,60,5,0.95)
( 53.99953  60.19748 )
   ...
( 59.01872  65.21667 )
[1] "割合="  "94"     "%"   # 図 3.3 が実行結果
```

図 3.3 シミュレーションによる信頼区間

なお，このような自作の関数をあるフォルダに保存しておいて，それを利用して計算等を実行する場合には，まずその関数を呼び出す必要がある。そこで，以下のような文を入力して実行しておいて，関数を実行する。ここでは sinrai.r という関数を利用したいとする。

```
> source("c:/R の関数/sinrai.r")
```

これは C ドライブの R の関数というフォルダにある sinrai.r というファイル名の関数を利用する場合である。

3.1.2 検定における仮説と有意水準

仮説を立てて，その真偽を判定する方法に（仮説）**検定** (test) がある。つまり，ある命題が成り立つか否かを判定することをいう。考えられる全体を仮説の対象と考え，まず成り立たないと思われる仮説を**帰無仮説** (null hypothesis) として立て，その残りを**対立仮説** (alternative hypothesis) とする。そして，帰無仮説が**棄却**(reject) されたら**採択**(accept) する仮説が対立仮説である。帰無仮説は**ゼロ仮説**ともいわれ，ここでは H_0（エイチゼロ）で表し，対立仮説を H_1（エイチワン）で表す。H_0 からみれば棄却するかどうか，H_1 からみれば採択するかどうかを判定するのである。そして判定のためのデータから計算される統計量を**検定統計量** (test statistics) という。　間違いなく判定（断）できれば良いが，少なからず判定には以下のような二つの誤りがある。

ある盗難事件があり，彼が犯人であると思われるとき，帰無仮説に彼は犯人でないという仮説をたて，対立仮説に彼は犯人であるという仮説をたてた場合を考えよう。判定では，彼は犯人でないにもかかわらず，犯人であるとする誤り（帰無仮説が正しいにもかかわらず，帰無仮説を棄却する誤り）があり，これを**第1種の誤り** (type I error)，あわて者の誤り，生産者危険などという。そして，その確率を**有意水準** (significance level)，**危険率**または**検定のサイズ**といい，α（アルファ）で表す。必要な物で捨ててはいけない物をあわてて捨ててしまう<u>あ</u>わて者（<u>ア</u>ルファ α）の誤りである。

さらに，犯人であるにもかかわらず犯人でないとする誤り（帰無仮説がまちがっているにもかかわらず，棄却しない誤り）もあり，これを**第2種の誤り** (type II error)，ぼんやり者の誤り，消費者危険などといい，その確率を β（ベータ）で表す。捨てないといけなかったのに<u>ぼ</u>んやり（<u>ベ</u>ータ β）してて捨てなかった誤りである。図 3.4 を参照されたい。

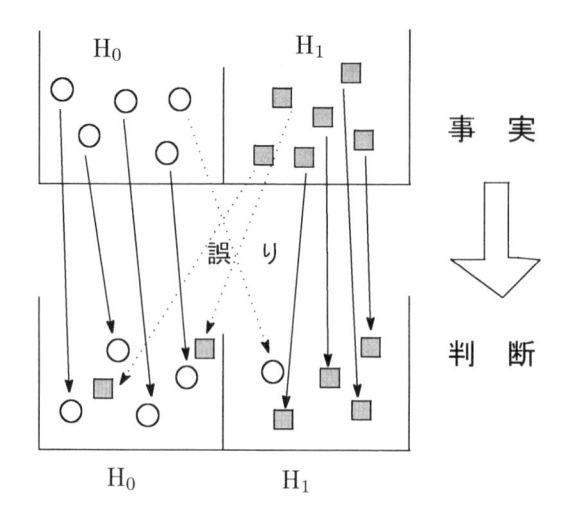

図 **3.4**　仮説と判断

そして，犯人であるときは，ちゃんと犯人であるといえる（帰無仮説がまちがっているときは，まちがっているといえる）ことが必要で，その確率を**検出力** (power) といい，$1-\beta$ となる。二つの誤りがどちらも小さいことが望まれるが，普通，一方を小さくすると他方が大きくなる関係（トレード・オフ (trade-off) の関係）がある。そこで第1種の誤りの確率 α を普通 5%，1% と小さく保ったもとで，できるだけ検出力の高い検定（判定）方式を与えることが望まれる。そして母数を横軸にとり，$1-\beta$ を縦軸方向に描いたものを**検出力曲線** (power curve) という。

（補 3-2） 良さの基準から導かれた結果として（一様）最強力検定，不偏検定，不変検定などがある。◁

そして，検定における判定（判断）と真実（現実）との相違を一覧にすると，表 3.1 のようになる。

表 3.1 検定における判定（判断）と正誤

判定 \ 正しい仮説	H_0	H_1
H_0 を受容（H_1 を採択しない）確率	○ $1-\alpha$	第2種の過誤 β
H_0 を棄却（H_1 を採択）確率	第1種の過誤 α	○ $1-\beta$
確率計	1	1

また，2 種の誤りのいろいろな呼び方を表 3.2 にまとめておこう。

表 3.2 2 種の誤りの呼び方

2 種の誤り	第 1 種の誤り	第 2 種の誤り
呼び方	有意水準 危険率 検定のサイズ あわて者の誤り 生産者危険	ぼんやり者の誤り 消費者危険
確率	α	β

ここで注意したいのは帰無仮説が棄却される場合は有意に棄却され，対立仮説であることが高い確率でいえる。しかし**帰無仮説が棄却されないからといって，帰無仮説が正しいことはあまりいえない。** つまり有意水準 α で棄却されないだけであり，帰無仮説が棄却されるわけではないくらいの感じでいえるだけである。例えば，得点が 95 点以上なら大変良くできるとするとき，95 点を超えなくてもできないというわけではない。有意水準を小さくすればいくらでも帰無仮説を棄却しないようにでき，棄却できないからといって帰無仮説が正しいと強くいえるわけではない。

実際コイン投げを 5 回行い，表がでるか裏がでるかを調べたところ，すべて表であったとする。（あるいは，ある家庭で子供が 5 人生まれたとして，男の子か女の子であるか調べたところ，すべて男であったとする，など。）このとき帰無仮説として，このコインは表と裏のでる確率は 1/2 であるをたて，対立仮説として 1/2 でないとする。すると，帰無仮説が成

立するとしたもとで5回表である確率は $(1/2)^5 = 1/32 = 0.03125$ でかなり小さく，この帰無仮説は成り立たないのではないかと考えられる．そこで帰無仮説を棄却し対立仮説を採択する．同様にバスケットボールでシュートすると，成功する確率が 0.8 の人が 5 回シュートして 5 回とも外れるとすれば，その確率は $0.2^5 = 0.00032$ で非常に小さい．そこで，成功率が 0.8 という仮説はおかしいと考えるのである．

そして，実際に検定するときの流れは大体，以下のようになる．

検定の手順（検定の5段階）

手順1 前提条件のチェック（分布，モデルの確認など）
手順2 仮説と有意水準 (α) の設定
手順3 棄却域の設定（検定方式の決定）
手順4 検定統計量の計算
手順5 判定と結論

ここで簡単のため，分散が 1^2 で平均 μ の正規分布 $N(\mu, 1^2)$ の平均 μ に関して，次の検定問題を考える．つまり有意水準 α ($0 < \alpha < 1$：十分小) に対し，帰無仮説 $H_0 : \mu = \mu_0$，対立仮説 $H_1 : \mu > \mu_0$ を考える．これを

$$\begin{cases} H_0 & : \quad \mu = \mu_0 \\ H_1 & : \quad \mu > \mu_0, \text{ 有意水準 } \alpha \end{cases}$$

のように表すことにする．このときデータからの統計量 $T = \overline{X}$ に基づき

検定方式

$T > C \Longrightarrow H_0$ を棄却

$T < C \Longrightarrow H_0$ を棄却しない

$\left(\text{ここに}\overline{X} \sim N\left(\mu, \left(\dfrac{1}{\sqrt{n}}\right)^2\right)\text{である．}\right)$

とする検定方式をとる．添え字に対応して $f_i(x) (= 0, 1)$ を各仮説のもとでの密度関数を表すとする．

そこで棄却域は (C, ∞) となり，図 3.5 のように帰無仮説のもとで H_0 を棄却する確率 α は

(3.2) $\quad \alpha = P_{H_0}(T > C) = H_0 \text{のもとで} T > C \text{である確率} = \displaystyle\int_C^\infty f_0(x) dx$

であり，H_1 のもとで H_1 を採択しない（H_0 を棄却しない）確率は

(3.3) $\quad \beta = P_{H_1}(T < C) = \displaystyle\int_{-\infty}^C f_1(x) dx$

となる．ここで C は境となる値で**臨界値** (critical value) といわれる．実際に検定統計量の計算した値より大きい確率（棄却され有意となる確率）を **P 値**（p 値）または**有意確率**という．

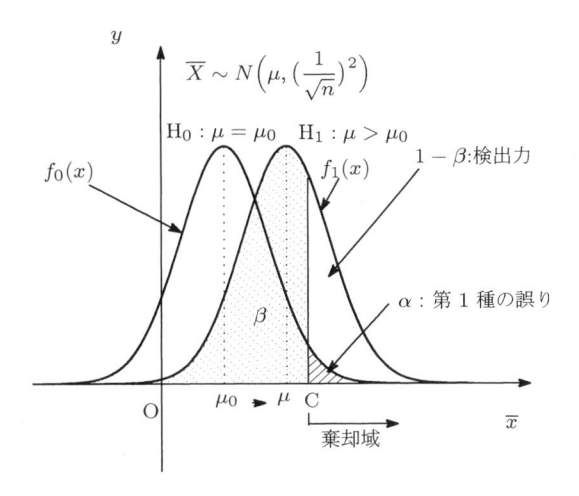

図 3.5 帰無仮説と対立仮説の分布

図 3.5 から $(\mu_0 <)\mu$ が大きくなると，第 2 種の誤り β が小さくなる．つまり，検出力 $1-\beta$ が大きくなることがわかる．また n が大きくなると，標準偏差 $1/\sqrt{n}$ が小さくなり，帰無仮説と対立仮説がはっきりと分離され，検出力があがる．

ここで対立仮説として $\mu \neq \mu_0$ のように棄却域が両側に設定される場合の検定は**両側検定** (two-sided test) といわれ，例のように棄却域を片側のみに設ける検定を**片側検定** (one-sided test) という．また対立仮説が $\mu > \mu_0$ で，棄却域がある値より大きい領域となるとき，**右片側検定**といい，対立仮説が $\mu < \mu_0$ で，棄却域がある値より小さい領域となるとき，**左片側検定**という．

例題 3-2（離散分布での検定）

バスケットボールで，1 回のシュートでゴールに入る確率が p である人が，5 回シュートしてゴールに入る回数を X とする．このとき，この人のシュートの成功率が 5 割あるかどうかを検定したい．そこで仮説と有意水準 α を以下のように設定し，検定する．

$$\begin{cases} H_0 &:\quad p = p_0 \quad (p_0 = 1/2) \\ H_1 &:\quad p < p_0, \text{ 有意水準 } \alpha \end{cases}$$

このとき以下の設問に答えよ．

(1) $X \leqq 1$ のとき，H_0 を棄却することにすれば α はいくらか．
(2) $p = 0.2, 0.4, 0.6, 0.8$ のとき，H_0 を棄却する確率（検出力 $1-\beta$）をそれぞれ求めよ．

[解] (1) **手順 1** 分布のチェック．X は 2 項分布 $B(5, p)$ に従うと考えられる．

手順 2 帰無仮説のもとで棄却する確率（有意水準 α）を計算する．

$$\begin{aligned} \alpha &= P_{H_0}(X \leqq 1) = P(X=0) + P(X=1) \\ &= \binom{5}{0}(\frac{1}{2})^0(1-\frac{1}{2})^{5-0} + \binom{5}{1}(\frac{1}{2})^1(1-\frac{1}{2})^{5-1} = 6/2^5 = 0.1875 \end{aligned}$$

(2) 二項確率の漸化式を利用して，

$p = 0.2$ のとき, $1 - \beta = P(X \leq 1 | p = 0.2) = \binom{5}{0}(0.2)^0(1-0.2)^{5-0} + \binom{5}{1}(0.2)^1(1-0.2)^{5-1}$
$= 2.25 \times 0.8^5 = 0.7373$

$p = 0.4$ のとき, $1 - \beta = P(X \leq 1 | p = 0.4) = \binom{5}{0}(0.4)^0(1-0.4)^{5-0} + \binom{5}{1}(0.4)^1(1-0.4)^{5-1}$
$= \dfrac{13}{3} \times 0.6^5 = 0.3370$

$p = 0.6$ のとき, $1 - \beta = P(X \leq 1 | p = 0.6) = \binom{5}{0}(0.6)^0(1-0.6)^{5-0} + \binom{5}{1}(0.6)^1(1-0.6)^{5-1}$
$= 8.5 \times 0.4^5 = 0.0870$

$p = 0.8$ のとき, $1 - \beta = P(X \leq 1 | p = 0.8) = \binom{5}{0}(0.8)^0(1-0.8)^{5-0} + \binom{5}{1}(0.8)^1(1-0.8)^{5-1}$
$= 21 \times 0.2^5 = 0.0067$

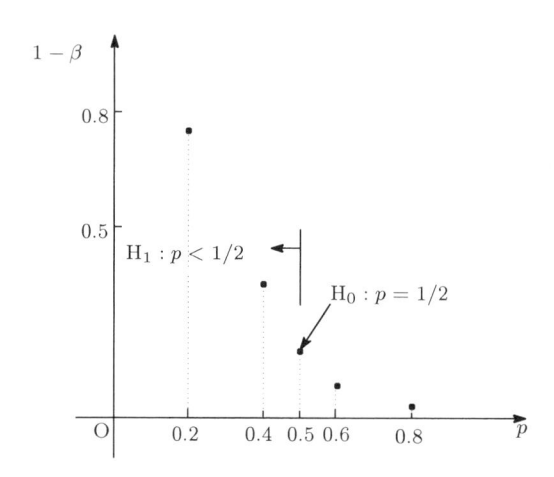

図 3.6 検出力 $(1-\beta)$ のグラフ

この結果から検出力のグラフを描くと，図 3.6 のようになる．このように帰無仮説から対立仮説により離れると，検出力があがることが確認される．□

---------- R による実行結果 ----------

```
> (p<-(seq(2,8,2)/10))
# p に 0.2, 0.4, 0.6, 0.8 を代入し表示する。p<-seq(0.2,0.8,0.2) でも可
[1] 0.2 0.4 0.6 0.8
> power<-pbinom(1,5,p)
# 各 p(=0.2 から 0.8) に対し, 5 回の試行のうち生起回数 1 以下である確率を power に
# 代入
> power
```

```
[1] 0.73728 0.33696 0.08704 0.00672
> plot(p,power,main="検出力 (p=0.2,0.4,0.6,0.8)")
# 横軸に p，縦軸に検出力をとりグラフをプロットする。
# 参考　もっと多くの点で検出力を計算し，グラフ表示する場合は以下のように入力
> p<-seq(0,1,length=100)
> power<-pbinom(1,5,p)
> plot(p,power,main="検出力 (p=0〜1)")
```

演習 3-4　コインを6回投げて表がでた回数を X とするとき，

$$\begin{cases} H_0 &: p = p_0 \quad (p_0 = 1/2) \\ H_1 &: p > p_0, \text{ 有意水準 } \alpha \end{cases}$$

を検定する場合，以下の設問に答えよ。

① $X > 4$ のとき H_0 を棄却することにすれば，有意水準 α はいくらか。

② $p = 0.2, 0.4, 0.6, 0.8$ のとき H_0 を棄却する確率をそれぞれ求めよ。

演習 3-5　サイコロを30回投げて，1の目の出る回数を X とする。1の目の出る確率が $1/6$ であるかどうかを，X が1以下または9以上だと棄却することにすれば，有意水準はいくらか。

例題 3-3（連続分布での検定）

全国模試でランダムに選ばれた40人の数学の成績の平均点が65点であった。この模試での数学の成績は分散が 15^2 の正規分布に従っているとする。このとき，全国模試の平均点は60点であるといえるか。有意水準 5% で検定せよ。また P 値はいくらか。

[解]　手順1　前提条件のチェック（分布のチェック）

文章から，模試の数学の成績 X は平均 μ，分散 15^2 の正規分布に従っている。

手順2　仮説および有意水準の設定

$$\begin{cases} H_0 &: \mu = \mu_0 \quad (\mu_0 = 60) \\ H_1 &: \mu \neq \mu_0, \quad \text{有意水準 } \alpha = 0.05 \end{cases}$$

これは，棄却域を両側にとる両側検定である。

手順3　棄却域の設定（検定方式の決定）

$$R : |u_0| = \left| \frac{\overline{x} - \mu_0}{\sqrt{\sigma^2/n}} \right| > u(0.05) = 1.96$$

手順4　検定統計量の計算

$$\overline{x} = 65 \text{ より } u_0 = \frac{\overline{x} - \mu_0}{\sqrt{\frac{\sigma^2}{n}}} = \frac{65 - 60}{\sqrt{\frac{15^2}{40}}} \fallingdotseq 2.11$$

手順5　判定と結論

$|u_0| = 2.11 > u(0.05) = 1.96$ から帰無仮説 H_0 は有意水準 5% で棄却される。つまり，平均点は60点であるとはいえない。

また，統計量 u_0 の絶対値が2.11以上である確率（P 値）は

$P(|u_0| \geqq 2.11) \fallingdotseq 0.0174 \times 2 = 0.0348$ である。□

―― Rによる実行結果 ――
```
> u0<-(65-60)/sqrt(15^2/40) # 検定統計量を計算し，u0に代入
> u0
[1] 2.108185
> pti <- 2*(1-pnorm(u0))  # p値を計算し，ptiに代入
> pti
[1] 0.03501498
```

(補3-3)　検定において，仮説が1点のみからなる場合を単純仮説といい，単純帰無仮説と単純対立仮説において，最大の検出力を与える検定統計量は尤度比に基づくものであることが，ネイマン・ピアソンの基本補題で示されているので，以後の検定統計量も尤度比に基づく統計量になっている。◁

演習 3-6　あるクラスの統計学の試験での得点は，平均 μ，分散 12^2 の正規分布 $N(\mu, 12^2)$ に従っているとする。このときランダムに n 人を選び，得点 $x_1, \cdots, x_n$ から平均 $\bar{x}$ を計算して，平均が60点あるかどうかを有意水準 α に対して検定する。なお平均点は60点以下であることはわかっているとする。このとき，以下の設問に答えよ。

① 仮説を以下のように設定する。
$$\begin{cases} H_0 & : \quad \mu = \mu_0 \quad (\mu_0 = 60) \\ H_1 & : \quad \mu < \mu_0, \text{ 有意水準 } \alpha \end{cases}$$
そして $n=9$ のとき，$\bar{x} < 55$ なら帰無仮説を棄却するとすれば有意水準 α はいくらか。

② ①のもと $(n=9)$，$\mu = 40, 45, 50, 55, 60, 65$ での検出力 $(1-\beta)$ を求めよ。

③ $\mu = 50$ での検出力が98%以上にするには，サンプル数 n をいくら以上にすれば良いか。

演習 3-7　ある地方都市に下宿している学生の一か月の生活費が平均 μ，分散 4 万円の正規分布に従っているとする。実際にその都市の学生 7 人の生活費を調べたところ，次のデータが得られた。

　　12.5, 13, 15, 14, 11, 16, 17（万円）

① 生活費の平均が15万円と等しいかどうかを有意水準5%で検定せよ。

② μ の信頼係数90%の信頼区間を求めよ。

③ $\mu = 14$ のとき，この検定方式の検出力を求めよ。

―― 1標本での平均に関する検定の検出力関数（分散：既知）n1m.tvkpw ――
```
# 正規分布の1標本の平均に関する検定（分散既知）での検出力(power)の関数
n1m.tvkpw=function(x,m,m0,v0,alpha){ # x:データ,m:平均,
# m0:帰無仮説の平均値,v0:既知の分散値,alpha:有意水準
n=length(x);mx=mean(x);ualpha=qnorm(1-alpha/2)
u0=(mx-m0)/sqrt(v0/n);d=(m-m0)/sqrt(v0/n)
power=pnorm(-ualpha-d)+1-pnorm(ualpha-d)
c(u0=u0,m=m,alpha=alpha,power=power)}
```

3.1 検定と推定の考え方

```
─────────── R による実行結果 ───────────
> x<-c(12.5,13,15,14,11,16,17)
> n1m.tvkpw(x,14,15,4,0.05)
         u0         m     alpha      power
 -1.2283845 14.0000000 0.0500000 0.2625475
```

```
データの分布 ─┬─ 連続型の場合
              │   (計量値のデータに関する検定と推定)
              │
              └─ 離散型の場合
                  (計数値のデータに関する検定と推定)

母集団の個数 ─┬─ 1 個の母集団 ───────→ 1 標本問題
              │
              ├─ 2 個の母集団 ───────→ 2 標本問題
              │
              └─ $k(\geqq 3)$ 個の母集団 ──→ 多標本問題
```

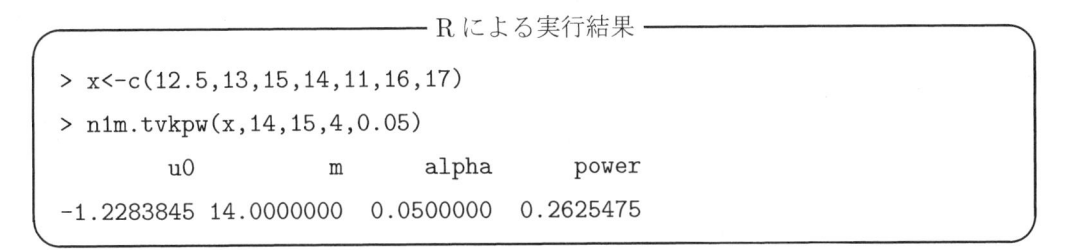

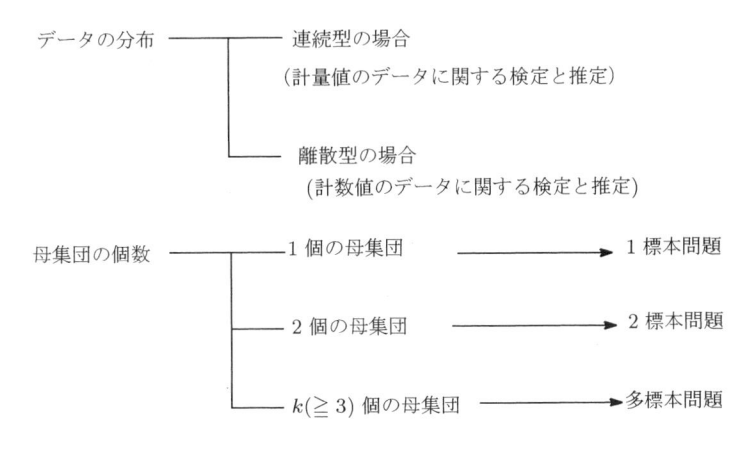

図 3.7 検定・推定での分類

次に，具体的な分布について検定・推定方法を考えていこう．図 3.7 のようにデータの分布に応じての分類と，母集団の個数に応じた分類が考えられる．さらに図 3.8 のように，具体的な適用場面に対応して検定（推定）の分類が考えられる．図 3.8 中の文字は検定統計量を表し，帰無仮説 H_0 のもとで，u_0 は正規分布，t_0 は t 分布，F_0 は F 分布，χ_0^2 はカイ 2 乗分布に従う統計量であることを示している．以下で取り扱う内容のところには，章・節の数字が記入されている．

また，R でパッケージでインストールされている検定の関数を以下にあげておこう．なお，使用法については R Console ウィンドウで >help（関数名）を入力して説明を参照することができる（例えば >help(t.test) と入力する）．

①**正規分布**に関連して

　1 標本（1 個の母集団）$N(\mu,\sigma^2)$ に関し，

　　平均に関する検定　　$H_0: \mu = \mu_0$（分散 σ^2：未知の場合）

　　<書式> t.test(x1,x2=NULL,mu=m0,...)

　2 標本（2 個の母集団）$N(\mu_1,\sigma_1^2), N(\mu_2,\sigma_2^2)$ に関し，

　　平均の違いに関する検定　　$H_0: \mu_1 = \mu_2$（分散 σ_1^2, σ_2^2：未知の場合）

　　<書式> t.test(x1,x2,...)

　　分散の違いに関する検定　$H_0: \sigma_1^2 = \sigma_2^2$（$\mu_1, \mu_2$：未知の場合）

　　<書式> var.test(x1,x2,...)

　1 個の母集団の 2 変量間の相関に関し，**無相関**の検定 $H_0: \rho = 0$

＜書式＞ cor.test(x,y,...)

② **2項分布**に関連して

　　<u>1標本</u>（1個の母集団）$B(n,p)$ に関し，**母比率に関する検定**　　$H_0: p = p_0$

　　　＜書式＞ prop.test(x,n,p=p0,...)

　　<u>2標本</u>（2個の母集団）$B(n_1,p_1), B(n_2,p_2)$ に関し，**母比率の違い**の検定 $H_0: p_1 = p_2$

　　　＜書式＞ prop.test(c(x1,x2),c(n1,n2),...)

③ **分割表**における（**独立性**の）**検定**　chisq.test(x),fisher.test(x)

④ **分散分析** aov(y~x),oneway.test(y~x),Anova(y~x)

⑤ **回帰分析** lm(y~x), update(kaiki.lm,.~.-x1)

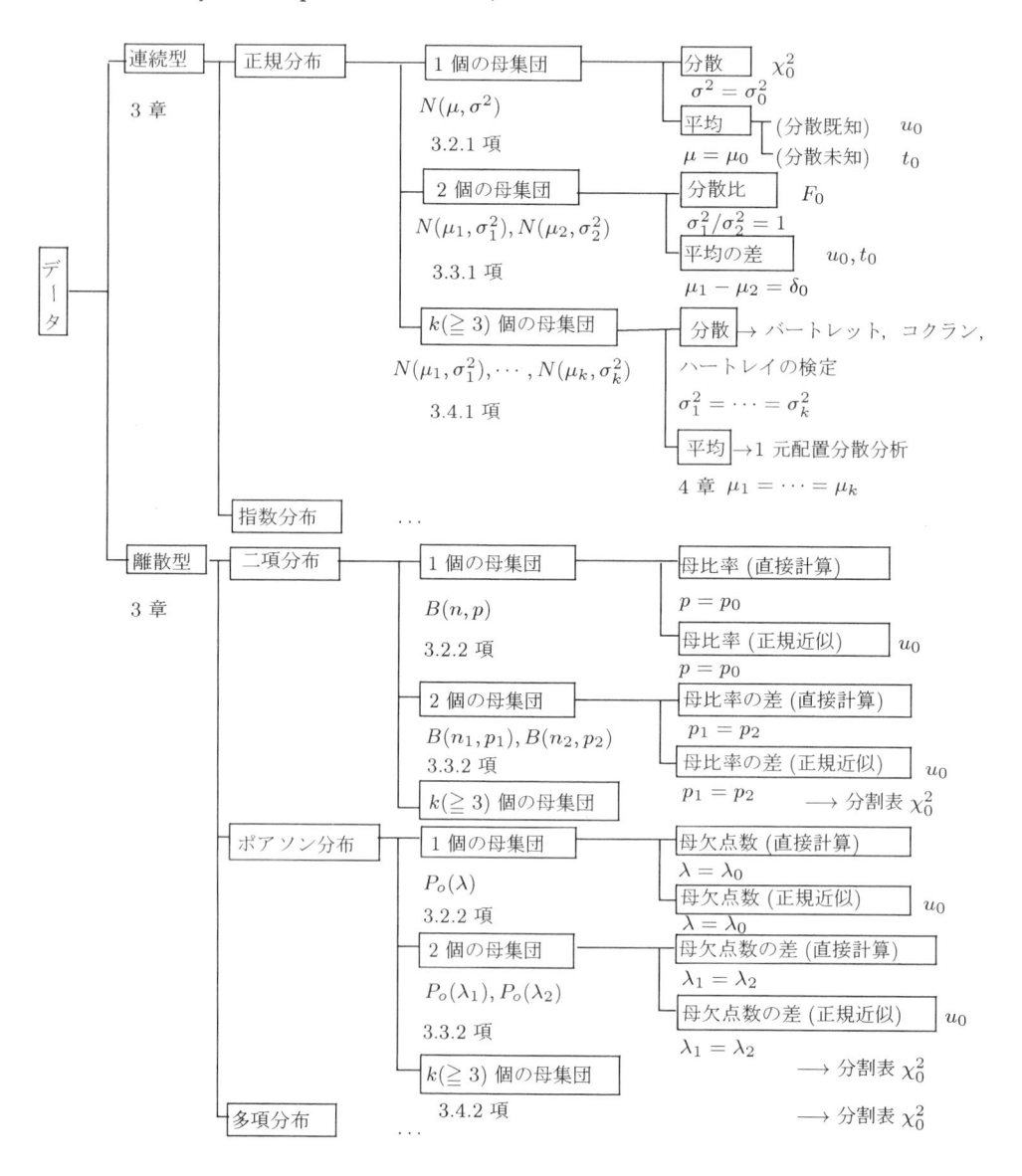

```
データ
├── 連続型（3章）
│    ├── 正規分布
│    │    ├── 1個の母集団 N(μ,σ²)  3.2.1項
│    │    │    ├── 分散 σ² = σ₀²                    χ₀²
│    │    │    └── 平均 μ = μ₀   （分散既知） u₀
│    │    │                      （分散未知） t₀
│    │    ├── 2個の母集団 N(μ₁,σ₁²), N(μ₂,σ₂²)  3.3.1項
│    │    │    ├── 分散比 σ₁²/σ₂² = 1              F₀
│    │    │    └── 平均の差 μ₁ - μ₂ = δ₀          u₀, t₀
│    │    └── k(≧3)個の母集団 N(μ₁,σ₁²),…,N(μ_k,σ_k²)  3.4.1項
│    │         ├── 分散 → バートレット, コクラン, ハートレイの検定  σ₁² = … = σ_k²
│    │         └── 平均 → 1元配置分散分析  4章 μ₁ = … = μ_k
│    └── 指数分布 …
└── 離散型（3章）
     ├── 二項分布
     │    ├── 1個の母集団 B(n,p)  3.2.2項
     │    │    ├── 母比率（直接計算） p = p₀
     │    │    └── 母比率（正規近似） p = p₀           u₀
     │    ├── 2個の母集団 B(n₁,p₁), B(n₂,p₂)  3.3.2項
     │    │    ├── 母比率の差（直接計算） p₁ = p₂
     │    │    └── 母比率の差（正規近似） p₁ = p₂     u₀
     │    └── k(≧3)個の母集団                       → 分割表 χ₀²
     ├── ポアソン分布
     │    ├── 1個の母集団 P_o(λ)  3.2.2項
     │    │    ├── 母欠点数（直接計算） λ = λ₀
     │    │    └── 母欠点数（正規近似） λ = λ₀      u₀
     │    ├── 2個の母集団 P_o(λ₁), P_o(λ₂)  3.3.2項
     │    │    ├── 母欠点数の差（直接計算） λ₁ = λ₂
     │    │    └── 母欠点数の差（正規近似） λ₁ = λ₂   u₀
     │    └── k(≧3)個の母集団  3.4.2項              → 分割表 χ₀²
     └── 多項分布 …                                  → 分割表 χ₀²
```

図 **3.8**　データに対応した検定・推定での分類

3.2 1標本での検定と推定

3.2.1 連続型分布に関する検定と推定

母集団が一つの場合，**1標本問題**ともいわれる。ここでは，データ $X_1, \cdots, X_n$ が互いに独立に正規分布 $N(\mu, \sigma^2)$ に従っている場合を考える。そこで検討したい母数は平均 μ と分散 σ^2 である。ここではばらつき（分散）をみて平均をみる順序で検討していく。

(1) 正規分布の 分散 に関する検定と推定

帰無仮説 $H_0 : \sigma^2 = \sigma_0^2$ を検定する場合を考えよう。

まず，母分散 σ^2 に関しての推定・検定を考えよう。次に図 3.9 のように母平均 μ が未知の場合と既知の場合で検定統計量が異なるので場合分けをする。

$$H_0 : \sigma^2 = \sigma_0^2 \, (\sigma_0^2 : 既知)$$

① μ : 既知   ② μ : 未知

$H_1 : \sigma^2 \neq \sigma_0^2, \quad \sigma^2 < \sigma_0^2, \quad \sigma^2 > \sigma_0^2 \qquad H_1 : \sigma^2 \neq \sigma_0^2, \quad \sigma^2 < \sigma_0^2, \quad \sigma^2 > \sigma_0^2$

H_0 のもと $\mu \Longrightarrow \widehat{\mu} = \overline{X}$ H_0 のもと

検定統計量

$$\chi_0^2 = \frac{\sum_{i=1}^{n}(x_i - \mu)^2}{\sigma_0^2} \sim \chi_n^2 \qquad \chi_0^2 = \frac{S}{\sigma_0^2} \sim \chi_{n-1}^2$$

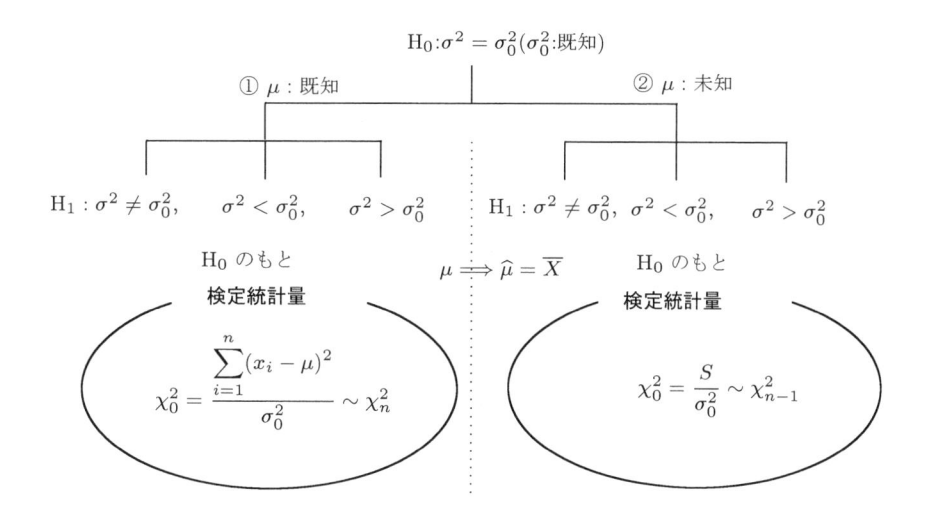

図 3.9 正規母集団の母分散の検定

従来から設定された目標の値があって，母平均ではだいたい目標の値の製品が生産できるようになったが，ばらつきの管理ができているか心配である場合，その目標値が既知のときと未知のときに分けて考える。

① 母平均 μ が 既知 の場合

分散の推定量は

$$\widehat{\sigma^2} = \frac{\sum_{i=1}^{n}(X_i - \mu)^2}{n} \quad (3.4)$$

である。そこで帰無仮説 $H_0 : \sigma^2 = \sigma_0^2$ との違いをみるとすれば，$\widehat{\sigma^2}$ と σ_0^2 の比である $\dfrac{\widehat{\sigma^2}}{\sigma_0^2}$

でみれば良いだろう。既知の分布になるよう係数を補正した

$$(3.5) \quad \chi_0^2 = \frac{n\widehat{\sigma^2}}{\sigma_0^2} = \frac{\sum_{i=1}^{n}(X_i - \mu)^2}{\sigma_0^2}$$

は帰無仮説 H_0 のもとで自由度 n のカイ2乗分布に従う。

次に対立仮説 H_1 として，以下のように場合分けして棄却域を設ければよい。

(i) $H_1 : \sigma^2 < \sigma_0^2$ の場合

帰無仮説と離れ H_1 が正しいときには $\chi_0^2 = \sum_{i=1}^{n}(X_i - \mu)^2/\sigma_0^2$ は小さくなる傾向がある。そこで棄却域 R は，有意水準 α に対して，$R : \chi_0^2 < \chi^2(n, 1-\alpha)$ とすればよい。

(ii) $H_1 : \sigma^2 > \sigma_0^2$ の場合

帰無仮説と離れ H_1 が正しいときには χ_0^2 は大きくなる傾向がある。そこで棄却域 R は，有意水準 α に対して，$R : \chi_0^2 > \chi^2(n, \alpha)$ とすればよい。

(iii) $H_1 : \sigma^2 \neq \sigma_0^2$ の場合

(i) または (ii) の場合なので H_1 が正しいときには χ_0^2 は小さくなるか，または大きくなる傾向がある。そこで棄却域 R は，有意水準 α に対して，両側に $\alpha/2$ になるように $R : \chi_0^2 < \chi^2(n, 1-\alpha/2)$ または $\chi_0^2 > \chi^2(n, \alpha/2)$ とする。両側検定の場合を図示すると，図3.10のようになる。

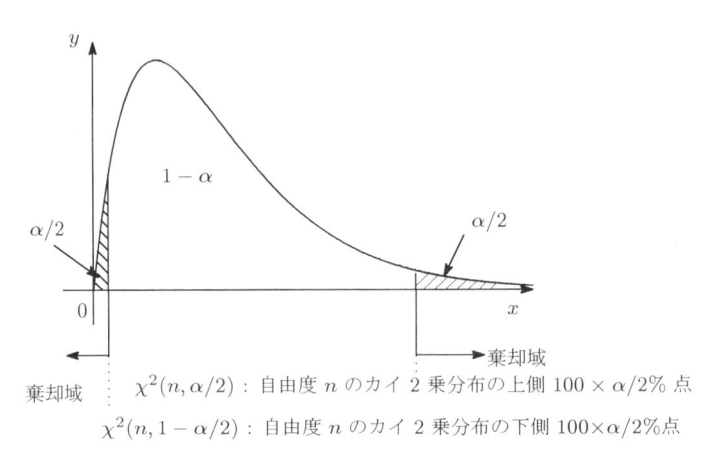

$\chi^2(n, \alpha/2)$：自由度 n のカイ2乗分布の上側 $100 \times \alpha/2\%$ 点
$\chi^2(n, 1-\alpha/2)$：自由度 n のカイ2乗分布の下側 $100 \times \alpha/2\%$ 点

図 3.10 $H_0 : \sigma^2 = \sigma_0^2$, $H_1 : \sigma^2 \neq \sigma_0^2$ での棄却域

以上をまとめて，次の検定方式が得られる。

---------- 検定方式 ----------

母分散 σ^2 に関する検定 $H_0 : \sigma^2 = \sigma_0^2$ について

<u>μ: 既知 の場合</u>　有意水準 α に対し，$\chi_0^2 = \dfrac{\sum(X_i - \mu)^2}{\sigma_0^2}$ とし，

$H_1 : \sigma^2 \neq \sigma_0^2$（両側検定）のとき

$\quad \chi_0^2 < \chi^2(n, 1-\alpha/2)$ または $\chi_0^2 > \chi^2(n, \alpha/2) \quad \Longrightarrow \quad H_0$ を棄却する

$H_1 : \sigma^2 < \sigma_0^2$（左片側検定）のとき

$\quad \chi_0^2 < \chi^2(n, 1-\alpha) \quad \Longrightarrow \quad H_0$ を棄却する

$H_1 : \sigma^2 > \sigma_0^2$（右片側検定）のとき

$\quad \chi_0^2 > \chi^2(n, \alpha) \quad \Longrightarrow \quad H_0$ を棄却する

次に，推定に関して母分散 σ^2 の点推定量は，

(3.6) $\quad \widehat{\sigma^2} = \dfrac{\sum (X_i - \mu)^2}{n}$

で，これは σ^2 の不偏推定量になっている．さらに $\sum (X_i - \mu)^2 / \sigma^2$ は自由度 n のカイ2乗分布に従うので，信頼率 $1-\alpha$ に対し

(3.7) $\quad P\left(\chi^2(n, 1-\alpha/2) < \sum (X_i - \mu)^2 / \sigma^2 < \chi^2(n, \alpha/2)\right) = 1 - \alpha$

が成立する．この括弧の中の確率で評価される不等式を σ^2 について解けば

(3.8) $\quad \dfrac{\sum (X_i - \mu)^2}{\chi^2(n, \alpha/2)} < \sigma^2 < \dfrac{\sum (X_i - \mu)^2}{\chi^2(n, 1-\alpha/2)}$

と信頼区間が求まる．以上をまとめて，次の推定方式が得られる．

---- 推定方式 ----

σ^2 の点推定は $\quad \widehat{\sigma^2} = \dfrac{\sum (X_i - \mu)^2}{n}$

σ^2 の信頼率 $1-\alpha$ の信頼区間は $\quad \dfrac{\sum (X_i - \mu)^2}{\chi^2(n, \alpha/2)} < \sigma^2 < \dfrac{\sum (X_i - \mu)^2}{\chi^2(n, 1-\alpha/2)}$

---- 例題 3-4 ----

電車はほぼ定刻にやってきているが，ラッシュ時には日によって少しばらつきがでる．そこで，どのくらいであるか検討するためデータをとったところ，以下のようであった．平均7時00分00秒とし，分散が σ^2 秒の正規分布に従っているとして，以下の設問に答えよ．

7時00分10秒，6時58分45秒，7時01分05秒，7時00分30秒，7時00分42秒

(1) 分散は 30^2 秒といえるか，有意水準5%で検定せよ．
(2) 母分散の点推定および信頼係数95%の信頼区間を求めよ．

[解]　(1) **手順1**　前提条件のチェック

電車の到着時刻のデータから，ちょうど7時を規準としたときに秒単位で表わされる誤差を x とする（データ変換 $x' \to x = x' - 7$ 時）と，x は $10, -75, 65, 30, 42$（秒）である．そして x は，平均

0 分 0 秒の正規分布 $N(0, \sigma^2)$ に従うと考えられる。

手順 2 仮説および有意水準の設定

$$\begin{cases} H_0 & : \quad \sigma^2 = \sigma_0^2 \quad (\sigma_0^2 = 900) \\ H_1 & : \quad \sigma^2 \neq \sigma_0^2, \quad \text{有意水準 } \alpha = 0.05 \end{cases}$$

これは，棄却域を両側にとる両側検定である。

手順 3 棄却域の設定（検定方式の決定）

自由度は $n = 5$ であり，有意水準が両側で 5% だから棄却域は次のようになる。

$$R : \chi_0^2 = \frac{\sum(x_i - 0)^2}{\sigma_0^2} < \chi^2(5, 0.975) = 0.831 \quad \text{または } \chi_0^2 > \chi^2(5, 0.025) = 12.83$$

手順 4 検定統計量の計算

$$\sum(x_i - 0)^2 = 10^2 + (-75)^2 + 65^2 + 30^2 + 42^2 = 12614 \text{ だから } \chi_0^2 = \frac{\sum x_i^2}{\sigma_0^2} = \frac{12614}{900} = 14.016$$

手順 5 判定と結論

$\chi_0^2 = 14.016 > 12.83 = \chi^2(5, 0.025)$ から帰無仮説 H_0 は有意水準 5% で棄却される。つまり，分散は従来と同じであるとはいえない。

(2) **手順 1** 点推定

点推定の式に代入して $\widehat{\sigma^2} = \dfrac{\sum x_i^2}{n} = \dfrac{12614}{5} = 2522.8 \fallingdotseq 50.2^2$

手順 2 区間推定

信頼率 95% の信頼区間は式より

信頼下限 $= \dfrac{\sum x_i^2}{\chi^2(5, 0.025)} = \dfrac{12614}{12.83} = 983.16$, 信頼上限 $= \dfrac{\sum x_i^2}{\chi^2(5, 0.975)} = \dfrac{12614}{0.831} = 15179.3$ □

───── R による実行結果 ─────

```
> x<-c(10,-75,65,30,42) # データ（ベクトル）を x に代入
> x # x を表示
[1]  10 -75  65  30  42
> boxplot(x) # 箱ひげ図の表示
> summary(x) # データの要約を表示
   Min. 1st Qu.  Median    Mean 3rd Qu.    Max.
  -75.0    10.0    30.0    14.4    42.0    65.0
> ss<-t(x)%*%x
# x の 2 乗和を計算し, ss に代入する ( sum(x*x) でも良い)
> ss
      [,1]
[1,] 12614
> chi0<-ss/30^2 # 検定統計量を計算し, chi0 に代入する
> chi0
```

```
              [,1]
[1,]  14.01556
> pti<-2*(1-pchisq(chi0,length(x))) # p 値を計算する
> pti
              [,1]
[1,]  0.03102181
> vhat<-ss/length(x)
> vhat
         [,1]
[1,]  2522.8
> sita<-ss/qchisq(0.975,length(x))
> # 信頼係数 95 ％の下側信頼限界を計算する
> sita
           [,1]
[1,]  982.9728
> ue<-ss/qchisq(0.025,length(x))
> # 信頼係数 95 ％の上側信頼限界を計算する
> ue
           [,1]
[1,]  15175.44
```

<u>n</u>ormal distribution, <u>1</u> sample, <u>v</u>ariance, <u>t</u>est, <u>m</u>ean <u>k</u>nown

──────── 1 標本での分散の検定関数（平均：既知）n1v.tmk ────────

```
n1v.tmk=function(x,m0,v0,alt){ #x:データ,v0:帰無仮説の分散値,
# alt:対立仮説は "l":左片側,"r" : 右片側,"t":両側
  n=length(x);m=m0;S=sum((x-m0)^2)
  chi0=S/v0
  if (alt=="l") { pti=pchisq(chi0,n)
  } else if (alt=="r") {pti=1-pchisq(chi0,n)}
  else if (chi0<1) {pti=2*pchisq(chi0,n)}
  else {pti=2*(1-pchisq(chi0,n))
  }
  c(カイ 2 乗値=chi0,P 値=pti)
}
```

```
―――――― R による実行結果 ――――――
> x<-c(10,-75,65,30,42)
> n1v.tmk(x,0,900,"t")
   カイ2乗値       P値
   14.01555556   0.03102181
```

normal distribution, 1 sample, variance, estimation, mean known

```
―――― 1 標本での分散の推定関数（平均：既知）n1v.emk ――――
n1v.emk=function(x,m0,conf.level){ # x:データ,m0:既知の平均,
# conf.level : 信頼係数（0 と 1 の間）
  alpha=1-conf.level;cl=100*conf.level
  n=length(x);m=m0;S=sum((x-m0)^2)
  vhat=S/n
  sita=S/qchisq(1-alpha/2,n);ue=S/qchisq(alpha/2,n)
  c(点推定=vhat,区間推定の信頼係数=cl,下側=sita,上側=ue)
}
```

```
―――――― R による実行結果 ――――――
> x<-c(10,-75,65,30,42)
> n1v.emk(x,0,0.95)
   点推定   区間推定の信頼係数      下側        上側
   2522.8000           95.0000   982.9728   15175.4376
```

演習 3-8 新聞は毎朝ほぼ 5 時半に配達されているが，日によるばらつきがどの程度あるか検討することになり，7 日間調べたところ以下のようなデータが得られた。データは平均 5 時半，分散 σ^2 分の正規分布に従っているとして以下の設問に答えよ。

　　5 時 28 分, 5 時 31 分, 5 時 25 分, 5 時 36 分, 5 時 26 分, 5 時 33 分, 5 時 38 分

① 配達時間の分散は 9 分であるといえるか，有意水準 5% で検定せよ。
② 分散の 90% 信頼区間を求めよ。

② 母平均 μ が 未知 の場合

まず母分散の推定量は

(3.9) $$\widehat{\sigma^2} = V = \frac{S}{n-1}$$

である．自由度が $n-1$ になり，既知の分布になるよう係数を補正した

(3.10) $$\chi_0^2 = \frac{(n-1)V}{\sigma_0^2} = \frac{S}{\sigma_0^2}$$

は帰無仮説のもとで，自由度 $n-1$ のカイ2乗分布に従うことに注意しながら後の議論は同様にでき，前出のような検定方式と以下の推定方式が導かれる．

―――― 検定方式 ――――

母分散 σ^2 に関する検定 $H_0: \sigma^2 = \sigma_0^2$ について

<u>μ: 未知 の場合</u>

有意水準 α に対し，$\chi_0^2 = \dfrac{S}{\sigma_0^2}\bigl(S = \sum(X_i - \overline{X})^2\bigr)$ とし，

$H_1: \sigma^2 \neq \sigma_0^2$（両側検定）のとき

$\quad \chi_0^2 < \chi^2(n-1, 1-\alpha/2)$ または $\chi_0^2 > \chi^2(n-1, \alpha/2) \implies H_0$ を棄却する

$H_1: \sigma^2 < \sigma_0^2$（左片側検定）のとき

$\quad \chi_0^2 < \chi^2(n-1, 1-\alpha) \implies H_0$ を棄却する

$H_1: \sigma^2 > \sigma_0^2$（右片側検定）のとき

$\quad \chi_0^2 > \chi^2(n-1, \alpha) \implies H_0$ を棄却する

―――― 推定方式 ――――

σ^2 の点推定は $\quad \widehat{\sigma^2} = V = \dfrac{S}{n-1}$

σ^2 の信頼率 $1-\alpha$ の信頼区間は

$$\frac{S}{\chi^2(n-1, \alpha/2)} < \sigma^2 < \frac{S}{\chi^2(n-1, 1-\alpha/2)}$$

(**注 3-1**) 実際に検定統計量は検出力が高いものであることが望ましく，ネイマン-ピアソンの基本補題 (Neyman-Pearson's fundamental lemma) から尤度比に基づいた検定方式が利用される．詳しくは柳川 [A31] を参照されたい．◁

―― 例題 3-5 ――

新入生について英語の試験を行い，その中からランダムに抽出した 10 人の学生の成績について（不偏）分散が $V = 11^2 = 121$ であった．過去の知見から新入生の英語の成績は正規分布をしていて，分散は $\sigma_0^2 = 55$ であることが知られている．このとき，以下の設問に答えよ．

(1) 従来と比べて，今年度の学生の英語の成績のばらつきは異なるといえるか，有意水準 5%で検定せよ．

(2) 今年度の成績の分散の信頼係数 95%の信頼区間（限界）を求めよ．

[解] (1) **手順1** 前提条件のチェック

題意から，成績データの分布は正規分布 $N(\mu, \sigma^2)$ と考えられる。

手順2 仮説および有意水準の設定

$$\begin{cases} H_0 & : \quad \sigma^2 = \sigma_0^2 \quad (\sigma_0^2 = 55) \\ H_1 & : \quad \sigma^2 \neq \sigma_0^2, \quad \text{有意水準 } \alpha = 0.05 \end{cases}$$

これは，棄却域を両側にとる両側検定である。

手順3 棄却域の設定（検定方式の決定）

自由度は $n-1 = 10-1 = 9$ であり，有意水準が両側で5%だから棄却域は次のようになる。

$$R : \chi_0^2 = \frac{S}{\sigma_0^2} < \chi^2(9, 0.975) = 2.70 \quad \text{または} \quad \chi_0^2 > \chi^2(9, 0.025) = 19.02$$

手順4 検定統計量の計算

$V = 121$ より $S = (n-1)V = 9 \times 121 = 1089$ だから $\chi_0^2 = \dfrac{S}{\sigma_0^2} = \dfrac{1089}{55} = 19.8$

手順5 判定と結論

$\chi_0^2 = 19.8 > 19.02 = \chi^2(9, 0.025)$ から帰無仮説 H_0 は有意水準5%で棄却される。つまり，分散は従来と同じであるとはいえない。

(2) **手順1** 点推定

点推定の式に代入して $\widehat{\sigma^2} = V = \dfrac{S}{n-1} = 121$

手順2 区間推定

信頼率95%の信頼区間は式より

$$\text{信頼下限} = \frac{S}{\chi^2(9, 0.025)} = \frac{1089}{19.02} = 57.26,$$

$$\text{信頼上限} = \frac{S}{\chi^2(9, 0.975)} = \frac{1089}{2.70} = 403.33 \quad \square$$

<u>n</u>ormal distribution, <u>1</u> sample, <u>v</u>ariance, <u>s</u>um of squares, <u>m</u>ean <u>u</u>nknown, <u>t</u>est

───── 1標本での分散の検定関数（平均：未知） n1vs.tmu ─────

```
n1vs.tmu=function(v,v0,n,alt){#v:不偏分散,v0:帰無仮説の分散値,
# n:データ数,alt:対立仮説は左片側"l",右片側"r",両側"t"
  ss=(n-1)*v
  chi0=ss/v0
  if (alt=="l") { pti=pchisq(chi0,n-1)
  } else if (alt=="r") {pti=1-pchisq(chi0,n-1)}
    else if (chi0<1) {pti=2*pchisq(chi0,n-1)}
    else {pti=2*(1-pchisq(chi0,n-1))
  }
  c(カイ2乗値=chi0,P値=pti)
}
```

―――― Rによる実行結果 ――――
```
> n1vs.tmu(121,55,10,"t")
   カイ2乗値        P値
19.80000000   0.03837520
```

<u>n</u>ormal distribution, <u>1</u> sample, <u>v</u>ariance, <u>s</u>tandard deviation, <u>e</u>stimation, <u>m</u>ean <u>u</u>nknown

―――― 1標本での分散の推定関数（平均：未知） n1vs.emu ――――
```
n1vs.emu=function(v,n,conf.level){
# v:不偏分散, n:データ数, conf.level:信頼係数
  ss=(n-1)*v
  vhat=v
  alpha=1-conf.level
  sita=ss/qchisq(1-alpha/2,n-1);ue=ss/qchisq(alpha/2,n-1)
  cl=100*conf.level
  kai = c(vhat, sita, ue)
  names(kai) = c("点推定", paste((cl),"%下側信頼限界",sep=""),
  paste((cl),"%上側信頼限界",sep=""))
  kai
}
```

―――― Rによる実行結果 ――――
```
> n1vs.emu(121,10,0.95)
        点推定  95％下側信頼限界  95％上側信頼限界
       121.00000      57.24719       403.27516
```

演習 3-9 新人の測定者がある成分含有率を10回測定したところ

7.8, 8.0, 7.7, 7.4, 8.1, 7.9, 8.8, 8.1, 8.2, 7.9（％）

であった。また，熟練者は標準偏差が0.25であるという。
① 新人は熟練者と比べて能力があるか，有意水準5%で検定せよ。
② 新人の分散の点推定および信頼係数99%の信頼区間（限界）を求めよ。

(ヒント)

<u>n</u>ormal distribution, <u>1</u> sample, <u>v</u>ariance, <u>t</u>est, <u>m</u>ean <u>u</u>nknown

―――― 1標本での分散の検定関数（平均：未知） n1v.tmu ――――
```
n1v.tmu=function(x,v0,alt){ # x:データ,v0:帰無仮説の分散値,
```

```
# alt:対立仮説は左片側"l", 右片側"r", 両側"t"
  n=length(x);m=mean(x);S=(n-1)*var(x)
  chi0=S/v0
  if (alt=="l") { pti=pchisq(chi0,n-1)
  } else if (alt=="r") {pti=1-pchisq(chi0,n-1)}
  else if (chi0<1) {pti=2*pchisq(chi0,n-1)}
  else {pti=2*(1-pchisq(chi0,n-1))
  }
  c(カイ2乗値=chi0,P値=pti)
}
```

───── Rによる実行結果 ─────

```
> x<-c(7.8,8.0,7.7,7.4,8.1,7.9,8.8,8.1,8.2,7.9)
> boxplot(x)
> summary(x)
   Min. 1st Qu.  Median    Mean 3rd Qu.    Max.
  7.400   7.825   7.950   7.990   8.100   8.800
> n1v.tmu(x,0.25^2,"r")
   カイ2乗値         P値
  19.34400000  0.02242172
```

<u>n</u>ormal distribution, <u>1</u> sample, <u>v</u>ariance, <u>e</u>stimation, <u>m</u>ean <u>u</u>nknown

───── 1標本での分散の推定関数（平均：未知） n1v.emu ─────

```
n1v.emu=function(x,conf.level){# x:データ,conf.level:信頼係数
 n=length(x);ss=(n-1)*var(x)
 alpha=1-conf.level;cl=100*conf.level
 vhat=var(x)
 sita=qchisq(1-alpha/2,n-1);ue=qchisq(alpha/2,n-1)
 kai=c(vhat,sita,ue)
 names(kai)=c("点推定",paste((cl),"%下側信頼限界"),
 paste((cl),"%上側信頼限界"))
kai
}
```

―― Rによる実行結果 ――
```
> n1v.emu(x,0.99)
       点推定  99 %下側信頼限界  99 %上側信頼限界
     0.1343333       23.5893508        1.7349329
```

演習 3-10 ある作業者が，単位作業を終えるのに要する時間を 6 回繰返して測定した結果 124, 121, 115, 118, 120, 113（秒）であった．
① 分散は 8^2 秒より小さいといえるか，有意水準 10%で検定せよ．
② 分散の点推定および信頼係数 95%の信頼区間（限界）を求めよ．

演習 3-11 ある飼料を 7 頭の豚に 1 週間投与したところ，その間の体重増加量が次のようであった．865, 910, 940, 795, 830, 765, 770（g）
① 標準偏差が 50（g）より大きいといえるか，有意水準 10%で検定せよ．
② 分散の点推定および信頼係数 90%の信頼区間（限界）を求めよ．

(2) 正規分布の 平均 に関する検定と推定

$X \sim N(\mu, \sigma^2)$ のとき，$H_0 : \mu = \mu_0$ を検定する場合を考えよう．

母平均 μ について仮説を考えるとき，母分散が既知か未知かによって，その検定統計量が少し異なる．そこで図 3.11 のように，母分散が既知の場合と未知の場合に分けて考えよう．

$H_0 : \mu = \mu_0 (\mu_0 : 既知)$

① σ^2 : 既知 ② σ^2 : 未知

$H_1 : \mu \neq \mu_0, \quad \mu < \mu_0, \quad \mu > \mu_0$ $\quad\quad$ $H_1 : \mu \neq \mu_0, \quad \mu < \mu_0, \quad \mu > \mu_0$

H_0 のもと $\quad\quad \sigma^2 \Longrightarrow \widehat{\sigma^2} = V \quad\quad$ H_0 のもと

検定統計量
$$u_0 = \frac{\overline{x} - \mu_0}{\sqrt{\dfrac{\sigma^2}{n}}} \sim N(0, 1^2)$$

検定統計量
$$t_0 = \frac{\overline{x} - \mu_0}{\sqrt{\dfrac{V}{n}}} \sim t_{n-1}$$

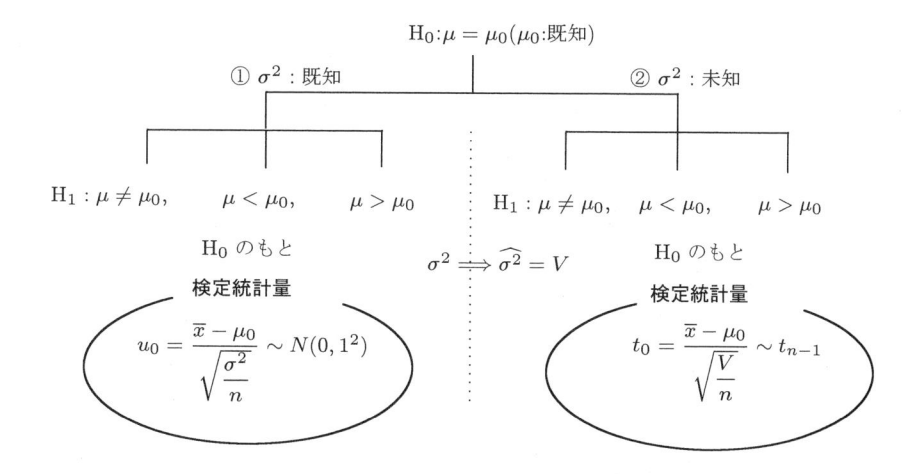

図 3.11 正規母集団の母平均の検定

① 母分散 σ^2 が 既知 の場合

まず母平均の推定量は

$$(3.11) \quad \widehat{\mu} = \overline{X} = \frac{\displaystyle\sum_{i=1}^{n} X_i}{n}$$

である。そこで帰無仮説 $H_0 : \mu = \mu_0$ との違いをみるとすれば，$\overline{X}$ と μ_0 の差である $\overline{X} - \mu_0$ でみれば良いだろう。これを標準正規分布になるよう期待値を引き，標準偏差で規準化した

(3.12) $$u_0 = \frac{\overline{X} - \mu_0}{\sqrt{\sigma^2/n}}$$

は帰無仮説 H_0 のもとで標準正規分布 $N(0, 1^2)$ に従う。次に対立仮説 H_1 として，以下のように場合分けして棄却域を設ければよい。

(ⅰ) $H_1 : \mu < \mu_0$ の場合

帰無仮説と離れ H_1 が正しいときには，u_0 はより負の値をとりやすくなり，小さくなる傾向がある。そこで棄却域 R は，有意水準 α に対して，$R : u_0 < -u(2\alpha)$ とすればよい。

(ⅱ) $H_1 : \mu > \mu_0$ の場合

帰無仮説と離れ H_1 が正しいときには，u_0 は正の値をとり，大きくなる傾向がある。そこで棄却域 R は，有意水準 α に対して，$R : u_0 > u(2\alpha)$ とする。

(ⅲ) $H_1 : \mu \neq \mu_0$ の場合

(ⅰ) または (ⅱ) の場合なので，H_1 が正しいときには u_0 は小さくなるか，または大きくなる傾向がある。そこで棄却域 R は，有意水準 α に対して，両側に $\alpha/2$ になるように $R : |u_0| > u(\alpha)$ とする。これを図示すると，図 3.12 のようになる。

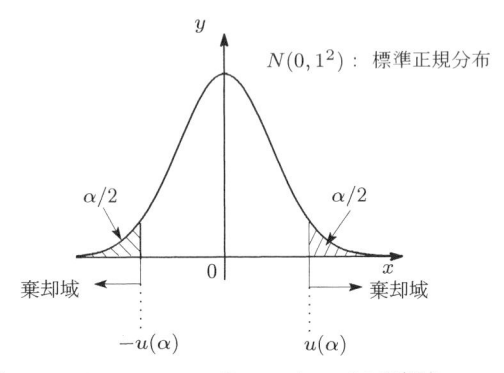

図 3.12 $H_0 : \mu = \mu_0$，$H_1 : \mu \neq \mu_0$ での棄却域

以上をまとめて，次の検定方式が得られる。

検定方式

母平均 μ に関する検定 $H_0 : \mu = \mu_0$ について

$\underline{\sigma^2 : \text{既知 の場合}}$　有意水準 α に対し，$u_0 = \dfrac{\overline{X} - \mu_0}{\sqrt{\sigma^2/n}}$ とし，

$H_1 : \mu \neq \mu_0$（両側検定）のとき

　　$|u_0| > u(\alpha) \implies H_0$ を棄却する

$H_1 : \mu < \mu_0$（左片側検定）のとき

　　$u_0 < -u(2\alpha) \implies H_0$ を棄却する

$\mathrm{H}_1 : \mu > \mu_0$（右片側検定）のとき
$u_0 > u(2\alpha) \implies \mathrm{H}_0$ を棄却する

次に，推定に関して点推定は，$\widehat{\mu} = \overline{X}$ でこれは μ の不偏推定量になっている．さらに $\dfrac{\overline{X} - \mu}{\sqrt{\sigma^2/n}}$ は標準正規分布 $N(0, 1^2)$ に従うので信頼率 $1 - \alpha$ に対し

$$(3.13) \quad P\left(\left| \frac{\overline{X} - \mu}{\sqrt{\sigma^2/n}} \right| < u(\alpha) \right) = 1 - \alpha$$

が成立する．この括弧の中の確率で評価される不等式を μ について解けば

$$(3.14) \quad \overline{X} - u(\alpha)\frac{\sigma}{\sqrt{n}} < \mu < \overline{X} + u(\alpha)\frac{\sigma}{\sqrt{n}}$$

と信頼区間が求まる．以上をまとめて，次の推定方式が得られる．

---- 推定方式 ----

μ の点推定は $\widehat{\mu} = \overline{X}$

μ の信頼率 $1 - \alpha$ の信頼区間は $\overline{X} - u(\alpha)\dfrac{\sigma}{\sqrt{n}} < \mu < \overline{X} + u(\alpha)\dfrac{\sigma}{\sqrt{n}}$

---- 例題 3-6 ----

今年度の新入生で下宿している学生の一か月の家賃について調査することになり，ランダムに選んだ下宿している 8 人の学生から家賃についての以下のデータを得た．

5.5, 6, 4.8, 7, 5, 6, 6.5, 8（万円）

いままでの調査から家賃のデータは正規分布していて，母分散は $\sigma_0^2 = 4$ であることが知られているとする．このとき，以下の設問に答えよ．
(1) 家賃の平均は 5 万円といえるか，有意水準 10% で検定せよ．
(2) 今年度の家賃の平均の信頼係数 95% の信頼区間（限界）を求めよ．

[解] (1) **手順 1** 前提条件のチェック

題意から，家賃データの分布は正規分布 $N(\mu, \sigma^2) (\sigma^2 = 4)$ と考えられる．

手順 2 仮説および有意水準の設定

$$\begin{cases} \mathrm{H}_0 : \mu = \mu_0 \quad (\mu_0 = 5) \\ \mathrm{H}_1 : \mu \neq \mu_0, \quad \text{有意水準 } \alpha = 0.10 \end{cases}$$

これは，棄却域を両側にとる両側検定である．

手順 3 棄却域の設定（検定方式の決定）

$$R : |u_0| = \left| \frac{\overline{X} - \mu_0}{\sqrt{\sigma_0^2/n}} \right| > u(0.10) = 1.645$$

手順 4 検定統計量の計算

$\overline{x} = T/n = (5.5+6+4.8+7+5+6+6.5+8)/8 = 48.8/8 = 6.1$ で,$\sigma_0^2 = 4$ より $u_0 = \dfrac{6.1-5}{\sqrt{4/8}} = 1.556$ である。

手順 5 判定と結論

$|u_0| = 1.556 < u(0.10) = 1.645$ から,帰無仮説 H_0 は有意水準 10% で棄却されない。つまり,家賃は 5 万円 <u>でないとはいえない</u>。

(2) **手順 1** 点推定

点推定の式に代入して $\hat{\mu} = \overline{X} = \dfrac{\sum X_i}{n} = 6.1$

手順 2 区間推定

信頼率 95% の信頼区間は公式より

$$6.1 \pm 1.96 \times \dfrac{2}{\sqrt{8}} = 6.1 \pm 1.386 = 4.714, 7.486 \quad \square$$

(**注 3-2**) 手順 5 の結論で <u>である</u> といわないで,<u>でないとはいえない</u> と婉曲な表現にしている。これは,<u>である</u> というと断定的な表現になり,第 2 種の誤り β があることを無視した表現になるためである。有意水準が小さければ帰無仮説は棄却しにくくなり,第 2 種の誤りが増える。そこで,棄却されないから帰無仮説が正しいと断定的にいうのはおかしいことになるからである。◁

<u>n</u>ormal distribution, <u>1</u> sample, <u>m</u>ean, <u>t</u>est, <u>v</u>ariance <u>k</u>nown

―――― 1 標本での平均の検定関数(分散:既知) n1m.tvk ――――

```
n1m.tvk=function(x,m0,v0,alt){ # x:データ m0:帰無仮説の平均
 # v0:既知の分散の値 alt:対立仮説が"l":左片側"r":右片側 "t":両側
 n=length(x);mx=mean(x)
 u0=(mx-m0)/sqrt(v0/n)
 if (alt=="l") { pti=pnorm(u0)
  } else if (alt=="r") {pti=1-pnorm(u0)}
  else if (u0<0) {pti=2*pnorm(u0)}
  else {pti=2*(1-pnorm(u0))
  }
  c(u 値=u0,P 値=pti)
}
```

―――― R による実行結果 ――――

```
> x<-c(5.5,6,4.8,7,5,6,6.5,8)
> x
[1] 5.5 6.0 4.8 7.0 5.0 6.0 6.5 8.0
> boxplot(x)
> summary(x)
```

```
     Min. 1st Qu.  Median    Mean 3rd Qu.    Max.
    4.800   5.375   6.000   6.100   6.625   8.000
> n1m.tvk(x,5,4,"t")
      u値        P値
1.5556349 0.1197949
```

normal distribution, 1 sample, mean, estimation, variance known

────── 1標本での平均の推定関数（分散：既知）n1m.evk ──────

```
n1m.evk=function(x,v0,conf.level){ # x：データ v0:既知の分散値
# conf.level：信頼係数 (0 と 1 の間)
 n=length(x);mx=mean(x)
 alpha=1-conf.level
 cl=100*conf.level
 haba=qnorm(1-alpha/2)*sqrt(v0/n)
 sita=mx-haba;ue=mx+haba
 kai=c(mx,sita,ue)
 names(kai)=c("点推定",paste((cl),"%下側信頼限界"),
 paste((cl),"%上側信頼限界"))
 kai
}
```

────── Rによる実行結果 ──────

```
> n1m.evk(x,4,0.95)
          点推定 95 %下側信頼限界 95 %上側信頼限界
        6.100000         4.714096         7.485904
```

演習 3-12 ある大学の 20 歳の男子学生の 1 日のカロリー摂取量について調査したところ，以下のようであった。

　　2400, 2300, 2700, 3300, 2900, 2600, 3000, 2800（kcal）

これまでの調査からカロリー摂取量は正規分布していて，母分散は $\sigma_0^2 = 300^2$ であることが知られているとする。このとき，以下の設問に答えよ。

① この大学の学生のカロリー摂取量は 2500kcal といえるか，有意水準 1%で検定せよ。
② この大学の学生のカロリー摂取量の平均の信頼係数 90%の信頼区間（限界）を求めよ。

演習 3-13 あるスーパーではポテトサラダが袋につめられ，量り売りされている。実際の表示どおりか調べることになり，100g で表示されている袋をランダムに 6 個について調べたところ次のようであった。　　100.5, 100, 99.5, 101, 101.5, 102(g)

これまでの調査からサラダの重さは正規分布していて，母分散は $\sigma_0^2 = 1$ であることが知られているとする．このとき，以下の設問に答えよ．

① このポテトサラダの重量は100g以上といえるか，有意水準5%で検定せよ．
② このポテトサラダ一袋の重量の平均の信頼係数95%の信頼区間（信頼限界）を求めよ．

② 母分散 σ^2 が 未知 の場合

まず母平均の推定量は

$$(3.15) \quad \widehat{\mu} = \overline{X} = \frac{\sum_{i=1}^{n} X_i}{n}$$

と母分散が既知の場合と同じである．母分散が未知なため，母分散既知の場合の u_0 の母分散 σ^2 の代わりに V を代入 した統計量

$$(3.16) \quad t_0 = \frac{\overline{X} - \mu_0}{\sqrt{V/n}}$$

を検定のために用いる．t_0 は帰無仮説 H_0 のもとで自由度 $n-1$ の t 分布 t_{n-1} に従う．

　次に対立仮説 H_1 として，以下のように場合分けして棄却域を設ければよい．

（ⅰ）　$H_1 : \mu < \mu_0$ の場合

　帰無仮説と離れ H_1 が正しいときには，t_0 はより負の値をとりやすくなり，小さくなる傾向がある．そこで棄却域 R は，有意水準 α に対して，$R : t_0 < -t(n-1, 2\alpha)$ とすればよい．

（ⅱ）　$H_1 : \mu > \mu_0$ の場合

　帰無仮説と離れ H_1 が正しいときには，t_0 は正の値をとり，大きくなる傾向がある．そこで棄却域 R は，有意水準 α に対して，$R : t_0 > t(n-1, 2\alpha)$ とすればよい．

（ⅲ）　$H_1 : \mu \neq \mu_0$ の場合

　（ⅰ）または（ⅱ）の場合なので，H_1 が正しいときには t_0 は小さくなるか，または大きくなる傾向がある．そこで棄却域 R は，有意水準 α に対して，両側に $\alpha/2$ になるように $R : |t_0| > t(n-1, \alpha)$ とする．これを図示すると，図3.13のようになる．

　以上をまとめて，次の検定方式が得られる．

検定方式

母平均 μ に関する検定 $H_0 : \mu = \mu_0$ について

$\underline{\sigma^2 : \text{未知 の場合}}$　　有意水準 α に対し，$t_0 = \dfrac{\overline{X} - \mu_0}{\sqrt{V/n}}$ とし，

$H_1 : \mu \neq \mu_0$（両側検定）のとき
　　$|t_0| > t(n-1, \alpha)$　$\Longrightarrow$　H_0 を棄却する

$H_1 : \mu < \mu_0$（左片側検定）のとき
　　$t_0 < -t(n-1, 2\alpha)$　$\Longrightarrow$　H_0 を棄却する

$H_1 : \mu > \mu_0$（右片側検定）のとき
　　$t_0 > t(n-1, 2\alpha)$　$\Longrightarrow$　H_0 を棄却する

図3.13 の中央にt分布のグラフがあり、両裾に $\alpha/2$ の棄却域が示されている。左側の境界が $-t(n-1,\alpha)$、右側の境界が $t(n-1,\alpha)$：自由度 $n-1$ の t 分布の両側 $100\alpha\%$ 点。

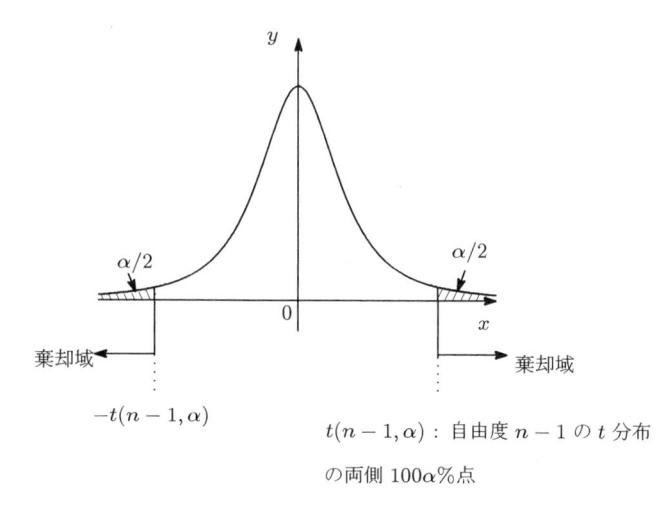

図 3.13 $H_0: \mu = \mu_0$, $H_1: \mu \neq \mu_0$ での棄却域

次に，推定に関して点推定は，$\widehat{\mu} = \overline{X}$ でこれは μ の不偏推定量になっている．さらに $\dfrac{\overline{X} - \mu}{\sqrt{V/n}}$ は自由度 $n-1$ の t 分布 t_{n-1} に従うので，信頼率 $1-\alpha$ に対し

$$(3.17) \quad P\left(\left|\frac{\overline{X} - \mu}{\sqrt{V/n}}\right| < t(n-1,\alpha)\right) = 1 - \alpha$$

が成立する．この括弧の中の確率で評価される不等式を μ について解けば

$$(3.18) \quad \overline{X} - t(n-1,\alpha)\sqrt{\frac{V}{n}} < \mu < \overline{X} + t(n-1,\alpha)\sqrt{\frac{V}{n}}$$

と信頼区間が求まる．以上をまとめて次の推定方式が得られる．

推定方式

μ の点推定は $\widehat{\mu} = \overline{X}$

μ の信頼率 $1-\alpha$ の信頼区間は

$$\overline{X} - t(n-1,\alpha)\sqrt{\frac{V}{n}} < \mu < \overline{X} + t(n-1,\alpha)\sqrt{\frac{V}{n}}$$

例題 3-7

ある都市に下宿して生活している学生の一か月の生活費について調査することになり，ランダムに抽出した7人の学生から一か月の生活費について次のデータを得た．ただし，生活費のデータは正規分布 $N(\mu, \sigma^2)$ に従っているとして，以下の設問に答えよ．

13, 16, 15, 14, 13, 17, 14（万円）

(1) 平均生活費は15万円といえるか，有意水準10%で検定せよ．
(2) 生活費の信頼係数95%の信頼区間（限界）を求めよ．

[解] (1) **手順1** 前提条件のチェック

題意から，生活費のデータの分布は正規分布 $N(\mu, \sigma^2)$ (σ^2: 未知) と考えられる。

手順2 仮説および有意水準の設定

$$\begin{cases} H_0 &: \mu = \mu_0 \quad (\mu_0 = 15) \\ H_1 &: \mu \neq \mu_0, \quad 有意水準\ \alpha = 0.10 \end{cases}$$

これは，棄却域を両側にとる両側検定である。

手順3 棄却域の設定（検定方式の決定）

分散未知の場合の平均値に関する検定であり，自由度は $\phi = n - 1 = 7 - 1 = 6$ なので，次のような棄却域である。

$$R : |t_0| = \left| \frac{\overline{X} - \mu_0}{\sqrt{V/n}} \right| > t(6, 0.10) = 1.943$$

手順4 検定統計量の計算

計算のため表3.3のような補助表を作成する。そこで，表3.3より

$\overline{x} = T/n = ①/7 = 102/7 = 14.57$ で，$S = \sum x_i^2 - \dfrac{(\sum x_i)^2}{n} = ② - \dfrac{①^2}{7} = 1500 - 1486.29 = 13.71$ だから，

$$V = \frac{S}{n-1} = 13.71/6 = 2.285 \text{ より，} \quad t_0 = \frac{14.57 - 15}{\sqrt{2.285/7}} = 0.753 \text{ である。}$$

表3.3 補助表

No.	x	x^2
1	13	$13^2 = 169$
2	16	256
3	15	225
4	14	196
5	13	169
6	17	289
7	14	196
計	102 ①	1500 ②

手順5 判定と結論

$|t_0| = 0.753 < t(6, 0.10) = 1.943$ から帰無仮説 H_0 は有意水準10%で棄却されない。つまり，生活費は15万円でないとはいえない。

(2) **手順1** 点推定

点推定の式に代入して $\hat{\mu} = \overline{X} = \dfrac{\sum X_i}{n} = 14.57$

手順2 区間推定

信頼率95%の信頼区間は公式より

$$\overline{x} \pm t(6, 0.05) \sqrt{\frac{V}{n}} = 14.57 \pm 2.447 \times \sqrt{\frac{2.285}{7}} = 14.57 \pm 1.398 = 13.172,\ 15.968$$

と求まる。□

3.2　1標本での検定と推定

───── 1標本での平均の検定関数（分散：未知）　n1m.tvu ─────

```
n1m.tvu=function(x,m0,alt){ # x:データ m0:帰無仮説の平均
# alt:対立仮説 ("l":左片側 "r":右片側 "t":両側)
 n=length(x);mx=mean(x);v=var(x)
 t0=(mx-m0)/sqrt(v/n)
 if (alt=="l") { pti=pt(t0,n-1)
  } else if (alt=="r") {pti=1-pt(t0,n-1)}
  else if (t0<0) {pti=2*pt(t0,n-1)}
  else {pti=2*(1-pt(t0,n-1))
  }
  c(t値=t0,P値=pti)
}
```

───── Rによる実行結果 ─────

```
> x<-c(13,16,15,14,13,17,14)
> x
[1] 13 16 15 14 13 17 14
> boxplot(x)
> summary(x)
   Min. 1st Qu.  Median    Mean 3rd Qu.    Max.
  13.00   13.50   14.00   14.57   15.50   17.00
> n1m.tvu(x,15,"t")
       t値         P値
-0.7500000  0.4816178
```

───── 1標本での平均の推定関数（分散：未知）　n1m.evu ─────

```
n1m.evu=function(x,conf.level){ # x:データ
# conf.level:信頼係数(0と1の間)
 n=length(x);mx=mean(x);v=var(x)
 alpha=1-conf.level;cl=100*conf.level
 haba=qt(1-alpha/2,n-1)*sqrt(v/n)
 sita=mx-haba;ue=mx+haba
 kai=c(mx,sita,ue)
```

```
  names(kai)=c("点推定",paste((cl),"%下側信頼限界"),
  paste((cl),"%上側信頼限界"))
  kai
}
```

──────── Rによる実行結果 ────────

```
> n1m.evu(x,0.95)
         点推定  95 %下側信頼限界  95 %上側信頼限界
       14.57143         13.17319         15.96966
```

──────── Rによる実行結果 ────────

```
> t.test(x,mu=15,alt="t",conf.level=0.95)
# conf.level=0.95 は省略可
# ライブラリの t.test 関数を用いての平均が 15 であるかどうかの両側検定
        One Sample t-test
data:  x
t = -0.75, df = 6, p-value = 0.4816
alternative hypothesis: true mean is not equal to 15
95 percent confidence interval:
 13.17319 15.96966
sample estimates:
mean of x
 14.57143
```

なお，help(t.test) により関数 t.test の使用法を参照したい．この例題で，信頼係数 90%の信頼区間を求める場合は，
t.test(x,mu=15,alt="t",conf.level=0.90) のように入力する．

演習 3-14 以下は学生 9 人の 1 か月のアルバイト代である．このとき以下の設問に答えよ．ただし，アルバイト代のデータは正規分布 $N(\mu,\sigma^2)$ に従っている．

　3, 2, 5, 1, 0, 2, 3.5, 2.5, 1.5（万円）

①平均アルバイト代は 3 万円といえるか，有意水準 5%で検定せよ．
②アルバイト代の信頼係数 90%の信頼区間（限界）を求めよ．

3.2.2 離散型分布に関する検定と推定

(1) (母) 比率に関する検定と推定　製品の製造ラインでの不良品の発生率，欠席率，政党の支持率などの検討は，二項分布の母比率について検討することになる。以下で詳しく考えよう。

1回の試行で確率 p で成功するようなベルヌーイ試行で，n 回の試行のうち X 回成功するとする。このとき $X \sim B(n,p)$ である。

図 3.14 のようにデータ数と母比率の組 (n,p) によって正規近似ができる場合と，余り近似されない場合で検定統計量が異なるので場合分けをする。

$$H_0: p = p_0 \ (p_0 : 既知)$$

$H_1: p < p_0$　　　　　$H_1: p \neq p_0$　　　　　$H_1: p > p_0$

① 直接計算による方法　　　　　　　② 正規近似による方法

対立仮説を $H_1: p \neq p_0$ とするとき　　　$np_0 \geqq 5$ かつ $n(1-p_0) \geqq 5$ のとき

H_0 のもと　　　　　　　　　　　　　　　H_0 のもと

検定方式　　　　　　　　　　　　　　**検定統計量**

$x \leqq x_L$ または $x \geqq x_U$

$\Longrightarrow \ H_0$ を棄却

$$u_0 = \frac{\dfrac{x}{n} - p_0}{\sqrt{\dfrac{p_0(1-p_0)}{n}}} \longrightarrow N(0, 1^2)$$

ただし，x_L は $\displaystyle\sum_{r=0}^{x} \binom{n}{r} p_0^r (1-p_0)^{n-r} < \alpha/2$ を満たす最大の整数 x

x_U は $\displaystyle\sum_{r=x}^{n} \binom{n}{r} p_0^r (1-p_0)^{n-r} < \alpha/2$ を満たす最小の整数 x

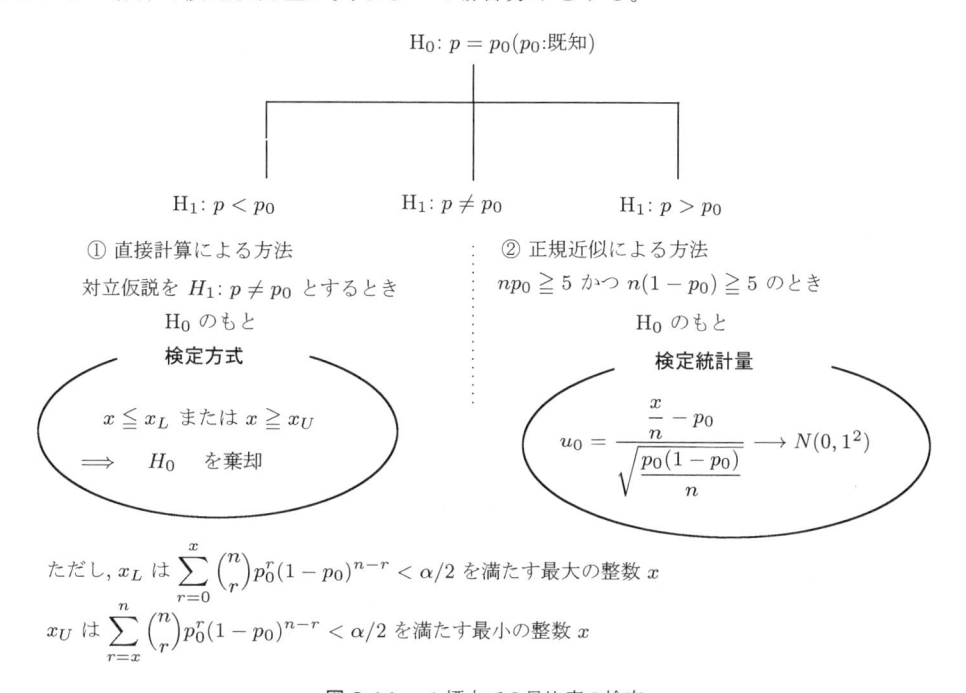

図 3.14　1 標本での母比率の検定

(注 3-3)　変数変換によって正規分布への近似を良くしたり，解釈の妥当性をもたせる方法がある。(逆正弦変換 $\sin^{-1} x$，ロジット変換 $\ln p/(1-p)$，プロビット変換 $\Phi^{-1}(p)$) ◁

① 直接計算による方法（小標本の場合：$np_0 < 5$ または $n(1-p_0) < 5$ のとき）

まず，母比率 p の点推定量は

(3.19) $\qquad \widehat{p} = \dfrac{X}{n}$

である。そこで帰無仮説 $H_0: p = p_0$ との違いをみるとすれば，X/n と p_0 の差である $X/n - p_0$ でみれば良いだろう。つまり X の大小によって違いが量れる。次に対立仮説 H_1 として，以下のように場合分けして棄却域を設ければよい。

(ⅰ)　$H_1: p < p_0$ の場合

帰無仮説と離れ H_1 が正しいときには，X/n は小さくなる傾向がある。つまり X が小さ

くなる．そこで棄却域 R は，有意水準 α に対して，棄却域を $R : x \leqq x_L$ とする．ただし，x_L は

(3.20) $\quad P(X \leqq x) = \sum_{r=0}^{x} \binom{n}{r} p_0^r (1-p_0)^{n-r} < \alpha$

を満足する最大の整数 x である．

(ⅱ) $\quad$ H$_1 : p > p_0$ の場合

帰無仮説と離れ H$_1$ が正しいときには，X は大きくなる傾向がある．そこで棄却域 R は，有意水準 α に対して，棄却域を $R : x \geqq x_U$ とする．ただし，x_U は

(3.21) $\quad P(X \geq x) = \sum_{r=x}^{n} \binom{n}{r} p_0^r (1-p_0)^{n-r} < \alpha$

を満足する最小の整数 x である．

(ⅲ) $\quad$ H$_1 : p \neq p_0$ の場合

(ⅰ)または(ⅱ)の場合なので H$_1$ が正しいときには，X は小さくなるかまたは大きくなる傾向がある．そこで棄却域 R は，有意水準 α に対して，両側に $\alpha/2$ になるように $R : x \leqq x_L$ (ただし，x_L は以下の式(3.22)を満足する最大の整数 x である．)

(3.22) $\quad P(X \leqq x) = \sum_{r=0}^{x} \binom{n}{r} p_0^r (1-p_0)^{n-r} < \alpha/2$

または $R : x \geqq x_U$ とする．ただし，x_U は

(3.23) $\quad P(X \geq x) = \sum_{r=x}^{n} \binom{n}{r} p_0^r (1-p_0)^{n-r} < \alpha/2$

を満足する最小の整数 x である．

(ⅲ) 両側検定の場合を図示すると，図 3.15 のようになる．

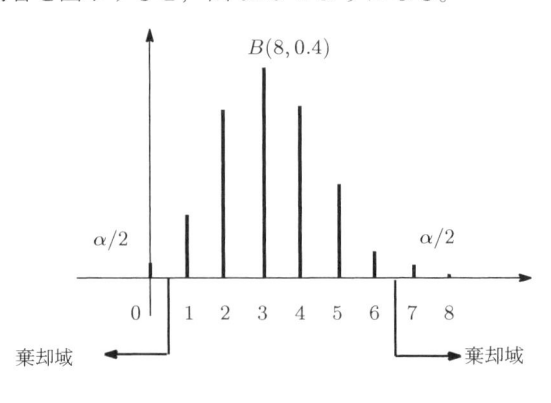

図 3.15 $\quad$ H$_0 : p = p_0$, H$_1 : p \neq p_0$ での棄却域

(補 3-4) $\quad X \sim B(n,p)$ のとき，次のように累積確率を F 分布に従う変数の積分を利用して計算ができる．まず部分積分を繰返しおこなって以下を導く．

$$P(X \geqq x) = \sum_{r=x}^{n} \binom{n}{r} p^r(1-p)^{n-r} = \frac{n!}{(x-1)!(n-x)!} \int_0^p t^{x-1}(1-t)^{n-x} dt \ (x=1,2,\cdots,n)$$

更に，変数変換 $\left(: t = \dfrac{x}{x+(n-x+1)y}\right)$ をし，$f = \dfrac{x(1-p)}{(n-x+1)p}$ とおくと

$$= \frac{n! x^x (n-x+1)^{n-x+1}}{(x-1)!(n-x)!} \int_f^\infty \frac{y^{n-x}}{\{x+(n-x+1)y\}^{n+1}} dy$$

$$= \frac{\Gamma(n+1)\{2(n-x+1)\}^{n-x+1}(2x)^x}{\Gamma(n-x+1)\Gamma(x)} \int_f^\infty \frac{y^{n-x}}{\{2x+2(n-x+1)y\}^{n+1}} dy$$

$$= P(Y \geqq f) \quad (Y \sim F_{2(n-x+1),2x}: \text{自由度 } (2(n-x+1),2x) \text{ の } F \text{ 分布}) \triangleleft$$

（注 3-4） 計数値のデータの場合にはとびとびの値をとるため，ちょうど有意水準と一致する臨界値は普通，存在しない。そこで有意水準を超えない最も近い値で代用することが多い。その水準のもとでの検定になることに注意しておくことが必要である。$\triangleleft$

以上をまとめて，次の検定方式が得られる。

検定方式

母比率 p に関する検定 $H_0: p = p_0$ について，

<u>小標本の場合（$np_0 < 5$ または $n(1-p_0) < 5$ のとき）（直接確率による場合）</u>

有意水準 α に対し，

$H_1: p \neq p_0$（両側検定）のとき

　　$R: x \leqq x_L$ または $x \geqq x_U \implies H_0$ を棄却する

　　ここに，x_L は $P(X \leqq x) = \displaystyle\sum_{r=0}^{x} \binom{n}{r} p_0^r (1-p_0)^{n-r} < \alpha/2$ を満足する最大の整数 x であり，

x_U は $P(X \geqq x) = \displaystyle\sum_{r=x}^{n} \binom{n}{r} p_0^r (1-p_0)^{n-r} < \alpha/2$ を満足する最小の整数 x である。

$H_1: p < p_0$（左片側検定）のとき

　　$R: x \leqq x_L \implies H_0$ を棄却する

ここに，x_L は $P(X \leqq x) = \displaystyle\sum_{r=0}^{x} \binom{n}{r} p_0^r (1-p_0)^{n-r} < \alpha$ を満足する最大の整数 x である。

$H_1: p > p_0$（右片側検定）のとき

　　$R: x \geqq x_U \implies H_0$ を棄却する

　　ここに，x_U は $P(X \geqq x) = \displaystyle\sum_{r=x}^{n} \binom{n}{r} p_0^r (1-p_0)^{n-r} < \alpha$ を満足する最小の整数 x である。

次に，推定に関して点推定は，

(3.24) $\quad \widehat{p} = \dfrac{x}{n} \left(\text{または} \dfrac{x+1/2}{n+1}\right)$

で，p の不偏推定量 $\left(E(\widehat{p}) = p\right)$ になっている。更に信頼率 $1-\alpha$ に対し，

$$P\Bigl(X \geq x\Bigr) = \int_{f_1}^{\infty} f_{\phi_1,\phi_2}(t)dt = \frac{\alpha}{2}, \Bigl(f_1 = \phi_2(1-p)/(\phi_1 p)\Bigr)$$

を満足する p を p_U とすると, $f_{\phi_1,\phi_2}(t)$: 自由度 $\phi_1 = 2(n-x+1), \phi_2 = 2x$ の F 分布の密度関数 なので,

$$p_U = \frac{\phi_1 F(\phi_1, \phi_2; \alpha/2)}{\phi_2 + \phi_1 F(\phi_1, \phi_2; \alpha/2)}$$

である。なお, $F(\phi_1, \phi_2; \alpha/2)$ は自由度 (ϕ_1, ϕ_2) の F 分布の上側 $\alpha/2$ 分位点である。また,

$$P\Bigl(X \leq x\Bigr) = \int_{f_2}^{\infty} f_{\phi_1',\phi_2'}(t)dt = \alpha/2 \quad \Bigl(f_1 = \phi_2' p/(\phi_1'(1-p))\Bigr)$$

を満足する p を p_L とすると, $f_{\phi_1',\phi_2'}(t)$: 自由度 $\phi_1' = 2(x+1), \phi_2' = 2(n-x)$ の F 分布の密度関数 なので,

$$p_L = \frac{\phi_2'}{\phi_2' + \phi_1' F(\phi_1', \phi_2'; \alpha/2)}$$

である。そこで, $p_L < p < p_U$ が求める信頼区間となる。以上をまとめて, 次の推定方式が得られる。

―― 推定方式 ――

p の点推定は $\widehat{p} = \dfrac{x}{n}$

p の信頼率 $1-\alpha$ の信頼区間は, $p_L < p < p_U$

なお, $\phi_1' = 2(n-x+1), \phi_2' = 2x, \phi_1 = 2(x+1), \phi_2 = 2(n-x)$ に対し,

$$p_L = \frac{\phi_2'}{\phi_2' + \phi_1' F(\phi_1', \phi_2'; \alpha/2)}, \quad p_U = \frac{\phi_1 F(\phi_1, \phi_2; \alpha/2)}{\phi_2 + \phi_1 F(\phi_1, \phi_2; \alpha/2)} \quad \text{である。}$$

―― 例題 3-8 (離散分布での正規近似検定) ――

工程から製品をランダムに 20 個とり検査したところ, 4 個が不良品であった。この工程の母不良率は 0.2 以下といえるか。有意水準 5% で検定せよ。

[解] **手順 1** 前提条件のチェック (分布のチェック)

不良個数 x が, 母不良率が p の 2 項分布に従うと考えられる。

手順 2 仮説および有意水準の設定

$$\begin{cases} H_0 : & p = p_0 \quad (p_0 = 0.2) \\ H_1 : & p < p_0 \quad \text{有意水準} \alpha = 0.05 \end{cases}$$

手順 3 棄却域の設定 (近似条件のチェック)

正規分布に近似しての検定法が使えるかどうかを調べるため, その条件 [$np_0 \geq 5, n(1-p_0) \geq 5$] をチェックする。$nP_0 = 20 \times 0.2 = 4 < 5$ なので, この場合近似条件が成立しない。そこで, 2 項分布の直接確率計算を用いる。

手順 4 検定のための確率計算

片側検定であるので, 帰無仮説 H_0 のもとで不良個数が 4 以下である確率は

$$\sum_{i=0}^{4} \binom{20}{i} 0.2^i (1-0.2)^{20-i}$$

$$= \binom{20}{0}0.2^0(1-0.2)^{20} + \binom{20}{1}0.2^1 0.8^{19} + \binom{20}{2}0.2^2 0.8^{18} + \binom{20}{3}0.2^3 0.8^{17} + \binom{20}{4}0.2^4 0.8^{16}$$

$$= P(X=0) + P(X=0) \times \frac{20-0}{0+1} \times \frac{0.2}{1-0.2} + P(X=1) \times \frac{20-1}{1+1} \times \frac{0.2}{1-0.2}$$

$$+ P(X=2) \times \frac{20-2}{2+1} \times \frac{0.2}{1-0.2} + P(X=3) \times \frac{20-3}{3+1} \times \frac{0.2}{1-0.2}$$

$$= 0.01153 + 0.0577 + 0.1370 + 0.2055 + 0.2183 = 0.6300$$

となる。なお確率は，漸化式 $P(X=x+1) = P(X=x) \times \frac{n-x}{x+1} \times \frac{p}{1-p}$ を利用して，逐次計算をしている。

手順5 判定と結論

$\sum_{i=0}^{4} p_i > 0.05$ より帰無仮説は有意水準5%で棄却されない。つまり，母不良率は0.2以下とはいえない。□

───── Rによる実行結果 ─────

```
> pbinom(4,20,0.2) # 帰無仮説のもとで4個以下が不良個数である確率（p値）
[1] 0.6296483
> binom.test(4,20,p=0.2,alt="l",conf.level=0.95) # ライブラリの関数の利用
        Exact binomial test
data:  4 and 20
number of successes = 4, number of trials = 20
, p-value = 0.6296
alternative hypothesis: true probability of success is less
than 0.2
95 percent confidence interval:
 0.0000000 0.4010281
sample estimates:
probability of success
                   0.2
```

② 正規近似による方法（大標本の場合：$np_0 \geqq 5$ かつ $n(1-p_0) \geqq 5$ のとき）

まず，母比率 p の点推定量は

(3.25) $\qquad \widehat{p} = \dfrac{X}{n}$

である。そこで帰無仮説 $H_0 : p = p_0$ との違いをみるとすれば，X/n と p_0 の差である $X/n - p_0$ でみれば良いだろう。期待値と分散で規準化した

(3.26) $\qquad u_0 = \dfrac{X/n - E(X/n)}{\sqrt{V(X/n)}} = \dfrac{X/n - p_0}{\sqrt{p_0(1-p_0)/n}} = \dfrac{X - np_0}{\sqrt{np_0(1-p_0)}}$

は帰無仮説のもとで $np_0, n(1-p_0)$ がともに大きいとき，近似的に標準正規分布に従う。次に対立仮説 H_1 として，以下のように場合分けして棄却域を設ければよい。

（ⅰ） $H_1 : p < p_0$ の場合

帰無仮説と離れ，H_1 が正しいときには，u_0 は小さくなる傾向がある。つまり X が小さくなる。そこで棄却域 R は，有意水準 α に対して，$R : u_0 \leqq -u(2\alpha)$ とすれば良い。

（ⅱ） $H_1 : p > p_0$ の場合

帰無仮説と離れ，H_1 が正しいときには，X は大きくなる傾向がある。そこで棄却域 R は，有意水準 α に対して，$R : u_0 \geqq u(2\alpha)$ となる。

（ⅲ） $H_1 : p \neq p_0$ の場合

（ⅰ）または（ⅱ）の場合なので H_1 が正しいときには，X は小さくなるかまたは大きくなる傾向がある。そこで棄却域 R は，有意水準 α に対して，両側に $\alpha/2$ になるように $R : |u_0| \geqq u(\alpha)$ とする。両側検定の場合を図示すると，図 3.16 のようになる。

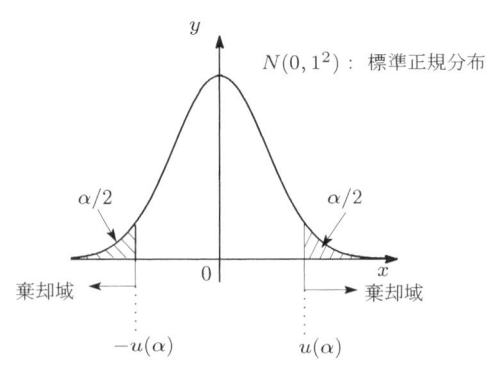

図 3.16 $H_0 : p = p_0, H_1 : p \neq p_0$ での棄却域

以上をまとめて，次の検定方式が得られる。

検定方式

1個の母比率に関する検定 $H_0 : p = p_0$ について

大標本の場合（$np_0 \geqq 5, n(1-p_0) \geqq 5$ であるとき）（正規近似による方法）

有意水準 α に対し，$u_0 = \dfrac{X/n - p_0}{\sqrt{p_0(1-p_0)/n}}$ とおくとき

$H_1 : p \neq p_0$ （両側検定）のとき

$|u_0| > u(\alpha) \implies H_0$ を棄却する

$H_1 : p < p_0$ （左片側検定）のとき

$u_0 < -u(2\alpha) \implies H_0$ を棄却する

$H_1 : p > p_0$ （右片側検定）のとき

$u_0 > u(2\alpha) \implies H_0$ を棄却する

次に，推定に関して点推定は，$\widehat{p} = X/n$ でこれは p の不偏推定量になっている。

さらに，$\dfrac{X/n - p}{\sqrt{p(1-p)/n}}$ は近似的に標準正規分布 $N(0, 1^2)$ に従うので信頼率 $1 - \alpha$ に対し

$$(3.27) \quad P\left(\left| \dfrac{X/n - p}{\sqrt{p(1-p)/n}} \right| < u(\alpha) \right) = 1 - \alpha$$

が成立する。この括弧の中の確率で評価される不等式を分母の p を X/n として p について解けば

$$(3.28) \quad \frac{X}{n} - u(\alpha)\sqrt{\frac{X}{n}\left(1 - \frac{X}{n}\right)\bigg/n} < p < \frac{X}{n} + u(\alpha)\sqrt{\frac{X}{n}\left(1 - \frac{X}{n}\right)\bigg/n}$$

と信頼区間が求まる。

(**注 3-5**) 確率で評価される不等式を p について解いてもよいが、2 次不等式の解を求めることになり、少し複雑である。◁

以上をまとめて、次の推定方式が得られる。

推定方式

母比率 p の点推定は $\quad \widehat{p} = \dfrac{X}{n}$

母比率 p の信頼率 $1-\alpha$ の信頼区間は、
　区間幅を $Q = u(\alpha)\sqrt{\widehat{p}(1-\widehat{p})/n}$ とおいて
$$\widehat{p} - Q < p < \widehat{p} + Q$$

演習 3-15 今の法案に賛成か否かのアンケートをとり 200 人中 120 人が賛成であった。
①賛成率は 60%であるといえるか。有意水準 5%で検定せよ。
②賛成率の点推定および信頼係数 95%の信頼区間（限界）を求めよ。

<u>b</u>inomial distribution, <u>1</u> sample, <u>p</u>roportion , <u>t</u>est

---
1 標本での比率の検定関数（二項分布） b1p.t

```
b1p.t=function(x,n,p0,alt){ # x:個数,n:試行数,
# p0:帰無仮説の比率,alt:対立仮説
 if ((n*p0<5) || (n*(1-p0)<5)) { pr=pbinom(x,n,p0)
  if (alt=="l") { pti=pbinom(x,n,p0)}
  else if (alt=="r") {pti=1-pbinom(x-1,n,p0)}
  else if (pr<0.5) {pti=2*pr}
  else {pti=2*(1-pbinom(x-1,n,p0))}
  c(P値=pti)
 } else { phat=x/n
  u0=(phat-p0)/sqrt(p0*(1-p0)/n)
 if (alt=="l") { pti=pnorm(u0)
  } else if (alt=="r") {pti=1-pnorm(u0)}
  else if (u0<0) {pti=2*pnorm(u0)}
  else {pti=2*(1-pnorm(u0)) }
```

```
  c(u0 正規近似=u0,P 値=pti) }
}
```

───── R による実行結果 ─────
```
> b1p.t(120,200,0.6,"t")
u0 正規近似         P 値
           0           1
```

binomial distribution,1 sample, proportion, estimate

───── 1 標本での比率の推定関数（二項分布） b1p.e ─────
```
b1p.e=function(x,n,conf.level){ # x:個数,n:試行数,conf.level:信頼係数
 phat=x/n;alpha=1-conf.level;cl=conf.level*100
if ((x<5) || ((n-x)<5)) {
 phi_1=2*(n-x+1);phi_2=2*x;phi1=2*(x+1);phi2=2*(n-x)
 sita=phi_2/(phi_2+phi_1*qf(1-alpha/2,phi_1,phi_2))
 ue=phi1*qf(1-alpha/2,phi1,phi2)/(phi2+phi1
+ *qf(1-alpha/2,phi1,phi2))
 } else {
 haba=qnorm(1-alpha/2)*sqrt(phat*(1-phat)/n)
 sita=phat-haba;ue=phat+haba }
 c(点推定値=phat,"信頼度 (%)"=cl,下側=sita,上側=ue)
}
```

───── R による実行結果 ─────
```
> b1p.e(120,200,0.95)
  点推定値 信頼度 (%)       下側       上側
 0.6000000 95.0000000  0.5321049  0.6678951
```

───── R による実行結果 ─────
```
> prop.test(120,200,p=0.6,alt="t",conf.level=0.95,correct=T)
# ライブラリの prop.test 関数を利用
 1-sample proportions test without continuity correction
data:  120 out of 200, null probability 0.6
X-squared = 0, df = 1, p-value = 1
```

```
alternative hypothesis: true p is not equal to 0.6
95 percent confidence interval:
 0.5308367 0.6653942
sample estimates:
  p
0.6
```

演習 3-16 テレビ視聴率,シュート成功率,塾に通っている率,下宿率に関するデータについて検定と点推定,区間推定を行え.

(**注 3-6**) 正規近似の条件 $[\,np_0 \geqq 5, n(1-p_0) \geqq 5\,]$ が満足されるときは
$$u_0 = \frac{r - np_0}{\sqrt{np_0(1-p_0)}}$$
による正規分布の分位点と比較して検定すればよい. ◁

(2) 母欠点数 に関する検定と推定

銀行での単位時間に ATM にくる客の数,アルバイト先で 1 日に苦情を言われる回数,本の 1 ページあたりの誤植数などは少数個である頻度が高く,個数が多くなると極度に頻度が少なくなる.そのような個数の分布はポアソン分布と考えられ,その母欠点数について検討することは重要である.

なお,$Y_1, \cdots, Y_k$ が独立に同一のポアソン分布 $P_o(\lambda)$ に従うとき,k 単位での欠点数を X とすると,$X = Y_1 + \cdots + Y_k \sim P_o(k\lambda)$ である.

変数 X を単位あたりの母欠点数が λ であるポアソン分布に従うと考えられる計数値のデータからの k 単位での欠点数とする.そこで $X \sim P_o(k\lambda)$ である.例えば,ある都市での k 日での交通死亡事故発生件数を X とするような場合である.このとき母欠点数 λ についての検定・推定を考えよう.

図 3.17 のように $k\lambda_0$ が大きいときには正規分布に近似して検定・推定が扱えるので,直接計算による場合と正規近似による場合で分けて考えよう.

① **直接計算による方法**($k\lambda_0 < 5$ のとき)

単位あたりの母欠点数 λ の点推定量は $\hat{\lambda} = X/k$(または $(X+1/2)/k$)である.そこで帰無仮説 $H_0 : \lambda = \lambda_0 (\lambda_0 : 既知)$ との違いをみるには X/k と λ_0 との差の $X/k - \lambda_0$,結局 X の大小によって違いを量る.そして対立仮説 H_1 を以下のように場合分けして考えればよいだろう.

(i) $H_1 : \lambda < \lambda_0$ の場合

帰無仮説と離れ H_1 が正しいときには X は小さくなる傾向がある.そこで棄却域 R は,有意水準 α に対して,

$$R : x \leqq x_L \implies \quad H_0 \text{ を棄却する.}$$

母欠点数 λ に関する検定

単位あたりの母欠点数が λ の
ポアソン分布 $P_o(\lambda)$ について
k 単位での欠点数 X が得られる場合

$H_0: \lambda = \lambda_0 (\lambda_0 : 既知)$

$H_1: \lambda < \lambda_0$ 　　　 $H_1: \lambda \neq \lambda_0$ 　　　 $H_1: \lambda > \lambda_0$

① 直接計算による方法　　　　　　　② 正規近似による方法
対立仮説を $H_1: \lambda \neq \lambda_0$ とするとき　　$k\lambda_0 \geqq 5$ のとき

H_0 のもと　　　　　　　　　　　　　　H_0 のもと
検定方式　　　　　　　　　　　　　**検定統計量**

$x \leqq x_L$ または $x \geqq x_U$ 　　　　$u_0 = \dfrac{x/k - \lambda_0}{\sqrt{\lambda_0/k}} \to N(0, 1^2)$

$\Longrightarrow$ H_0 を棄却

ただし, x_L は $\displaystyle\sum_{r=0}^{x} \dfrac{e^{-k\lambda_0}(k\lambda_0)^r}{r!} < \alpha/2$ を満たす最大の整数 x

x_U は $\displaystyle\sum_{r=x}^{\infty} \dfrac{e^{-k\lambda_0}(k\lambda_0)^r}{r!} < \alpha/2$ を満たす最小の整数 x

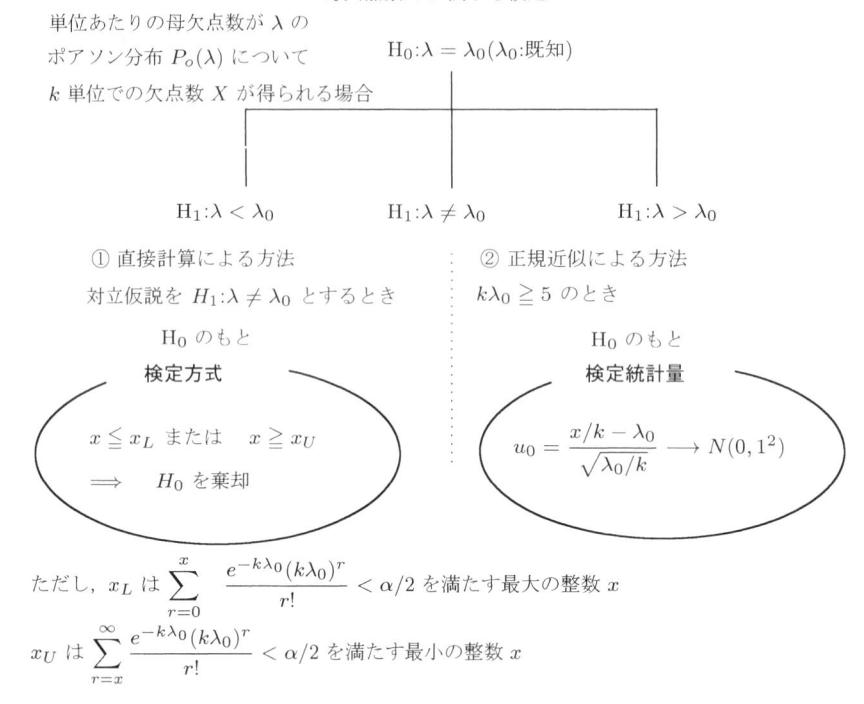

図 3.17　1 標本での母欠点数の検定

から定まる。ここに x_L は $P_{H_0}(X \leqq x) = \displaystyle\sum_{r=0}^{x} \dfrac{e^{-k\lambda_0}(k\lambda_0)^r}{r!} < \alpha$ を満足する最大の整数 x である。

(ⅱ) $H_1 : \lambda > \lambda_0$ の場合

帰無仮説と離れ H_1 が正しいときには X は大きくなる傾向がある。そこで棄却域 R は, 有意水準 α に対して,

　　$R : x \geqq x_U$ 　$\Longrightarrow$ 　H_0 を棄却する。

から定まる。ただし, x_U は $P_{H_0}(X \geqq x) = \displaystyle\sum_{r=x}^{\infty} \dfrac{e^{-k\lambda_0}(k\lambda_0)^r}{r!} < \alpha$ を満足する最小の整数 x である。

(ⅲ) $H_1 : \lambda \neq \lambda_0$ の場合

(ⅰ) または (ⅱ) の場合なので, H_1 が正しいときには X は小さくなるか, または大きくなる傾向がある。そこで棄却域 R は, 有意水準 α に対して, 両側に $\alpha/2$ になるように

　　$R : x \leqq x_L$ または $x \geqq x_U$ 　$\Longrightarrow$ 　H_0 を棄却する。

から定まる。

ただし, x_L は $P(X \leqq x) = \displaystyle\sum_{r=0}^{x} \dfrac{e^{-k\lambda_0}(k\lambda_0)^r}{r!} < \alpha/2$ を満足する最大の整数 x である。

3.2 1標本での検定と推定

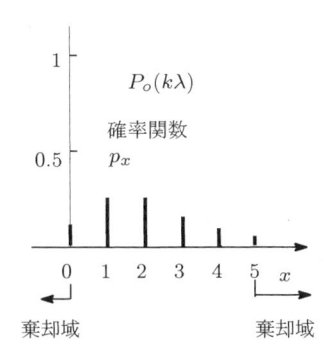

図 3.18 $H_0: \lambda = \lambda_0$, $H_1: \lambda \neq \lambda_0$ での棄却域

x_U は $P(X \geq x) = \sum_{r=x}^{\infty} \dfrac{e^{-k\lambda_0}(k\lambda_0)^r}{r!} < \alpha/2$ を満足する最小の整数 x である。

両側検定の場合を図示すると図 3.18 のようになる。

以上をまとめて次の検定方式が得られる。

検定方式

母欠点数に関する検定 $H_0: \lambda = \lambda_0$ について,

直接確率による場合（$k\lambda_0 < 5$ のとき）

有意水準 α に対し

$H_1: \lambda \neq \lambda_0$（両側検定）のとき

$\quad x \leq x_L$ または $x \geq x_U \implies H_0$ を棄却する

ただし, x_L は $P(X \leq x) = \sum_{r=0}^{x} \dfrac{e^{-k\lambda_0}(k\lambda_0)^r}{r!} < \alpha/2$ を満足する最大の整数 x であり,

x_U は $P(X \geq x) = \sum_{r=x}^{\infty} \dfrac{e^{-k\lambda_0}(k\lambda_0)^r}{r!} < \alpha/2$ を満足する最小の整数 x である。

$H_1: \lambda < \lambda_0$（左片側検定）のとき

$\quad R: x \leq x_L \implies H_0$ を棄却する

ここに, x_L は $P(X \leq x) = \sum_{r=0}^{x} \dfrac{e^{-k\lambda_0}(k\lambda_0)^r}{r!} < \alpha$ を満足する最大の整数 x である。

$H_1: \lambda > \lambda_0$（右片側検定）のとき

$\quad R: x \geq x_U \implies H_0$ を棄却する

ただし, x_U は $P(X \geq x) = \sum_{r=x}^{\infty} \dfrac{e^{-k\lambda_0}(k\lambda_0)^r}{r!} < \alpha$ を満足する最小の整数 x である。

（補 3-5） ここで $X \sim P_o(k\lambda)$ のとき, 累積確率は次のように自由度 $2x$ のカイ 2 乗分布の密度関数の積分をすることで求められる。

$$P(X \geq x) = \sum_{r=x}^{\infty} \dfrac{e^{-k\lambda}(k\lambda)^r}{r!} = 1 - \sum_{r=0}^{x-1} \dfrac{e^{-k\lambda}(k\lambda)^r}{r!} \quad \left(\text{部分積分を繰返して}\right)$$

$$= \frac{1}{(x-1)!} \int_0^{k\lambda} t^{x-1} e^{-t} dt \quad \left(\text{更に } t = \frac{y}{2} \text{ なる変数変換をすると}\right)$$

$$= \frac{1}{(x-1)!} \int_0^{2k\lambda} \frac{y^{x-1}}{2^{x-1}} e^{-y/2} \frac{1}{2} dy = P(Y \leqq 2k\lambda) \quad (Y \sim \chi^2_{2x}) \quad \triangleleft$$

次に,推定に関して点推定量は $\widehat{\lambda} = x/k$ で,これは λ の不偏推定量になっている。そして信頼率 $1-\alpha$ に対し,

$$P(X \leqq x) = \sum_{r=0}^{x} \frac{e^{-k\lambda}(k\lambda)^r}{r!} = \int_{2k\lambda}^{\infty} g_{2(x+1)}(t) dt = \frac{\alpha}{2}$$

を満足する λ を λ_U とする。なお,$g_{2(x+1)}(t)$ は自由度 $2(x+1)$ のカイ 2 乗分布の密度関数だから,$2k\lambda_U = \chi^2(2(x+1), \alpha/2)$(自由度 $2(x+1)$ の χ^2 分布の上側 $\alpha/2$ 分位点)となる。

また,

$$P(X \geqq x) = \sum_{r=x}^{\infty} \frac{e^{-k\lambda}(k\lambda)^r}{r!} = 1 - \int_{2k\lambda}^{\infty} g_{2x}(t) dt = \frac{\alpha}{2}$$

を満足する λ を λ_L とするとき,$g_{2x}(t)$ は自由度 $2x$ のカイ 2 乗分布の密度関数だから,$2k\lambda_L = \chi^2(2x, 1-\alpha/2)$(自由度 $2x$ のカイ 2 乗分布の上側 $1-\alpha/2$ 分位点)である。このとき,$\lambda_L < \lambda < \lambda_U$ が求める信頼区間である。以上をまとめて次の推定方式が得られる。

推定方式

λ の点推定量は $\quad \widehat{\lambda} = \dfrac{x}{k} \left(\text{または} \dfrac{x+1/2}{k}\right)$

λ の信頼率 $1-\alpha$ の信頼区間は $\quad \lambda_L < \lambda < \lambda_U$

ただし,$\left(\lambda_L = \chi^2(2x, 1-\alpha/2)/(2k),\ \lambda_U = \chi^2(2x+2, \alpha/2)/(2k)\right)$

---

1 単位での欠点数 Y の分布が平均 λ のポアソン分布であるとき,k 単位での欠点数を X とする。このとき,独立でいずれも平均 λ のポアソン分布に従う k 個の確率変数 $Y_1, \cdots, Y_n$ の和として X はかかれる。つまり,$X = Y_1 + \cdots + Y_n$ で,これは平均 $k\lambda$ のポアソン分布 $P_o(k\lambda)$ に従うことを再度確認しておこう。

② 正規近似による場合 ($k\lambda_0 \geqq 5$ のとき)

まず母欠点 λ の点推定量は

$$(3.29) \quad \widehat{\lambda} = \frac{X}{k} \left(\text{または} \frac{X+1/2}{k}\right)$$

である。そこで帰無仮説 $H_0 : \lambda = \lambda_0$ との違いをみるとすれば X/k と λ_0 の差である $X/k - \lambda_0$ でみれば良いだろう。期待値と分散で規準化した

$$(3.30) \quad u_0 = \frac{X/k - E(X/k)}{\sqrt{V(X/k)}} = \frac{X/k - \lambda_0}{\sqrt{\lambda_0/k}}$$

は帰無仮説のもとで λ_0 が大きいとき,近似的に標準正規分布に従う。次に対立仮説 H_1 として,以下のように場合分けして棄却域を設ければよい。

（ⅰ）$H_1 : \lambda < \lambda_0$ の場合

帰無仮説と離れ，H_1 が正しいときには u_0 は小さくなる傾向がある。つまり X が小さくなる。そこで棄却域 R は，有意水準 α に対して，$R : u_0 \leqq -u(2\alpha)$ とすれば良い。

（ⅱ）$H_1 : \lambda > \lambda_0$ の場合

帰無仮説と離れ，H_1 が正しいときには X は大きくなる傾向がある。そこで棄却域 R は，有意水準 α に対して，$R : u_0 \geqq u(2\alpha)$ となる。

（ⅲ）$H_1 : \lambda \neq \lambda_0$ の場合

（ⅰ）または（ⅱ）の場合なの，で H_1 が正しいときには X は小さくなるか，または大きくなる傾向がある。そこで棄却域 R は，有意水準 α に対して，両側に $\alpha/2$ になるように $R : |u_0| \geqq u(\alpha)$ とする。両側検定の場合を図示すると図 3.19 のようになる。

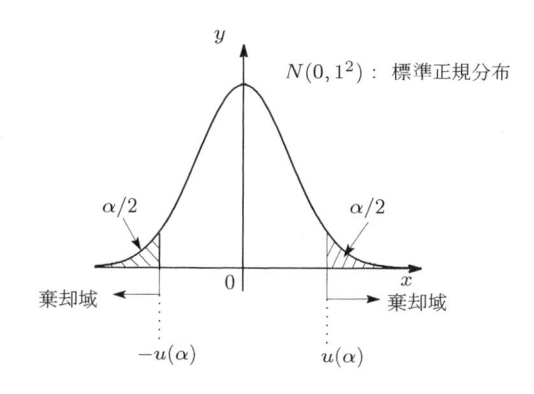

図 3.19 $H_0 : \lambda = \lambda_0, H_1 : \lambda \neq \lambda_0$ での棄却域

以上をまとめて次の検定方式が得られる。

検定方式

1 個の母欠点数 λ に関する検定 $H_0 : \lambda = \lambda_0$ について

<u>正規近似による場合（$k\lambda_0 \geqq 5$ のとき）</u>　有意水準 α に対し，$u_0 = \dfrac{X/k - \lambda_0}{\sqrt{\lambda_0/k}}$ とおくとき

$H_1 : \lambda \neq \lambda_0$（両側検定）のとき
　$|u_0| > u(\alpha) \implies H_0$ を棄却する

$H_1 : \lambda < \lambda_0$（左片側検定）のとき
　$u_0 < -u(2\alpha) \implies H_0$ を棄却する

$H_1 : \lambda > \lambda_0$（右片側検定）のとき
　$u_0 > u(2\alpha) \implies H_0$ を棄却する

次に，推定に関して点推定は，$\widehat{\lambda} = X/k$ でこれは λ の不偏推定量になっている。

さらに，$k\lambda \geqq 5$ ならば $\dfrac{X/k - \lambda}{\sqrt{\lambda/k}}$ は近似的に標準正規分布 $N(0, 1^2)$ に従うので信頼率 $1 - \alpha$

に対し
$$P\left(\left|\frac{X/k - \lambda}{\sqrt{\lambda/k}}\right| < u(\alpha)\right) = 1 - \alpha \tag{3.31}$$

が成立する．この括弧の中の確率で評価される不等式を分母の λ を $\widehat{\lambda} = X/k$ として λ について解けば

$$\widehat{\lambda} - u(\alpha)\sqrt{\widehat{\lambda}/k} < \lambda < \widehat{\lambda} + u(\alpha)\sqrt{\widehat{\lambda}/k} \tag{3.32}$$

と信頼区間が求まる．以上をまとめて次の推定方式が得られる．

推定方式

母欠点数 λ の点推定量は $\quad \widehat{\lambda} = \dfrac{X}{k}$

母欠点数 λ の信頼率 $1-\alpha$ の信頼区間は，信頼区間幅 Q を $Q = u(\alpha)\sqrt{\dfrac{\widehat{\lambda}}{k}}$ とおいて

$$\widehat{\lambda} - Q < \lambda < \widehat{\lambda} + Q$$

例題 3-9（離散分布での正規近似検定）

ある都市のある日1日で，火事の件数が5件あった．このとき，以下の設問に答えよ．
(1) この都市での平均火事の件数（母欠点数）は 6 より少ないといえるか．有意水準 5% で検定せよ．
(2) この都市での平均火事の件数（母欠点数）の信頼係数 95% の信頼区間を求めよ．

[解] (1) **手順1** 前提条件のチェック（分布のチェック）

火事の件数 x が，母欠点数 λ のポアソン分布に従うと考えられる．

手順2 仮説および有意水準の設定
$$\begin{cases} H_0 \ : \ \lambda = \lambda_0 \quad (\lambda_0 = 6) \\ H_1 \ : \ \lambda < \lambda_0 \quad \text{有意水準}\alpha = 0.05 \end{cases}$$

手順3 近似条件のチェック

正規分布に近似しての検定法が使えるかどうかを調べるため，その条件 $[\lambda_0 \geqq 5]$ をチェックする．$\lambda_0 = 6 > 5$ なので，この場合近似条件が成立し，正規近似による検定を用いる．

手順4 検定統計量の計算

$$u_0 = \frac{x - \lambda_0}{\sqrt{\lambda_0}} = \frac{5 - 6}{\sqrt{6}} = -0.408$$

手順5 判定と結論

$u_0 = -0.408 > -u(0.10) = -1.645$ より帰無仮説は有意水準 5% で棄却されない．つまり，火事の件数は 6 より少ないとはいえない．

(2) 点推定は $\widehat{\lambda} = x = 5$ であり，
95% 信頼区間は $x \pm u(0.05)\sqrt{\dfrac{x}{1}} = 5 \pm 1.96 \times \sqrt{5} = 5 \pm 4.383 = 0.616, 9.383$ □

(**注 3-7**) 例では1日の件数なので1単位のデータだった．k 単位での欠点数 X が得られる場合のときは母欠点数の推定と検定は $\widehat{\lambda} = \dfrac{X}{k}$ を用いる．例えば1週間での交通死亡事故件数が X 件のとき1日あたりの単位あたりの件数には $X/7$ を用いる．その平均は λ だが，分散は $\dfrac{\lambda}{k}$ なので検定には $u_0 = \dfrac{X/k - \lambda_0}{\sqrt{X/k}}$ を用いることに注意しよう．◁

─────── R による実行結果 ───────

```
> u0<-(5-6)/sqrt(6) # 検定統計量の値を計算し，uo に代入
> u0 # uo の値を表示
[1] -0.4082483
> (pti<-pnorm(u0))
[1] 0.3415457
> lamhat<-5
> haba<-qnorm(0.975)*sqrt(5/1)
> haba
[1] 4.382613
> sita<-lambhat-haba
> sita
[1] 0.6173873
> ue<-lamb+haba
> ue
[1] 9.382613
```

<u>p</u>oisson distribution, <u>1</u> sample, <u>lam</u>bda, <u>t</u>est

─────── 1標本での欠点の検定関数（ポアソン分布） p1lam.t ───────

```
p1lam.t=function(x,lam0,alt){
# x:欠点数,lam0:帰無仮説の母欠点数,alt:対立仮説
 if (lam0<5) { pr=ppois(x,lam0)
  if (alt=="l") { pti=ppois(x,lam0)}
  else if (alt=="r") {pti=1-ppois(x-1,lam0)}
  else if (pr<0.5) {pti=2*pr}
  else {pti=2*(1-ppois(x-1,lam0))}
  c(P 値=pti)
  } else {
  lamhat=x
```

```
 u0=(lamhat-lam0)/sqrt(lam0)
 if (alt=="l") { pti=pnorm(u0)
  } else if (alt=="r") {pti=1-pnorm(u0)}
  else if (u0<0) {pti=2*pnorm(u0)}
  else {pti=2*(1-pnorm(u0))
  }
  c(u0 正規近似=u0,P 値=pti) }
}
```

───── R による実行結果 ─────

```
> p1lam.t(5,6,"l")
u0 正規近似        P 値
-0.4082483    0.3415457
```

poisson distribution, 1 sample, lambda, estimate

───── 1 標本での欠点の推定関数（ポアソン分布） p1lam.e ─────

```
p1lam.e=function(x,k,conf.level){
# x:欠点数,k:単位数,conf.level:信頼度 (0 から 1 の値)
 lamhat=x;alpha=1-conf.level;cl=100*conf.level
 if (x<5) { sita=qchisq(alpha/2,2*x)/(2*k)
 ue=qchisq(1-alpha/2,2*x+2)/(2*k)
 } else {
 haba=qnorm(1-alpha/2)*sqrt(lamhat)
 sita=lamhat-haba;ue=lamhat+haba
 }
 kai = c(lamhat,sita,ue)
 names(kai) <- c("点推定",paste((cl),"%下側信頼限界",
 sep=""),paste((cl), "%上側信頼限界", sep=""))
 kai
}
```

───── R による実行結果 ─────

```
> p1lam.e(5,1,0.95)
       点推定 95%下側信頼限界 95%上側信頼限界
    5.0000000       0.6173873       9.3826127
```

演習 3-17 布の 5 単位面積にキズの数が 21 個あるとき，以下の設問に答えよ。
① 1 単位あたりのキズの母欠点数は 3 であるといえるか。有意水準 5% で検定せよ。
② 1 単位あたりのキズの母欠点数の点推定および信頼係数 95% の信頼区間（限界）を求めよ。

3.3 2 標本での検定と推定

3.3.1 連続型分布に関する検定と推定

ここでは対象とする母集団が二つある場合を考える。二つの会社で給与は違うのか，二つのスーパーでの売上げはどの程度違うのか，二つのクラスでの英語の成績は異なるのか，生産地の違いで同じ作物のカロリーは違うのか，など比較したい対象が二つの場合であることが多い。このように二つの母集団についての検定・推定を扱う問題を **2 標本問題** という。また二つでの比較を繰返し，多くの母集団の場合での比較検討にも応用できる。データとして一つの母集団からランダムに $X_{11}, \ldots, X_{1n_1}$ と n_1 個とられ，もう一つの母集団から $X_{21}, \ldots, X_{2n_2}$ と n_2 個とられるとする。また各母集団の分布は，それぞれ正規分布 $N(\mu_1, \sigma_1^2)$，$N(\mu_2, \sigma_2^2)$ とする。

(1) 母分散の比 に関する検定と推定

二つの母分散の比 σ_1^2/σ_2^2 について仮説を考えるとき，母平均 μ_1, μ_2 についてどの程度情報があるかによって，その検定方法（検定統計量）が少し異なる。そこで，図 3.20 のように母平均がいずれも既知の場合，二つの母平均は等しいが未知である場合と，どちらも未知の場合などの場合分けが考えられる。ここでは，より実際的な場合と思われる母平均が未知の場合を次で扱おう。

$$H_0: \frac{\sigma_1^2}{\sigma_2^2} = 1 \text{(等分散)}$$

① μ_1, μ_2 : 未知 ／ ② 他の場合 (余り現実的でない)

$H_1: \dfrac{\sigma_1^2}{\sigma_2^2} \neq 1, \quad \dfrac{\sigma_1^2}{\sigma_2^2} < 1, \quad \dfrac{\sigma_1^2}{\sigma_2^2} > 1$　　　〃

H_0 のもと

検定統計量
$$F_0 = \frac{V_1}{V_2} \sim F_{n_1-1, n_2-1}$$

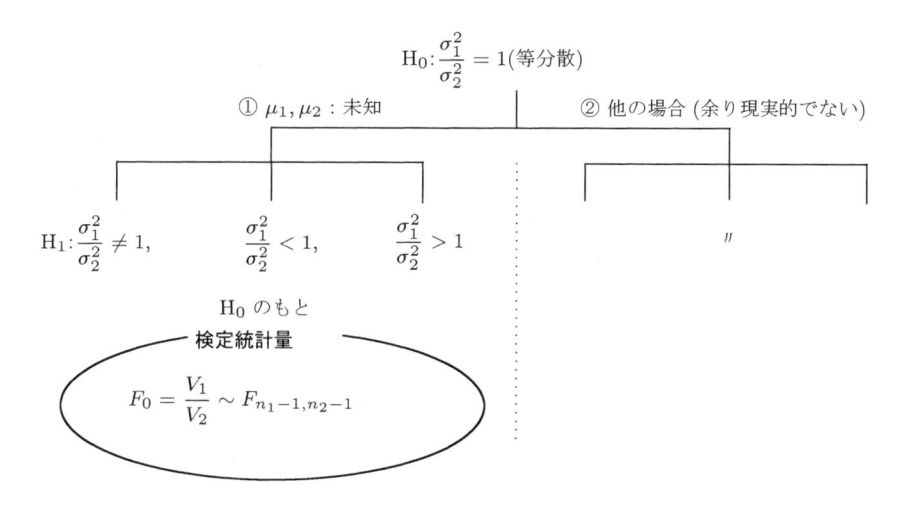

図 3.20 2 標本での分散の比の検定

① 二つの母平均 μ_1, μ_2 がいずれも 未知 の場合

まず母分散の比の推定量は

$$(3.33) \quad \frac{\widehat{\sigma_1^2}}{\sigma_2^2} = \frac{V_1}{V_2} = \frac{\sum_{i=1}^{n_1}(X_{1i}-\overline{X}_1)^2/(n_1-1)}{\sum_{i=1}^{n_2}(X_{2i}-\overline{X}_2)^2/(n_2-1)}$$

である。そこで帰無仮説 $H_0 : \sigma_1^2/\sigma_2^2 = 1$（等分散）との違いをみるとすれば V_1/V_2 と 1 との比である $V_1/V_2 = F_0$ でみれば良いだろう。これは H_0 のもとで自由度 (n_1-1, n_2-1) の F 分布に従う。次に対立仮説 H_1 として，以下のように場合分けして棄却域を設ければよい。

（ⅰ）　$H_1 : \dfrac{\sigma_1^2}{\sigma_2^2} < 1$ の場合

帰無仮説と離れ H_1 が正しいときには，F_0 はより小さく 0 に近い値をとりやすくなる。そこで棄却域 R は，有意水準 α に対して，$R : F_0 < F(n_1-1, n_2-1; 1-\alpha)$ とすればよい。ここで，この式は

$$\frac{1}{F_0} > \frac{1}{F(n_1-1, n_2-1; 1-\alpha)} = F(n_2-1, n_1-1; \alpha)$$

だから $F_0 < 1$ のとき，つまり $\dfrac{V_1}{V_2} < 1$ のとき $\dfrac{V_2}{V_1} > F(n_2-1, n_1-1; \alpha)$ を棄却域とする。

（ⅱ）　$H_1 : \dfrac{\sigma_1^2}{\sigma_2^2} > 1$ の場合

帰無仮説と離れ H_1 が正しいときには，F_0 は 1 より大きくなる傾向がある。そこで棄却域 R は，有意水準 α に対して，$R : F_0 > F(n_1-1, n_2-1; \alpha)$ とすればよい。

（ⅲ）　$H_1 : \dfrac{\sigma_1^2}{\sigma_2^2} \neq 1$ の場合

（ⅰ）または（ⅱ）の場合なので，H_1 が正しいときには F_0 は小さくなるか，または大きくなる傾向がある。そこで棄却域 R は，有意水準 α に対して，両側に $\alpha/2$ になるように

$$V_1 < V_2 \text{ のとき，} R : \frac{V_2}{V_1} > F(n_2-1, n_1-1; \alpha/2)$$

を棄却域とし，

$$V_1 > V_2 \text{ のとき，} R : \frac{V_1}{V_2} > F(n_1-1, n_2-1; \alpha/2)$$

を棄却域とする。これを図示すると，図 3.21 のようになる。

$F(n_1-1, n_2-1; \alpha/2)$：自由度 (n_1-1, n_2-2) の F 分布の上側 $100\alpha/2\%$ 点

$$F(n_1-1, n_2-1; 1-\alpha/2) = \frac{1}{F(n_2-1, n_1-1; \alpha/2)}$$

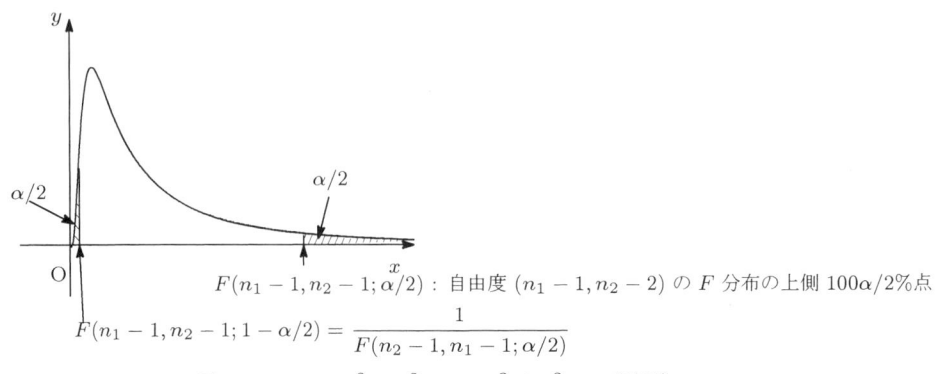

図 3.21　$H_0 : \sigma_1^2 = \sigma_2^2$，$H_1 : \sigma_1^2 \neq \sigma_2^2$ での棄却域

以上をまとめて，次の検定方式が得られる．

検定方式

二つの母分散 (σ_1^2, σ_2^2) の比 $\dfrac{\sigma_1^2}{\sigma_2^2}$ に関する検定 $H_0 : \dfrac{\sigma_1^2}{\sigma_2^2} = 1$ （等分散の検定）について

μ_1, μ_2: 未知 の場合

有意水準 α に対し

$H_1 : \dfrac{\sigma_1^2}{\sigma_2^2} \neq 1$ （両側検定）のとき

$V_1 > V_2$ のとき $F_0 = \dfrac{V_1}{V_2} > F(n_1-1, n_2-1; \alpha/2) \implies H_0$ を棄却する
   か，または
$V_1 < V_2$ のとき $F_0 = \dfrac{V_2}{V_1} > F(n_2-1, n_1-1; \alpha/2) \implies H_0$ を棄却する

$H_1 : \dfrac{\sigma_1^2}{\sigma_2^2} < 1$ （左片側検定）のとき

$\quad F_0 = \dfrac{V_2}{V_1} > F(n_2-1, n_1-1; \alpha) \implies H_0$ を棄却する

$H_1 : \dfrac{\sigma_1^2}{\sigma_2^2} > 1$ （右片側検定）のとき

$\quad F_0 = \dfrac{V_1}{V_2} > F(n_1-1, n_2-1; \alpha) \implies H_0$ を棄却する

次に，推定に関して $\dfrac{\sigma_1^2}{\sigma_2^2} = \rho^2$ の点推定は，$\widehat{\dfrac{\sigma_1^2}{\sigma_2^2}} = \widehat{\rho^2} = \dfrac{V_1}{V_2}$ で，これは $\dfrac{\sigma_1^2}{\sigma_2^2} = \rho^2$ の不偏推定量ではない．さらに $F_0 = \dfrac{V_1/\sigma_1^2}{V_2/\sigma_2^2}$ は自由度 (n_1-1, n_2-1) の F 分布に従うので，信頼率 $1-\alpha$ に対し

$$(3.34) \quad P\left(F(n_1-1, n_2-1; 1-\alpha/2) < \dfrac{V_1}{V_2} \dfrac{1}{\rho^2} < F(n_1-1, n_2-1; \alpha/2) \right) = 1 - \alpha$$

が成立する．この括弧の中の確率で評価される不等式を ρ^2 について解けば

$$(3.35) \quad \dfrac{1}{F(n_1-1, n_2-1; \alpha/2)} \dfrac{V_1}{V_2} < \rho^2 < F(n_2-1, n_1-1; \alpha/2) \dfrac{V_1}{V_2}$$

と信頼区間が求まる．以上をまとめて，以下の推定方式が得られる．

推定方式

母分散の比 ρ^2 の点推定は $\quad \widehat{\dfrac{\sigma_1^2}{\sigma_2^2}} = \widehat{\rho^2} = \dfrac{V_1}{V_2}$

ρ^2 の信頼率 $1-\alpha$ の信頼区間は

$$\dfrac{1}{F(n_1-1, n_2-1; \alpha/2)} \dfrac{V_1}{V_2} < \rho^2 < F(n_2-1, n_1-1; \alpha/2) \dfrac{V_1}{V_2}$$

例題 3-10

スポーツ関係の部に属す学生と属さない学生について,体脂肪率のばらつきが異なるかどうか検討することになり,ランダムに選んだそれぞれの学生 6, 8 人について体脂肪率を測定したところ,以下のデータを得た(単位:%)。

  スポーツ系クラブに属す学生:15, 16, 19, 14, 20, 16
  スポーツ系クラブに属さない学生:25, 24, 22, 27, 28, 19, 25, 28

いままでの調査から体脂肪率のデータは,いずれでも正規分布していることが知られているとする。このとき,以下の設問に答えよ。

(1) スポーツ系クラブに属さない学生とスポーツ系クラブに属す学生の体脂肪率が等分散であるかどうか,有意水準 5% で検定せよ。
(2) 体脂肪率の分散比の信頼係数 95% の信頼区間(限界)を求めよ。

[解] (1) **手順 1** 前提条件のチェック

題意から,体脂肪率のデータの分布は正規分布 $N(\mu_1, \sigma_1^2)$, $N(\mu_2, \sigma_2^2)$ と考えられる。

手順 2 仮説および有意水準の設定

$$\begin{cases} H_0 &: \sigma_1^2 = \sigma_2^2 \\ H_1 &: \sigma_1^2 \neq \sigma_2^2, \text{ 有意水準 } \alpha = 0.05 \end{cases}$$

これは,棄却域を両側にとる両側検定である。

手順 3 棄却域の設定(検定方式の決定)

$V_1 \geqq V_2$ のとき,$R: F_0 = \dfrac{V_1}{V_2} \geqq F(5, 7; 0.025) = 5.29$

$V_1 < V_2$ のとき,$R: F_0 = \dfrac{V_2}{V_1} \geqq F(7, 5; 0.025) = 6.85$

手順 4 検定統計量の計算

計算のため,表 3.4 のような補助表を作成する。

表 3.4 補助表

No.	x_1	x_2	x_1^2	x_2^2
1	15	25	$15^2 = 225$	$25^2 = 625$
2	16	24	256	576
3	19	22	361	484
4	14	27	196	576
5	20	28	400	784
6	16	19	196	361
7		25		625
8		28		784
計	100	198	1694	4968
	①	②	③	④

そこで,表 3.4 より

$$S_1 = \sum x_{1i}^2 - \frac{(\sum x_{1i})^2}{n_1} = ③ - ①^2/6 = 1694 - 100^2/6 = 27.333,$$

3.3 2標本での検定と推定

$$S_2 = \sum x_{2i}^2 - \frac{(\sum x_{2i})^2}{n_2} = ④ - ②^2/8 = 4968 - 198^2/8 = 67.5$$

なので $V_1 = \dfrac{S_1}{n_1 - 1} = 27.333/5 = 5.467$, $V_2 = \dfrac{S_2}{n_2 - 1} = 67.5/7 = 9.643$

だから $V_1 < V_2$ である。そこで $F_0 = \dfrac{V_2}{V_1} = \dfrac{9.643}{5.467} = 1.764$

手順5 判定と結論

$F_0 = 1.764 < 6.85 = F(7, 5; 0.025)$ から，帰無仮説 H_0 は有意水準5%で棄却されない。つまり，分散は異なるとはいえない。

(2) **手順1** 点推定

点推定の式に代入して $\widehat{\rho^2} = \dfrac{\widehat{\sigma_1^2}}{\sigma_2^2} = \dfrac{V_1}{V_2} = \dfrac{5.467}{9.643} = 0.567$

手順2 区間推定

信頼率95%の信頼区間は公式より

$$\text{信頼下限} = \frac{1}{F(5, 7; 0.025)} \frac{V_1}{V_2} = \frac{1}{5.29} 0.567 = 0.107,$$

$$\text{信頼上限} = F(7, 5; 0.025) \frac{V_1}{V_2} = 6.85 \times 0.567 = 3.88 \quad \square$$

二つの分散が等しいかどうかの検定は，次のように既存の関数 var.test を利用するか，例えば次の自作の関数 n2v.tmu 関数を利用する。

```
var.test(x,y)
```

<u>n</u>ormal distribution, <u>2</u> sample, <u>v</u>ariance, <u>t</u>est, <u>m</u>ean <u>u</u>nknown

─── 2標本での等分散の検定関数 (平均：未知) n2v.tmu ───

```
n2v.tmu=function(x1,x2){
# x1:第1標本のデータ，x2:第2標本のデータ
 n1=length(x1);n2=length(x2)
 v1=var(x1);v2=var(x2)
 if (v1>v2) {
 f0=v1/v2;pti=2*(1-pf(f0,n1-1,n2-1))
 } else {f0=v2/v1;pti=2*(1-pf(f0,n2-1,n1-1)) }
 kai=c(f0,pti)
 names(kai)= c("f0値","p値")
 kai
 }
```

─── Rによる実行結果 ───

```
> x1<-c(15,16,19,14,20,16)
> x2<-c(25,24,22,27,28,19,25,28)
```

```
> boxplot(x1,x2,names=c("S","NS"),ylab="体脂肪率（%）")
> summary(x1)
   Min. 1st Qu.  Median    Mean 3rd Qu.    Max.
  14.00   15.25   16.00   16.67   18.25   20.00
> summary(x2)
   Min. 1st Qu.  Median    Mean 3rd Qu.    Max.
  19.00   23.50   25.00   24.75   27.25   28.00
> n2v.tmu(x1,x2)
     f0 値       p 値
1.7639373 0.5507969
# または var.test(x1,x2,alt="t",conf.level=0.9)
```

<u>n</u>ormal distribution,<u>2</u> sample, <u>v</u>ariance, <u>e</u>stimate, <u>m</u>ean <u>u</u>nknown

───── 2 標本での分散比の推定関数（平均：未知） n2v.emu ─────

```
n2v.emu=function(x1,x2,conf.level){ # x1:第1標本のデータ,
# x2:第2標本のデータ,conf.level:信頼係数
 n1=length(x1);n2=length(x2)
 v1=var(x1);v2=var(x2)
 alpha=1-conf.level;cl=100*conf.level
 f0=v1/v2;fl=qf(1-alpha/2,n1-1,n2-1)
 fu=qf(1-alpha/2,n2-1,n1-1)
 sita=f0/fl;ue=f0*fu
 kai=c(f0,sita,ue)
 names(kai) = c("点推定",paste((cl), "%下側信頼限界", sep=""),
 paste((cl), "%上側信頼限界", sep=""))
 kai
}
```

──────── R による実行結果 ────────

```
> n2v.emu(x1,x2,0.95)
       点推定 95%下側信頼限界  95%上側信頼限界
    0.5669136       0.1072636        3.8851016
# var.test(x1,x2,alt="t",conf.level=0.95)
# ライブラリの var.test 関数の利用
```

演習 3-18 独身者と妻帯者で会社員の小遣い（所持金）のばらつきに違いがあるか検討することになり，ある都市の会社員の独身者と妻帯者にランダムに1か月の小遣いについて聞いたところ，以下のデータが得られた。データは正規分布に従うとする。

独身者：8, 10, 7, 15, 10, 6（万円）

妻帯者：5, 4, 3, 5, 4（万円）

① 等分散であるか，有意水準5%で検定せよ。

② 分散比の90%信頼区間を構成せよ。

（補 3-6） 分散比 ρ^2 が特定の値 ρ_0^2 と等しいかどうかの検定も，V_1/V_2 と ρ_0^2 の比を考えれば検定方式が同様に導かれる。また，平均が既知，未知の場合も同様に F 検定による検定方式が導出される。◁

(2) 母平均の差 に関する検定と推定

二つの母平均の差 $\mu_1 - \mu_2$ について仮説を考えるとき，母分散 σ_1^2, σ_2^2 についてどの程度情報があるかによって，その検定方法（検定統計量）が少し異なる。そこで図 3.22 のように母分散がいずれも既知の場合，二つの母分散は等しいが未知である場合と，どちらも未知の場合に分けて考えよう。

$H_0: \mu_1 - \mu_2 = \delta_0 \,(\delta_0:既知)$

① σ_1^2, σ_2^2：既知　　② $\sigma_1^2 = \sigma_2^2 = \sigma^2$：未知　　③ $\sigma_1^2 \neq \sigma_2^2$：未知

$H_1: \mu_1 - \mu_2 \neq \delta_0, \; '' < \delta_0, \; '' > \delta_0$　　　〃　　　　　　　　〃

H_0 のもと　検定統計量
$$t_0 = \frac{\overline{x}_1 - \overline{x}_2 - \delta_0}{\sqrt{\left(\dfrac{1}{n_1} + \dfrac{1}{n_2}\right)V}} \sim t_{n_1+n_2-2}$$

H_0 のもと　検定統計量
$$u_0 = \frac{\overline{x}_1 - \overline{x}_2 - \delta_0}{\sqrt{\dfrac{\sigma_1^2}{n_1} + \dfrac{\sigma_2^2}{n_2}}} \sim N(0, 1^2)$$

H_0 のもと　検定統計量
$$t_0 = \frac{\overline{x}_1 - \overline{x}_2 - \delta_0}{\sqrt{\dfrac{V_1}{n_1} + \dfrac{V_2}{n_2}}} \sim t_{\phi^*}$$

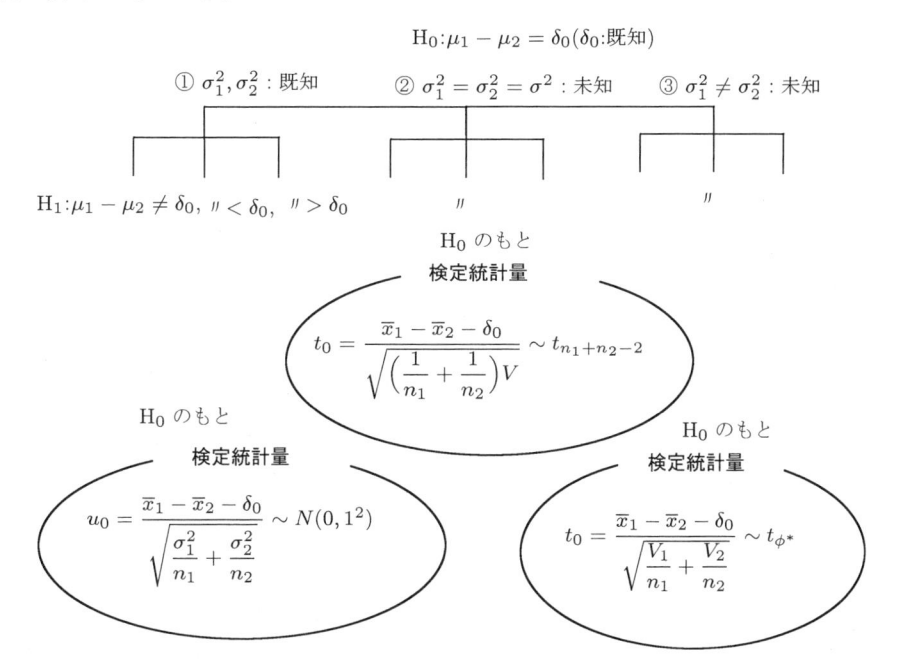

図 3.22 2標本での平均値の差の検定

① 二つの母分散 σ_1^2, σ_2^2 がいずれも 既知 の場合

まず母平均の差の推定量は

$$(3.36) \quad \widehat{\mu_1 - \mu_2} = \overline{X}_1 - \overline{X}_2 = \frac{\sum_{i=1}^{n_1} X_{1i}}{n_1} - \frac{\sum_{i=1}^{n_2} X_{2i}}{n_2}$$

である．そこで帰無仮説 $H_0 : \mu_1 - \mu_2 = \delta_0 (\delta_0$はある定まった値$)$ との違いをみるとすれば，$\overline{X}_1 - \overline{X}_2$ と δ_0 の差である $\overline{X}_1 - \overline{X}_2 - \delta_0$ でみれば良いだろう．これを標準正規分布になるよう期待値を引き，標準偏差で規準化した

$$(3.37) \quad u_0 = \frac{\overline{X}_1 - \overline{X}_2 - \delta_0}{\sqrt{\sigma_1^2/n_1 + \sigma_2^2/n_2}}$$

は帰無仮説 H_0 のもとで標準正規分布 $N(0, 1^2)$ に従う．次に対立仮説 H_1 として，以下のように場合分けして棄却域を設ければよい．

(ⅰ) $H_1 : \mu_1 - \mu_2 < \delta_0$ の場合

帰無仮説と離れ H_1 が正しいときには，u_0 はより負の値をとりやすくなり，小さくなる傾向がある．そこで棄却域 R は，有意水準 α に対して，$R : u_0 < -u(2\alpha)$ とすればよい．

(ⅱ) $H_1 : \mu_1 - \mu_2 > \delta_0$ の場合

帰無仮説と離れ H_1 が正しいときには，u_0 は正の値をとり，大きくなる傾向があるので棄却域 R は，有意水準 α に対して，$R : u_0 > u(2\alpha)$ とする．

(ⅲ) $H_1 : \mu_1 - \mu_2 \neq \delta_0$ の場合

(ⅰ)または(ⅱ)の場合なので，H_1 が正しいときには，u_0 は小さくなるか，または大きくなる．そこで棄却域 R は，有意水準 α に対して，両側に $\alpha/2$ になるように $R : |u_0| > u(\alpha)$ とする．これを図示すると，図 3.23 のようになる．

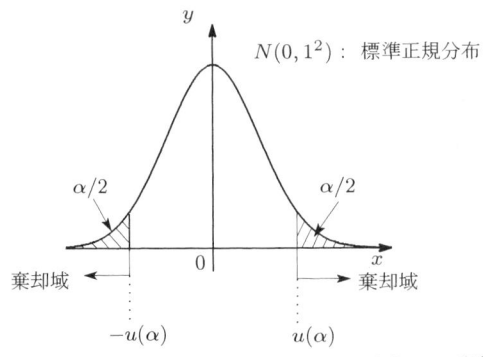

図 3.23 $H_0 : \mu_1 - \mu_2 = \delta_0, H_1 : \mu_1 - \mu_2 \neq \delta_0$ での棄却域

以上をまとめて，次の検定方式が得られる．

― 検定方式 ―

二つの母平均 μ_1, μ_2 の差に関する検定 $H_0 : \mu_1 - \mu_2 = \delta_0$ について

σ_1^2, σ_2^2：既知 の場合

有意水準 α に対し，$u_0 = \dfrac{\overline{X}_1 - \overline{X}_2 - \delta_0}{\sqrt{\sigma_1^2/n_1 + \sigma_2^2/n_2}}$ とし

$H_1 : \mu_1 - \mu_2 \neq \delta_0$(両側検定) のとき

　$|u_0| > u(\alpha) \implies H_0$ を棄却する

$H_1 : \mu_1 - \mu_2 < \delta_0$(左片側検定) のとき

$$u_0 < -u(2\alpha) \implies H_0 \text{ を棄却する}$$
$H_1 : \mu_1 - \mu_2 > \delta_0 (右片側検定)$ のとき
$$u_0 > u(2\alpha) \implies H_0 \text{ を棄却する}$$

次に，推定に関して点推定は，$\widehat{\mu_1 - \mu_2} = \overline{X}_1 - \overline{X}_2$ で，これは $\mu_1 - \mu_2$ の不偏推定量になっている．さらに

(3.38) $$\frac{\overline{X}_1 - \overline{X}_2}{\sqrt{\sigma_1^2/n_1 + \sigma_2^2/n_2}}$$

は正規分布 $N(\mu_1 - \mu_2, 1^2)$ に従うので，信頼率 $1-\alpha$ に対し

(3.39) $$P\left(\left|\frac{\overline{X}_1 - \overline{X}_2 - (\mu_1 - \mu_2)}{\sqrt{\sigma_1^2/n_1 + \sigma_2^2/n_2}}\right| < u(\alpha)\right) = 1 - \alpha$$

が成立する．この括弧の中の確率で評価される不等式を，$\mu_1 - \mu_2$ について解けば

(3.40) $$\overline{X}_1 - \overline{X}_2 - u(\alpha)\sqrt{\frac{\sigma_1^2}{n_1} + \frac{\sigma_2^2}{n_2}} < \mu_1 - \mu_2 < \overline{X}_1 - \overline{X}_2 + u(\alpha)\sqrt{\frac{\sigma_1^2}{n_1} + \frac{\sigma_2^2}{n_2}}$$

と信頼区間が求まる．以上をまとめて，次の推定方式が得られる．

―― 推定方式 ――

$\mu_1 - \mu_2$ の点推定は $\widehat{\mu_1 - \mu_2} = \overline{X}_1 - \overline{X}_2$

$\mu_1 - \mu_2$ の信頼率 $1-\alpha$ の信頼区間は

$$\overline{X}_1 - \overline{X}_2 - u(\alpha)\sqrt{\frac{\sigma_1^2}{n_1} + \frac{\sigma_2^2}{n_2}} < \mu_1 - \mu_2 < \overline{X}_1 - \overline{X}_2 + u(\alpha)\sqrt{\frac{\sigma_1^2}{n_1} + \frac{\sigma_2^2}{n_2}}$$

―― 例題 3-11 ――

2地区 A, B で下宿している学生の 1 か月の家賃について比較調査することになった．そこで A, B 地区からそれぞれランダムに選んだ下宿している 8 人，9 人の学生から家賃についての以下のデータを得た．

　　A 地区：5.5, 6, 4.8, 7, 5, 6, 6.5, 8（万円）
　　B 地区：8, 7, 6.8, 10, 9, 12, 8.5, 11, 9（万円）

いままでの調査から，家賃のデータは 2 地区のいずれでも正規分布していて，母分散はそれぞれ $\sigma_1^2 = 1, \sigma_2^2 = 2$ であることが知られているとする．このとき，以下の設問に答えよ．

(1) B 地区の家賃が A 地区より 1 万円高いといえるか，有意水準 5% で検定せよ．
(2) 2 地区の家賃の差の信頼係数 95% の信頼区間（限界）を求めよ．

[解] (1) **手順 1** 前提条件のチェック

題意から，家賃データの分布は正規分布 $N(\mu_1, \sigma_1^2)(\sigma_1^2 = 1)$, $N(\mu_2, \sigma_2^2)(\sigma_2^2 = 2)$ と考えられる。

手順 2 仮説および有意水準の設定

$$\begin{cases} H_0 & : \quad \mu_2 - \mu_1 = \delta_0 \quad (\delta_0 = 1) \\ H_1 & : \quad \mu_2 - \mu_1 > \delta_0, \quad 有意水準\ \alpha = 0.05 \end{cases}$$

これは，棄却域を片側にとる片側検定である。

手順 3 棄却域の設定（検定方式の決定）

$$R : u_0 = \frac{\overline{X}_2 - \overline{X}_1 - \delta_0}{\sqrt{\sigma_1^2/n_1 + \sigma_2^2/n_2}} > u(0.10) = 1.645$$

手順 4 検定統計量の計算

$\overline{x}_1 = \frac{48.8}{8} = 6.1, \overline{x}_2 = \frac{81.3}{9} = 9.033$ より $u_0 = \frac{9.033 - 6.1 - 1}{\sqrt{1/8 + 2/9}} = 3.28$ である。

手順 5 判定と結論

$u_0 = 3.28 > 1.645 = u(0.10)$ から帰無仮説 H_0 は有意水準5%で棄却される。つまり，B 地区の家賃が A 地区より 1 万円高いといえる。

(2) **手順 1** 点推定

点推定の式に代入して $\widehat{\mu_2 - \mu_1} = \overline{X}_2 - \overline{X}_1 = \frac{\sum X_{2i}}{n_2} - \frac{\sum X_{1i}}{n_1} = 2.933$

手順 2 区間推定

信頼率 95% の信頼区間は公式より

$$信頼下限 = \overline{X}_2 - \overline{X}_1 - u(0.05)\sqrt{\frac{\sigma_1^2}{n_1} + \frac{\sigma_2^2}{n_2}} = 2.933 - 1.96\sqrt{\frac{1}{8} + \frac{2}{9}} = 1.778(万円)$$

$$信頼上限 = \overline{X}_2 - \overline{X}_1 + u(0.05)\sqrt{\frac{\sigma_1^2}{n_1} + \frac{\sigma_2^2}{n_2}} = 4.088(万円) \quad \square$$

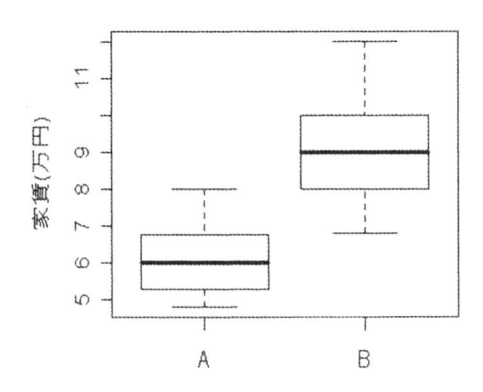

図 3.24 2 地区 A,B の家賃の分布

3.3 2標本での検定と推定   147

─────────── Rによる実行結果 ───────────

```
> x1<-c(5.5,6,4.8,7,5,6,6.5,8)
> x2<-c(8,7,6.8,10,9,12,8.5,11,9)
> boxplot(x1,x2,names=c("A","B"),ylab="家賃(万円)") # 図 3.24 のように表示
> summary(x1)
   Min. 1st Qu.  Median    Mean 3rd Qu.    Max.
  4.800   5.375   6.000   6.100   6.625   8.000
> summary(x2)
   Min. 1st Qu.  Median    Mean 3rd Qu.    Max.
  6.800   8.000   9.000   9.033  10.000  12.000
> n1<-length(x1)
> n2<-length(x2)
> u0<-(mean(x2)-mean(x1)-1)/sqrt(1/n1+2/n2)
> u0
[1] 3.280975
> pti<-1-pnorm(u0)
> pti
[1] 0.0005172437
> sahat<-mean(x2)-mean(x1)
> sahat
[1] 2.933333
> haba<-qnorm(0.975)*sqrt(1/n1+2/n2)
> haba
[1] 1.154920
> sita=sahat-haba
> sita
[1] 1.778413
> ue=sahat+haba
> ue
[1] 4.088253
```

normal distribution, 2 sample, mean, test, variance known

─────────── 2標本での平均値の差の検定関数（分散：既知） n2m.tvk ───────────

```
n2m.tevk=function(x1,x2,v1,v2,d0,alt){# x1:第 1 標本のデータ
# x2:第 2 標本のデータ,v1:第 1 標本の分散,v2：第 2 標本の分散
```

```
# d0：第 2 の平均-第 1 の平均の差，alt：対立仮説
 n1=length(x1);n2=length(x2)
 m1=mean(x1);m2=mean(x2)
 u0=(m2-m1-d0)/sqrt(v1/n1+v2/n2)
 if (alt=="l") { pti=pnorm(u0)
  } else if (alt=="r") {pti=1-pnorm(u0)}
  else if (u0<0) {pti=2*pnorm(u0)}
  else {pti=2*(1-pnorm(u0))
  }
 kai=c(u0,pti)
 names(kai)=c("u0 値","p 値")
 kai
}
```

────────── R による実行結果 ──────────

```
> n2m.tvk(x1,x2,1,2,1,"r")
       u0 値           p 値
3.2809754647 0.0005172437
```

normal distribution, 2 sample, mean, estimation, variance known

────────── 2 標本での平均値の差の推定関数（分散：既知）n2m.evk ──────────

```
n2m.esvk=function(x1,x2,v1,v2,conf.level){
# x1:第 1 標本のデータ,x2:第 2 標本のデータ,v1:第 1 標本の分散,
# v2:第 2 標本の分散,conf.level：信頼係数 (0.95 など)
n1=length(x1);n2=length(x2)
alpha=1-conf.level;cl=100*conf.level
sahat=mean(x1)-mean(x2)
haba=qnorm(1-alpha/2)*sqrt(v1/n1+v2/n2)
sita=sahat-haba;ue=sahat+haba
kai = c(sahat,sita,ue)
names(kai) = c("点推定",paste((cl), "%下側信頼限界", sep=""),
 paste((cl), "%上側信頼限界", sep=""))
kai
}
```

―――――― Rによる実行結果 ――――――
```
> n2m.evk(x1,x2,1,2,0.95)
          点推定 95%下側信頼限界 95%上側信頼限界
       -2.933333      -4.088253      -1.778413
```

（注 3-8） この場合のように，2母集団の分散が既知で平均について未知であるような場合は，現実での適用は少ないと思われるかもしれない。しかし異なる企業，異なる地区，異なる実験環境等で，それぞれ過去からの経緯でばらつきは管理されているといった状況もありうるのではないかと思われる。その場の状況を把握することは難しいと思われるが，適用を考える際，大切である。◁

演習 3-19 初任給が会社の業種（運輸，サービス業等）によって異なるか検討することになり，A, Bの2業種の会社をそれぞれランダムに4社と6社選び調べたところ，次のようであった。

A業種：18, 17, 19, 18（万円）

B業種：20, 21, 22, 23, 21, 22（万円）

これまでの調査から初任給は各業種で正規分布していて，母分散は $\sigma_A^2 = 2, \sigma_B^2 = 2.5$ であることが知られているとする。このとき，以下の設問に答えよ。

① 2業種の初任給には2万円以上の差があるといえるか，有意水準10%で検定せよ。

② 2業種の初任給の差の信頼係数90%の信頼区間（限界）を求めよ。

演習 3-20 男女で体脂肪率の違いについて検討することになりランダムに選んだ男子学生5人，女子学生6人の体脂肪率を測ったところ，以下のようであった。

男子：17, 18, 20, 19, 18（%）

女子：26, 30, 24, 22, 28, 32（%）

これまでの調査から体脂肪率は正規分布していることがわかっている。各分散は $\sigma_1^2 = 8, \sigma_2^2 = 10$ であることが知られているとする。このとき，以下の設問に答えよ。

① 男女の体脂肪率には5%の差があるといえるか，有意水準5%で検定せよ。

② 男女の体脂肪率の差の信頼係数95%の信頼区間（限界）を求めよ。

② 二つの母分散 σ_1^2, σ_2^2 が等しいが 未知 の場合 （$\sigma_1^2 = \sigma_2^2 = \sigma^2$：未知）

母平均の差の点推定量は

$$(3.41) \qquad \widehat{\mu_1 - \mu_2} = \overline{X}_1 - \overline{X}_2$$

なので，これを比較したい値 δ_0 との差を規準化した統計量を用いた検定を考える。そして，この差の推定量の分散は

$$(3.42) \qquad V(\overline{X}_1 - \overline{X}_2) = \frac{\sigma^2}{n_1} + \frac{\sigma^2}{n_2}$$

である。そこで分散は未知だが二つの母集団で等しいので、各母集団での分散の推定量 V_1, V_2 を一緒にした（プールした）推定量 V を用いる。つまり

$$(3.43) \quad V = \frac{(n_1-1)V_1 + (n_2-1)V_2}{n_1+n_2-2} = \frac{S_1+S_2}{n_1+n_2-2}$$

を分散 σ^2 の推定量とする。そこで検定統計量として

$$(3.44) \quad t_0 = \frac{\overline{X}_1 - \overline{X}_2 - \delta_0}{\sqrt{(1/n_1 + 1/n_2)V}}$$

を用いればよいだろう。対立仮説を ① の場合と同様にとり、検定方式を考えれば良い。そして両側検定の場合を図示すると、図 3.25 のようになる。

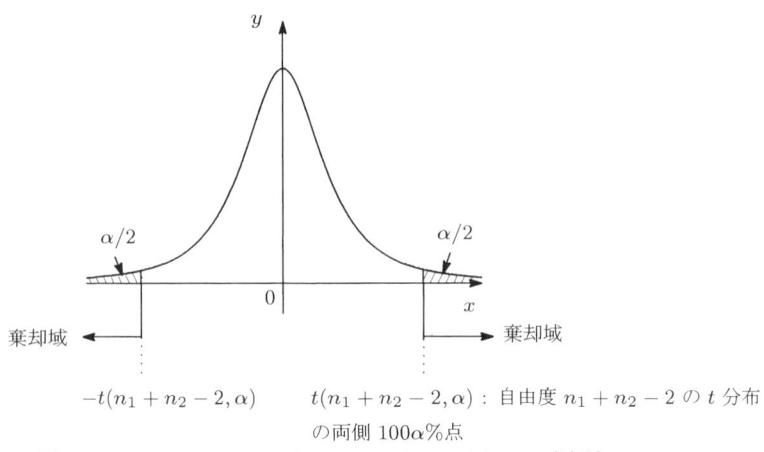

図 3.25 $H_0: \mu_1 - \mu_2 = \delta_0$, $H_1: \mu_1 - \mu_2 \neq \delta_0$ での棄却域

そして検定方式および推定方式は、それぞれ以下のようになる。

検定方式

二つの母平均 μ_1, μ_2 の差に関する検定 $H_0: \mu_1 - \mu_2 = \delta_0$ について
$\underline{\sigma_1^2 = \sigma_2^2 = \sigma^2: \text{未知}}$ の場合

有意水準 α に対し、$t_0 = \dfrac{\overline{X}_1 - \overline{X}_2 - \delta_0}{\sqrt{(1/n_1 + 1/n_2)V}}$ とし

$H_1: \mu_1 - \mu_2 \neq \delta_0$ （両側検定）のとき

$\quad |t_0| > t(n_1+n_2-2, \alpha) \implies H_0$ を棄却する

$H_1: \mu_1 - \mu_2 < \delta_0$ （左片側検定）のとき

$\quad t_0 < -t(n_1+n_2-2, 2\alpha) \implies H_0$ を棄却する

$H_1: \mu_1 - \mu_2 > \delta_0$ （右片側検定）のとき

$\quad t_0 > t(n_1+n_2-2, 2\alpha) \implies H_0$ を棄却する

―― 推定方式 ――

母平均の差 $\mu_1 - \mu_2$ の点推定は $\widehat{\mu_1 - \mu_2} = \overline{X}_1 - \overline{X}_2$

母平均の差 $\mu_1 - \mu_2$ の信頼率 $1-\alpha$ の信頼区間は,

区間幅が $Q = t(n_1 + n_2 - 2, \alpha)\sqrt{\left(\dfrac{1}{n_1} + \dfrac{1}{n_2}\right)V}$ となるので

$$\overline{X}_1 - \overline{X}_2 - Q < \mu_1 - \mu_2 < \overline{X}_1 - \overline{X}_2 + Q$$

平均値の差に関する検定 : `> t.test(x,y,alt="less",var.equal=TRUE)`

―― 例題 3-12 ――

2 高校 A, B において数学の成績に差があるかどうかを検討することになり, 校外模試での数学の成績について A, B 高校からそれぞれランダムに 10 人, 8 人のデータをとった。そしてデータから統計量を求めたところ表 3.5 の結果が得られた。

表 3.5 統計量 (単位 : 点)

	A 高校	B 高校
データ数	$n_A = 10$	$n_B = 8$
平均値	$\overline{x}_A = 60$	$\overline{x}_B = 54$
平方和	$S_A = 243$	$S_B = 210$

このとき, 以下の設問に答えよ。
(1) 等分散といえるか, 有意水準 20%で検定せよ。
(2) 高校間の成績に差があるか, 有意水準 5%で検定せよ。
(3) 差について点推定, 区間推定をせよ。

[解] (1) 母分散の比に関する検定 (二つの母分散が異なるかどうかの検定)

手順 1 前提条件のチェック

成績のデータは二つの正規母集団からのサンプルと考えられる。

手順 2 仮説および有意水準の設定

$$\begin{cases} H_0 : \sigma_A^2 = \sigma_B^2 \\ H_1 : \sigma_A^2 \neq \sigma_B^2, \quad \alpha = 0.20 \end{cases}$$

手順 3 棄却域の設定 (検定統計量の選択)

$V_A = \dfrac{243}{9}, V_B = \dfrac{210}{7}, V_B > V_A$ であるので $F_0 = \dfrac{V_B}{V_A}$ とすると棄却域は,

$R : F_0 \geqq F(7, 9; 0.10) = 2.505$ である。

手順 4 検定統計量の計算

$$F_0 = \dfrac{210}{7} \bigg/ \dfrac{243}{9} = 1.111$$

手順 5 判定と結論

$F_0 = 1.111 < 2.505 = F(7, 9; 0.10)$ より有意水準 20%で H_0 は棄却されず, 等分散でないとはいえ

ない。そこで，以下では等分散とみなして解析をすすめる。

なお，普通は有意水準5%等の小さい値について検定するが，帰無仮説を採択するような立場をとる（検定の基本的な考え方からは，はずれることになるが）とすれば，第2種の誤りを小さくする必要があり，有意水準を20%のように大きくとることがある。

(2) 母平均の差の検定

手順1 仮説および有意水準の設定
$$\begin{cases} H_0 : \mu_A = \mu_B \\ H_1 : \mu_A \neq \mu_B, \quad \alpha = 0.05 \end{cases}$$

手順2 棄却域の設定（検定統計量の選択）

n_A と n_B がほぼ等しく，分散の比も1に近いので $\sigma_A^2 = \sigma_B^2$ とみなす。

$$V = \frac{S_A + S_B}{n_A + n_B - 2} = \frac{243 + 210}{10 + 8 - 2} = 453/16 = 28.3125,$$

$$t_0 = \frac{\overline{x}_A - \overline{x}_B}{\sqrt{(\frac{1}{n_A} + \frac{1}{n_B})V}} = \frac{6}{\sqrt{(1/10 + 1/8)453/16}}$$

$$R : |t_0| \geq t(16, 0.05) = 2.12$$

手順3 検定統計量の計算と判定

$t_0 = 2.377$ より H_0 は棄却され，帰無仮説は棄却される。

(3) 母平均の差の推定

点推定は，$\widehat{\mu_A - \mu_B} = \overline{x}_A - \overline{x}_B = 60 - 54 = 6$

信頼率95%の信頼区間は，

$$\widehat{\mu_A - \mu_B} \pm t(16, 0.05) \times \sqrt{(1/n_1 + 1/n_2)V} = 6 \pm 2.12 \times 2.524 = 6 \pm 5.351 = 0.649, 11.351 \quad \square$$

──── Rによる実行結果 ────

```
> VA<-243/9
> VA
[1] 27
> VB<-210/7
> VB
[1] 30
> F0<-VB/VA
> F0
[1] 1.111111
> pti1<-2*(1-pf(F0,7,9))
> pti1
[1] 0.8620929
> V<-(243+210)/(10+8-2)    # プールした分散の推定量
```

```
> t0<-(60-54)/sqrt((1/10+1/8)*V)
> t0
[1] 2.377228
> pti2<-2*(1-pt(t0,10+8-2))
> pti2
[1] 0.03025824
> sahat<-60-54
> haba<-qt(0.975,10+8-2)*sqrt((1/10+1/8)*V)
> haba
[1] 5.35053
> sita<-sahat-haba
> sita
[1] 0.6494697
> ue<-sahat+haba
> ue
[1] 11.35053
```

normal distribution,2 sample, variance, standard deviation,test, mean unknown

―― 2標本での母分散の比の検定関数（平均：未知） n2vs.tmu ――

```
n2vs.tmu=function(S1,S2,n1,n2){#S1:第1標本のデータの偏差平方和,
# S2:第2標本のデータの偏差平方和,n1,n2:第1,2標本のデータ数
 V1=S1/(n1-1);V2=S2/(n2-1)
 if (V1>V2) {
 f0=V1/V2;pti=2*(1-pf(f0,n1-1,n2-1))
 } else {f0=V2/V1;pti=2*(1-pf(f0,n2-1,n1-1)) }
kai=c(f0,pti)
names(kai) = c("f0値","p値")
kai
}
```

―― Rによる実行結果 ――

```
> n2vs.tmu(243,210,10,8)
     f0値        p値
1.1111111 0.8620929
```

normal distribution,2 sample, mean, estimate, varaiance equal unknown

---
2標本での母平均の差の推定関数 (等分散で未知) n2m.eveu

```
n2m.eveu=function(m1,m2,S1,S2,n1,n2,conf.level){
# m1,S1,n1:第1標本のデータの平均,偏差平方和,データ数,
# m2,S2,n2:第2標本のデータの平均,偏差平方和,データ数
alpha=1-conf.level;cl=100*conf.level
 V=(S1+S2)/(n1+n2-2);sahat=m1-m2
 haba=qt(1-alpha/2,n1+n2-2)*sqrt((1/n1+1/n2)*V)
 sita=sahat-haba;ue=sahat+haba
 kai=c(sahat,sita,ue)
names(kai)= c("差の点推定",paste((cl), "%下側信頼限界", sep=""),
paste((cl), "%上側信頼限界", sep=""))
kai
}
```

Rによる実行結果

```
> n2m.eveu(60,54,243,210,10,8,0.95)
    差の点推定  95%下側信頼限界  95%上側信頼限界
     6.0000000        0.6494697       11.3505303
```

演習 3-21 教育費の占める割合が，大都市と地方都市で異なるかどうか調べることになった。そこで，大都市，地方都市からそれぞれランダムに選んだ家庭の教育費の家計に占める割合は，以下であった。

　　大都市 : 18, 26, 22, 17, 25, 21, 24（%）

　　地方都市 : 34, 36, 22, 27, 35, 28, 32, 25（%）

いままでの調査から，教育費の割合は正規分布していることが知られているとする。このとき，以下の設問に答えよ。

① 大都市の教育費が地方都市の教育費の割合より5%低いといえるか，有意水準5%で検定せよ。

② 都市間の教育費の割合の差の信頼係数90%の信頼区間（限界）を求めよ。

（補 3-7） n_1 と n_2 がほぼ等しければ，等分散とみなしても差し支えない。そこでサンプル数が等しくなるようにデータをとれば良いだろう。◁

（ヒント）<u>n</u>ormal distribution,<u>2</u> sample, <u>m</u>ean, <u>e</u>stimation, <u>v</u>ariance <u>e</u>qual,<u>u</u>nknown

---
2標本での平均値の差の推定関数 (等分散で未知) n2m.eveu

```
n2m.eveu=function(x1,x2,conf.level){ # x1:第1標本のデータ,
# x2:第2標本のデータ,conf.level:信頼係数
```

```
n1=length(x1);n2=length(x2)
v1=var(x1);v2=var(x2);alpha=1-conf.level
v=((n1-1)*v1+(n2-1)*v2)/(n1+n2-2)
sahat=mean(x1)-mean(x2)
haba=qt(1-alpha/2,n1+n2-2)*sqrt((1/n1+1/n2)*v)
sita=sahat-haba;ue=sahat+haba
kai = c(sahat,sita,ue)
cl=100*conf.level
names(kai) = c("点推定",paste((cl), "%下側信頼限界", sep=""),
paste((cl),"%上側信頼限界", sep=""))
kai}
```

――――――――― Rによる実行結果 ―――――――――

```
> x1<-c(18,26,22,17,25,21,24)
> x2<-c(34,36,22,27,35,28,32,25)
> boxplot(x1,x2,names=c("大都市","地方都市"),ylab="教育費の割合（％）")
> summary(x1)
   Min. 1st Qu.  Median    Mean 3rd Qu.    Max.
  17.00   19.50   22.00   21.86   24.50   26.00
> summary(x2)
   Min. 1st Qu.  Median    Mean 3rd Qu.    Max.
  22.00   26.50   30.00   29.88   34.25   36.00
> n2m.eveu(x2,x1,0.95)
         点推定 95%下側信頼限界 95%上側信頼限界
       8.017857        3.078214       12.957500
```

③ 分散がいずれも 未知 の場合

対立仮説は (1) の場合と同様で，両側検定の場合に棄却域を図示すると，図 3.26 のようになる．この場合は**ウェルチ (Welch) の検定**と呼ばれる検定法で，以下のような検定方式である．ここで自由度 ϕ^* は**サタースウェイト (Satterthwaite) の方法**により，

$$(3.45) \quad \phi^* = \frac{\left(V_1/n_1 + V_2/n_2\right)^2}{\dfrac{(V_1/n_1)^2}{\phi_1} + \dfrac{(V_2/n_2)^2}{\phi_2}}$$

と求められる．

$-t(\phi^*,\alpha)$ $t(\phi^*,\alpha)$：自由度 ϕ^* の t 分布
の両側 $100\alpha\%$ 点

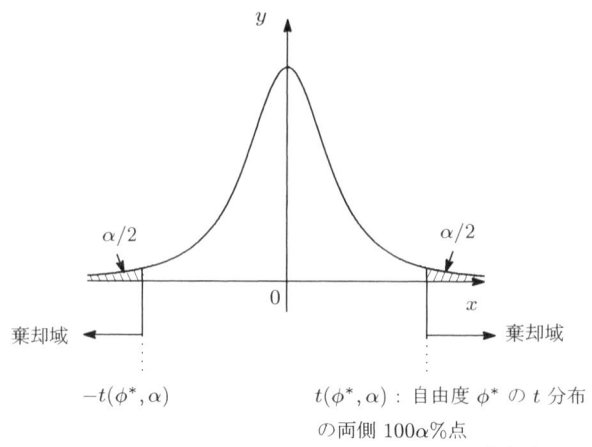

図 3.26 $H_0 : \mu_1 - \mu_2 = \delta_0$, $H_1 : \mu_1 - \mu_2 \neq \delta_0$ での棄却域

(**補 3-8**)（サタースウェイトの方法） 分散 $\sigma_1^2, \sigma_2^2, \cdots$ のそれぞれ自由度が $\phi_1, \phi_2, \cdots$ である不偏分散 $V_1, V_2, \cdots$ が互いに独立であるなら，線形結合 $a_1 V_1 + a_2 V_2 + \cdots$ の自由度 ϕ^* は近似的に

$$\frac{\left(\sum_i a_i V_i\right)^2}{\phi^*} = \sum_i \frac{(a_i V_i)^2}{\phi_i}$$

を満足する ϕ^* から求められる．なおこの場合，$a_1 = 1/n_1, a_2 = 1/n_2$ より

$$\frac{\left(\frac{V_1}{n_1} + \frac{V_2}{n_2}\right)^2}{\phi^*} = \frac{\left(\frac{V_1}{n_1}\right)^2}{\phi_1} + \frac{\left(\frac{V_2}{n_2}\right)^2}{\phi_2}$$

から ϕ^* を求め，整数でないときは補間により $t(\phi^*, \alpha)$ を求める．◁

検定方式

二つの母平均 μ_1, μ_2 の差に関する検定 $H_0 : \mu_1 - \mu_2 = \delta_0$ について

$\underline{\sigma_1^2, \sigma_2^2 : \text{未知}}$ の場合

有意水準 α に対し， $t_0 = \dfrac{\overline{X}_1 - \overline{X}_2 - \delta_0}{\sqrt{V_1/n_1 + V_2/n_2}}$ とし

$H_1 : \mu_1 - \mu_2 \neq \delta_0$（両側検定）のとき

    $|t_0| > t(\phi^*, \alpha) \implies H_0$ を棄却する

$H_1 : \mu_1 - \mu_2 < \delta_0$（左片側検定）のとき

    $t_0 < -t(\phi^*, 2\alpha) \implies H_0$ を棄却する

$H_1 : \mu_1 - \mu_2 > \delta_0$（右片側検定）のとき

    $t_0 > t(\phi^*, 2\alpha) \implies H_0$ を棄却する

推定方式

母平均の差 $\mu_1 - \mu_2$ の点推定は $\widehat{\mu_1 - \mu_2} = \overline{X}_1 - \overline{X}_2$

母平均の差 $\mu_1 - \mu_2$ の信頼率 $1-\alpha$ の信頼区間は，

区間幅を $Q = t(\phi^*, \alpha)\sqrt{\dfrac{V_1}{n_1} + \dfrac{V_2}{n_2}}$ として,

$$\overline{X}_1 - \overline{X}_2 - Q < \mu_1 - \mu_2 < \overline{X}_1 - \overline{X}_2 + Q$$

演習 3-22 あるスーパー2店 A, B の売上高について比較することになり,それぞれ平日の8日間,10日間調べたところ,以下のようであった。

A 店：23, 18, 21, 19, 22, 28, 23, 22（万円）

B 店：34, 35, 31, 37, 33, 42, 38, 36, 33, 39（万円）

売上高が正規分布しているとして,以下の設問に答えよ。

① B 店の売上高が A 店より 10 万円高いといえるか,有意水準 5% で検定せよ。

② 売上高の差の信頼係数 95% の信頼区間（限界）を求めよ。

（ヒント）

────── 2 標本での平均値の差の検定関数（異なる分散で未知）ウェルチの検定 welch.t ──────

```
welch.t=function(x1,x2,d0){# x1:第1標本のデータ,x2:第2標本の
# データ,d0:第1標本と第2標本の平均の差の帰無仮説
n1=length(x1);n2=length(x2)
 m1=mean(x1);m2=mean(x2)
 v1=var(x1);v2=var(x2)
 phis=(v1/n1+v2/n2)^2/((v1/n1)^2/(n1-1)+(v2/n2)^2/(n2-1))
 t0=(m1-m2-d0)/sqrt(v1/n1+v2/n2)
 pti=1-pt(t0,phis)
kai = c(t0, phis, pti)
names(kai) = c("t0値", "自由度", "p値")
kai}
```

────────────── R による実行結果 ──────────────

```
> x1<-c(23,18,21,19,22,28,23,22)
> x2<-c(34,35,31,37,33,42,38,36,33,39)
> boxplot(x1,x2,names=c("A","B"),ylab="売上高（万円）")
> summary(x1)
   Min. 1st Qu.  Median    Mean 3rd Qu.    Max.
   18.0    20.5    22.0    22.0    23.0    28.0
> summary(x2)
   Min. 1st Qu.  Median    Mean 3rd Qu.    Max.
```

```
    31.00    33.25    35.50    35.80    37.75    42.00
> welch.t(x2,x1,10)
        t0 値         自由度          p 値
 2.54620920  15.63672392   0.01092238
```

---- 2 標本での平均値の差の推定関数（異なる分散で未知）n2m.evu ----

```
n2m.evu=function(x1,x2,conf.level){ # x1:第 1 標本のデータ,
# x2:第 2 標本のデータ,conf.level:信頼係数
n1=length(x1);n2=length(x2)
m1=mean(x1);m2=mean(x2)
v1=var(x1);v2=var(x2)
alpha=1-conf.level;cl=100*conf.level
phi= (v1/n1+v2/n2)^2/((v1/n1)^2/(n1-1)+(v2/n2)^2/(n2-1))
dhat=m1-m2
haba=qt(1-alpha/2,phi)*sqrt(v1/n1+v2/n2)
sita=dhat-haba;ue=dhat+haba
kai = c(dhat, sita, ue)
names(kai) = c("点推定", paste((cl),"%下側信頼限界",sep=""),
paste((cl),"%上側信頼限界",sep=""))
kai }
```

---- R による実行結果 ----

```
> n2m.evu(x2,x1,0.95)
          点推定 95％下側信頼限界 95％上側信頼限界
        13.80000        10.63024        16.96976
```

(3) 対応のあるデータの場合

個人の成績の変化，体重，身長の変化，車のタイヤの磨耗度などを検討するときには，同じ人（物）であるという共通の成分が含まれているため，同じ人（物）での変化を調べる必要がある。そこでモデルとして，

(3.46)　　　$X_{1i} = \mu_1 + \gamma_i + \varepsilon_{1i}\ (i=1,\cdots,n)$

(3.47)　　　$X_{2i} = \mu_2 + \gamma_i + \varepsilon_{2i}\ (i=1,\cdots,n)$

とかかれ，X_{1i} と X_{2i} が i のみによって定まる共通な成分 γ_i を含んでいる場合を，**データに対応がある**という。この場合の母平均の差 $\mu_1 - \mu_2 = \delta$ についての検定と推定は，次のよ

うに行う。まず差をとったデータ $d_i = X_{1i} - X_{2i}$ を考えると，これは平均 δ，分散 σ_d^2 の正規分布に従うと考えられる。そこで $H_0 : \delta = \delta_0 (\mu_1 - \mu_2 = \delta_0)$ に関する検定は δ の点推定量が

(3.48) $\quad \hat{\delta} = \bar{d}$

だから，分散が未知の場合としてこれを規準化した

(3.49) $\quad t_0 = \dfrac{\bar{d} - \delta_0}{\sqrt{V_d/n}} \quad \left(\text{ただし } V_d = \dfrac{\sum(d_i - \bar{d})^2}{n-1}\right)$

を検定統計量とする。これをまとめて，以下の検定方式が導かれる。

検定方式

母平均の差 δ に関する検定 $H_0 : \mu_1 - \mu_2 = \delta = \delta_0$ について

<u>データに対応がある場合</u>

有意水準 α に対し，$t_0 = \dfrac{\bar{d} - \delta_0}{\sqrt{V_d/n}}$ とし

$H_1 : \mu_1 - \mu_2 \neq \delta_0$（両側検定）のとき
　$|t_0| > t(n-1, \alpha) \quad \Longrightarrow \quad H_0$ を棄却する

$H_1 : \mu_1 - \mu_2 < \delta_0$（左片側検定）のとき
　$t_0 < -t(n-1, 2\alpha) \quad \Longrightarrow \quad H_0$ を棄却する

$H_1 : \mu_1 - \mu_2 > \delta_0$（右片側検定）のとき
　$t_0 > t(n-1, 2\alpha) \quad \Longrightarrow \quad H_0$ を棄却する

次に，推定方式も以下のようになる。

推定方式

差 δ の点推定は　$\widehat{\mu_1 - \mu_2} = \hat{\delta} = \bar{d}$

差 δ の信頼率 $1 - \alpha$ の信頼区間は
$$\bar{d} - t(n-1, \alpha)\sqrt{\dfrac{V_d}{n}} < \delta = \mu_1 - \mu_2 < \bar{d} + t(n-1, \alpha)\sqrt{\dfrac{V_d}{n}}$$

例題 3-13

5人の女性が，あるダイエット食品を食べて体重が減少したか，2週間にわたって調べた結果，表 3.6 のようであった。

表 3.6　データ表（単位：kg）

前後＼No.	1	2	3	4	5
ダイエット前	58	62	78	66	70
2週間後	57	60	75	67	67

(1) 効果があるといえるか，有意水準5%で検定せよ。

(2) 効果があるとすれば，その変化（平均）の差の95%信頼区間を求めよ。

[解]　(1) **手順1**　前提条件のチェック

データをプロットすると図3.27のようになり，対応のあるデータであることがみられる。

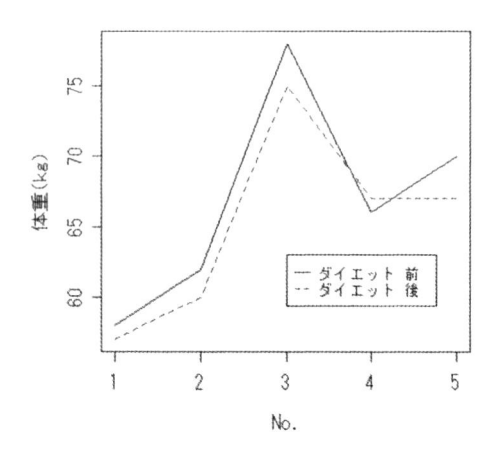

図 3.27　データのグラフ化

差のデータ $d_i = x_{1i} - x_{2i}$ は平均 δ，分散 σ_d^2 の正規分布に従うとみられる。

手順2　仮説と有意水準の設定

$$\begin{cases} H_0 : \delta = 0 \quad (\delta_0 = 0) \\ H_1 : \delta > 0, \quad \text{有意水準 } \alpha = 0.05 \end{cases}$$

手順3　棄却域の設定（検定統計量の選択）

$$t_0 = \frac{\bar{d}}{\sqrt{V_d/n}} \geq t(4, 0.10) = 2.13$$

手順4　検定統計量の計算

計算のため，表3.7のような補助表を作成する。

表 3.7　補助表

No.	x_1	x_2	d	d^2
1	58	57	1	1
2	62	60	2	4
3	78	75	3	9
4	66	67	-1	1
5	70	67	3	9
計	334	326	8	24

そこで，表3.7より $\bar{d} = 8/5 = 1.6$，

$$S_d = 24 - 8^2/5 = 11.2, \quad V_d = \frac{S_d}{n-1} = 11.2/5 = 2.8 \text{ だから}$$

$$t_0 = \frac{1.6}{\sqrt{2.8/5}} = 2.138 \text{ と計算される。}$$

手順5　判定と結論

$t_0 = 2.138 > 2.13 = t(4, 0.10)$ より有意水準5%で，帰無仮説は棄却される。つまり，有意水準5%でダイエットの効果があるといえる。

(2) (1) より有意水準 5% で効果があるとわかり，差の点推定は $\widehat{\delta} = \overline{d} = 1.6$ であり，95%信頼区間は
$$\overline{d} \pm t(4, 0.05)\sqrt{\frac{V_d}{n}} = 1.6 \pm 2.78\sqrt{\frac{2.8}{5}} = 1.6 \pm 2.08 = -0.48, 3.68 \quad \square$$

───── R による実行結果 ─────

```
> x<-c(58,62,78,66,70)
> y<-c(57,60,75,67,67)
> No.=1:5
> matplot(No.,cbind(x,y),type="l",col=1:2,ylab="体重 (kg)")
> legend(3,63,c(paste("ダイエット",c("前","後"))),lty=c(1,2),col=1:2
,cex=0.8) # cex=0.8 により字の大きさを標準の 0.8 倍としている
> d=x-y
> summary(d)
   Min. 1st Qu.  Median    Mean 3rd Qu.    Max.
   -1.0     1.0     2.0     1.6     3.0     3.0
> t.test(x,y,alt="g",paired=T) #ライブラリの t.test 関数の利用
        Paired t-test
data:  x and y
t = 2.1381, df = 4, p-value = 0.04965
alternative hypothesis: true difference in means is greater
than 0
95 percent confidence interval:
 0.004671945             Inf
# 差の区間推定をする場合は
# > t.test(x,y,alt="t",paired=T) と両側検定の入力をする。
sample estimates:
mean of the differences
                    1.6
```

<u>n</u>ormal distribution,<u>2</u> sample, <u>m</u>ean, <u>e</u>stimation, <u>v</u>ariance <u>u</u>knnown, <u>p</u>aired

───── 2 標本での平均値の差の推定関数（対応のあるデータ） n2m.evup ─────

```
n2m.evup=function(x1,x2,conf.level){# x1:第 1 標本のデータ,
# x2:第 2 標本のデータ,conf.level:信頼係数
d=x1-x2;n=length(d)
v=var(d);alpha=1-conf.level;dhat=mean(d)
haba=qt(1-alpha/2,n-1)*sqrt(v/n)
sita=dhat-haba;ue=dhat+haba
```

```
cl=100*conf.level
kai = c(dhat, sita, ue)
names(kai) = c("点推定", paste((cl),"%下側信頼限界",sep=""),
paste((cl),"%上側信頼限界",sep=""))
kai }
```

──────── Rによる実行結果 ────────
```
> x1<-c(58,62,78,66,70)
> x2<-c(57,60,75,67,67)
> n2m.evup(x1,x2,0.95)
     点推定  95％下側信頼限界  95％上側信頼限界
  1.6000000        -0.4777013         3.6777013
```

演習 3-23 ある授業の受講生について，プリテストとポストテストを行ったところ，表 3.8 のような結果であった．

表 3.8 コンピュータによるプリテストとポストテストの成績表

事前・事後 \ No.	1	2	3	4
プリテスト	68	55	78	45
ポストテスト	75	66	88	52

① 授業の効果があったといえるか，有意水準5%で検定せよ．

② 前後での平均の差の90%信頼区間を求めよ．

演習 3-24 以下は，小学校5年生のときと中学2年生になったときの各人の身長のデータである．

　　小学校5年生：142, 150, 138, 141, 135(cm)

　　中学校2年生：165, 170, 155, 165, 155(cm)

① 身長が15cm伸びたといえるか，有意水準5%で検定せよ．

② 前後での身長の平均の差の90%信頼区間を求めよ．

演習 3-25 以下は，何人かの中学生の中間と期末考査の成績である．

　　中間：85, 73, 88, 95, 59（点）

　　期末：92, 77, 82, 90, 66（点）

① 成績が良くなったといえるか，有意水準5%で検定せよ．

② 前後での成績の平均の差の90%信頼区間を求めよ．

演習 3-26 表 3.9 は家庭電機メーカー7社の株価のデータである．

表 3.9 家庭電機メーカーの株価（単位：円）

年月 \ メーカー	日立	東芝	三菱	NEC	松下	シャープ	三洋
1997年12月	930	543	334	1390	1910	898	340
1998年12月	700	673	355	1040	1999	1019	350

① 株価が1年間で変わったといえるか，有意水準10%で検定せよ．
② 年度間での株価の平均の差の95%信頼区間を求めよ．

3.3.2 離散型分布に関する検定と推定

(1) 2個の（母）比率の差に関する検定と推定

工場での製品の二つの生産ラインでの不良率に違いがあるかどうか調べたい場合，二つのクラスでの生徒の欠席率の比較をしたい場合などは日常的にもよく起こることである．つまり二つの母比率を比較したい2項分布があり，それぞれ n_1, n_2 回の試行のうち x_1, x_2 回成功するとする．このとき成功の比率の差について調べたい状況を考える．図3.28を参照されたい．

$$H_0: p_1 - p_2 = 0$$

$H_1: p_1 - p_2 < 0, \quad p_1 - p_2 \neq 0, \quad p_1 - p_2 > 0$

① 直接計算による方法　　　　　② 正規近似による方法

対立仮説を $H_1: p_1 - p_2 \neq 0$ とするとき　　$x_1 + x_2 \geqq 5$ かつ $n_1 + n_2 - x_1 - x_2 \geqq 5$ のとき

H_0 のもと　　　　　　　　　　　　　　　　H_0 のもと

検定方式　　　　　　　　　　　　　　**検定統計量**

相似検定

$$u_0 = \frac{\dfrac{x_1}{n_1} - \dfrac{x_2}{n_2}}{\sqrt{\widehat{p}(1-\widehat{p})\left(\dfrac{1}{n_1} + \dfrac{1}{n_2}\right)}} \longrightarrow N(0, 1^2)$$

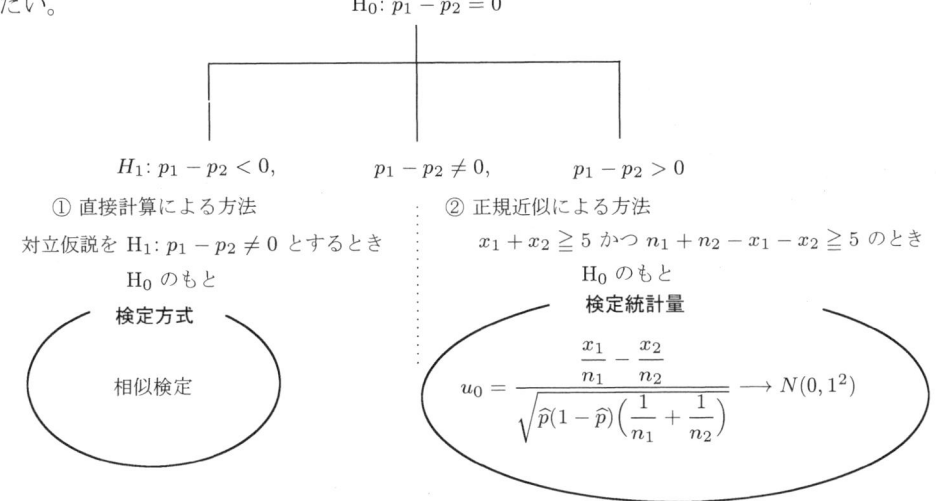

図3.28　2標本での母比率の差の検定

① **直接計算による方法**（小標本の場合）

複合帰無仮説（一点のみからなる集合でない）となる．フィッシャーの直接確率法による検定（条件付）が行われている．ここでは省略する．

② **正規近似による方法**（大標本の場合：$n_i p_i \geqq 5, n_i(1-p_i) \geqq 5 \, (i=1,2)$）

まず母比率の差 $p_1 - p_2$ の点推定量は

$$\widehat{p_1 - p_2} = \frac{x_1}{n_1} - \frac{x_2}{n_2} \tag{3.50}$$

で，帰無仮説 $H_0: p_1 = p_2$ との違いをはかるには規準化した

$$u_0 = \frac{x_1/n_1 - x_2/n_2}{\sqrt{(1/n_1 + 1/n_2)\overline{p}(1-\overline{p})}} \quad \left(\text{ただし, } \overline{p} = \frac{x_1 + x_2}{n_1 + n_2}\right) \tag{3.51}$$

を用いれば良いだろう．以下で対立仮説 H_1 に応じて場合分けを行う．

（ⅰ）　$H_1: p_1 < p_2$ の場合

帰無仮説と離れ H_1 が正しいときには，u_0 は小さくなる傾向がある．そこで棄却域 R は，有意水準 α に対して，$R : u_0 \leqq -u(2\alpha)$ とすれば良い．

(ⅱ)　$H_1 : p_1 > p_2$ の場合

帰無仮説と離れ H_1 が正しいときには，u_0 は大きくなる傾向がある．そこで棄却域 R は，有意水準 α に対して，$R : u_0 \geqq u(2\alpha)$ となる．

(ⅲ)　$H_1 : p_1 \neq p_2$ の場合

(ⅰ)または(ⅱ)の場合なので，H_1 が正しいときには，u_0 は小さくなるか，または大きくなる傾向がある．そこで棄却域 R は，有意水準 α に対して，両側に $\alpha/2$ になるように $R : |u_0| \geqq u(\alpha)$ とする．両側検定の場合を図示すると，図 3.29 のようになる．

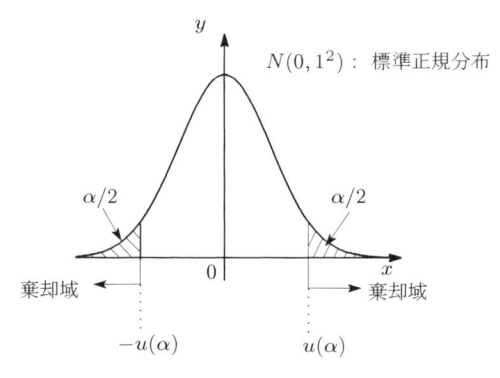

図 3.29　$H_0 : p_1 = p_2, H_1 : p_1 \neq p_2$ での棄却域

以上をまとめて，次の検定方式が得られる．

検定方式

2 個の母比率に関する検定 $H_0 : p_1 = p_2$ について

<u>大標本の場合（$x_1 + x_2 \geqq 5, n_1 + n_2 - (x_1 + x_2) \geqq 5$ のとき）</u>

(正規近似による)

有意水準 α に対し，$u_0 = \dfrac{\widehat{p_1} - \widehat{p_2}}{\sqrt{\left(\dfrac{1}{n_1} + \dfrac{1}{n_2}\right)\overline{p}(1-\overline{p})}}$ とおくとき

$H_1 : p_1 \neq p_2$（両側検定）のとき

　$|u_0| > u(\alpha) \quad \Longrightarrow \quad H_0$ を棄却する

$H_1 : p_1 < p_2$（左片側検定）のとき

　$u_0 < -u(2\alpha) \quad \Longrightarrow \quad H_0$ を棄却する

$H_1 : p_1 > p_2$（右片側検定）のとき

　$u_0 > u(2\alpha) \quad \Longrightarrow \quad H_0$ を棄却する

次に，推定に関して $p_1 - p_2$ の点推定は，

(3.52) $$\widehat{p_1 - p_2} = \frac{X_1}{n_1} - \frac{X_2}{n_2}$$

で，これは不偏推定量になっている。さらに

(3.53) $$\frac{X_1/n_1 - X_2/n_2 - (p_1 - p_2)}{\sqrt{p_1(1-p_1)/n_1 + p_2(1-p_2)/n_2}}$$

は近似的に標準正規分布 $N(0, 1^2)$ に従うので，信頼率 $1-\alpha$ に対し

(3.54) $$P\left(\left|\frac{X_1/n_1 - X_2/n_2 - (p_1 - p_2)}{\sqrt{p_1(1-p_1)/n_1 + p_2(1-p_2)/n_2}}\right| < u(\alpha)\right) = 1-\alpha$$

が成立する。この括弧の中の確率で評価される不等式を，分母の p_i を $X_i/n_i (i=1,2)$ として $p_1 - p_2$ について解けば

(3.55) $$\frac{X_1}{n_1} - \frac{X_2}{n_2} - u(\alpha)\sqrt{\frac{X_1}{n_1}\left(1 - \frac{X_1}{n_1}\right)/n_1 + \frac{X_2}{n_2}\left(1 - \frac{X_2}{n_2}\right)/n_2} < p_1 - p_2$$
$$< \frac{X_1}{n_1} - \frac{X_2}{n_2} + u(\alpha)\sqrt{\frac{X_1}{n_1}\left(1 - \frac{X_1}{n_1}\right)/n_1 + \frac{X_2}{n_2}\left(1 - \frac{X_2}{n_2}\right)/n_2}$$

と信頼区間が求まる。以上をまとめて，次の推定方式が得られる。

推定方式

母比率の差 $p_1 - p_2$ の点推定は，$\widehat{p_i} = X_i/n_i (i=1,2)$ とおくとき，

$$\widehat{p_1 - p_2} = \widehat{p_1} - \widehat{p_2} = \frac{X_1}{n_1} - \frac{X_2}{n_2}$$

母比率の差 $p_1 - p_2$ の信頼率 $1-\alpha$ の信頼区間は

区間幅 $Q = u(\alpha)\sqrt{\widehat{p_1}(1-\widehat{p_1})/n_1 + \widehat{p_2}(1-\widehat{p_2})/n_2}$ とするとき

$$\widehat{p_1} - \widehat{p_2} - Q < p_1 - p_2 < \widehat{p_1} - \widehat{p_2} + Q$$

例題 3-14

2都市 A, B の住みよさについて各都市からランダムに選んだ住民にアンケート調査を行い，以下のデータを得た。

　A 都市：50 人中住み良いと答えた人 34 人

　B 都市：60 人中住み良いと答えた人 24 人

(1) 2都市の住み良さは同じであるといえるか，有意水準 5% で検定せよ。

(2) 2都市での住み良さの比率の差の 95%信頼区間を求めよ。

[解] (1) **手順1** 前提条件のチェック（分布のチェック）

各都市で「はい」と「いいえ」の二つの値をとる 2 個の 2 項分布 $B(n_1, p_1), B(n_2, p_2)$ である。

手順2 仮説および有意水準の設定

$$\begin{cases} H_0 : & p_1 = p_2 \\ H_1 : & p_1 \neq p_2, \text{ 有意水準} \alpha = 0.05 \end{cases}$$

手順3 棄却域の設定（近似条件のチェック）

正規分布に近似しての検定法が使えるかどうかを調べるため，その条件 [$x_1 + x_2 \geq 5, n_1 + n_2 - (x_1 + x_2) \geq 5$] をチェックする。$x_1 + x_2 = 58 > 5, n_1 + n_2 - (x_1 + x_2) = 52 > 5$ なので，この場合近似条件が成立する。そこで，2項分布の正規近似法を用いる。

手順4 検定統計量の計算

$$u_0 = \frac{34/50 - 24/60}{\sqrt{(1/50 + 1/60)58/110 \times 52/110}} \fallingdotseq 2.93$$

手順5 判定と結論

$u(0.05) = 1.649 < 2.93 = u_0$ なので帰無仮説は棄却される。つまり都市 A, B で住みやすさに違いがあるといえる。

(2) **手順1** 差の点推定値は $\widehat{p_1 - p_2} = 34/50 - 24/60 = 0.28$ である。

手順2 95%の信頼区間の幅 Q は，

$$Q = u(0.05)\sqrt{\frac{34}{50}\frac{16}{50}\bigg/50 + \frac{24}{60}\frac{36}{60}\bigg/60} \fallingdotseq 0.179$$

だから，下側信頼限界は 0.101 であり，上側信頼限界は 0.459 である。□

R による実行結果

```
> prop.test(c(34,24),c(50,60),conf.level=0.95)
# ライブラリの prop.test 関数の利用
        2-sample test for equality of proportions with
        continuity correction
data:  c(34, 24) out of c(50, 60)
X-squared = 7.4917, df = 1, p-value = 0.006198
alternative hypothesis: two.sided
95 percent confidence interval:
 0.08254697 0.47745303
sample estimates:
prop 1 prop 2
  0.68   0.40
```
---

binomial distribution, 2 sample, proportion, test

---
2 標本での比率の差の検定関数 b2p.t

```
b2p.t=function(x1,n1,x2,n2,a){ # 第1標本の n1 個のうち x1 個が不良
 #  第2標本の n2 個のうち x2 個が不良  a:対立仮説
 p1hat=x1/n1;p2hat=x2/n2;pbar=(x1+x2)/(n1+n2)
```

3.3 2標本での検定と推定

```
sahat=p1hat-p2hat
u0=sahat/sqrt((1/n1+1/n2)*pbar*(1-pbar))
if (a == "t" ){
pti=2*(1-pnorm(abs(u0)))
} else if (a== "l" ){
pti=pnorm(u0)
} else pti=1-pnorm(u0)
kai = c(u0, pti)
names(kai) = c("u0 値", "p 値")
kai
}
```

―――― R による実行結果 ――――

```
> b2p.t(34,50,24,60,"t")
      u0 値          p 値
2.928864855 0.003402023
```

binomial distribution, 2 sample, proportion, estimate

―――― 2 標本での比率の差の推定関数 b2p.e ――――

```
b2p.e=function(x1,n1,x2,n2,conf.level){ # 第 1 標本の n1 個のうち x1 個が不良
# 第 2 標本の n2 個のうち x2 個が不良 conf.level:信頼係数
p1hat=x1/n1;p2hat=x2/n2
sahat=p1hat-p2hat;alpha=1-conf.level
haba=qnorm(1-alpha/2)*sqrt(p1hat*(1-p1hat)/n1
+p2hat*(1-p2hat)/n2)
sita=sahat-haba;ue=sahat+haba
cl=100*conf.level
kai = c(sahat, sita, ue)
names(kai) = c("点推定", paste((cl),"%下側信頼限界",sep=""),
paste((cl),"%上側信頼限界",sep=""))
kai
}
```

―――――― Rによる実行結果 ――――――
```
> b2p.e(34,50,24,60,0.95)
      点推定  95％下側信頼限界  95％上側信頼限界
    0.2800000       0.1008803        0.4591197
```

演習 3-27 2人のバスケットプレーヤーのシュート成功率が等しいかどうかを調べる。これまでの試合での2人のシュート回数と成功回数のデータを調べたところ以下のようであった。

A君：シュート回数 50回，成功回数 28回
B君：シュート回数 24回，成功回数 16回

① 2人のシュート成功率に差があるといえるか。有意水準5%で検定せよ。
② 2人のシュート成功率の差の点推定および信頼係数95%の信頼区間を求めよ。

演習 3-28 同品種の製品を生産している二つの生産ライン A，B の母不良率の比較のため製品をラインAから200個，ラインBから150個ランダムに抜き取り，それぞれの不良個数を調べたところ，ラインAの製品の中から12個，ラインBの製品の中から9個の不良品が見出された。

① ラインAとBとで母不良率に差があるか。有意水準5%で検定せよ。
② 両ラインの母不良率の差の点推定および信頼係数95%の信頼区間（限界）を求めよ。

演習 3-29 塾に行っている子供と行っていない子供のあいだで成績に有意な差があるかどうかを調べるため，算数の塾に行っている子供から50人，塾に行っていない子供から30人を選び，それぞれの算数の試験の合格率を調べたところ，塾に行っている子の合格者が40人，塾に行っていない子の合格者が18人であった。

① 塾に行っている子と行っていない子の間で合格率差があるか。有意水準5%で検定せよ。
② 塾に行っている子と行っていない子の合格率の差の点推定および信頼係数95%の信頼区間（限界）を求めよ。

演習 3-30 晴れの日と雨の日の同じ講義での出席率に有意差があるかどうかを調べるため，出席をとったところ，晴れの日が80人中65人，雨の日が52人が出席していた。

① 晴れと雨の間で出席率に差があるか。有意水準5%で検定せよ。
② 晴れと雨で出席率の差の点推定および信頼係数95%の信頼区間（限界）を求めよ。

(2) 母欠点数の違いに関する検定と推定

$X_1 \sim P_o(k_1\lambda_1)$, $X_2 \sim P_o(k_2\lambda_2)$ のとき，

$\mathrm{H}_0 : \lambda_1 = \lambda_2$

を検定することを考えよう。大標本 $(k_i\lambda_i \geq 5 (i=1,2))$ の場合，検定統計量

$$u_0 = \frac{X_1/k_1 - X_2/k_2}{\sqrt{(1/k_1 + 1/k_2)\overline{\lambda}}} \quad (\text{ただし}, \overline{\lambda} = (X_1 + X_2)/(k_1 + k_2))$$

を計算し，正規分布の両側 α 分位点有意水準 α に対応して両側検定の場合，両側 α 分位点

$u(\alpha)$ と比較する。また p 値も表示する。

母欠点数が λ_1, λ_2 であるような 2 個の母集団からそれぞれ k_1, k_2 単位とったときそれぞれ欠点数が X_1, X_2 であった。このとき母欠点数について正規近似される場合について以下に検定・推定を考えよう（図 3.30 参照）。

母欠点数の差 $\lambda_1 - \lambda_2$ に関する検定

$H_0 : \lambda_1 - \lambda_2 = 0$

$H_1 : \lambda_1 - \lambda_2 < 0$　　$H_1 : \lambda_1 - \lambda_2 \neq 0$　　$H_1 : \lambda_1 - \lambda_2 > 0$

① 直接計算による方法　　　② 正規近似による方法

H_0 のもと　　　　　　　　$k_1 x_1, k_2 x_2 \geqq 5$ のとき

　　　　　　　　　　　　　　　H_0 のもと

検定方式　　　　　　　　**検定統計量**

相似検定　　　　　$u_0 = \dfrac{x_1/k_1 - x_2/k_2}{\sqrt{x_1/k_1 + x_2/k_2}} \to N(0, 1^2)$

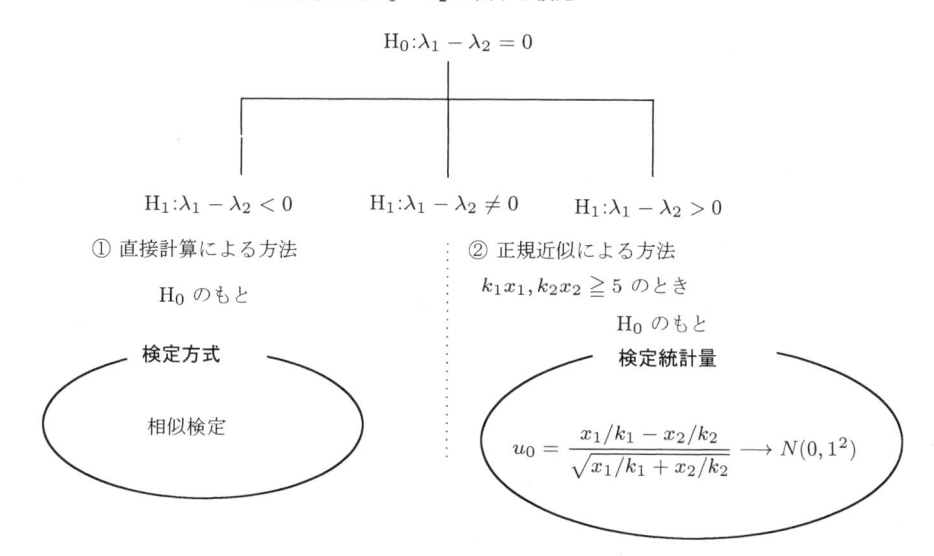

図 3.30　2 標本での母欠点数の違いの検定

① 直接計算による方法

相似検定が適用されるが，ここでは省略する。

② 正規近似による方法

$k_i \lambda_i \geqq 5 \, (i = 1, 2)$ のとき正規分布への近似がよい。まず母欠点数の差 $\lambda_1 - \lambda_2$ の点推定量は $\widehat{\lambda_1 - \lambda_2} = x_1/k_1 - x_2/k_2$ で，帰無仮説 $H_0 : \lambda_1 = \lambda_2$ との違いをはかるには規準化した

$$(3.56) \quad u_0 = \frac{x_1/k_1 - x_2/k_2}{\sqrt{(1/k_1 + 1/k_2)\overline{\lambda}}}$$

を用いれば良いだろう。ただし，$\overline{\lambda} = \dfrac{x_1 + x_2}{k_1 + k_2}$ である。

以下で対立仮説 H_1 に応じで場合分けを行う。

（ⅰ）$H_1 : \lambda_1 < \lambda_2$ の場合

帰無仮説と離れ H_1 が正しいときには u_0 は小さくなる傾向がある。そこで棄却域 R は，有意水準 α に対して，$R : u_0 \leqq -u(2\alpha)$ とすれば良い。

（ⅱ）$H_1 : \lambda_1 > \lambda_2$ の場合

帰無仮説と離れ H_1 が正しいときには u_0 は大きくなる傾向がある。そこで棄却域 R は，有意水準 α に対して，$R : u_0 \geqq u(2\alpha)$ となる。

(iii) $H_1 : \lambda_1 \neq \lambda_2$ の場合

（i）または（ii）の場合なので，H_1 が正しいときには u_0 は小さくなるか，または大きくなる傾向がある。そこで棄却域 R は，有意水準 α に対して，両側に $\alpha/2$ になるように $R : |u_0| \geqq u(\alpha)$ とする。両側検定の場合を図示すると図 3.31 のようになる。

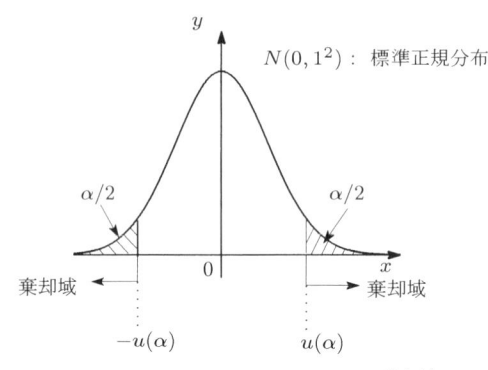

図 3.31　$H_0 : \lambda_1 = \lambda_2, H_1 : \lambda_1 \neq \lambda_2$ での棄却域

以上をまとめて次の検定方式が得られる。

検定方式

2 個の母欠点数 λ_1, λ_2 の差に関する検定 $H_0 : \lambda_1 - \lambda_2 = 0$ について

<u>正規近似による場合 $(k_i \lambda_i \geqq 5; i = 1, 2$ のとき$)$</u>

有意水準 α に対し，$u_0 = \dfrac{X_1/k_1 - X_2/k_2}{\sqrt{(1/k_1 + 1/k_2)\overline{\lambda}}}$　$\left(\overline{\lambda} = \dfrac{X_1 + X_2}{k_1 + k_2}\right)$ とおくとき

$H_1 : \lambda_1 \neq \lambda_2$（両側検定）のとき
　$|u_0| > u(\alpha) \implies H_0$ を棄却する
$H_1 : \lambda_1 < \lambda_2$（左片側検定）のとき
　$u_0 < -u(2\alpha) \implies H_0$ を棄却する
$H_1 : \lambda_1 > \lambda_2$（右片側検定）のとき
　$u_0 > u(2\alpha) \implies H_0$ を棄却する

次に，推定に関して点推定は，$\widehat{\lambda_1 - \lambda_2} = \dfrac{X_1}{k_1} - \dfrac{X_2}{k_2}$ で，これは $\lambda_1 - \lambda_2$ の不偏推定量になっている。さらに

(3.57) $\qquad \dfrac{X_1/k_1 - X_2/k_2 - (\lambda_1 - \lambda_2)}{\sqrt{\lambda_1/k_1 + \lambda_2/k_2}}$

は近似的に標準正規分布 $N(0, 1^2)$ に従うので信頼率 $1 - \alpha$ に対し

(3.58) $\qquad P\left(\left|\dfrac{X_1/k_1 - X_2/k_2 - (\lambda_1 - \lambda_2)}{\sqrt{\lambda_1/k_1 + \lambda_2/k_2}}\right| < u(\alpha)\right) = 1 - \alpha$

が成立する。この括弧の中の確率で評価される不等式について分母の λ_i を $\widehat{\lambda_i} = X_i/k_i$ で置き換え，$\lambda_1 - \lambda_2$ について解けば

(3.59) $$\frac{X_1}{n_1} - \frac{X_2}{n_2} - u(\alpha)\sqrt{\frac{\widehat{\lambda_1}}{k_1} + \frac{\widehat{\lambda_2}}{k_2}} < \lambda_1 - \lambda_2 < \frac{X_1}{n_1} - \frac{X_2}{n_2} + u(\alpha)\sqrt{\frac{\widehat{\lambda_1}}{k_1} + \frac{\widehat{\lambda_2}}{k_2}}$$

と信頼区間が求まる。以上をまとめて次の推定方式が得られる。

推定方式

母欠点数の差 $\lambda_1 - \lambda_2$ の点推定は $\widehat{\lambda_1 - \lambda_2} = \dfrac{X_1}{k_1} - \dfrac{X_2}{k_2}$

母欠点数の差 $\lambda_1 - \lambda_2$ の信頼率 $1-\alpha$ の信頼区間は,

区間幅を $Q = u(\alpha)\sqrt{\dfrac{\widehat{\lambda_1}}{k_1} + \dfrac{\widehat{\lambda_2}}{k_2}}$ とするとき,

$$\widehat{\lambda_1} - \widehat{\lambda_2} - Q < \lambda_1 - \lambda_2 < \widehat{\lambda_1} - \widehat{\lambda_2} + Q$$

例題 3-15

2 都市で発生した火事の件数について差があるか比較するため,同時期の 10 日間,12 日間について調べたところ,14 件と 30 件であった。このとき以下の設問に答えよ。
(1) 2 都市で発生した 1 日あたりの火事の件数は同じであるといえるか,有意水準 5% で検定せよ。
(2) 2 都市で発生した 1 日あたりの火事の件数の差の点推定,および差の 95%信頼区間を求めよ。

[解] (1) **手順 1** 前提条件のチェック(分布のチェック)

2 都市の火事の件数はそれぞれ 1 日平均 λ_1, λ_2 のポアソン分布に従うと考えられる。

手順 2 仮説および有意水準の設定

対立仮説としては異なるということで両側とする。

$$\begin{cases} H_0 &: \lambda_1 = \lambda_2 \\ H_1 &: \lambda_1 \neq \lambda_2 \quad \text{有意水準}\, \alpha = 0.05 \end{cases}$$

手順 3 棄却域の設定(検定統計量の決定)

正規分布に近似しての検定法が使えるかどうかを調べると,$[k_1\lambda_1 = 14 \geqq 5, k_2\lambda_2 = 30 \geqq 5]$ なので,正規近似により検定する。そこで棄却域 R は

$$u_0 = \frac{X_1/k_1 - X_2/k_2}{\sqrt{(1/k_1 + 1/k_2)\overline{\lambda}}} \quad \left(\overline{\lambda} = \frac{X_1 + X_2}{k_1 + k_2}\right)$$

とおくとき,$R : |u_0| \geqq u(0.05)$ で与えられる。

手順 4 検定統計量の計算

$$\widehat{\lambda_1} = \frac{X_1}{k_1} = \frac{14}{10} = 1.4, \quad \widehat{\lambda_2} = \frac{X_2}{k_2} = \frac{30}{12} = 2.5, \quad \overline{\lambda} = \frac{14+30}{10+12} = 2.00 \text{ より}$$

$$u_0 = \frac{1.2 - 2.5}{\sqrt{(1/10 + 1/12) \times 2.00}} \fallingdotseq -1.817$$

手順 5 判定と結論

手順 4 での計算結果から $|u_0| = 1.817 < 1.96 = u(0.05)$ なので帰無仮説は有意水準 5% で棄却されず，有意でない．つまり，2 都市の火事の平均発生件数は異なるとはいえない．

(2) 差に有意な差があるとはいえなかったが，次に練習と確認も含めて差の区間推定を行ってみよう．

手順 1 差の点推定値は

$$\widehat{\lambda_1 - \lambda_2} = \widehat{\lambda_1} - \widehat{\lambda_2} = \frac{14}{10} - \frac{30}{12} = -1.1 \text{ である．}$$

手順 2 95%の信頼区間の幅 Q は，

$$Q = u(0.05)\sqrt{\frac{\widehat{\lambda_1}}{k_1} + \frac{\widehat{\lambda_2}}{k_2}} = 1.96\sqrt{\frac{1.4}{10} + \frac{2.5}{12}} \fallingdotseq 1.157$$

より，差の 95%信頼区間は

信頼下限 $= -1.11 - 1.157 = -2.257$, 信頼上限 $= -1.1 + 1.157 = 0.057$ である．□

───── R による実行結果 ─────

```
> lambar<-(14+30)/(10+12)
> lambar
[1] 2
> u0<-(14/10-30/12)/sqrt((1/10+1/12)*lambar)
> u0
[1] -1.816590
> pti<-2*pnorm(u0)
> pti
[1] 0.06927988
> sahat<-14/10-30/12
> haba<-qnorm(0.975)*sqrt(14/10/10+30/12/12)
> haba
[1] 1.156766
> sita<-sahat-haba
> sita
[1] -2.256766
> ue<-sahat+haba
> ue
[1] 0.05676625
```

3.3 2標本での検定と推定

poison distribution,2 sample, lambda, test

2標本での欠点の差の検定関数 p2lam.t

```
p2lam.t=function(x1,k1,x2,k2,alt){ # k1 単位中 x1 個の欠点数,
# k2 単位中 x2 個の欠点数,alt:対立仮説
lam1hat=x1/k1;lam2hat=x2/k2;lambar=(x1+x2)/(k1+k2)
sahat=lam1hat-lam2hat
u0=sahat/sqrt((1/k1+1/k2)*lambar)
if (alt == "t" ){
pti=2*(1-pnorm(abs(u0)))
} else if (alt== "l" ){
pti=pnorm(u0)
} else pti=1-pnorm(u0)
kai = c(u0, pti)
names(kai) = c("u0 値", "p 値")
kai
}
```

R による実行結果

```
> p2lam.t(14,10,30,12,"t")
      u0 値         p 値
  -1.81659021   0.06927988
```
---

poison distribution,2 sample, lambda, estimation

2標本での欠点の差の推定関数 p2lam.e

```
p2lam.e=function(x1,k1,x2,k2,conf.level){ # k1 単位中 x1 個の欠点数,
# k2 単位中 x2 個の欠点数,conf.level:信頼係数
lam1hat=x1/k1;lam2hat=x2/k2
sahat=lam1hat-lam2hat
alpha=1-conf.level
haba=qnorm(1-alpha/2)*sqrt(lam1hat/k1+lam2hat/k2)
sita=sahat-haba;ue=sahat+haba
cl=100*conf.level
kai = c(sahat, sita, ue)
```

```
names(kai) = c("点推定", paste((cl),"%下側信頼限界",sep=""),
paste((cl),"%上側信頼限界",sep=""))
kai
}
```

――――――― R による実行結果 ―――――――
```
> p2lam.es(14,10,30,12,0.95)
        点推定  95％下側信頼限界  95％上側信頼限界
    -1.10000000      -2.25676625        0.05676625
```

演習 3-31 あるスーパーの 2 地区の支店での盗難件数に差があるかどうか調べるため，A 店で 1 週間，B 店で 6 日間調査したところ 15 件と 19 件であった．このとき以下の設問に答えよ．
① A 店，B 店での 1 日あたりの盗難件数に差があるか有意水準 5％ で検定せよ．
② A 店と B 店での 1 日あたりの盗難件数の差の点推定，および差の 95％信頼区間を求めよ．

演習 3-32 2 校 A，B のクラスを単位とした長期欠席者数について比較調査することになり，それぞれ調べたところ，以下のようであった．A 校 6 クラスの長期欠席者数は 10 人であり，B 校の 4 クラスの長期欠席者数は 15 人であった．このとき以下の設問に答えよ．
① A 校と B 校で 1 クラスあたりの平均欠席者数に差があるといえるか．有意水準 10％で検定せよ．
②両校のクラス単位での母欠点数の差の点推定および信頼係数 90％の信頼区間（限界）を求めよ．

3.4 多標本での検定と推定

3.4.1 連続型分布に関する検定と推定

$X_{11}, \cdots, X_{1n_1} \sim N(\mu_1, \sigma_1^2)$, $\cdots$, $X_{k1}, \cdots, X_{kn_k} \sim N(\mu_k, \sigma_k^2)$ である場合を考えよう．

(1) 正規分布の 平均 に関する検定と推定

$H_0 : \mu_1 = \cdots = \mu_k$

に関する検定は，1 元配置の分散分析に対応するので，第 4 章で考えよう．

(2) 正規分布の 分散 に関する検定と推定

$H_0 : \sigma_1^2 = \cdots = \sigma_k^2$

に関する検定を考える．三つ以上の母集団（群）の分散が均一かどうか（母分散の一様性）を定量的にみる方法には以下のような検定方法がある．

k 個の正規母集団 $N(\mu_1, \sigma_1^2), \cdots, N(\mu_k, \sigma_k^2)$ からそれぞれ $n_1, \cdots, n_k$ 個のサンプルが独立にとられるとする．このとき分散の一様性は $\sigma_1^2 = \cdots = \sigma_k^2$ について調べたい．ここで i 群の n_i 個のサンプルからの（偏差）平方和を S_i, (不偏) 分散を $V_i = S_i/(n_i - 1)$ で表すこととにする．$(i = 1, \cdots, k)$

①コクラン (Cochran) の検定

各サンプルの大きさが一定 $(n_i = n)$ の場合に用いられる。$i(=1, \ldots, k)$ 群の不偏分散を V_i とし，最大のものを V_{max} で表すとするとき，

$$\begin{cases} H_0 &: \quad \text{母分散が一様}\,(\sigma_1^2 = \cdots = \sigma_k^2) \\ H_1 &: \quad \text{母分散が一様でない（いずれかの}\sigma_i^2\text{が他と異なる）} \end{cases}$$

を検定するための統計量は

$$(3.60) \quad C = \frac{V_{\max}}{\sum_{i=1}^{k} V_i}$$

で，検定方式は以下のようになる。

検定方式

分散の一様性に関する検定 $H_0 : \sigma_1^2 = \cdots = \sigma_k^2$ について
サンプル数が同じ $(n_1 = \cdots = n_k = n)$ 場合，有意水準 α に対し，

$$C = \frac{V_{\max}}{\sum_{i=1}^{k} V_i} \quad \text{とおいて}$$

$$C \geq C(k, \phi; \alpha) \quad \Longrightarrow \quad H_0 \text{ を棄却する}$$

ただし，$C(k, \phi; \alpha)$ は数表を利用する。また $\phi = n - 1$ である。

②ハートレー (Hartley) の検定

各サンプルの大きさが一定 $(n_i = n)$ の場合に用いられる。

検定統計量として $H = \dfrac{V_{\max}}{V_{\min}}$ を用いる。検定方式としては以下のようになる。

検定方式

分散の一様性に関する検定 $H_0 : \sigma_1^2 = \cdots = \sigma_k^2$ について
サンプル数が同じ $(n_1 = \cdots = n_k = n)$ 場合，有意水準 α に対し，

$$H = \frac{V_{\max}}{V_{\min}} \quad \text{とおいて}$$

$$H \geq F_{\max}(k, \phi; \alpha) \quad \Longrightarrow \quad H_0 \text{ を棄却する}$$

ただし，$\phi = n - 1$ である。

③バートレット (Bartlett) の検定

各サンプルの大きさが一定でなくても用いることができる。検定統計量として

$$(3.61) \quad B = \frac{1}{c}\left\{\phi_T \ln V - \sum_{i=1}^{k} \phi_i \ln V_i\right\}$$

を用いる。ただし，$\ln V$ の $\ln$ は自然対数の意味で底を $e = 2.71828\cdots$ としたときのものである。また，

$$c = 1 + \frac{1}{3(k-1)}\left\{\sum_{i=1}^{k}\frac{1}{\phi_i} - \frac{1}{\phi_T}\right\},$$

$$\phi_i = n_i - 1, \ \phi_T = \sum_{i=1}^{k}\phi_h, \ V = \frac{\sum_{i=1}^{k}\phi_i V_i}{\phi_T}$$

である．そして，検定方式は以下のようになる．

検定方式

分散の一様性に関する検定 $H_0 : \sigma_1^2 = \cdots = \sigma_k^2$ について
<u>サンプル数が同じでなくてもよい場合</u>，有意水準 α に対し，

$B = \frac{1}{c}\{\phi_T \ln V - \sum_{i=1}^{k}\phi_i \ln V_i\}\left(c = 1 + \frac{1}{3(k-1)}\left\{\sum_{i=1}^{k}\frac{1}{\phi_i} - \frac{1}{\phi_T}\right\}\right)$ とおくとき

$B \geqq \chi^2(k-1, \alpha) \implies H_0$ を棄却する

例題 3-16

4クラスの数学の成績の分散が同じかどうか検討することになり，各クラスからランダムに5人ずつの成績の分散を求めたところ，以下の表 3.10 の結果が得られた．

このとき，分散間に有意な差があるか検定せよ．

表 3.10　クラスごとの成績の分散

統計量＼クラス	A	B	C	D
人数 (n)	5	5	5	5
(不偏) 分散	25	22	24	19

[解] **手順1**　前提条件のチェック

4個の正規母集団からランダムにそれぞれ5個ずつデータをとったとできる．

手順2　仮説と有意水準の設定

$$\begin{cases} H_0 &: \text{母分散が一様}\ (\sigma_1^2 = \cdots = \sigma_k^2) \\ H_1 &: \text{母分散が一様でない（いずれかの}\sigma_i^2\text{が他と異なる）} \end{cases}, \alpha = 0.05$$

手順3　棄却域の設定（検定統計量の決定）

各母集団のサンプル数は等しいのでコクラン，ハートレー，バートレットのいずれの検定も適用可能である．ここではバートレットの検定を用いてみよう．そこで棄却域は

$R : B > \chi^2(k-1, 0.05)$

で与えられる．

手順4　検定統計量の計算

計算のための補助表である表 3.11 を作成する．

3.4 多標本での検定と推定

表 3.11 補助表

クラス＼項目	ϕ	V	ϕV	$\ln V$	$\phi \ln V$
A	4	25	100	3.219	12.876
B	4	22	88	3.091	12.364
C	4	24	96	3.178	12.712
D	4	19	76	2.944	11.778
計	16	90	360	12.432	49.730

表 3.11 より，$\phi_T = 16$, $V = \dfrac{\sum \phi_i V_i}{\phi_T} = \dfrac{360}{16} = 22.5$ だから

$$c = 1 + \frac{1}{3(k-1)}\left\{\sum \frac{1}{\phi_i} - \frac{1}{\phi_T}\right\} = 1 + \frac{1}{3 \times 3}\left\{4 \times \frac{1}{4} - \frac{1}{16}\right\} = 1.104$$

である．そこで $B = \dfrac{1}{c}\{\phi_T \ln V - \sum \phi_i \ln V_i\} = \dfrac{1}{1.104}\{16 \times 3.114 - 49.730\} = 0.078$ となる．

手順 5 判定と結論

$B = 0.078 < 7.81 = \chi^2(3, 0.05)$ より有意ではない．つまり母分散が一様でないとはいえない．□

───── 多標本での母分散の一様性の推定関数 cochran.t ─────

```
# コクラン検定：各群のサンプル数が同じ
cochran.t=function(v,k){ # v:各群の分散, k:群の数
 vsum=0;vmax=v[1]
 for(i in 1:k){
 vsum=vsum+v[i]
 if (vmax < v[i]) { vmax=v[i] }
 }
 co=vmax/vsum
 c(cochran=co)
}
```

───── 多標本での母分散の一様性の推定関数 hartley.t ─────

```
# ハートレー検定：各群のサンプル数が同じ
hartley.t=function(v,k){ # v:各群の分散, k:群の数
 vmin=v[1];vmax=v[1]
 for(i in 1:k){
  if (vmax<v[i]) { vmax=v[i] }
 }
 for(i in 1:k){
 if (vmin>v[i]) { vmin=v[i] }
```

```
  }
  ht=vmax/vmin
  c(hartley=ht)
}
```

---- R による実行結果 ----

```
> v<-c(25,22,24,19)
> k<-4
> cochran.t(v,k)
  cochran
0.2777778
> hartley.t(v,k)
 hartley
1.315789
```

---- R による実行結果 ----

```
> V<-(4*25+4*22+4*24+4*19)/(4+4+4+4)
> V
[1] 22.5
> c<-1+(1/4+1/4+1/4+1/4-1/16)/(3*(4-1))
> c
[1] 1.104167
> B<-(16*log(V)-4*log(25)-4*log(22)-4*log(24)-4*log(19))/c
> B
[1] 0.07843073
> pti<-1-pchisq(B,3)
# pti<-pchisq(B,3,lower.tail=F) でも良い。
> pti
[1] 0.9942937
```

---- 多標本での母分散の一様性の推定関数 bartlett.t ----

```
# バートレット検定：各群のサンプル数が異なっても良い
bartlett.t=function(v,n,k){ # v:各群の分散, n:各群のサンプル数,
```

```
# k:群の数
ft=0;fvt=0;flnv=0;fti=0
for(i in 1:k){
ft=ft+n[i]-1;fvt=fvt+(n[i]-1)*v[i]
 ;flnv=flnv+(n[i]-1)*log(v[i]);fti=fti+1/(n[i]-1)
}
 v=fvt/ft;c=1+(fti-1/ft)/(3*(k-1));bt=(ft*log(v)-flnv)/c
 pti=1-pchisq(bt,k-1)
 c(c=c,bartlett=bt,pti=pti)
}
```

---Rによる実行結果---

```
> v<-c(25,22,24,19)
> n<-c(5,5,5,5)
> bartlett.t(v,n,4)
         c    bartlett         pti
1.10416667  0.07843073  0.99429373
```

データの変換による分散安定化，正規分布へ近づけることによって改善する方法もとられている。

3.4.2 離散型分布に関する検定

●分割表での検定

データが一つの分類規準によって分かれ，その個数（度数）が得られた表を（1次元の）分割表 (one-way contigency table) という。例えば，1週間での交通事故の件数を曜日による分類で分けて得られた件数の表や，年間のある製品の製造元への苦情の件数を月別に分類した表のようなものである。更に，二つの分類規準によってデータが分かれて得られた個数の表を2次元の分割表 (two-way contigency table) という。分類規準が増えれば更に次元の高い分割表が得られる。分類規準としては地域，世代，性，学部，職業，給与，水準，国，スポーツの好み，体重などさまざまな規準が考えられる。

一般に1番目の分類規準はi番目，2番目の分類規準ではj番目というように各データの属す桝目（これをセルという）が決まり，そこに属すデータの個数が表として得られる。そこで例えば実際に各セルに属す個数（観測度数）と比べて，どのセルにも同じくらいの個数が属すはずだという仮説が正しいかどうかを調べたければ，その仮説のもとで属すと期待さ

れる個数（期待度数）の差をはかる量で、仮説が正しいか判定しようとするだろう。実は、ピアソンのカイ2乗統計量がその形をしていて、以下のような形式で表現される。

(3.62) $\quad \chi_0^2 = \sum \frac{(O-E)^2}{E}$

ただし、O：各セルの**観測度数** (**O**bservation) であり、E：各セルの仮説のもとでの**期待度数** (**E**xpectation) である。

また、この統計量は仮説のもとで、漸近的に（n が大きいとき近似的に）ある自由度のカイ2乗分布に従うことが示されている。以下では分類規準が一つの場合と二つの場合について、具体的な問題に適用しながら考えていこう。

(1) 1元の分割表 (one-way contigency table) **（適合度検定）**

$\text{H}_0 : p_1 = p_1^\circ, \cdots, p_k = p_\ell^\circ$

検定統計量 $\chi_0^2 = \sum_{i=1}^{\ell} \frac{(n_i - np_i^\circ)^2}{np_i^\circ}$

分類規準が一つの場合で、ℓ 個のクラスに分けられているとする。このとき、n 個のサンプルがいずれかのセルに属すとし、i セルに属す個数を n_i 個で、確率が $p_i(i=1,\cdots,\ell)$ で与えられているとする。ただし、$\sum_{i=1}^{\ell} p_i = 1, p_i \geqq 0$ である。このとき、どのセルに属す確率も同じである**一様性の仮説**は、

$\text{H}_0 : p_1 = \cdots = p_\ell = 1/\ell$

となる。そこで、帰無仮説のもとでの期待度数は

$E_i = np_i = \frac{n}{\ell}$

である。したがって、検定方式は以下のようになる。

検定方式

分布の一様性の検定 $\text{H}_0 : p_1 = \cdots = p_\ell = 1/\ell$ について、

<u>大標本の場合 $(n/\ell \geqq 5$ のとき$)$</u>　有意水準 α に対し、

$\chi_0^2 = \sum_{i=1}^{\ell} \frac{(n_i - n/\ell)^2}{n/\ell}$ とおくとき

$\chi_0^2 \geqq \chi^2(\ell-1, \alpha) \implies \text{H}_0$ を棄却する

例題 3-17（一様性）

あるコンビニエンスストアでの月曜日から日曜日までの弁当の売り上げ個数が、表 3.12 のようであった。売り上げ個数は曜日によって違いはないか検討せよ。

表 3.12　弁当の売り上げ個数

曜日	月	火	水	木	金	土	日	計
売上げ個数	24	18	21	35	42	50	55	245

3.4 多標本での検定と推定

[解] 手順1 前提条件のチェック（分布の確認）

各曜日の売上げ個数は，売り上げが各曜日のどこかで起きたものだということなので，月曜日から日曜日での売り上げがある確率を $p_1,\cdots,p_7$ とし，各曜日の売り上げの個数を $n_1,\cdots,n_7$ とするとき，その組 $\boldsymbol{n}=(n_1,\cdots,n_7)$ は，多項分布 $M(n;p_1,\cdots,p_7)$ に従う。

手順2 仮説および有意水準の設定

曜日ごとの売り上げのある割合（確率）が同じなので，帰無仮説は $p_1=p_2=\cdots=p_7=1/7$ である。

そこで，仮説は以下のようにかかれる。

$$\begin{cases} H_0 : & p_1=\cdots=p_7=1/7 \\ H_1 : & \text{いずれかの } p_i \text{ が } 1/7 \text{ でない}, \quad \text{有意水準 } \alpha=0.01 \end{cases}$$

手順3 棄却域の設定（検定統計量の決定）

$$\chi_0^2 = \sum_{i=1}^{7} \frac{(n_i - n/7)^2}{n/7} \geqq \chi^2(6, 0.01) = 16.81$$

自由度はセルの個数 $-1 = \ell - 1 = 7 - 1 = 6$ である。

手順4 検定統計量の計算

まず，期待度数は $E_i = n/7 = 245/7 = 35$ であり，例えば

$$\frac{(O_1 - E_1)^2}{E_1} = \frac{(24-35)^2}{35} = 3.47$$

のように計算され，計算のための補助表を作成すると，表3.13のようになる。

表 3.13 補助表

曜日	月	火	水	木	金	土	日	計
O_i：観測度数	24	18	21	35	42	50	55	245
E_i：期待度数	35	35	35	35	35	35	35	245
$\frac{(O_i-E_i)^2}{E_i}$	3.46	8.26	5.60	0	1.40	6.43	11.43	36.58

手順5 判定と結論

手順4での結果から $\chi_0^2 = 36.58 > 16.81 = \chi^2(6, 0.01)$ だから，有意水準1%で帰無仮説は棄却される。つまり一様であるとはいえない。曜日によって売り上げ個数は異なるといえる。□

───── Rによる実行結果 ─────

```
> rei317<-read.table("rei317.txt",header=T)
> rei317
  youbi kosu
1    月  24
2    火  18
3    水  21
4    木  35
```

```
5    金   42
6    土   50
7    日   55
> attach(rei317)
> barplot(kosu)    # 棒グラフの表示
> abline(h=sum(kosu)/7,col=2) # 帰無仮説との対比
> probs=c(1,1,1,1,1,1,1)/7
> chisq.test(kosu,p=probs) # 既存の関数の利用
        Chi-squared test for given probabilities
data:  kosu
X-squared = 36.5714, df = 6, p-value = 2.134e-06
> E<-chisq.test(kosu,p=probs)$expected
> N<-chisq.test(kosu,p=probs)$observed
> (N-E)^2/E
[1] 3.457143 8.257143 5.600000 0.000000 1.400000 6.428571
11.428571
> sum((N-E)^2/E)
[1] 36.57143
> pti<-1-pchisq(sum((N-E)^2/E),6)
> pti
[1] 2.134139e-06
```

discrete, 1 way table, test

─────────── 1元分類の分割表での検定 d1t.t ───────────

```
d1t.t=function(x,p){ # x:各セルの頻度データ p:帰無仮説のセル確率
 kei=sum(x);k=length(x)
 e=kei*p
 chi0=sum((x-e)^2/e)
 pti=1-pchisq(chi0,k-1)
 c("カイ2乗値"=chi0,"自由度"=k-1,"p値"=pti)
}
```

─────────── Rによる実行結果 ───────────

```
> x<-c(24,18,21,35,42,50,55)
> p<-c(1,1,1,1,1,1,1)/7
```

```
> d1t.t(x,p)
   カイ2乗値        自由度         p値
3.657143e+01 6.000000e+00 2.134139e-06
```

演習 3-33 ある地区での月曜日から金曜日までの交通事故件数が，表 3.14 のようであった．事故発生率は曜日によって違いはないか検討せよ．

表 3.14　交通事故の件数データ

曜日	月	火	水	木	金	計
発生件数	24	18	21	35	44	142

演習 3-34 表 3.15 はある電気製品について 1 週間で受け付けた苦情件数（工場での製造ラインの異常発生件数）である．1 週間の件数が一様か検定せよ．

表 3.15　苦情件数のデータ

曜日	月	火	水	木	金	計
苦情件数	8	12	15	11	23	69

演習 3-35 表 3.16 は大学の周辺の 4 店舗のコンビニエンスストアについて，100 人の学生によく行く店を回答してもらったデータである．どの店にも一様に学生は行っているといえるか，有意水準 5% で検定せよ．

表 3.16　よく行くコンビニエンスストアのデータ

店舗名	A	B	C	D	計
学生数	12	35	21	32	100

演習 3-36 パソコンの一様乱数から，サイコロの目をランダムに生成し，各目の発生頻度が一様かどうか調べよ．

---- 検定方式 ----

分布への適合性の検定，$H_0 : p_i = p_i(\theta) (i = 1, \cdots, \ell)$ について，

大標本の場合 $(np_i(\widehat{\theta}) \geqq 5; i = 1, \cdots, \ell$ のとき$)$，θ の次元を p とし，有意水準 α に対し，

$$\chi_0^2 = \sum_{i=1}^{\ell} \frac{\left(n_i - np_i(\widehat{\theta})\right)^2}{np_i(\widehat{\theta})}$$ とおくとき

$\chi_0^2 \geqq \chi^2(\ell - p - 1, \alpha) \Longrightarrow$ H_0 を棄却する

---- 例題 3-18（適合度）----

日本人の血液型の人口比率は O 型，A 型，B 型，AB 型の順に 35%，30%，25%，10% といわれる．ある統計学の授業での受講学生について血液型の人数を調べたところ，表 2.17 のようであった．受講生の血液型の分布は，この分布に従っているといえるか検討せよ．

表 3.17　血液型のデータ

血液型	O	A	B	AB	計
学生数	35	32	20	8	95

[解] **手順 1** 前提条件のチェック

血液型による人数の割合が，それぞれ 35%, 30%, 25%, 10% である．そこで，各型の確率を $p_1, \cdots, p_4$ とする．各型に属す人数を $n_1, \cdots, n_4 (n = n_1 + \cdots + n_4)$ とするとき，その組 $\boldsymbol{n} = (n_1, \cdots, n_4)$ は，多項分布 $M(n; p_1, \cdots, p_4)$ に従う．

手順 2 仮説および有意水準の設定

各型の占める割合（確率）が 35%, 30%, 25%, 10% なので，帰無仮説は $p_1 = 0.35, p_2 = 0.30, p_3 = 0.25, p_4 = 0.10$ $(p_i = p_{i0})$ より，仮説は以下のようにかかれる．

$$\begin{cases} H_0 : p_O = p_1 = 0.35, p_A = p_2 = 0.30, p_B = p_3 = 0.25, p_{AB} = p_4 = 0.10 \\ H_1 : いずれかの p_i が p_{i0} でない，有意水準 \alpha = 0.05 \end{cases}$$

手順 3 棄却域の設定（検定統計量の決定）

$$\chi_0^2 = \sum_{i=1}^{4} \frac{(n_i - n \times p_{i0})^2}{n \times p_{i0}} \geq \chi^2(3, 0.05) = 7.81$$

自由度は セルの個数 $-1 = \ell - 1 = 4 - 1 = 3$ である．

手順 4 検定統計量の計算

まず，期待度数 $E_i = n \times p_{i0}$ だから，例えば $E_1 = 95 \times 0.35 = 33.25$ であり，$\dfrac{(O_1 - E_1)^2}{E_1} = \dfrac{(35 - 33.25)^2}{33.25} = 0.092$ のように計算して，表 3.18 のような計算のための補助表を作成する．

表 3.18 補助表

血液型	O_i：観測度数	E_i：期待度数	$\dfrac{(O_i - E_i)^2}{E_i}$
O	35	33.25	0.092
A	32	28.5	0.430
B	20	23.75	0.592
AB	8	9.5	0.237
計	95	95	1.351

手順 5 判定と結論

手順 5 での結果から $\chi_0^2 = 1.351 < 7.81 = \chi^2(3, 0.05)$ だから，有意水準 5% で帰無仮説は棄却されない．つまり，一般の血液型の分布でないとはいえない．□

───── R による実行結果 ─────

```
> rei318<-read.table("rei318.txt",header=T)
> rei318
  kata ninzu
1    O    35
2    A    32
3    B    20
4   AB     8
> attach(rei318)
> barplot(ninzu)
```

3.4 多標本での検定と推定

```
> n<-sum(ninzu)
> probs=c(0.35,0.3,0.25,0.1)
> barplot(n*probs,col=8,add=T)
> chisq.test(ninzu,p=probs)
        Chi-squared test for given probabilities
data:  ninzu
X-squared = 1.3509, df = 3, p-value = 0.7171
> E<-chisq.test(ninzu,p=probs)$expected
> E
[1] 33.25 28.50 23.75  9.50
> N<-chisq.test(ninzu,p=probs)$observed
> N
[1] 35 32 20  8
> (N-E)^2/E
[1] 0.09210526 0.42982456 0.59210526 0.23684211
> sum((N-E)^2/E)
[1] 1.350877
> pti<-1-pchisq(sum((N-E)^2/E),3)
> pti
[1] 0.7170887
```

演習 3-37 以下のあるクラスの成績の優，良，可，不可の人数のデータについて，割合が 1:2:3:1 であるか検討せよ．

6, 11, 18, 5 （人）

演習 3-38 表 3.19 の種子の分類において，その割合がメンデルの法則 9:3:3:1 が成立しているか，有意水準 10%で検定せよ．

表 3.19　種子の分類

種類	円型黄色	角型黄色	円型緑色	角型緑色	計
個数	182	63	59	19	323

─ **例題 3-19**（分布への適合度）─

あるハンバーガー店での1日あたりのお客さんの苦情件数について，36日間調べたところ，表 3.20 のようであった．このとき，苦情件数のデータはポアソン分布に従っているといえるか検討せよ．

表 3.20　1か月間の苦情件数

苦情件数 (x)	0	1	2	3	4	5	6	7	8	計
日数 (n_i)	1	3	8	12	6	3	2	1	0	36

[解] **手順1** 前提条件のチェック

平均 λ のポアソン分布に従っていると考えられるとする。

手順2 仮説および有意水準の設定

$$\begin{cases} H_0: p_i = p_i(\lambda) \text{ (ポアソン分布の確率)} \\ H_1: \text{いずれかの } p_i \text{ が } p_i(\lambda) \text{ でない, 有意水準 } \alpha = 0.05 \end{cases}$$

手順3 棄却域の設定（検定統計量の決定）

$$\chi_0^2 = \sum_{i=0}^{\ell} \frac{(n_i - n \times p_i(\widehat{\lambda}))^2}{n \times p_i(\widehat{\lambda})} \geqq \chi^2(\phi, 0.05)$$

自由度は <u>セルの個数 − 推定した母数の個数 − 1 = $\ell - p - 1$</u> である。

手順4 検定統計量の計算

まず，期待度数 $E_i = n \times p_i(\widehat{\lambda})$ で，

$$\widehat{\lambda} = (1 \times 3 + 2 \times 8 + \cdots + 7 \times 1)/36 = 113/36 = 3.139$$

だから，例えば

$$E_1 = 36 \times p_1(3.139) = 36 \times e^{-3.139} 3.139^0 / 0! = 36 \times 0.0433 = 1.56$$

のように計算して，表 3.21 のような補助表を作成する。

表 3.21 補助表 1

x	n	nx	$p(\widehat{\lambda})$	$np(\widehat{\lambda})$
0	1	0	0.043	1.56
1	3	3	0.136	4.896
2	8	16	0.2135	7.685
3	12	36	0.2233	8.04
4	6	24	0.1753	6.309
5	3	15	0.11	3.961
6	2	12	0.0576	2.072
7	1	7	0.0258	0.929
8	0	0	0.0101	0.365
計	36	113	0.995	35.82

計のところで，誤差のため 3, 4 列目の値が 1 と 36 ではないが，許容範囲であろう。近似を良くするため，各クラスの度数が 5 以上になるように，隣どうしのクラスをプールして表 3.22 を作成すると，以下のようになる。

表 3.22 補助表 2

x	n	nx	$p(\widehat{\lambda})$	$np(\widehat{\lambda})$	$\dfrac{(n_i - np_i(\widehat{\lambda}))^2}{np_i(\widehat{\lambda})}$
0 または 1	4	3	0.1793	6.456	0.935
2	8	16	0.2135	7.685	0.0129
3	12	36	0.2233	8.040	1.950
4	6	24	0.1753	6.309	0.0152
5 以上	6	34	0.2035	7.327	0.2403
計	36	113	0.995	35.82	3.153

表 3.22 より，$\chi_0^2 = \dfrac{(O_i - E_i)^2}{E_i} = 3.153$ である。

また，自由度 $\phi = 5 - 1 - 1 = 3$ である。

手順 5 判定と結論

手順 4 での計算結果より $\chi_0^2 = 3.153 < 7.81 = \chi^2(3, 0.05)$ だから，有意水準 5%で帰無仮説は棄却されない．つまり，ポアソン分布に従わないとはいえない．□

─── R による実行結果 ───

```
> n<-c(1,3,8,12,6,3,2,1,0)
> x<-seq(0,8,1)
> sum(x)
> lam<-sum(n*x)/sum(n)  # 母数の推定値
> lam
[1] 3.138889
> dpois(x,lam)
[1] 0.04333092 0.13601093 0.21346160 0.22334408 0.17526307
0.11002626 0.05756003 0.02581065 0.01012710
> ex<-sum(n)*dpois(x,lam)
> ex
[1] 1.5599130 4.8963936 7.6846177 8.0403870 6.3094704
3.9609453 2.0721612 0.9291834 0.3645754
> o<-n
> chi0<-sum((o-ex)^2/ex)
# プールしないでそのままカイ 2 乗値を計算
> chi0
[1] 3.519167
> 1-pchisq(chi0,7)  # p 値を求める
[1] 0.8331912  # 有意ではない（ポアソン分布に従わないとはいえない）
```

演習 3-39 以下の成績データが正規分布に従っているか検定せよ．

45, 52, 63, 75, 84, 56, 74, 78, 94, 86, 60, 64, 62

（補 3-9）　正規確率紙といって，データを昇順に並び替えてプロットした結果，直線上からあまりはずれていなければ，大体，正規分布からずれてるとはみなさないという簡便な方法がある．

（ヒント）> qqnorm(x);qqline(x);shapiro.test(x)　◁

(2) 2 元の分割表 (two-way contigency table)

分類規準が二つある場合，例えば個人の成績を科目による分類（統計学，数学，英語など）と評価による分類（優，良，可，不可の 4 段階など）で分ける場合，収穫した果物を地域による分類と等級による分類で分ける場合，パソコンを値段と処理速度で分類する場合，ある人の集団を野球のファンチームと地域で分類する場合，同様に人の集団を世代と好みの

メニューで分類する場合，企業を分野と利益率で分類する場合，生徒の成績を教科と好みにより分類する場合など，多くの適用場面が考えられる。

第1の分類規準によって ℓ 個に分けられ，第2の分類規準により m 個に分割されるとする。そこで第1の分類規準で第 i クラスに属し，第2規準で第 j クラスに属すデータの個数（度数）を $n_{ij}(i=1\cdots,\ell;j=1,\cdots,m)$ で表し，周辺度数である i をとめて j について和をとった $n_{i\cdot}=\sum_{j=1}^{m}n_{ij}$, j をとめて i について和をとった $n_{\cdot j}=\sum_{i=1}^{\ell}n_{ij}$ を考える。ここで全データ数を n とすると，各データは独立にいずれかの排反なセル(cell)に入るので，各 (i,j) セルに入る確率を p_{ij} で表せば，各セルに属す個数 $(n_{11},\cdots,n_{\ell m})$ の分布は多項分布 $M(n;p_{11},\cdots,p_{\ell m})$ である。そして二つの分類規準が独立であることは各 p_{ij} が周辺確率の積でかかれることである。つまり $p_{ij}=p_{i\cdot}\times p_{\cdot j}$ とかかれることである。そこで帰無仮説のもとでの期待度数 E_{ij} は $n\times\widehat{p_{i\cdot}p_{\cdot j}}$ である。したがって，仮説との離れ具合は

$$\chi_0^2 = \sum \frac{(n_{ij}-E_{ij})^2}{E_{ij}}$$

で量られ，これは帰無仮説のもとで漸近的に自由度

$$\overset{\text{ファイ}}{\phi}= \ell m - 1 - (\ell-1) - (m-1) = (\ell-1)(m-1)$$

のカイ2乗分布に従う。

① 独立性の検定

検定方式

二つの分類規準（属性）の独立性の検定 $H_0:p_{ij}=p_{i\cdot}\times p_{\cdot j}$ について，

<u>大標本の場合 $(n_{i\cdot}n_{\cdot j}/n \geqq 5$ のとき$)$</u>　有意水準 α に対し，

$$\chi_0^2 = \sum_{i=1}^{\ell}\sum_{j=1}^{m}\frac{(n_{ij}-n_{i\cdot}n_{\cdot j}/n)^2}{n_{i\cdot}n_{\cdot j}/n} \text{ とおくとき}$$

$\chi_0^2 \geqq \chi^2((\ell-1)(m-1),\alpha) \implies H_0$ を棄却する

例題 3-20（独立性）

ある大学での学生について，下宿しているか自宅かの分類と，アルバイトを週何回しているか（0回，1回，2回以上）の規準により調べたところ，以下の表3.23のようであった。アルバイト回数は，自宅か下宿かによって異なるか検討せよ。

表 3.23　アルバイトの調査データ

	0回	1回	2回以上
自宅	18	21	9
下宿	12	15	5

[解]　**手順1**　前提条件のチェック（分布の確認）

下宿か自宅かということとアルバイトの回数はそれぞれ排反である。分類規準1が下宿か自宅かで1，2とし，分類規準2がアルバイトをしていない，週1回，週2回以上で1，2，3の値をとるとする。

そして対応する確率を $p_{11},\cdots,p_{23}$ とするとき，6項分布 $M(n;p_{11},p_{12},p_{13},p_{21},p_{22},p_{23})$ となる。

手順2 仮説および有意水準の設定

帰無仮説は下宿をしているかいないかにかかわらず，アルバイトをする割合は変わらないことなので，二つの分類規準が独立である場合である。そこで帰無仮説は $p_{11}=p_{21},\cdots,p_{13}=p_{23}$ である。よって，仮説は以下のようにかかれる。

$$\begin{cases} H_0 &: \quad p_{ij}=p_{i\cdot}\times p_{\cdot j}(i=1,2,3;j=1,2) \\ H_1 &: \quad \text{いずれかの } p_{ij} \text{が周辺確率の積でかけない，有意水準 } \alpha=0.05 \end{cases}$$

手順3 棄却域の設定（検定統計量の決定）

$$R:\chi_0^2=\sum_{i=1}^{2}\sum_{j=1}^{3}\frac{\left(n_{ij}-\frac{n_{i\cdot}n_{\cdot j}}{n}\right)^2}{\frac{n_{i\cdot}n_{\cdot j}}{n}}\geqq \chi^2(2,0.05)=5.99$$

ここに，自由度 $\phi=(\ell-1)(m-1)=(2-1)\times(3-1)=2$ と計算される。

手順4 検定統計量の計算

まず，期待度数 $E_{ij}=\frac{n_{i\cdot}n_{\cdot j}}{n}$ だから，例えば $E_{11}=\frac{48\times 30}{80}=18$ のように各セルの期待度数を計算することにより，表3.24のような期待度数の表を作成する。

表3.24 期待度数 (E_{ij}) の表

	0回	1回	2回以上	計
自宅	18.0	21.6	8.4	48.0
下宿	12.0	14.4	5.6	32.0
計	30.0	36.0	14.0	80

更に χ^2 統計量を計算するため，総和をとる規準化された各項を計算した表3.25を以下に作成する。例えば $(1,1)$ のセルは

$$\frac{(18-18.08)^2}{18.08}=0.00037$$

のように計算する。

表3.25 規準化された各項 $\left(\frac{(O_{ij}-E_{ij})^2}{E_{ij}}\right)$ の表

	0回	1回	2回以上	計
自宅	0	0.0167	0.0429	0.0595
下宿	0	0.025	0.0643	0.0893
計	0	0.0417	0.107	0.149

手順5 判定と結論

手順5での結果から $\chi_0^2=0.149<5.99=\chi^2(2,0.05)$ だから，有意水準5%で帰無仮説は棄却されない。つまり独立でないとはいえない。□

---------- Rによる実行結果 ----------

```
> rei320<-read.table("rei320.txt",header=T)
> rei320
     zero itikai nikaiijyo
自宅    18     21         9
```

```
下宿     12    15        5
> attach(rei320)
> chisq.test(rei320)
         Pearson's Chi-squared test
data:  rei320
X-squared = 0.1488, df = 2, p-value = 0.9283
> E<-chisq.test(rei320)$expected
> E
    zero itikai nikaiijyo
自宅   18   21.6      8.4
下宿   12   14.4      5.6
> N<-chisq.test(rei320)$observed
> N
     zero itikai nikaiijyo
自宅   18     21        9
下宿   12     15        5
> (N-E)^2/E
    zero     itikai   nikaiijyo
自宅   0  0.01666667 0.04285714
下宿   0  0.02500000 0.06428571
> chi0<-sum((N-E)^2/E)
> chi0
[1] 0.1488095
> pti<-1-pchisq(chi0,2)
> pti
[1] 0.9282959
```

<u>d</u>iscrete, <u>2</u> way <u>t</u>able, <u>t</u>est

──────── 2元分類の分割表での検定 d2t.t ────────

```
d2t.t=function(x){ # x:2元分類の各セルの頻度データ
 l=nrow(x);m=ncol(x)
 e=matrix(0,l,m)
 gyowa=apply(x,1,sum);retuwa=apply(x,2,sum)
 kei=sum(x)
 for (j in 1:m){
```

```
    for (i in 1:l){
        e[i,j]=gyowa[i]*retuwa[j]/kei}
}
chi0=sum((x-e)^2/e)
df=(l-1)*(m-1)
pti=1-pchisq(chi0,df)
c("カイ2乗値"=chi0,"自由度"=df,"p値"=pti)
}
```

────────── Rによる実行結果 ──────────
```
> x<-matrix(c(18,12,21,15,9,5),nrow=2)
> d2t.t(x)
カイ2乗値      自由度        p値
0.1488095 2.0000000 0.9282959
```

演習 3-40 表 3.26 は 3 地区の各世帯でとっている新聞社の種類を調査したデータである．地区によってとる新聞に違いがあるか，有意水準 10% で検定せよ．

表 3.26 地区と新聞購入種類の表

地区＼新聞の種類	A	B	C	計
東京	46	43	21	110
名古屋	32	25	22	79
大阪	38	18	26	82

② 均一性の検定

学年ごとで欠席率は同じかどうかを調べる場合のように，学年を一つの母集団とし，各母集団である分類規準により分けられる場合も 2 次元の分割表が得られる．つまり ℓ 個の母集団がそれぞれ m 個に分けられるときの，その i 母集団の j 分類に属す個数を n_{ij}，確率を p_{ij} で表せば，

$$n_{i\cdot} = \sum_{j=1}^{m} n_{ij}, \quad p_{i\cdot} = 1 = \sum_{j=1}^{m} p_{ij}$$

である．このとき，どの母集団でも j 分類に属す確率は同じである（均一である）仮説は

$$p_{1j} = p_{2j} = \cdots = p_{\ell j} \ (j=1,\cdots,m)$$

と表される．そこで帰無仮説のもとでの (i,j) セルの期待度数は

$$n_{i\cdot}\widehat{p_{ij}} = n_{i\cdot}\frac{n_{\cdot j}}{n} = \frac{n_{i\cdot}n_{\cdot j}}{n}$$

である．また一般に，(i,j) セルの観測度数は n_{ij} だから，独立性の検定の場合と同じ統計量になる．また自由度も

$$\underbrace{\ell(m-1)}_{\text{一般での自由度}} - \underbrace{(m-1)}_{\text{帰無仮説のもとでの自由度}} = (\ell-1)(m-1)$$

で同じである。

$$H_0 : p_{i1} = p_{i2} = \cdots = p_{im}$$

演習 3-41 表 3.27 は，ある中学校の各学年ごとのテニス部，野球部，バスケット部，バレー部の所属人数である。学年によって所属人数に違いがあるか，有意水準 5% で検定せよ。

表 3.27 所属部の人数

学年＼クラブ	テニス部	野球部	バスケット部	バレー部	計
1 年	23	6	12	5	46
2 年	15	8	11	6	40
3 年	17	7	9	7	40

――――― R による実行結果 ―――――

```
> nen1=c(23,6,12,5)
> nen2=c(15,8,11,6)
> nen3=c(17,7,9,7)
> x<-cbind(nen1,nen2,nen3)
> x
     nen1 nen2 nen3
[1,]   23   15   17
[2,]    6    8    7
[3,]   12   11    9
[4,]    5    6    7
> y<-prop.table(x,margin=2)
> y
          nen1  nen2  nen3
[1,] 0.5000000 0.375 0.425
[2,] 0.1304348 0.200 0.175
[3,] 0.2608696 0.275 0.225
[4,] 0.1086957 0.150 0.175
> barplot(y,beside=T,col=1:4)
> barplot(y,col=1:4)
> chisq.test(data.frame(x))

        Pearson's Chi-squared test

data:  data.frame(x)
X-squared = 2.3191, df = 6, p-value = 0.8881

> chisq.test(data.frame(nen1,nen2,nen3))
```

第4章
分散分析

4.1 分散分析とは

　三つあるいはそれ以上の母集団について，それらの母平均の間に差にがあるかどうか，またどれくらいの差があるかを検討するためにフィッシャー (R.A.Fisher) が考案したのが**分散分析法** (ANalysis Of VAriance：ANOVA) である．2個の正規分布の平均値の差に関する検定では u 検定（分散既知），t 検定（分散未知）が使われたが，それを $k(\geqq 3)$ 個の正規分布の母平均が等しいかを検定する場合に広げた手法である．図 4.1 のように実際には特性値のばらつきを平方和として表し，その平方和を要因ごとに分けて誤差に比べて大きな影響を与えている要因を探し出し，推測に利用する方法である．

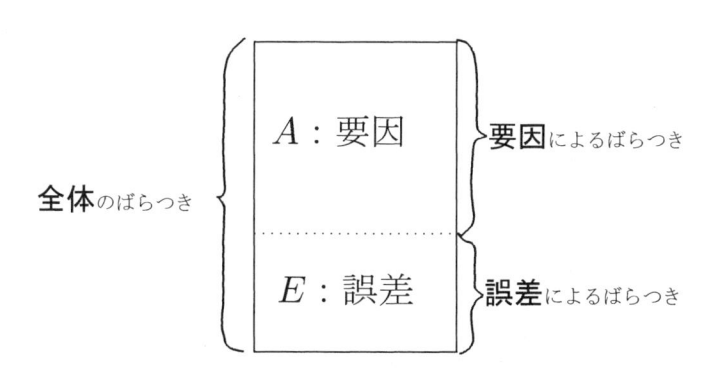

図 4.1　ばらつきの分解

　例えば複数のスーパーのそれぞれの1日の売上げ高を考えよう．まずスーパーの店を1号店から3号店の3店舗を考え，各店舗で平日の4日間の売上げ高のデータが得られたとする．要因として店の違いを A で表し，店舗を A_1, A_2, A_3 とする．ここで店の違い A が**因子** (factor) といわれ，各店舗 A_1, A_2, A_3 が**水準** (level) といわれる．そして A_i 店の j 日の売上げ高を $x_{ij}(i=1,2,3 ; j=1,2,3,4)$ 万円とすると表 4.1 のようなデータが得られた．

表 4.1 売上げ高（単位：万円）

店舗＼日	1	2	3	4	計
A_1	8	10	8	6	32
A_2	10	12	13	11	46
A_3	5	6	4	7	22
計	23	28	25	24	100

次に以下の式の分解のように，個々の売上げ高の全平均との違い（偏差）を店舗による（要因 A による）違いと同じ店舗内（要因 A の同水準）での違いに分けて眺めることで店舗（要因 A）の影響を調べる。

まず，全（総）平均を $\overline{\overline{x}} = \dfrac{\sum_{i=1}^{3}\sum_{j=1}^{4} x_{ij}}{12}$，$i$ 店舗での平均を $\overline{x}_{i\cdot} = \dfrac{\sum_{j=1}^{4} x_{ij}}{4}$ とおき，

$$\underbrace{x_{ij} - \overline{\overline{x}}}_{\text{データとの違い}} = \underbrace{x_{ij} - \overline{x}_{i\cdot}}_{i\text{店舗内での違い}} + \underbrace{\overline{x}_{i\cdot} - \overline{\overline{x}}}_{i\text{店舗による違い}}$$

とする。グラフは以下の図 4.2 のように横軸に 3 店舗をとり，縦軸に売り上げ高を 4 日について打点する。そして全平均との違いを各店舗ごとの平均との違いと店舗内での違いに分けるのである。

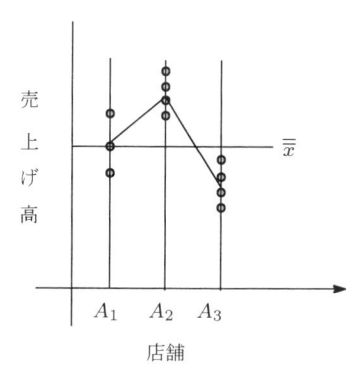

図 4.2 店舗の違いによる売上げ高

違い（偏差）は正負があるため，それらの全体をみるには普通 2 乗（平方）して総和をとった大きさで評価する。そこで以下のような平方和の分解を考え要因の効果・影響を評価・分析するのである。

$$\sum_{ij}(x_{ij} - \overline{\overline{x}})^2 = \underbrace{\sum_{i=1}^{3}\sum_{j=1}^{4}(x_{ij} - \overline{x}_{i\cdot})^2}_{\text{水準内}} + \underbrace{\sum_{i=1}^{3} 4(\overline{x}_{i\cdot} - \overline{\overline{x}})^2}_{\text{水準間}}$$

実験を行う場合には，特性値に影響がある原因の中から実験に取り上げた要因を**因子** (factor)

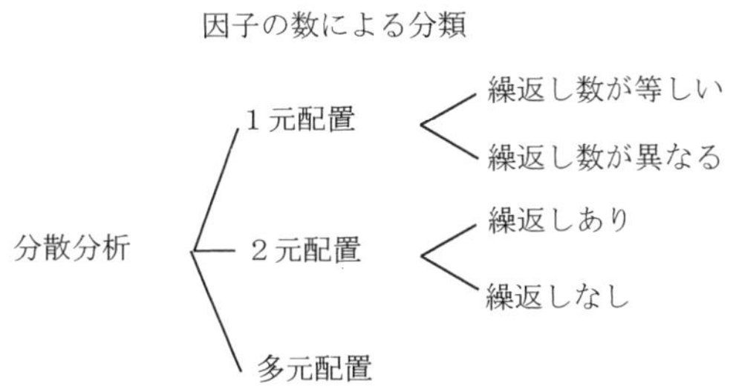

```
                 因子の数による分類
                        ┌ 繰返し数が等しい
                 ┌ 1元配置 ┤
                 │      └ 繰返し数が異なる
                 │      ┌ 繰返しあり
        分散分析 ┤ 2元配置 ┤
                 │      └ 繰返しなし
                 │
                 └ 多元配置
```

図 4.3 分散分析法の分類

または要因とよび，その因子を量的・質的にかえる条件を**水準** (level) という．通常，因子はローマ字大文字 $A, B, C \cdots,$ 水準は $A_1, A_2, \cdots$ のように添え字をつけて表す．そして，図 4.3 のように取り上げる因子の数が 1 個の場合，**1元配置法** (one-way layout design) といい，因子の数が 2 個の場合，**2元配置法** (two-way layout design)，因子の数が 3 個の場合，**3元配置法** (three-way layout design) という．そして因子が 3 個以上の場合には**多元配置法**という．また因子と水準の組合せごとに実験が繰返されてデータがとられる場合を，**繰返しのある2元配置法**，**繰返しのある多元配置法**のようにいう．以降の節で 1 元配置法，2 元配置法について考えよう．

● **実験の順序**

実験を行う順番はまず全実験の組合せに対して，1 番から順に番号をつけておいてランダムにそれらの番号を一様乱数（どの数も同じ割合で出るデタラメな数）などを用いて逐次選んで行う．

4.2　1元配置法

4.2.1　繰返し数が等しい場合

ある特性値に対して影響をもつと思われる 1 個の因子 A をとりあげ，その水準として $A_1, \cdots, A_\ell$ を選んで実験し，影響を調べるのが 1 元配置法での実験である．水準でなく，条件や処理方法として ℓ 通りを考えてもよい．そして各水準で繰返し r 回の実験をしたとする．このとき，A_i 水準での j 番目のデータ x_{ij} が得られるとすると表 4.2 のようにまとめられる．

ここで，添え字にあるドット (•) はそのドットの位置にある添え字について足しあわせることを意味する．例えば $x_{i\cdot} = \sum_{j=1}^{r} x_{ij},\ x_{\cdot j} = \sum_{i=1}^{\ell} x_{ij}$ のようにである．

そして次のようにデータの構造を仮定する．

データ＝総平均＋A_i の主効果＋誤差

$x_{ij} = \mu + a_i + \varepsilon_{ij} (i = 1, \ldots, \ell\,;\, j = 1, \ldots, r)$

表 4.2　1元配置法のデータ

因子の水準＼実験の繰返し	1	2	⋯	j	⋯	r	計
A_1	x_{11}	x_{12}	⋯	x_{1j}	⋯	x_{1r}	$x_{1\cdot} = T_{1\cdot}$
A_2	x_{21}	x_{22}	⋯	x_{2j}	⋯	x_{2r}	$x_{2\cdot} = T_{2\cdot}$
⋮	⋮	⋮		⋮		⋮	⋮
A_i	x_{i1}	x_{i2}	⋯	x_{ij}	⋯	x_{ir}	$x_{i\cdot} = T_{i\cdot}$
⋮	⋮	⋮		⋮		⋮	⋮
A_ℓ	$x_{\ell 1}$	$x_{\ell 2}$	⋯	$x_{\ell j}$	⋯	$x_{\ell r}$	$x_{\ell\cdot} = T_{\ell\cdot}$
計	$x_{\cdot 1} = T_{\cdot 1}$	$x_{\cdot 2} = T_{\cdot 2}$	⋯	$x_{\cdot j} = T_{\cdot j}$	⋯	$x_{\cdot r} = T_{\cdot r}$	T 総計

μ : 一般平均（全平均）(grand mean)

a_i : 要因 A の**主効果** (main effect), $\sum_{i=1}^{\ell} a_i = 0$

ε_{ij} : 誤差は互いに独立に正規分布 $N(0, \sigma^2)$ に従う．

このように誤差については4個の仮定（四つのお願い）がされる．つまり

不偏性，等分散性，独立性，正規性の<ruby>不等独正<rt>ふとうどくせい</rt></ruby>

である．

このとき，要因 A の各水準間の差の有無の検定は以下のように式で表せる．

$$\begin{cases} H_0 & : \quad a_1 = a_2 = \cdots = a_\ell = 0 \quad \Longleftrightarrow \quad \text{差がない（帰無仮説）} \\ H_1 & : \quad \text{いずれかの } a_i \text{ が } 0 \text{ でない} \quad \Longleftrightarrow \quad \text{差がある（対立仮説）} \end{cases}$$

ここで，$\sigma_A^2 = \dfrac{\sum_{i=1}^{\ell} a_i^2}{\ell - 1}$ とおくと

$H_0: a_1 = a_2 = \cdots = a_\ell = 0 \quad \Longleftrightarrow \quad H_0: \sigma_A^2 = 0$ であるので，仮説は

$$\begin{cases} H_0 & : \quad \sigma_A^2 = 0 \\ H_1 & : \quad \sigma_A^2 > 0 \end{cases}$$

とかける．

一般に x_{ij} を要因 A について第 i 水準 $(i = 1, \cdots, \ell)$ の $j (j = 1, \cdots, r)$ 番目のデータとするとき，各データ x_{ij} と全平均 $\overline{\overline{x}}$ との偏差 (deviation; 違い，かたより) を以下のように要因の同じ水準内での偏差と A_i 水準と全平均との偏差に分ける．

$$\underbrace{x_{ij} - \overline{\overline{x}}}_{\text{各データと全平均との偏差}} = \underbrace{x_{ij} - \overline{x}_{i\cdot}}_{A_i \text{水準内での偏差}} + \underbrace{\overline{x}_{i\cdot} - \overline{\overline{x}}}_{A_i \text{水準との偏差}}$$

この式の各項は正負をとりうるため2乗した量（平方和）を考える．両辺を2乗し，更に i, j について足し合わせると

$$
\begin{align}
(4.1)\quad \sum_{i=1}^{\ell}\sum_{j=1}^{r}(x_{ij}-\overline{\overline{x}})^2 &= \sum_{i=1}^{\ell}\sum_{j=1}^{r}(x_{ij}-\overline{x}_{i\cdot})^2 + \sum_{i=1}^{\ell}\sum_{j=1}^{r}(\overline{x}_{i\cdot}-\overline{\overline{x}})^2 \\
&\quad + 2\underbrace{\sum_{i}\sum_{j}(x_{ij}-\overline{x}_{i\cdot})(\overline{x}_{i\cdot}-\overline{\overline{x}})}_{=0} \\
&= \sum_{i=1}^{\ell}\sum_{j=1}^{r}(x_{ij}-\overline{x}_{i\cdot})^2 + \sum_{i=1}^{\ell}\sum_{j=1}^{r}(\overline{x}_{i\cdot}-\overline{\overline{x}})^2
\end{align}
$$

つまり

$$
\underbrace{S_T}_{\text{全変動}} = \underbrace{S_E}_{\text{誤差変動}} + \underbrace{S_A}_{\text{A による変動}}
$$

と分解する．要因による変動（級間変動：between class）が誤差変動（級内変動：within class）に対して大きいかどうかによって要因間に差があるかどうかをみるのである．ただし，このままの平方和で比較するのでなく，各平方和をそれらの自由度で割った平均平方和（不偏分散）で比較する．後で比をとると分布がわかる意味でもよい．以下の図 4.4 のように平方和を分解して考える．

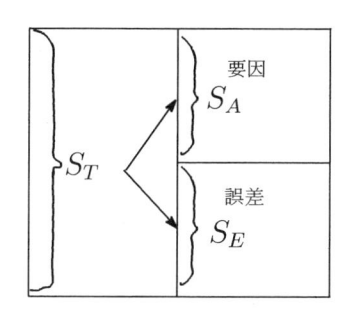

図 4.4 1 元配置における平方和の分解

以下に解析手順に沿って個々の分析法について考えよう．

手順 1 平方和の計算

● 総（全）平方和について

$$
S_T = \sum_{i=1}^{\ell}\sum_{j=1}^{r}\left(x_{ij}-\overline{\overline{x}}\right)^2 = \sum x_{ij}^2 - \frac{\left(\sum x_{ij}\right)^2}{\ell r} = \sum x_{ij}^2 - CT
$$

$= $ 個々のデータの 2 乗和 $-$ 修正項

ただし，$T = \sum x_{ij}$（データの総和），$N = \ell \times r$（データの総数）とするとき，

$CT = \dfrac{T^2}{N} = \dfrac{\text{データの総和の 2 乗}}{\text{データの総数}}$ ：**修正項** (correction term) とする．

● 要因 A の平方和について

$$
S_A = \sum_{i=1}^{\ell}\sum_{j=1}^{r}\left(\overline{x}_{i\cdot}-\overline{\overline{x}}\right)^2 = r\sum_{i=1}^{\ell}\left(\overline{x}_{i\cdot}-\overline{\overline{x}}\right)^2
$$

$$= r\sum_{i=1}^{\ell}\Big(\frac{T_{i\cdot}}{r}-\frac{T}{N}\Big)^2 = \sum_{i=1}^{\ell}\frac{T_{i\cdot}^2}{r}-CT \quad (T_{i\cdot}=\sum_{j=1}^{r}x_{ij}=x_{i\cdot})$$

$$= \sum \frac{A_i\text{水準でのデータの和の}2\text{乗}}{A_i\text{水準のデータ数}} - 修正項 \ :因子間平方和$$
$$\text{(級間平方和,級間変動)}$$

である。

- 誤差 E の平方和について

$$S_E = \sum_{i,j}(x_{ij}-\overline{x}_{i\cdot})^2 = S_T - S_A : 残差平方和(級内平方和,級内変動)から求める。$$

手順2 自由度の計算

そこで各要因の自由度は

- 総平方和 S_T について

変数 $x_{ij}-\overline{\overline{x}}(i=1,\cdots,\ell\ ;\ j=1,\cdots,r)$ の個数は $\ell\times r$ だが,それらを足すと0となり,自由度は1少ないので $\phi_T = \ell r - 1 = N-1$ である。

- 因子間平方和 S_A について

変数 $\overline{x}_{i\cdot}-\overline{\overline{x}}(i=1,\cdots,\ell)$ の個数は ℓ 個だが,それらを足すと0となるので自由度は $\phi_A = \ell - 1$ である。

- 残差平方和 S_E については全自由度から要因 A の自由度を引いて $\phi_E = \ell r - 1 - (\ell - 1) = \ell(r-1)$ である。または,変数 $x_{ij}-\overline{x}_{i\cdot}$ は各 i について $r-1$ の自由度があるので ℓ 個については $\ell(r-1)$ の自由度があると考えられる。

手順3 分散分析表の作成

次にこれまでの平方和,自由度を表4.3のような**分散分析表**にまとめる。

表 4.3 分散分析表

要因	平方和 (S)	自由度 (ϕ)	平均平方 (V)	F_0	$E(V)$
A	S_A	$\phi_A = \ell - 1$	$V_A = S_A/\phi_A$	V_A/V_E	$\sigma^2 + r\sigma_A^2$
E	S_E	$\phi_E = \ell(r-1)$	$V_E = S_E/\phi_E$		σ^2
計	S_T	$\phi_T = \ell r - 1$			

$F(\phi_A,\phi_E;0.05)$, $F(\phi_A,\phi_E;0.01)$ の値も記入しておけば検定との対応もつき便利である。なお,$\sigma_A^2 = \dfrac{\sum_i^{\ell}a_i^2}{\ell-1}$ である。

- 平均平方 (mean square) の期待値について

$E(V_A) = \sigma^2 + r\sigma_A^2$, $E(V_E) = \sigma^2$ である。

（補 4-1） 以下に平均平方の期待値を計算してみよう。

- $E(V_A)$ に関して

$x_{ij} = \mu + a_i + \varepsilon_{ij}$ から $\overline{x}_{i\cdot} = \mu + a_i + \overline{\varepsilon}_{i\cdot}$, $\overline{\overline{x}} = \mu + \overline{\overline{\varepsilon}}$ より,$\overline{x}_{i\cdot} - \overline{\overline{x}} = a_i + \overline{\varepsilon}_{i\cdot} - \overline{\overline{\varepsilon}}$ だから

$$V_A = \frac{S_A}{\ell-1} = \frac{\sum_{i,j}(\overline{x}_{i\cdot} - \overline{\overline{x}})^2}{\ell-1} = \frac{r\sum_{i}(\overline{x}_{i\cdot} - \overline{\overline{x}})^2}{\ell-1} \text{ で}$$

$$\sum_i(\overline{x}_{i\cdot} - \overline{\overline{x}})^2 = \sum_i(a_i + \overline{\varepsilon}_{i\cdot} - \overline{\overline{\varepsilon}})^2 = \sum a_i^2 + 2\sum_i a_i(\overline{\varepsilon}_{i\cdot} - \overline{\overline{\varepsilon}}) + \sum_i(\overline{\varepsilon}_{i\cdot} - \overline{\overline{\varepsilon}})^2 \text{ なので}$$

$$E\sum_i(\overline{x}_{i\cdot} - \overline{\overline{x}})^2 = \sum_i E(a_i^2) + 2\sum_i a_i \underbrace{E(\overline{\varepsilon}_{i\cdot} - \overline{\overline{\varepsilon}})}_{=0} + \underbrace{E\Big(\sum_{i=1}^{\ell}(\overline{\varepsilon}_{i\cdot} - \overline{\overline{\varepsilon}})^2\Big)}_{=(\ell-1)V(\overline{\varepsilon}_{i\cdot})}$$

$$= (\ell-1)\sigma_A^2 + (\ell-1)\sigma^2/r$$

である．そこで，

$$E(V_A) = \frac{E(S_A)}{\ell-1} = r\sigma_A^2 + \sigma^2 \text{ である．}$$

- $E(V_E)$ に関して

$$V_E = \frac{S_E}{\ell(r-1)} = \frac{\sum_{i,j}(x_{ij} - \overline{x}_{i\cdot})^2}{\ell(r-1)} = \frac{\sum_{i,j}(\varepsilon_{ij} - \overline{\varepsilon}_{i\cdot})^2}{\ell(r-1)} \text{ より}$$

$$E(V_E) = \frac{\sum_{i,j} E(\varepsilon_{ij} - \overline{\varepsilon}_{i\cdot})^2}{\ell(r-1)} \quad \text{である．ここで}$$

$$(\varepsilon_{ij} - \overline{\varepsilon}_{i\cdot})^2 = \varepsilon_{ij}^2 - 2\varepsilon_{ij}\overline{\varepsilon}_{i\cdot} + \overline{\varepsilon}_{i\cdot}^2 = \varepsilon_{ij}^2 - 2\varepsilon_{ij}\frac{\varepsilon_{i1} + \cdots + \varepsilon_{ir}}{r} + \overline{\varepsilon}_{i\cdot}^2$$

$$= \varepsilon_{ij}^2 - \frac{2}{r}(\varepsilon_{ij}^2 + \sum_{k \neq j}\varepsilon_{ij}\varepsilon_{ik})^2 + \frac{(\varepsilon_{i1} + \cdots + \varepsilon_{ir})^2}{r^2}$$

より

$$E(\varepsilon_{ij} - \overline{\varepsilon}_{i\cdot})^2 = E(\varepsilon_{ij}^2) - \frac{2}{r}\{E(\varepsilon_{ij}^2) + \sum_{k \neq j} E(\varepsilon_{ij})E(\varepsilon_{ik})\} + \frac{r}{r^2}E(\varepsilon_{ij}^2)$$

$$= \sigma^2 - \frac{2}{r}\sigma^2 + \frac{1}{r}\sigma^2 = \frac{r-1}{r}\sigma^2$$

なので，

$$E(V_E) = \frac{\sum_{i,j} E(\varepsilon_{ij} - \overline{\varepsilon}_{i\cdot})^2}{\ell(r-1)} = \sigma^2 \quad \triangleleft$$

- 検定

要因 A による効果がないことは，帰無仮説 H_0 では $a_1 = a_2 = \cdots = a_\ell = 0$ であることである．これは $\sigma_A^2 = 0$ と同じである．対立仮説 H_1 は not H_0 で平均平方の期待値から検定統計量は $F_0 = V_A/V_E$ を用いればよいとわかる．そこで棄却域 R は $R : F_0 \geqq F(\phi_A, \phi_E; \alpha)$ で与えられる．

手順 4 分散分析後の推定

因子の水準間に有意な差が認められる場合には各水準ごとに母平均の推定を行ったり，水準間の母平均の差の推定を行う．また最適条件を求める．

A_i 水準での母平均 $\mu + a_i$ について

- 点推定

$$\widehat{\mu + a_i} = \overline{x}_{i\cdot} = \frac{T_{i\cdot}}{r}$$

- 信頼度 $1 - \alpha$ の信頼限界

$$\overline{x}_{i\cdot} \pm t(\phi_E, \alpha)\sqrt{\frac{V_E}{r}}$$

二つの水準 A_i と A_j の間の母平均の差について

● 点推定
$$\widehat{\mu + a_i} - \widehat{\mu + a_j} = \overline{x}_{i\cdot} - \overline{x}_{j\cdot} = \frac{T_{i\cdot}}{r} - \frac{T_{j\cdot}}{r}$$

● 信頼度 $1-\alpha$ の信頼限界
$$\overline{x}_{i\cdot} - \overline{x}_{j\cdot} \pm t(\phi_E, \alpha)\sqrt{\frac{2V_E}{r}}$$

である。ここで $t(\phi_E, \alpha)\sqrt{\frac{2V_E}{r}}$（有意水準 α に対し）は，**最小有意差** (<u>l</u>east <u>s</u>ignificant <u>d</u>ifference) と呼ばれ，**lsd** で表す。

手順5 解析結果のまとめ

分散分析の結果，推定の結果をもとに技術的・経済的な面も加味して結果をまとめる。

（補4-2） 構造式での変動の分解との対応を以下にみてみよう。

① $x_{ij} = \mu + a_i + \varepsilon_{ij}$ から $\overline{x}_{i\cdot} = \mu + a_i + \overline{\varepsilon}_{i\cdot}$，$\overline{\overline{x}} = \mu + \overline{\overline{\varepsilon}}$ より，$x_{ij} - \overline{x}_{i\cdot} = \varepsilon_{ij} - \overline{\varepsilon}_{i\cdot}$.

$\overline{x}_{i\cdot} - \overline{\overline{x}} = a_i + \overline{\varepsilon}_{i\cdot} - \overline{\overline{\varepsilon}}$ だから

$x_{ij} - \overline{\overline{x}} = x_{ij} - \overline{x}_{i\cdot} + \overline{x}_{i\cdot} - \overline{\overline{x}} = \underbrace{\varepsilon_{ij} - \overline{\varepsilon}_{i\cdot}}_{\text{誤差}} + \underbrace{a_i}_{A\text{の効果}} + \underbrace{\overline{\varepsilon}_{i\cdot} - \overline{\overline{\varepsilon}}}_{\text{誤差}}$ と母数の分解にも対応している。

② 同時にどの因子間で差があるか等を検討することを**多重比較** (multiple comparison) という。また母数の線形結合したものについての検定・推定を **線形対比** (linear contrast) といい，Scheffé' の方法がある。◁

例題 4-1

取り上げている例で店によって売上げ高に差（違い）があるかどうか検討し，最適条件（特性値の売上げ高が最も高い水準）での推定も行え。

[解] 手順1 モデルの設定

データの構造式として
$$x_{ij} = \mu + a_i + \varepsilon_{ij} \quad (i=1,2,3\,;\,j=1\sim 4)$$
ただし，各効果の a_i は制約条件 $\Sigma a_i = 0$ を満たしている。誤差 ε_{ij} は互いに独立で，$N(0, \sigma^2)$ に従っているものとする。

更に仮説として
$$\begin{cases} H_0: a_1 = \cdots = a_3 = 0 & \Longleftrightarrow \quad \text{店の違いによる差がない} \\ H_1: \text{いずれかの } a_i \text{ が } 0 \text{ でない} & \Longleftrightarrow \quad \text{差がある} \end{cases}$$
を検定する。

手順2 データのグラフ化

横軸に水準をとり，縦軸に売上げ高をとって打点すると図4.5のようになる。図より，店による売上げ高の違い（効果）がありそうである。

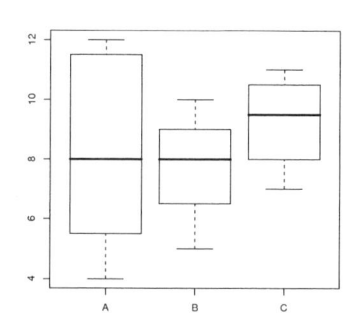

図 4.5 店舗の違いによる売上げ高

手順 3 等分散性のチェック

繰返しデータから各範囲 R_i を求めると，表 4.4 のようになる．

表 4.4 範囲 R の表

要因	R
A_1	$4(= R_1)$
A_2	$3(= R_2)$
A_3	$3(= R_3)$
計	10

そこで平均は，$\overline{R} = 3.333$ である．さらに，各 R_i はいずれも $D_4\overline{R} = 2.282 \times 3.333 = 7.6$ より小さいので等分散であるとみなして以下の解析を行う．

手順 4 修正項，平方和及び自由度の計算

表 4.1 より，以下のように各種平方和を計算すると

$$CT = \frac{T^2}{N} = 100^2/12 = 833.33, \quad S_T = 90.67$$

$$S_A = \frac{32^2}{4} + \frac{46^2}{4} + \frac{22^2}{4} - CT = 72.67, \quad S_E = S_T - S_A = 18.0$$

となる．

自由度は，全自由度 $\phi_T = 3 \times 4 - 1 = 11$，要因 A の自由度 $\phi_A = \ell - 1 = 2$

誤差 E の自由度 $\phi_E = \ell(r-1) = 3 \times (4-1) = 9$

手順 5 分散分析表の作成

表 4.5 分散分析表

要因	S	ϕ	V	F_0	$E(V)$
A	72.67	2	36.33	18.167**	$\sigma_E^2 + 4\sigma_A^2$
E	18.00	9	2.00		σ_E^2
計	90.67	11			

分散分析の結果，因子 A は 1% で有意となった（表 4.5）．

そこで店の違いにより売上げ高は異なるといえる．

手順6 分散分析後の推定

1) 最適水準

最適水準は A_2 水準である。

2) 点推定

最適水準の A_2 水準における母平均の点推定値は

$$\widehat{\mu}(A_2) = \widehat{\mu + a_2} = \bar{x}_{2\cdot} = \frac{46}{4} = 11.5$$

である。

3) 区間推定

母平均の信頼率 95% の信頼区間は

$$\widehat{\mu}(A_2) \pm t(9, 0.05)\sqrt{\frac{1}{r} \times 2.00} = 9.9, 13.1$$

である。ここに r は繰返し数を表し，4 である。□

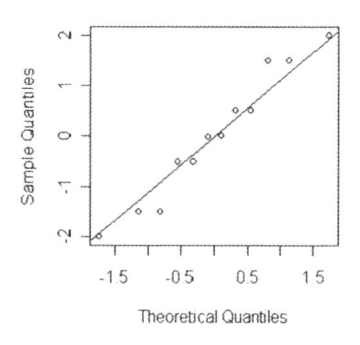

図 4.6 残差に関する正規確率プロット

また，残差の正規確率プロットをすると，図 4.6 のようにほぼ直線状になることから，誤差はほぼ正規分布に従っていると考えられる。□

---- R による実行結果 ----

```
1 元配置分散分析
> rei41<-read.table("rei41.txt",header=T)
> rei41
   uriage mise
1       8   A1
2      10   A1
3       8   A1
4       6   A1
5      10   A2
```

4.2 1元配置法

```
6       12      A2
7       13      A2
8       11      A2
9        5      A3
10       6      A3
11       4      A3
12       7      A3
> names(rei41)
[1] "uriage" "mise"
> attach(rei41)
> boxplot(uriage~mise) # 水準ごとの箱ひげ図を作成
> xbar<-tapply(uriage,mise,mean)
# 以下は凝ったグラフ作成（ここから）
> s<-tapply(uriage,mise,sd)
> n<-tapply(uriage,mise,length)
> sem<-s/sqrt(n)
> stripchart(uriage~mise,"jitter",jit=0.05,pch=16,vert=T)
> arrows(1:3,xbar+sem,1:3,xbar-sem,angle=90,code=3,length=.1)
> lines(1:3,xbar,pch=4,type="b",cex=2)
# 凝ったグラフ作成（ここまで）
> rei41.aov<-aov(uriage~mise) # 分散分析の結果をrei41.aovに代入
> summary(rei41.aov) # rei41.aovの分散分析の結果を要約する
            Df  Sum Sq  Mean Sq  F value    Pr(>F)
mise         2  72.667   36.333   18.167 0.0006922 ***
Residuals    9  18.000    2.000
---
Signif. codes:  0 '***' 0.001 '**' 0.01 '*' 0.05 '.' 0.1 ' ' 1
> rei41.lm<-lm(uriage~mise,data=rei41)
# 回帰分析の結果をrei41.lmに代入する
> summary(rei41.lm) # rei41.lmの回帰分析の結果を要約する
Call:
lm(formula = uriage ~ mise, data = rei41)
Residuals:
       Min         1Q     Median         3Q        Max
-2.000e+00 -7.500e-01  1.660e-15  7.500e-01  2.000e+00
Coefficients:
```

```
              Estimate Std. Error t value Pr(>|t|)
(Intercept)   8.0000     0.7071   11.31  1.27e-06 ***
miseA2        3.5000     1.0000    3.50  0.00672  **
miseA3       -2.5000     1.0000   -2.50  0.03386  *
---
Signif. codes:  0 '***' 0.001 '**' 0.01 '*' 0.05 '.' 0.1 ' ' 1

Residual standard error: 1.414 on 9 degrees of freedom
Multiple R-Squared: 0.8015,     Adjusted R-squared: 0.7574
F-statistic: 18.17 on 2 and 9 DF,  p-value: 0.0006922
> rei41.res<-resid(rei41.lm) # 残差を rei41.res に代入する
> qqnorm(rei41.res);qqline(rei41.res) # 正規確率プロット
```

演習 4-1　小学校 1 年生から 6 年生まで，各学年からランダムに 5 人ずつ選び，50 メートル走のタイムをとったところ以下の表 4.6 のデータが得られた．学年による違いがあるか検討せよ．

表 4.6　50 メートル走のタイム（単位：秒）

学年＼人	1	2	3	4	5
1 年生	11.3	12.4	15.5	13.6	12.4
2 年生	12.3	13.4	11.5	11.6	10.8
3 年生	9.2	10.4	8.6	9.8	10.7
4 年生	9.5	8.4	9.8	10.4	7.8
5 年生	8.4	7.5	8.6	7.9	8.3
6 年生	7.8	8.5	7.6	7.2	7.5

演習 4-2　以下の表 4.7 は 3 種類の 1500cc の乗用車を繰返し 4 回走行し，その 1ℓ あたりの走行距離（燃費）を計測したものである．車種による違いがあるか分散分析せよ．

表 4.7　走行距離（燃費）（単位：km/ℓ）

車種＼繰返し	1	2	3	4
A	8	9	7	6
B	12	11	13	12
C	9	10	9	8

4.2.2　繰返し数が異なる場合

次に，実際のモデルは各水準での繰返し数が異なるだけなので，以下のように添え字 j の範囲と要因の制約条件を変更するだけでよい．まず，データの構造式は以下のようになる．

データ＝総平均＋A_i の主効果＋誤差

$x_{ij} = \mu + a_i + \varepsilon_{ij} (i = 1, \ldots, \ell\,;\, j = 1, \ldots, r_i)$

μ：一般平均（全平均）(grand mean)，a_i：要因 A の**主効果** (main effect)，$\sum_{i=1}^{\ell} r_i a_i = 0$

ε_{ij}：誤差は互いに独立に正規分布 $N(0,\sigma^2)$ に従う。

$$\mu = \frac{\sum r_i a_i^2}{\sum r_i}, a_i = \mu_i - \mu, \quad N = n_1 + \cdots + n_\ell : 総データ数$$

平方和　$S_T = \sum_{i=1}^{\ell}\sum_{j=1}^{r_i} x_{ij}^2 - CT, \ S_A = \sum_{i=1}^{\ell} \frac{T_{i\cdot}^2}{r_i} - CT, \ S_E = S_T - S_A$

自由度　$\phi_T = N-1, \ \phi_A = \ell-1, \ \phi_E = N-1-(\ell-1) = N-\ell$

表 4.8 分散分析表（繰返し数が異なる場合）

要因	平方和 (S)	自由度 (ϕ)	平均平方 (V)	F_0	$E(V)$
A	S_A	$\phi_A = \ell-1$	$V_A = S_A/\phi_A$	V_A/V_E	$\sigma^2 + \frac{1}{\ell-1}\sum_{i=1}^{\ell} r_i a_i^2$
E	S_E	$\phi_E = N-\ell$	$V_E = S_E/\phi_E$		σ^2
計	S_T	$\phi_T = N-1$			

分析後の点推定・区間推定

A_i 水準の母平均の点推定　$\widehat{\mu + a_i} = \overline{x}_{i\cdot}$

$\mu + a_i$ の区間推定　$\overline{x}_{i\cdot} \pm t(\phi_E, \alpha)\sqrt{\dfrac{V_E}{r_i}}$

水準間の差の点推定　$\widehat{\mu + a_i} - \widehat{\mu + a_j} = \overline{x}_{i\cdot} - \overline{x}_{j\cdot}$

水準間の差の区間推定　$\overline{x}_{i\cdot} - \overline{x}_{j\cdot} \pm t(\phi_E, \alpha)\sqrt{\left(\dfrac{1}{r_i} + \dfrac{1}{r_j}\right)V_E}$

演習 4-3　以下の表 4.9 は子供を 3 通りの教授法 A, B, C で授業し，その結果の成績（10 点満点）である．分散分析せよ．

表 4.9　成績（単位：点）

教授法＼子供	1	2	3	4	5
A	8	6	5	6	4
B	3	3	5	8	
C	9	10	8	8	7

演習 4-4　以下の表 4.10 は各水準での繰返し数が異なる実験で温度を 4 水準としたときの収率データである．分散分析せよ．

表 4.10　収率（単位：％）

温度＼繰返し	1	2	3	4	5
A	68	70	65	66	64
B	77	83	75	78	
C	89	91	88	86	87
D	79	80	81	78	82

（参考）

```
> uriage=c(12,13,14,10)
> mise=c("A","B","C","D")
```

```
> oneway.test(uriage~mise,data=uri,var.equal=TRUE) # 書き方 1
> aov(uriage~mise,data=uri) # 書き方 2
> anova(lm(uriage~mise,data=uri)) # 書き方 3
```

4.2.3 多重比較

どの水準の平均間に差があるかを同時に調べたいことがある。その場合，平均に関するいくつかの検定を同時に行う方法を考えると，多重性のために全体としての有意水準に比べて第 1 種の過誤の確率が大きくなる。この場合に多重性を考慮して棄却域の調整を行って検定をする方法を**多重比較法**という。ここで同時にいくつかの検定を考えるとき，第 1 種の誤差としては，帰無仮説のうち少なくとも一つが誤って棄却される確率の最大値が α 以下であるときの α を有意水準とする。このように調整した方法として，母平均に関して全ての対比較を同時に検定するための手法として考えられた**テューキー (Tukey) の方法**を取り上げる。R において，それを少し変形したテューキーの HSD 法（Honestly Significant Difference）を利用する。他に，一つの処理群と二つ以上の処理群がある場合の母平均について，対照群と処理群の対比較を同時に検定する**ダネット (Dunnett) の方法**，一つの処理群と二つ以上の処理群がある場合の母平均について，母平均に単調性を想定することができるとき，対照群と処理群の対比較を同時に検定する**ウィリアムズ (Williams) の方法**，対比で表される仮説を同時に検定する**シェフェ (Scheffé) の方法**がある。ノンパラメトリックな方法としては，スティール・デュワスの方法，スティールの方法，シャーリー・ウィリアムズの方法がある。また，確率の不等式評価を用いる**ボンフェローニ (Bonferroni) の方法**，**ホルム (Holm) の方法**などもある。そして，multcomp パッケージを用いれば，他の多重比較も可能である。なお，多重比較法について詳しくは永田・吉田 [A17] を参照されたい。

データの構造式は前と同様

$$x_{ij} = \mu + a_i + \varepsilon_{ij}, (i=1,2,\ldots,\ell\,;\,j=1,\ldots,r_i)\ \text{で，}\ \varepsilon_{ij} \sim N(0,\sigma^2)$$

である。

このとき，$\displaystyle \overline{x}_{i\cdot} = \frac{\sum_{j=1}^{r_i} x_{ij}}{r_i}$ ，$\displaystyle V_i = \frac{\sum_{j=1}^{r_i}(x_{ij}-\overline{x}_{i\cdot})^2}{r_i-1} = \frac{S_i}{r_i-1}\quad (i=1,\ldots,\ell)$

とし，更に

$$V_E = \frac{\sum_{i=1}^{\ell} S_i}{\phi_E} = \frac{\sum_{i=1}^{\ell}(r_i-1)V_i}{\phi_E},\ \text{なお，}\ \phi_E = N-\ell = r_1+\cdots+r_\ell-\ell$$

とおく。このとき，Tukey の多重比較の検定方式をのせておこう。なお，帰無仮説 $H_0: \mu_i = \mu_j$ を $H_{\{i,j\}}$ で表すことにする。

4.2 1元配置法

検定方式 (Tukey の多重比較での検定)

全ての母平均の対 μ_i, μ_j に関する検定 $H_0 : \mu_i = \mu_j$ の同時検定について

<u>等分散で σ^2: 未知 の場合</u>　有意水準 α に対し，$t_{ij} = \dfrac{\overline{x}_{i\cdot} - \overline{x}_{j\cdot}}{\sqrt{V_E\left(\dfrac{1}{r_i}+\dfrac{1}{r_j}\right)}}$ とし，

$|t_{ij}| > \dfrac{q(\ell, \phi_E, ; \alpha)}{\sqrt{2}} \implies H_{\{i,j\}}$ を棄却する

ただし，$q(\ell, \phi_E, ; \alpha)$ はスチューデント化された範囲の上側 $100\alpha\%$ 点である。

また，Tukey の推定方式は以下のようである。

推定方式 (Tukey の多重比較での同時推定)

全ての対に関する $\mu_i - \mu_j$ の同時点推定は　　$\widehat{\mu_i - \mu_j} = \overline{x}_{i\cdot} - \overline{x}_{j\cdot}$

$\mu_i - \mu_j$ の信頼率 $1 - \alpha$ の同時信頼区間は，

区間幅を $Q_{ij} = \dfrac{q(\ell, \phi_E; \alpha)}{\sqrt{2}}\sqrt{V_E\left(\dfrac{1}{r_i}+\dfrac{1}{r_j}\right)}$ として

$$\overline{x}_{i\cdot} - \overline{x}_{j\cdot} - Q_{ij} < \mu_i - \mu_j < \overline{x}_{i\cdot} - \overline{x}_{j\cdot} + Q_{ij}$$

なお，繰返し数が等しい場合，つまり $r_1 = r_2 = \cdots = r_\ell = r$ のとき，

$$t_{ij} = \frac{\overline{x}_{i\cdot} - \overline{x}_{j\cdot}}{\sqrt{2V_E/r}}$$

となり，$\sqrt{2}|t_{ij}| > q(\ell, \phi_E, ; \alpha) \implies H_{\{i,j\}}$ を棄却する となる。また，区間幅は

$Q_{ij} = q(\ell, \phi_E; \alpha)\sqrt{\dfrac{V_E}{r}}$ となる。

例題 4-2

取り上げている例で，対ごとに店を比較し売上げ高に差（違い）があるかどうかについて多重比較を行え。また，差の信頼係数 95% の同時信頼区間も求めよ。

[解]　手順 1　モデルの設定

データの構造式として

$$x_{ij} = \mu + a_i + \varepsilon_{ij} \quad (i = 1, 2, 3\,;\ j = 1 \sim 4)$$

ただし，各効果の a_i は制約条件 $\Sigma a_i = 0$ を満たしている。誤差 ε_{ij} は互いに独立で，$N(0, \sigma^2)$ に従っているものとする。

手順 2　仮説と有意水準の設定

帰無仮説の集まり（ファミリー）として

$\mathcal{F} = \{H_{\{1,2\}}, H_{\{1,3\}}, H_{\{2,3\}}\}$　ただし，$H_{\{i,j\}} : \mu_i = \mu_j$ とし，有意水準 α を $\alpha = 0.05$ と設定する。

手順 3 検定方式の決定（棄却域の設定）

テューキーの方法により対比較の検定を行う。

$$t_{ij} = \frac{\overline{x}_i - \overline{x}_j}{\sqrt{V_E\left(\frac{1}{r_i} + \frac{1}{r_j}\right)}} \ \ \text{で} \ |t_{ij}| > \frac{q(\ell, \phi_E; \alpha)}{\sqrt{2}} \implies \text{H}_{\{i,j\}} \text{を棄却する}$$

手順 4 検定統計量の計算

$$\overline{x}_{1\cdot} = \frac{32}{4} = 8, \ \overline{x}_{2\cdot} = \frac{46}{4} = 11.5, \ \overline{x}_{3\cdot} = \frac{22}{4} = 5.5,$$

$$V_1 = \frac{S_1}{4-1} = (8^2 + 10^2 + 8^2 + 6^2 - (32^2/4))/3 = 2.666667,$$

$$V_2 = \frac{S_2}{4-1} = (10^2 + 12^2 + 13^2 + 11^2 - (46^2/4))/3 = 1.666667,$$

$$V_3 = \frac{S_3}{4-1} = (5^2 + 6^2 + 4^2 + 7^2 - (22^2/4))/3 = 1.666667,$$

$$\phi_E = r_1 + r_2 + r_3 - \ell = 3 + 3 + 3 - 3 = 6, \quad q(3, 6; 0.05)/\sqrt{2} = 4.339195/\sqrt{2} = 3.068274,$$

$$V_E = \frac{S_1 + S_2 + S_3}{\phi_E} = \frac{8 + 5 + 5}{6} = 3, \ t_{12} = -2.474874, t_{13} = 1.767767, t_{23} = 4.242641$$

手順 5 判定と結論

手順 4 の結果より，2 と 3 店舗間に有意な差がある。

手順 6 同時信頼区間を求める。

$$P(\mu_i - \mu_j \in I_{ij} \ ; \ i, j = 1, 2, 3, i < j) \geqq 1 - \alpha$$

$$Q_{12} = Q_{13} = Q_{23} = 4.339195, \ -7.839195 < \mu_1 - \mu_2 < 0.8391953,$$

$$-1.839195 < \mu_1 - \mu_3 < 6.839195, \ 1.660805 < \mu_2 - \mu_3 < 10.33920 \quad \square$$

次に，R を利用して多重比較を行ってみよう。

R による実行結果

```
> rei42<-read.table("rei41.txt",header=T)
> names(rei42)
> attach(rei42)
> bartlett.test(uriage~mise)  # 等分散の検定
        Bartlett test of homogeneity of variances
data:  uriage by mise
Bartlett's K-squared = 0.2011, df = 2, p-value = 0.9043
> m<-tapply(uriage,mise,mean)  # 店ごとの売上げ高の平均を求め m に代入
> m
  A1   A2   A3
 8.0 11.5  5.5
> v<-tapply(uriage,mise,var)   # 店ごとの売上げ高の分散を求め v に代入
```

4.2 1元配置法

```
> v
      A1       A2       A3
2.666667 1.666667 1.666667
> VE<-(3*v[1]+3*v[2]+3*v[3])/6  # 全分散を求めVEに代入
> VE
A1
 3
> m12=m[1]-m[2];m21=m[2]-m[1];m13=m[1]-m[3];m31=m[3]-m[1];m23=m[2]-m[3]
;m32=m[3]-m[2];m32sita<-m32-Q23
> t12=m12/sqrt(VE*2/3);t21=m21/sqrt(VE*2/3)
> t13=m13/sqrt(VE*2/3);t31=m31/sqrt(VE*2/3)
> t23=m23/sqrt(VE*2/3);t32=m32/sqrt(VE*2/3)
> c(t12,t13,t23)
       A1       A1       A2
-2.474874  1.767767  4.242641
> c(t21,t31,t32)
       A2       A3       A3
 2.474874 -1.767767 -4.242641
> qtukey(0.95,3,6)
# 群の数3,自由度6のスチューデント化された範囲の分布の95％点
[1] 4.339195
> Q12<-sqrt(VE*2/3)*qtukey(0.95,3,6)/sqrt(2)
> Q13<-sqrt(VE*2/3)*qtukey(0.95,3,6)/sqrt(2)
> Q23<-sqrt(VE*2/3)*qtukey(0.95,3,6)/sqrt(2)
> m12sita<-m12-Q12;m21sita<-m21-Q12
> m12ue<-m12+Q12;m21ue<-m21+Q12
> m13sita<-m13-Q13;m31sita<-m31-Q13
> m13ue<-m13+Q13;m31ue<-m31+Q13
> m23sita<-m23-Q23;m32sita<-m32-Q23
> m23ue<-m23+Q23;m32ue<-m32+Q23
> c(m12,m12sita,m12ue)  # 1と2の平均の差の点推定と区間推定
        A1         A1         A1
-3.5000000 -7.8391953  0.8391953
> c(m13,m13sita,m13ue)  # 1と3の平均の差の点推定と区間推定
       A1        A1        A1
 2.500000 -1.839195  6.839195
```

```
> c(m23,m23sita,m23ue) # 2 と 3 の平均の差の点推定と区間推定
       A2        A2        A2
 6.000000  1.660805 10.339195
> c(m21,m21sita,m21ue) # 2 と 1 の平均の差の点推定と区間推定
        A2         A2        A2
 3.5000000 -0.8391953 7.8391953
> c(m31,m31sita,m31ue) # 3 と 1 の平均の差の点推定と区間推定
       A3        A3       A3
-2.500000 -6.839195 1.839195
> c(m32,m32sita,m32ue) # 3 と 2 の平均の差の点推定と区間推定
        A3         A3         A3
 -6.000000 -10.339195  -1.660805
> rei42.aov<-aov(uriage~mise) # 分散分析の結果を rei42.aov に代入
> TukeyHSD(rei42.aov) # テューキーの HSD 法
  Tukey multiple comparisons of means
    95% family-wise confidence level
Fit: aov(formula = uriage ~ mise)
$mise
      diff       lwr       upr      p adj
A2-A1  3.5  0.7079944  6.2920056 0.0166835
A3-A1 -2.5 -5.2920056  0.2920056 0.0787283
A3-A2 -6.0 -8.7920056 -3.2079944 0.0005308
> pairwise.t.test(uriage,mise,p.adjust.method="bonferroni")
# ボンフェローニの方法
        Pairwise comparisons using t tests with pooled SD
data:  uriage and mise
   A1      A2
A2 0.02017 -
A3 0.10159 0.00061
P value adjustment method: bonferroni
> pairwise.t.test(uriage,mise,p.adjust.method="holm") # ホルムの方法
        Pairwise comparisons using t tests with pooled SD
data:  uriage and mise
   A1      A2
A2 0.01345 -
A3 0.03386 0.00061
```

```
P value adjustment method: holm
> library(multcomp)
要求されたパッケージ mvtnorm をロード中です
> simtest(uriage~mise,type="Dunnett")  # ダネットの方法
        Simultaneous Tests for General Linear Hypotheses
Multiple Comparisons of Means: Dunnett Contrasts
Fit: lm(formula = uriage ~ mise)
Linear Hypotheses:
              Estimate Std. Error t value p value
A2 - A1 == 0      3.5        1.0     3.5  0.0123 *
A3 - A1 == 0     -2.5        1.0    -2.5  0.0600 .
---
Signif. codes:  0 '***' 0.001 '**' 0.01 '*' 0.05 '.' 0.1 ' ' 1
(Adjusted p values reported)
Warning message:
'simtest.default' は廃止予定です
'glht' を代わりに使って下さい
help("Deprecated") と help("multcomp-deprecated") を見て下さい
```

4.3　2元配置法

　ある特性値に対して影響をもつと思われる2個の因子 A, B をとりあげ，その水準として $A_1, \cdots, A_\ell$; $B_1, \cdots, B_m$ を選んで実験し，影響を調べるのが2元配置法での実験である。水準でなく，条件や処理方法を考えてもよい。スーパーの売上げ高を売り場面積と場所による条件で調べる場合，子供の成績を教授法と学年で調べる場合，人の物への反応時間を色と形の違いで調べる場合，ある化学反応の量を温度と圧力で調べる場合といった様々な状況が考えられる。このように，二つの因子の影響を同時に調べたいときに用いられる手法である。そして，各水準で繰返しがある場合とない場合で，**交互作用** (interaction) が検討できる場合とできない場合に分かれる。以下では繰返しのある場合とない場合に分けて考察を進めよう。なお繰返し数は各水準で等しいとする。その場合，実験の順序は各因子および繰返しも含めて完全にランダムに行う。もし繰返し数が異なると，この分析手順が適用できない。また，交互作用とは2因子以上の特定の水準の組合せで生じる効果である。そこで因子 A の効果が因子 B の水準によって異なる場合やその逆の場合には交互作用が存在する。

　主効果，交互作用効果のいろいろな組合せについて特性値のグラフを描くことにより，効果の有無の目安となる。図4.7のようにいくつかの代表的なグラフがあり，その見方として，

以下のような場合に着目するとよい。
① グラフが上下平行なら，交互作用はない。
② グラフが交差したり，平行でないときには交互作用が存在する。

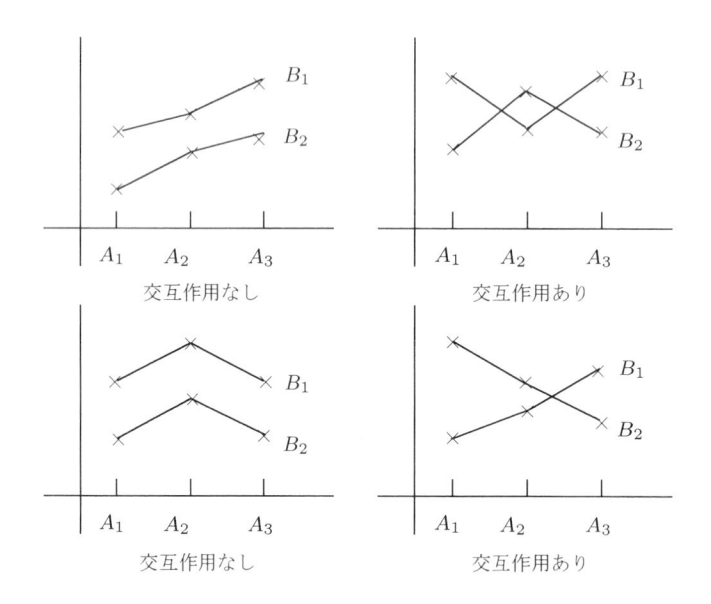

図 4.7 2元配置での効果確認のグラフ

4.3.1 繰返しありの場合

次に，実際のモデルは以下のように仮定する。（データの構造式）

データ＝総平均＋A_i の主効果＋B_j の主効果＋A_i と B_j の交互作用＋誤差

$x_{ij} = \mu + a_i + b_j + (ab)_{ij} + \varepsilon_{ijk}$ $(i = 1, \ldots, \ell; j = 1, \ldots, m; k = 1, \cdots, r)$

μ：一般平均（全平均）(grand mean)

a_i：要因 A の**主効果** (main effect)，$\sum_{i=1}^{\ell} a_i = 0$

b_j：要因 B の**主効果** (main effect)，$\sum_{j=1}^{m} b_j = 0$

$(ab)_{ij}$：要因 A と要因 B の**交互作用** (interaction)（因子の組合せの効果），

$\sum_{i=1}^{\ell}(ab)_{ij} = \sum_{j=1}^{m}(ab)_{ij} = 0,$

ε_{ijk}：誤差は互いに独立に正規分布 $N(0, \sigma^2)$ に従う。

このとき，A と B の交互作用 $A \times B$ の水準間の差の有無の検定は以下のような式で表せ

る。

$$\begin{cases} H_0: (ab)_{11} = (ab)_{12} = \cdots = (ab)_{\ell m} = 0 & \Longleftrightarrow \quad \text{差がない（帰無仮説）} \\ H_1: \text{すくなくとも1つの}\ (ab)_{ij} \neq 0 & \Longleftrightarrow \quad \text{差がある（対立仮説）} \end{cases}$$

表 4.11 2元配置法のデータ（繰返しあり）

B の水準 A の水準	B_1	B_2	$\cdots$	B_m	計	平均
A_1	x_{111} $\vdots$ x_{11r}	x_{121} $\vdots$ x_{12r}	$\cdots$ $\ddots$ $\cdots$	x_{1m1} $\vdots$ x_{1mr}	$x_{1..}$	$\overline{x}_{1..} = T_{1..}$
A_2	x_{211} $\vdots$ x_{21r}	x_{221} $\vdots$ x_{22r}	$\cdots$ $\ddots$ $\cdots$	x_{2m1} $\vdots$ x_{2mr}	$x_{2..}$	$\overline{x}_{2..} = T_{2..}$
$\vdots$	$\vdots$	$\vdots$	$\ddots$	$\vdots$	$\vdots$	$\vdots$
A_ℓ	$x_{\ell 11}$ $\vdots$ $x_{\ell 1r}$	$x_{\ell 21}$ $\vdots$ $x_{\ell 2r}$	$\cdots$ $\ddots$ $\cdots$	$x_{\ell m1}$ $\vdots$ $x_{\ell mr}$	$x_{\ell ..}$	$\overline{x}_{\ell ..} = T_{\ell ..}$
計	$x_{.1.}$	$x_{.2.}$	$\cdots$	$x_{.m.}$	$x_{...} = T$	
平均	$\overline{x}_{.1.}$	$\overline{x}_{.2.}$	$\cdots$	$\overline{x}_{.m.}$		$\overline{x}_{...} = \overline{\overline{x}}$

ここで，$\sigma_{A \times B}^2 = \dfrac{\sum_{i=1}^{\ell} \sum_{j=1}^{m} (ab)_{ij}^2}{(\ell-1)(m-1)}$ とおくと

$$H_0: (ab)_{11} = (ab)_{12} = \cdots = (ab)_{\ell m} = 0 \quad \Longleftrightarrow \quad H_0: \sigma_{A \times B}^2 = 0$$

である。

次に，要因 A の各水準間の差の有無の検定は以下のように式で表せる。

$$\begin{cases} H_0: a_1 = a_2 = \cdots = a_\ell = 0 & \Longleftrightarrow \quad \text{差がない（帰無仮説）} \\ H_1: \text{いずれかの}\ a_i\ \text{が}\ 0\ \text{でない} & \Longleftrightarrow \quad \text{差がある（対立仮説）} \end{cases}$$

ここで，$\sigma_A^2 = \dfrac{\sum_{i=1}^{\ell} a_i^2}{\ell - 1}$ とおくと

$$H_0: a_1 = a_2 = \cdots = a_\ell = 0 \quad \Longleftrightarrow \quad H_0: \sigma_A^2 = 0$$

また要因 B の効果があるかについても同様な式で表せる。

一般に x_{ijk} を要因 A について第 i 水準 $(i = 1, \cdots, \ell)$，要因 B について第 j の水準 $(j = 1, \cdots, m)$ の $k(k = 1, \cdots, r)$ 番目のデータとするとき，以下のようにデータの偏差（全平均との違い）を分解する。

$$\underbrace{x_{ijk} - \overline{\overline{x}}}_{\text{データの偏差}} = \underbrace{x_{ijk} - \overline{x}_{ij.}}_{A_i B_j \text{水準内での偏差}} + \underbrace{\overline{x}_{ij.} - \overline{x}_{i..} - \overline{x}_{.j.} + \overline{\overline{x}}}_{A_i B_j \text{水準での組合せによる偏差}} + \underbrace{\overline{x}_{i..} - \overline{\overline{x}}}_{A_i \text{水準との偏差}} + \underbrace{\overline{x}_{.j.} - \overline{\overline{x}}}_{B_j \text{水準との偏差}}$$

次に両辺を2乗して総和をとると全変動 S_T は

$$\underbrace{\sum_{ijk}(x_{ijk}-\overline{\overline{x}})^2}_{S_T} = \underbrace{\sum_{i=1}^{\ell}\sum_{j=1}^{m}\sum_{k=1}^{r}(x_{ijk}-\overline{x}_{ij\cdot})^2}_{S_E} + \underbrace{\sum_{i=1}^{\ell}\sum_{j=1}^{m}\sum_{k=1}^{r}(\overline{x}_{ij\cdot}-\overline{\overline{x}})^2}_{S_{AB}}$$

更に右辺第2項は

$$S_{AB} = \underbrace{\sum_i\sum_j\sum_k(\overline{x}_{i\cdot\cdot}-\overline{\overline{x}})^2}_{S_A} + \underbrace{\sum_i\sum_j\sum_k(\overline{x}_{\cdot j\cdot}-\overline{\overline{x}})^2}_{S_B} + \underbrace{\sum_i\sum_j\sum_k(\overline{x}_{ij\cdot}-\overline{x}_{i\cdot\cdot}-\overline{x}_{\cdot j\cdot}+\overline{\overline{x}})^2}_{S_{A\times B}}$$

と分解される。つまり

$$\underbrace{S_T}_{\text{全変動}} = \underbrace{S_A}_{A\text{による変動}} + \underbrace{S_B}_{B\text{による変動}} + \underbrace{S_{A\times B}}_{A\times B\text{による変動}} + \underbrace{S_E}_{\text{誤差変動}}$$

と分解する。要因による変動（級間変動：between class）が誤差変動（級内変動：within class）に対して大きいかどうかによって要因間に差があるかどうかをみるのである。ただし，このままの平方和で比較するのでなく，各平方和をそれらの自由度で割った平均平方和（不偏分散）で比較するほうが分布がわかる意味でもよい。図 4.8 のように平方和を分解して考える。

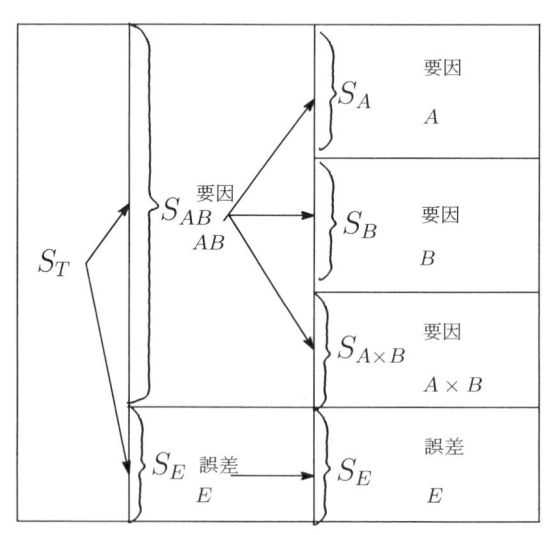

図 4.8 平方和の分解

以下に解析手順に沿って個々の分析法について考えよう。

手順 1 平方和の計算
- 総（全）平方和について

$$S_T = \sum_{i=1}^{\ell}\sum_{j=1}^{m}\sum_{k=1}^{r}\left(x_{ijk}-\overline{\overline{x}}\right)^2 = \sum x_{ijk}^2 - \frac{\left(\sum x_{ijk}\right)^2}{\ell mr} = \sum x_{ijk}^2 - CT$$

= 個々のデータの2乗和 − 修正項

ただし，$T = \sum x_{ijk}$ (データの総和)，$N = \ell \times m \times r$ (データの総数)，
$CT = \dfrac{T^2}{N} = \dfrac{\text{データの総和の2乗}}{\text{データの総数}}$: **修正項** (correction term)

である。

- 要因 AB の平方和（AB 間平方和）について

$$S_{AB} = \sum_{i=1}^{\ell}\sum_{j=1}^{m}\sum_{k=1}^{r}\left(\overline{x}_{ij\cdot} - \overline{\overline{x}}\right)^2 = r\sum_{i=1}^{\ell}\sum_{j=1}^{m}\left(\dfrac{\overline{x}_{ij\cdot}}{r} - \dfrac{T}{N}\right)^2 = \sum_{i=1}^{\ell}\sum_{j=1}^{m}\dfrac{x_{ij\cdot}^2}{r} - CT$$

$$= \sum_{i=1}^{\ell}\sum_{j=1}^{m}\dfrac{A_iB_j\text{水準でのデータの和の2乗}}{A_iB_j\text{水準のデータ数}} - CT$$

と変形される。

- 要因 A の平方和について

$$S_A = \sum_{i=1}^{\ell}\sum_{j=1}^{m}\sum_{k=1}^{r}\left(\overline{x}_{i\cdot\cdot} - \overline{\overline{x}}\right)^2 = mr\sum_{i=1}^{\ell}\left(\overline{x}_{i\cdot\cdot} - \overline{\overline{x}}\right)^2$$

$$= mr\sum_{i=1}^{\ell}\left(\dfrac{x_{i\cdot\cdot}}{mr} - \dfrac{T}{N}\right)^2 = \sum_{i=1}^{\ell}\dfrac{x_{i\cdot\cdot}^2}{mr} - CT \quad (T_i = \sum_{j=1}^{r} x_{ij} = x_{i\cdot})$$

$$= \sum_{i=1}^{\ell}\dfrac{A_i\text{水準でのデータの和の2乗}}{A_i\text{水準のデータ数}} - \text{修正項}$$

である。

- 要因 B の平方和について

$$S_B = \sum_{i=1}^{\ell}\sum_{j=1}^{m}\sum_{k=1}^{r}\left(\overline{x}_{\cdot j\cdot} - \overline{\overline{x}}\right)^2 = \ell r\sum_{j=1}^{m}\left(\overline{x}_{\cdot j\cdot} - \overline{\overline{x}}\right)^2 = \ell r\sum_{j=1}^{m}\left(\dfrac{x_{\cdot j\cdot}}{\ell r} - \dfrac{T}{N}\right)^2$$

$$= \sum_{j=1}^{m}\dfrac{x_{\cdot j\cdot}^2}{\ell r} - CT$$

$$= \sum_{j=1}^{m}\dfrac{B_j\text{水準でのデータの和の2乗}}{B_j\text{水準のデータ数}} - \text{修正項}$$

である。

- 交互作用 $A \times B$ の平方和について

$$S_{A \times B} = S_{AB} - S_A - S_B$$

- 誤差 E の平方和について

$$S_E = \sum_{i,j,k}(x_{ijk} - \overline{x}_{ij\cdot})^2 = S_T - S_{AB}$$: 残差平方和（同一水準内平方和）から求める。

手順2 自由度の計算

そこで各要因の自由度は

- 総平方和 S_T について

  変数 $x_{ijk} - \overline{\overline{x}}(i=1,\cdots,\ell\,;\,j=1,\cdots,m\,;\,k=1,\cdots,r)$ の個数は $\ell \times m \times r$ だが，それらを足すと 0 となり，自由度は 1 少ないので $\phi_T = \ell m r - 1 = N - 1$ である。

- 因子間平方和 S_A について

  変数 $\overline{x}_{i\cdot\cdot} - \overline{\overline{x}}(i=1,\cdots,\ell)$ の個数は ℓ 個だが，それらを足すと 0 となるので自由度は $\phi_A = \ell - 1$ である。

- 因子間平方和 S_B について

  変数 $\overline{x}_{\cdot j\cdot} - \overline{\overline{x}}(j=1,\cdots,m)$ の個数は m 個だが，それらを足すと 0 となるので自由度は $\phi_B = m - 1$ である。

- 交互作用の平方和 $S_{A \times B}$ について

  変数 $\overline{x}_{ij\cdot} - \overline{x}_{i\cdot\cdot} - \overline{x}_{\cdot j\cdot} + \overline{\overline{x}}$ の個数は ℓm 個あるが，各 i, j について制約があり $\ell-1, m-1$ だけ自由度が減る。ここで同じ制約が一つ重複しているので，$\ell m - (\ell-1) - (m-1) + 1 = (\ell-1)(m-1)$ が求める自由度となる。これは $\phi_{A \times B} = \phi_A \times \phi_B$ であるので，各因子の**自由度の積**と覚えれば良い。

- 残差平方和 S_E については全自由度から各要因 $A, B, A \times B$ の自由度を引けば求まる。つまり，$\phi_E = \ell m r - 1 - (\ell-1) - (m-1) - (\ell-1)(m-1) = \ell m (r-1)$ である。または，変数 $x_{ijk} - \overline{x}_{ij\cdot}$ は各 i,j について $r-1$ の自由度があるので ℓm 個については $\ell m(r-1)$ の自由度があると考えても良い。

手順3 分散分析表の作成

次にこれまでの平方和，自由度を表 4.12 のような**分散分析表**にまとめる。

表 4.12 分散分析表（繰返しあり）

要因	平方和 (S)	自由度 (ϕ)	平均平方 (V)	F_0	$E(V)$
A	S_A	$\phi_A = \ell - 1$	$V_A = \dfrac{S_A}{\phi_A}$	$\dfrac{V_A}{V_E}$	$\sigma^2 + mr\sigma_A^2$
B	S_B	$\phi_B = m - 1$	$V_B = \dfrac{S_B}{\phi_B}$	$\dfrac{V_B}{V_E}$	$\sigma^2 + \ell r\sigma_B^2$
$A \times B$	$S_{A \times B}$	$\phi_{A \times B} = (\ell-1)(m-1)$	$V_{A \times B} = \dfrac{S_{A \times B}}{\phi_{A \times B}}$	$\dfrac{V_{A \times B}}{V_E}$	$\sigma^2 + r\sigma_{A \times B}^2$
E	S_E	$\phi_E = \ell m(r-1)$	$V_E = \dfrac{S_E}{\phi_E}$		σ^2
計	S_T	$\phi_T = \ell m r - 1$			

$F(\phi_A, \phi_E; 0.05)$，$F(\phi_A, \phi_E; 0.01)$ の値も記入しておけば検定との対応もつき便利である。

なお，$\sigma_A^2 = \dfrac{\sum_i^\ell a_i^2}{\ell - 1}$，$\sigma_B^2 = \dfrac{\sum_j^m b_j^2}{m - 1}$，および $\sigma_{A \times B}^2 = \dfrac{\sum_{i=1}^\ell \sum_{j=1}^m (ab)_{ij}^2}{(\ell-1)(m-1)}$ である。

- 平均平方 (mean square) の期待値について

  各因子を固定したときの実験回数が分散にかかってくる。つまり，
  $E(V_A) = \sigma^2 + mr\sigma_A^2, E(V_B) = \sigma^2 + \ell r\sigma_B^2,\ E(V_{A \times B}) = \sigma^2 + r\sigma_{A \times B}^2,$

$$E(V_E) = \sigma^2$$

である。

（補 4-3） モデルのもとで V_A の期待値の計算を考えよう。これは（補 4-1）と同様に計算され以下のようになる。

$$E(V_A) = \frac{1}{\ell-1}E(S_A) = E\left(\sum(\overline{x}_{i\cdot\cdot} - \overline{\overline{x}})^2\right) = \sigma^2 + mr\sigma_A^2$$

各対応する因子（ここでは A）の水準を固定したときのデータ数（ここでは mr）が係数になると覚えれば良いだろう。◁

- 検定

要因として三つあるので，対応して検定（仮説）も考えられる。

交互作用 $A \times B$ については

$$\begin{cases} H_0: (ab)_{11} = (ab)_{12} = \cdots = (ab)_{\ell m} = 0 & \Longleftrightarrow \quad \text{差がない（帰無仮説）} \\ H_1: \text{すくなくとも 1 つの } (ab)_{ij} \neq 0 & \Longleftrightarrow \quad \text{差がある（対立仮説）} \end{cases}$$

なる検定である。そこで以下の検定方式がある。

検定方式

交互作用に関する検定は，有意水準 α に対し，

$$F_0 = \frac{V_{A \times B}}{V_E} \geqq F(\phi_{A \times B}, \phi_E; \alpha) \quad \Longrightarrow \quad H_0 \text{ を棄却する}$$

要因 A による効果がないことは，帰無仮説 H_0 では $a_1 = a_2 = \cdots = a_\ell = 0$ であることである。これは $\Longleftrightarrow \sigma_A^2 = 0$ と表せる。対立仮説 H_1 は not H_0 である。このときの検定方式は以下のようになる。

検定方式

要因 A に関する検定は，有意水準 α に対し，

$$F_0 = \frac{V_A}{V_E} \geqq F(\phi_A, \phi_E; \alpha) \quad \Longrightarrow \quad H_0 \text{ を棄却する}$$

同様に

検定方式

要因 B に関する検定は，有意水準 α に対し，

$$F_0 = \frac{V_B}{V_E} \geqq F(\phi_B, \phi_E; \alpha) \quad \Longrightarrow \quad H_0 \text{ を棄却する}$$

である。

手順 4 分散分析後の推定

因子の水準間に有意な差が認められる場合には各水準ごとに母平均の推定を行ったり，水準間の母平均の差の推定を行う。また最適条件を求める。交互作用があると考えられる場合とそうでない場合で異なるため，場合分けして行う。

(1) 交互作用 $A \times B$ が存在しないと考えられる場合

A, B 別々に最適水準を求めてよい。

A_i 水準での母平均 $\mu + a_i$ について

● 点推定
$$\widehat{\mu + a_i} = \overline{x}_{i..} = \frac{x_{i..}}{mr}$$

● 信頼度 $1 - \alpha$ の信頼限界
$$\overline{x}_{i..} \pm t(\phi_E, \alpha)\sqrt{\frac{V_E}{mr}}$$

二つの水準 A_i と A_j の間の母平均の差について

● 点推定
$$\widehat{\mu + a_i} - \widehat{\mu + a_j} = \overline{x}_{i..} - \overline{x}_{j..} = \frac{x_{i..}}{mr} - \frac{x_{j..}}{mr}$$

● 信頼度 $1 - \alpha$ の信頼限界
$$\overline{x}_{i..} - \overline{x}_{j..} \pm t(\phi_E, \alpha)\sqrt{\frac{2V_E}{mr}}$$

である。ここで $t(\phi_E, \alpha)\sqrt{\dfrac{2V_E}{mr}}$ （有意水準 α に対し）は，**最小有意差** (least significant difference) である。

二つの水準 B_i と B_j の間の母平均の差についても同様である。

$A_i B_j$ の母平均 $\mu + a_i + b_j$ の推定について

● 点推定　$\widehat{\mu + a_i + b_j} = \widehat{\mu + a_i} + \widehat{\mu + b_j} - \widehat{\mu} = \overline{x}_{i..} + \overline{x}_{.j.} - \overline{\overline{x}}$

● 区間推定　$\overline{x}_{i..} + \overline{x}_{.j.} - \overline{\overline{x}} \pm t(\phi_E, \alpha)\sqrt{\dfrac{V_E}{n_e}}$

ただし，n_e は**有効反復数**といわれ，以下の**伊奈の式**から求める。
$$\frac{1}{n_e} = \frac{1}{mr} + \frac{1}{\ell r} - \frac{1}{\ell m r}$$

（補 4-4）　上の伊奈の式は $\dfrac{1}{n_e} = \dfrac{\ell + m - 1}{\ell m r}$ と変形されるので

$$n_e = \frac{\ell m r}{\ell + m - 1} = \frac{\ell m r}{\ell - 1 + m - 1 + 1} = \frac{\text{実験総数}}{\text{無視しない要因の自由度の和} + 1}$$

として求めても良い。これは**田口の式**といわれている。◁

(2) 交互作用 $A \times B$ が存在すると考えられる場合

$A_i B_j$ の母平均 $\mu + a_i + b_j + (ab)_{ij}$ について

● 点推定
$$\widehat{\mu}(A_i B_j) = \overline{x}_{ij.} = \frac{x_{ij.}}{r}$$

● 信頼度 $1 - \alpha$ の信頼限界

$$\overline{x}_{ij\cdot} \pm t(\phi_E, \alpha)\sqrt{\frac{V_E}{r}}$$

二つの水準 A_iB_j と $A_{i'}B_{j'}$ の間の母平均の差について

● 点推定

$$\widehat{\mu}(A_iB_j - A_{i'}B_{j'}) = \overline{x}_{ij\cdot} - \overline{x}_{i'j'\cdot} = \frac{x_{ij\cdot}}{r} - \frac{x_{i'j'\cdot}}{r}$$

● 信頼度 $1-\alpha$ の信頼限界

$$\overline{x}_{ij\cdot} - \overline{x}_{i'j'\cdot} \pm t(\phi_E, \alpha)\sqrt{\frac{2V_E}{r}}$$

手順 5 解析結果のまとめ

分散分析の結果，推定の結果をもとに技術的・経済的な面も加味して結果をまとめる。

（補 4-5）　$x_{ijk} = \mu + a_i + b_j + (ab)_{ij} + \varepsilon_{ijk}$ から

$\overline{x}_{i\cdot\cdot} = \mu + a_i + \overline{\varepsilon}_{i\cdot\cdot}$, $\overline{x}_{\cdot j\cdot} = \mu + b_j + \overline{\varepsilon}_{\cdot j\cdot}$, $\overline{\overline{x}} = \mu + \overline{\overline{\varepsilon}}$ より

$x_{ijk} - \overline{x}_{i\cdot\cdot} = \varepsilon_{ij} - \overline{\varepsilon}_{i\cdot\cdot}$, $\overline{x}_{i\cdot\cdot} - \overline{\overline{x}} = a_i + \overline{\varepsilon}_{i\cdot\cdot} - \overline{\overline{\varepsilon}}$ だから

$x_{ijk} - \overline{\overline{x}} = x_{ijk} - \overline{x}_{ij\cdot} + \overline{x}_{i\cdot\cdot} - \overline{\overline{x}} + \overline{x}_{\cdot j\cdot} - \overline{\overline{x}} + \overline{x}_{ij\cdot} - \overline{x}_{i\cdot\cdot} - \overline{x}_{\cdot j\cdot} + \overline{\overline{x}}$

$= \underbrace{\varepsilon_{ijk} - \overline{\varepsilon}_{ij\cdot}}_{\text{誤差}} + \underbrace{a_i}_{A \text{の効果}} + \underbrace{\overline{\varepsilon}_{i\cdot\cdot} - \overline{\overline{\varepsilon}}}_{\text{誤差}} + \underbrace{b_j}_{B \text{の効果}} + \underbrace{\overline{\varepsilon}_{\cdot j\cdot} - \overline{\overline{\varepsilon}}}_{\text{誤差}} + \underbrace{(ab)_{ij}}_{A\times B \text{の効果}} + \underbrace{\overline{\varepsilon}_{ij\cdot} - \overline{\varepsilon}_{i\cdot\cdot} - \overline{\varepsilon}_{\cdot j\cdot} + \overline{\overline{\varepsilon}}}_{\text{誤差}}$

と母数の分解にも対応している。◁

例題 4-3

以下の売り場の単位面積 (m^2) 当たりの売上げ高の上期と下期の 2 回のデータから，スーパー 3 店 (A, B, C) の違いと地区（東京，名古屋，大阪，福岡）による違いの売上げ高への影響について検討し，最適条件（特性値の売上げ高が最も高い水準）での推定を行え。

表 4.13　売上げ高（単位：万円 $/m^2$）

地区 スーパー	東京		名古屋		大阪		福岡	
	上期	下期	上期	下期	上期	下期	上期	下期
A	9	12	5	4	12	11	6	7
B	8	9	6	5	9	10	7	8
C	11	10	7	8	10	11	9	8

[解]　手順 1　モデルと仮説の設定

繰返しのある 2 元配置の実験として，以下のモデル（データの構造式）を仮定する。なお，スーパーの違いを因子 A で表し，地区の違いを因子 B を用いて表すとする。

$x_{ijk} = \mu + a_i + b_j + (ab)_{ij} + \varepsilon_{ijk}(i=1,2,3; j=1,2,3,4; k=1,2)$

$\sum_{i=1}^{3} a_i = 0$, $\quad \sum_{j=1}^{4} b_j = 0, \sum_{i=1}^{3}(ab)_{ij} = \sum_{j=1}^{4}(ab)_{ij} = 0$,

$\varepsilon_{ijk} \sim N(0, \sigma^2)$

更に仮説として店と地区の交互作用がない $(\sigma_{A\times B}^2 = 0)$，店の違いによる差がない $(\sigma_A^2 = 0)$，地区の違いによる差がない $(\sigma_B^2 = 0)$ が考えられる。

220 第4章 分 散 分 析

手順 2 データのグラフ化

横軸に店の違いをとり，縦軸に売上げ高をとって地区ごとに打点すると図 4.9 のようになる。地区による違い（違い）があり，店による違い（効果）もややありそうである。交互作用についてはあまりなさそうである。

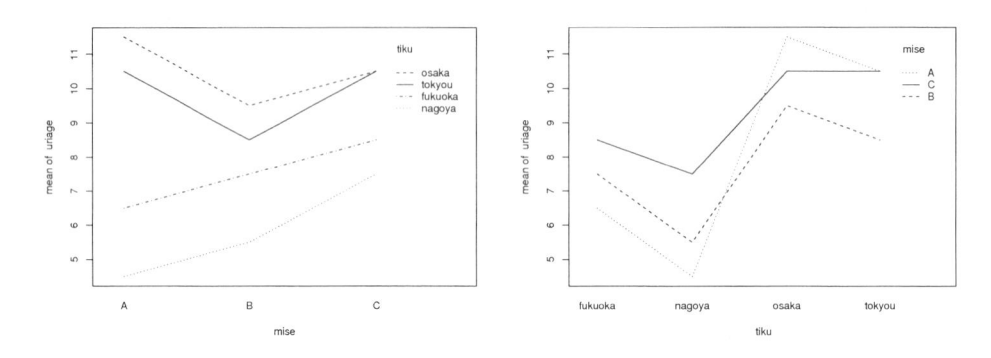

図 4.9 店舗の違いと地区による単位面積当たり売上げ高

手順 3 等分散性のチェック

表 4.14 範囲 R の表

A \ B	B_1	B_2	B_3	B_3	計
A_1	3	1	1	1	6
A_2	1	1	1	1	4
A_3	1	1	1	1	4
計	5	3	3	3	14

範囲 R の表である表 4.14 を作成し，等分散性のチェックをする。$\overline{R} = 14/12 = 1.167$，$D_4\overline{R} = 3.267 \times 1.167 = 3.812$ で $D_4\overline{R}$ を超える R はないので等分散とみなして解析を進める。

手順 4 修正項，平方和の計算

以下の各種平方和を計算するための補助表表 4.15〜表 4.17 を作成する。

表 4.15 x_{ijk}^2 の表

A \ B	B_1		B_2		B_3		B_4		計
A_1	81	144	25	16	144	121	36	49	616
A_2	64	81	36	25	81	100	49	64	500
A_3	121	100	49	64	100	121	81	64	700
計	591		215		667		343		1816

表 4.16 $T_{ij\cdot}$ の表

A \ B	B_1	B_2	B_3	B_4	$T_{i\cdot\cdot}$	$T_{i\cdot\cdot}^2$
A_1	21	9	23	13	66	4356
A_2	17	11	19	15	62	3844
A_3	21	15	21	17	74	5476
$T_{\cdot j\cdot}$	59	35	63	45	$T = 202$	$\sum T_{i\cdot\cdot}^2 = 13676$
$T_{\cdot j\cdot}^2$	3481	1225	3969	2025	$\sum T_{\cdot j\cdot}^2 = 10700$	$T^2 = 40804$

表 **4.17** $T_{ij.}^2$ の表

A\B	B_1	B_2	B_3	B_4	$\sum_j T_{ij.}^2$
A_1	441	81	529	169	1220
A_2	289	121	361	225	996
A_3	441	225	441	289	1396
$\sum_i T_{ij.}^2$	1771	427	1331	683	3612

$CT = T^2/N = 202^2/24 = 1700.167$

$S_T = \sum x_{ijk}^2 - CT = 1816 - 1700.167 = 115.833$

$S_{AB} = \dfrac{\sum_{ij} T_{ij.}^2}{r} - CT = \dfrac{3612}{2} - 1700.167 = 105.833$

$S_E = S_T - S_{AB} = 115.833 - 105.833 = 10.000$

$S_A = \dfrac{\sum_i T_{i..}^2}{mr} - CT = \dfrac{13676}{8} - 1700.167 = 9.333$

$S_B = \dfrac{\sum_j T_{.j.}^2}{\ell r} - CT = \dfrac{10700}{6} - 1700.167 = 83.167$

$S_{A \times B} = S_{AB} - S_A - S_B = 105.833 - 9.333 - 83.167 = 13.333$

手順 5 自由度の計算

$\phi_T = N - 1 = 23,\ \phi_{AB} = \ell m - 1 = 11,\ \phi_E = \phi_T - \phi_{AB} = \ell m(r-1) = 3 \times 4(2-1) = 12,$

$\phi_A = \ell - 1 = 2,\ \phi_B = m - 1 = 3,\ \phi_{A \times B} = \phi_{AB} - \phi_A - \phi_B = (\ell-1)(m-1) = 6$

手順 6 分散分析表の作成と要因効果の検定

手順 4, 5 の計算から以下の表 4.18 のような分散分析表を作成する.

表 **4.18** 分散分析表 1

要因	平方和 (S)	自由度 (ϕ)	平均平方 (V)	F_0	$E(V)$
A	$S_A = 9.333$	$\phi_A = 2$	$V_A = \dfrac{S_A}{\phi_A} = 4.667$	$\dfrac{V_A}{V_E} = 5.600^*$	$\sigma^2 + 8\sigma_A^2$
B	$S_B = 83.167$	$\phi_B = 3$	$V_B = \dfrac{S_B}{\phi_B} = 27.722$	$\dfrac{V_B}{V_E} = 33.267^{**}$	$\sigma^2 + 6\sigma_B^2$
$A \times B$	$S_{A \times B} = 13.333$	$\phi_{A \times B} = 6$	$V_B = \dfrac{S_B}{\phi_B} = 2.222$	$\dfrac{V_B}{V_E} = 2.667$	$\sigma^2 + 2\sigma_B^2$
E	$S_E = 10.000$	$\phi_E = 12$	$V_E = \dfrac{S_E}{\phi_E} = 0.833$		σ^2
計	$S_T = 115.833$	$\phi_T = 23$			

$A \times B$ は有意水準 10% でも有意でなく, A, B はそれぞれ 5%, 1% で有意である. そこで $S_{A \times B}$ を誤差にプールして分散分析表を作りなおすと表 4.19 のようになる.

ここに,

$S_{E'} = S_E + S_{A \times B} = 23.333,\ \phi_{E'} = \phi_E + \phi_{A \times B} = 18,\ V_{E'} = \dfrac{S_{E'}}{\phi_{E'}} = 1.296$

である.

表 4.19 分散分析表 2

要因	平方和 (S)	自由度 (ϕ)	平均平方 (V)	F_0	$E(V)$
A	$S_A = 9.333$	$\phi_A = 2$	$V_A = \dfrac{S_A}{\phi_A} = 4.667$	$\dfrac{V_A}{V_E} = 3.600^*$	$\sigma^2 + 8\sigma_A^2$
B	$S_B = 83.167$	$\phi_B = 3$	$V_B = \dfrac{S_B}{\phi_B} = 27.722$	$\dfrac{V_B}{V_E} = 21.386^{**}$	$\sigma^2 + 6\sigma_B^2$
E'	$S_{E'} = 23.333$	$\phi_{E'} = 18$	$V_{E'} = \dfrac{S_{E'}}{\phi_{E'}} = 1.296$		σ^2
計	$S_T = 115.833$	$\phi_T = 23$			

手順 7 分析後の推定

最適条件を求める．手順 6 より，モデルの構造式は

$$x_{ijk} = \mu + a_i + b_j + \varepsilon_{ijk}$$

である．表 4.16 より，最大の $T_{i..}$ を与える i は $i = 3$ で，最大の $T_{.j.}$ を与える j は $j = 3$ で最適なので，$A_3 B_3$ が最適な条件である．そこで最適条件での点推定は

$$\widehat{\mu + a_3 + b_3} = \widehat{\mu + a_3} + \widehat{\mu + b_3} - \widehat{\mu} = \bar{x}_{3..} + \bar{x}_{.3.} - \bar{\bar{x}} = \frac{74}{8} - \frac{63}{6} - \frac{202}{24}$$

$$= 9.25 + 10.5 - 8.417 = 11.333$$

であり，95%の信頼区間は有効繰返し数 n_e とすると伊奈の式から

$$\frac{1}{n_e} = \frac{1}{mr} + \frac{1}{\ell r} - \frac{1}{\ell m r} = \frac{1}{8} + \frac{1}{6} - \frac{1}{24} = \frac{1}{4}$$

であり，$V_{E'} = 1.296$ から

$$(\mu_{33})_{L,U} = \widehat{\mu + a_3 + b_3} \pm t(\phi_{E'}, 0.05)\sqrt{\frac{V_{E'}}{n_e}} = 11.333 \pm 2.101\sqrt{\frac{1.296}{4}}$$

$$= 11.333 \pm 1.196 = 9.374, 12.529$$

なお，残差に関する正規確率プロットを行うと以下の図 4.10 のようになり，正規性が成り立っていないとはいえなく，データに異常な値もなさそうである．□

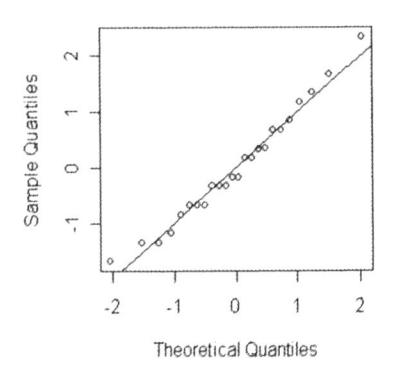

図 4.10 残差に関する正規確率プロット

4.3 2元配置法

――― R による実行結果 ―――

2元配置分散分析
```
> rei43<-read.table("rei43.txt",header=T)
> rei43
   uriage mise    tiku jiki
1       9    A  tokyou  zen
2      12    A  tokyou  kou
3       5    A  nagoya  zen
4       4    A  nagoya  kou
5      12    A   osaka  zen
6      11    A   osaka  kou
7       6    A fukuoka  zen
8       7    A fukuoka  kou
9       8    B  tokyou  zen
10      9    B  tokyou  kou
11      6    B  nagoya  zen
12      5    B  nagoya  kou
13      9    B   osaka  zen
14     10    B   osaka  kou
15      7    B fukuoka  zen
16      8    B fukuoka  kou
17     11    C  tokyou  zen
18     10    C  tokyou  kou
19      7    C  nagoya  zen
20      8    C  nagoya  kou
21     10    C   osaka  zen
22     11    C   osaka  kou
23      9    C fukuoka  zen
24      8    C fukuoka  kou
> attach(rei43)
> names(rei43)
[1] "uriage" "mise"   "tiku"   "jiki"
# 画面を2分割するときは，> par(mfrow=c(1,2)) と入力する。
> interaction.plot(mise,tiku,uriage) # グラフ表示（図4.9の左側参照）
> interaction.plot(tiku,mise,uriage) # グラフ表示（図4.9の右側参照）
```

```
# 画面を1分割に戻すときは > par(mfrow=c(1,1)) と入力する。
> rei43.aov<-aov(uriage~mise+tiku+mise*tiku)
# 分散分析の結果をrei43.aovに代入
> summary(rei43.aov)   # 分散分析の結果を要約する
            Df  Sum Sq  Mean Sq  F value    Pr(>F)
mise         2   9.333    4.667   5.6000   0.01915 *
tiku         3  83.167   27.722  33.2667 4.273e-06 ***
mise:tiku    6  13.333    2.222   2.6667   0.06993 .
Residuals   12  10.000    0.833
---
Signif. codes:  0 '***' 0.001 '**' 0.01 '*' 0.05 '.' 0.1 ' ' 1
> rei43.lm<-lm(uriage~mise+tiku+mise*tiku,data=rei43)
> summary(rei43.lm)
Call:
lm(formula = uriage ~ mise + tiku + mise * tiku, data = rei43)
Residuals:
       Min         1Q     Median         3Q        Max
-1.500e+00 -5.000e-01  5.551e-17  5.000e-01  1.500e+00
Coefficients:
                    Estimate Std. Error  t value Pr(>|t|)
(Intercept)        6.500e+00  6.455e-01   10.070 3.32e-07 ***
miseB              1.000e+00  9.129e-01    1.095 0.294821
miseC              2.000e+00  9.129e-01    2.191 0.048930 *
tikunagoya        -2.000e+00  9.129e-01   -2.191 0.048930 *
tikuosaka          5.000e+00  9.129e-01    5.477 0.000141 ***
tikutokyou         4.000e+00  9.129e-01    4.382 0.000894 ***
miseB:tikunagoya   1.943e-15  1.291e+00  1.50e-15 1.000000
miseC:tikunagoya   1.000e+00  1.291e+00    0.775 0.453571
miseB:tikuosaka   -3.000e+00  1.291e+00   -2.324 0.038502 *
miseC:tikuosaka   -3.000e+00  1.291e+00   -2.324 0.038502 *
miseB:tikutokyou  -3.000e+00  1.291e+00   -2.324 0.038502 *
miseC:tikutokyou  -2.000e+00  1.291e+00   -1.549 0.147294
---
Signif. codes:  0 '***' 0.001 '**' 0.01 '*' 0.05 '.' 0.1 ' ' 1
Residual standard error: 0.9129 on 12 degrees of freedom
Multiple R-Squared: 0.9137,     Adjusted R-squared: 0.8345
```

4.3 2元配置法

```
F-statistic: 11.55 on 11 and 12 DF,  p-value: 9.259e-05
> plot(fitted(rei43.lm),resid(rei43.lm)) # 残差と予測値の散布図
> rei43.res<-resid(rei43.lm) # 残差を rei43.res に代入する
> qqnorm(rei43.res);qqline(rei43.res) # 正規確率プロット
> rei43p.aov<-aov(uriage~mise+tiku)
# 交互作用なし（プーリング後）の分散分析の結果を rei43p.aov に代入する
> summary(rei43p.aov)
            Df Sum Sq Mean Sq F value    Pr(>F)
mise         2  9.333   4.667   3.600    0.0484 *
tiku         3 83.167  27.722  21.386 3.672e-06 ***
Residuals   18 23.333   1.296
---
Signif. codes:  0 '***' 0.001 '**' 0.01 '*' 0.05 '.' 0.1 ' ' 1
> rei43p.lm<-lm(uriage~mise+tiku)
> summary(rei43p.lm)
Call:
lm(formula = uriage ~ mise + tiku)
Residuals:
    Min      1Q  Median      3Q     Max
-1.6667 -0.6667 -0.1667  0.6667  2.3333
Coefficients:
            Estimate Std. Error t value Pr(>|t|)
(Intercept)   7.3333     0.5693  12.882 1.60e-10 ***
miseB        -0.5000     0.5693  -0.878 0.391349
miseC         1.0000     0.5693   1.757 0.095981 .
tikunagoya   -1.6667     0.6573  -2.535 0.020720 *
tikuosaka     3.0000     0.6573   4.564 0.000241 ***
tikutokyou    2.3333     0.6573   3.550 0.002290 **
---
Signif. codes:  0 '***' 0.001 '**' 0.01 '*' 0.05 '.' 0.1 ' ' 1
Residual standard error: 1.139 on 18 degrees of freedom
Multiple R-Squared: 0.7986,     Adjusted R-squared: 0.7426
F-statistic: 14.27 on 5 and 18 DF,  p-value: 9.981e-06
> plot(fitted(rei43p.lm),resid(rei43p.lm)) # 残差と予測値の散布図
> rei43p.res<-resid(rei43p.lm) # 残差を rei43p.res に代入する
> qqnorm(rei43p.res);qqline(rei43p.res)  # 正規確率プロット
```

演習 4-5 以下の表 4.20 は，反応率を圧力（3 水準）と温度（4 水準）によって 3 回ずつ測定した結果である．分散分析により要因の効果を検討せよ．なお反応率は大きいほど良いとする．

表 4.20　反応率（単位：%）

圧力＼温度	B_1			B_2			B_3			B_4		
A_1	80	70	75	65	54	62	58	57	63	68	75	74
A_2	76	68	70	63	64	66	55	57	53	65	68	62
A_3	86	85	84	61	74	72	65	67	61	56	65	66

演習 4-6 以下の表 4.21 は，色（赤，青，黒）と形（円，四角，星型，バツ印）を変えて繰返し 2 回，ランダムにコンピュータに表示させたときの反応時間（ミリ秒）のデータから色，形によって反応時間に差があるかどうか分散分析せよ．

表 4.21　反応時間（単位：ミリ秒）

色＼形	円		四角		星型		バツ印	
赤	45	43	44	43	52	50	35	37
青	65	63	64	68	57	55	45	40
黒	55	52	58	59	50	52	43	42

4.3.2　繰返しなしの場合

データ＝総平均＋A_i の主効果＋B_j の主効果＋誤差

$x_{ij} = \mu + a_i + b_j + \varepsilon_{ij} (i = 1, \ldots, \ell; j = 1, \ldots, m)$

μ：一般平均（全平均）(grand mean)

a_i：要因 A の**主効果** (main effect), $\sum_{i=1}^{\ell} a_i = 0$

b_j：要因 B の**主効果** (main effect), $\sum_{j=1}^{m} b_j = 0$

ε_{ij}：誤差は互いに独立に正規分布 $N(0, \sigma^2)$ に従う．

表 4.22　分散分析表（繰返しなし）

要因	平方和 (S)	自由度 (ϕ)	平均平方 (V)	F_0	$E(V)$
A	S_A	$\phi_A = \ell - 1$	$V_A = \dfrac{S_A}{\phi_A}$	$\dfrac{V_A}{V_E}$	$\sigma^2 + m\sigma_A^2$
B	S_B	$\phi_B = m - 1$	$V_B = \dfrac{S_B}{\phi_B}$	$\dfrac{V_B}{V_E}$	$\sigma^2 + \ell\sigma_B^2$
E	S_E	$\phi_E = (\ell-1)(m-1)$	$V_E = \dfrac{S_E}{\phi_E}$		σ^2
計	S_T	$\phi_T = \ell m - 1$			

演習 4-7 以下の表 4.23 は，学部（工学，経済，教育）と曜日（月〜金）による出席率 (%) のデータである．学部，曜日による出席率に差があるかどうか分散分析せよ．

表 4.23　出席率（単位：%）

学部＼曜日	月	火	水	木	金
工学部	85	81	88	90	85
経済学部	75	64	87	75	82
教育学部	82	74	85	90	88

演習 4-8　地域と通勤方法によって通勤時間が異なるか検討することになり，調査したところ以下の表 4.24 のデータが得られた．分散分析せよ．

表 4.24　通勤時間（単位：分）

地区＼方法	電車	バス	自家用車	自転車
A	80	55	45	25
B	40	35	55	20
C	80	60	50	15

4.4　変量因子を含む分散分析

ここでは主効果が再度同じ状況に設定できない（再現性のない）日であるとか，ランダムに分割した材料を用いるような確率変数とみなされる因子を**変量因子**という．また，再現性がある定数である因子を**母数因子**といい，制御因子と標示因子に分かれる．制御因子は実験によってその最適の水準を見出すことを目的としてとりあげる因子であり，標示因子はその因子について最適水準を見出すこと自体を目的とするのでなく，その因子の水準ごとに他の因子（制御因子）の最適水準を見出すことを目的とする因子である．そして，図 4.11 のように分類される．

図 4.11　因子の分類

ブロック因子を導入し，実験をいくつかのブロックに分け，各ブロックに比較したい処理を n ずつランダムにわりつける実験配置の方法を**乱塊法** (randomized block design) という．ここでは簡単のため，主効果が変量因子である以下のような 1 元配置のモデルを扱う．

$$x_{ij} = \mu + a_i + \varepsilon_{ij} \quad (i = 1, \cdots, \ell; j = 1, \cdots, r)$$

$a_i \sim N(0, \sigma_A^2), \varepsilon_{ij} \sim N(0, \sigma^2), a_i と \varepsilon_{ij} は独立$

そこで条件としては $E(a_i) = 0$ であって，母数因子の場合の $\sum_i a_i = 0$ でないことに注意したい．また $E(a_i^2) = V(a_i) = \sigma_A^2$ である．

このとき，分散分析表を作成すると表 4.25 のようになる．

表 4.25 1元配置（変量モデル）の分散分析表

要因	平方和 (S)	自由度 (ϕ)	平均平方 (V)	F_0	$E(V)$
A	S_A	$\phi_A = \ell - 1$	$V_A = \dfrac{S_A}{\phi_A}$	$\dfrac{V_A}{V_E}$	$\sigma^2 + r\sigma_A^2$
E	S_E	$\phi_E = \ell(r-1)$	$V_E = \dfrac{S_E}{\phi_E}$		σ^2
計	S_T	$\phi_T = \ell r - 1$			

このとき以下のような検定・推定が行われる．

(1) $H_0 : \sigma_A^2 = 0$ vs $H_1 : \sigma_A^2 > 0$

(2) σ_A^2 の推定

$$\widehat{\sigma_A^2} = \frac{V_A - V_E}{r}$$

(3) μ の推定

- 点推定：$\widehat{\mu} = \overline{\overline{x}}$

  そして，$\overline{\overline{x}} = \mu + \overline{a}. + \overline{\overline{\varepsilon}}$,
  $V(\overline{\overline{x}}) = \dfrac{\sigma_A^2}{\ell} + \dfrac{\sigma^2}{\ell r} = \dfrac{1}{\ell r}(\sigma^2 + r\sigma_A^2) = \dfrac{E(V_A)}{\ell r}$ より

- 区間推定：$\overline{\overline{x}} \pm t(\phi_A, \alpha)\sqrt{\dfrac{V_A}{\ell r}}$（信頼度 $1-\alpha$）

演習 4-9 あるスーパーの1週間の売り上げデータをとったところ以下のようであった．日をランダムと考えて，売上げに日によるばらつきがあるか検定せよ．

23.5, 34.2, 28.5, 30.5, 31.5, 45.6, 48.2（万円）

（演習 4-7 のヒント）

```
―――――――――――――― R による実行結果 ――――――――――――――
> en47<-read.table("en47.txt",header=T)
> en47
  shusekiritu gakubu youbi
1          85 kougaku  getu
2          75  keizai  getu
3          82 kyouiku  getu
4          81 kougaku    ka
5          64  keizai    ka
6          74 kyouiku    ka
7          88 kougaku   sui
8          87  keizai   sui
```

```
9            85 kyouiku   sui
10           90 kougaku   moku
11           75 keizai    moku
12           90 kyouiku   moku
13           85 kougaku   kin
14           82 keizai    kin
15           88 kyouiku   kin
> attach(en47)
> names(en47)
[1] "shusekiritu" "gakubu"      "youbi"
> interaction.plot(gakubu,youbi,shusekiritu)
> en47.aov<-aov(shusekiritu~gakubu+youbi)
> summary(en47.aov)
          Df Sum Sq Mean Sq F value  Pr(>F)
gakubu     2 234.13  117.07  6.8260 0.01864 *
youbi      4 367.60   91.90  5.3586 0.02135 *
Residuals  8 137.20   17.15
---
Signif. codes:  0 '***' 0.001 '**' 0.01 '*' 0.05 '.' 0.1 ' ' 1
> summary(lm(shusekiritu~gakubu+youbi))
```

第5章
相関分析と単回帰分析

5.1 相関分析とは

身長と体重，数学と英語の成績といったように二つの変量があって，その関係を調べ解析することを**相関分析** (correlation analyais) という。n 個のペアー（組）となったデータ $(x_1, y_1), \ldots, (x_n, y_n)$ が与えられるとき，以下の図 5.1 のように 2 変量の間の相関関係は**散布図** (scatter diagram) または相関図 (correlational diagram) といわれる 2 変量データの 2 次元データをプロット（打点）した図を描くことが解析の基本である。そして，x が増加するとき y も増加するときには**正の相関**があるという（①）。逆に x が増加するとき y が減少するときに**負の相関**があるという（②）。また x の変化に対して，y がその変化に対応することなく変化したり，一定であるような場合には**無相関**であるという（③）。さらに，変量 x と y の間の相関の度合いを測るものさしとして，前述された（ピアソンの）標本相関係数 r がよく使われる。その r は $-1 \leqq r \leqq 1$ であり（Schwartz の不等式から導かれる），直線的な関係があるときには $|r|$ は 1 に近い値となり，相関関係が高いことを示している。しかし，散布図で相関があっても，相関係数の絶対値は小さいこともある（④，⑤）。また，特殊な関連性（⑥のような）がないか，データに異常値が含まれてないか（⑦），層別（⑧）の必要性の有無などを調べる基本が散布図である。

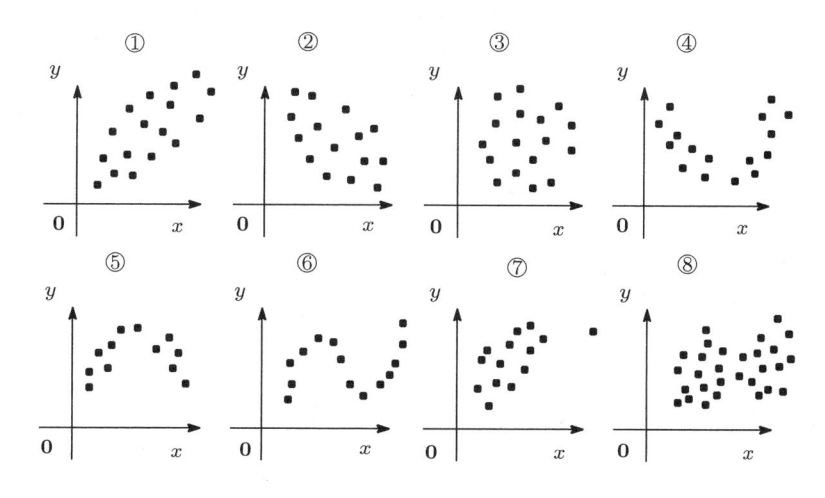

図 5.1 いろいろのタイプの散布図

そして，x が増加すると y も増加するときには**正の相関**があるという（①）。逆に x が増加すると y が減少するときに**負の相関**があるという（②）。また x の変化に対して，y がその変化に対応することなく変化したり，一定であるような場合には**無相関**であるという（③）。さらに，変量 x と y の間の相関の度合いを測るものさしとして，前述された以下の（ピアソンの）標本相関係数 r がよく使われる。

$$r = \frac{S(x,y)}{\sqrt{S(x,x)}\sqrt{S(y,y)}}$$

この式の定義から，分母は

$$S(x,x) = \sum_{i=1}^{n}(x_i - \overline{x})^2 > 0 \quad \text{かつ} \quad S(y,y) = \sum_{i=1}^{n}(y_i - \overline{y})^2 > 0$$

から常に正である。そこで分子の正負により符号が定まる。分子は

$$S(x,y) = \sum_{i=1}^{n}(x_i - \overline{x})(y_i - \overline{y})$$

であるので，図 5.2 のように $(\overline{x}, \overline{y})$ を原点と考えて第 I，III 象限にデータ (x_i, y_i) があれば，$(x_i - \overline{x})(y_i - \overline{y}) > 0$ であり，第 II，IV 象限にデータ (x_i, y_i) があれば，$(x_i - \overline{x})(y_i - \overline{y}) < 0$ である。よって $S(x,y) > 0$ つまり $r > 0$ であるときは第 I，III 象限のデータが第 II，IV 象限のデータより大体多くなり，点が右上がりの傾向にある。つまり正の相関がある。逆に，$S(x,y) < 0$ つまり $r < 0$ であるときは第 II，IV 象限のデータが第 I，III 象限のデータより大体多くなり，点が右下がりの傾向にある。つまり負の相関がある。

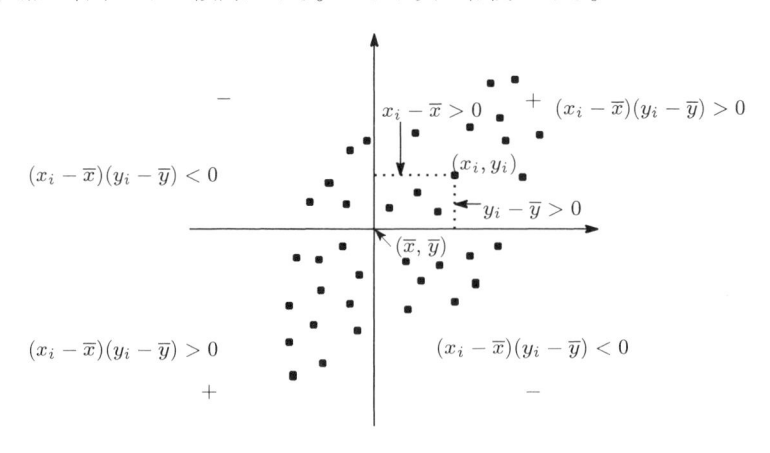

図 5.2 相関係数の正負と散布図

r は $-1 \leqq r \leqq 1$ であり（シュワルツの不等式から導かれる），直線的な関係があるときには $|r|$ は 1 に近い値となり，相関関係が高いことを示している。しかし，散布図で相関があっても，相関係数の絶対値は小さいこともある（④，⑤）。また，特殊な関連性（⑥のような）がないか，データに異常値が含まれてないか（⑦），層別（⑧）の必要性の有無などを調べる基本が散布図である。

ここで二つの変数が共に増加または減少の傾向にあるとき，いつも一方の変数が他の変数

に直接または間接に何らかの影響があるとはいえない。二つの変数が共に他の変数のために強い関係がみられたかもしれないのである。例えば毎日の仕事量が増えるとき，交通事故数が増えている状況がある。このような変数どうしに本当は相関がないにもかかわらず，相関があるような変化がみられることを**見せかけの相関（偽相関）**があるという。

次に，二つの確率変数 X, Y について，

$$\rho = \frac{Cov[X,Y]}{\sqrt{Var[X]}\sqrt{Var[Y]}} \tag{5.1}$$

を X と Y の母相関係数という。$-1 \leqq \rho \leqq 1$ である。また X と Y が独立のときには $Cov[X,Y] = 0$ より $\rho = 0$ である。X, Y が2変量正規分布に従っている場合，その同時密度関数 $g(x,y)$ は以下のように与えられる。

$$g(x,y) = \frac{1}{2\pi\sigma_1\sigma_y\sqrt{1-\rho_{xy}^2}} \exp\left[-\frac{1}{2(1-\rho_{xy}^2)}\left\{\frac{(x-\mu_x)^2}{\sigma_x^2}\right.\right. \tag{5.2}$$

$$\left.\left. -\frac{2\rho_{xy}(x-\mu_x)(x-\mu_y)}{\sigma_x\sigma_y} + \frac{(y-\mu_y)^2}{\sigma_y^2}\right\}\right]$$

このとき，$\rho = \rho_{xy}$ が成立する。また，<u>X と Y が正規分布に従う確率変数であるとき共分散が0なら，そこで $\rho = 0$ となるなら X と Y は独立である</u>。それはこの密度関数の形から $\rho = 0$ のとき，X と Y の同時密度関数が X と Y のそれぞれの密度関数の積にかけるからである。また

$$E[X] = \mu_x, V[X] = \sigma_x^2, E[Y] = \mu_y, V[Y] = \sigma_y^2, C[X,Y] = \rho\sigma_x\sigma_y \tag{5.3}$$

も成立する。なお，以下の図 5.3 は平均 (0.2,0.4)，相関係数 0.4，分散がいずれも1の2次元正規分布の密度関数をグラフ化したものである。

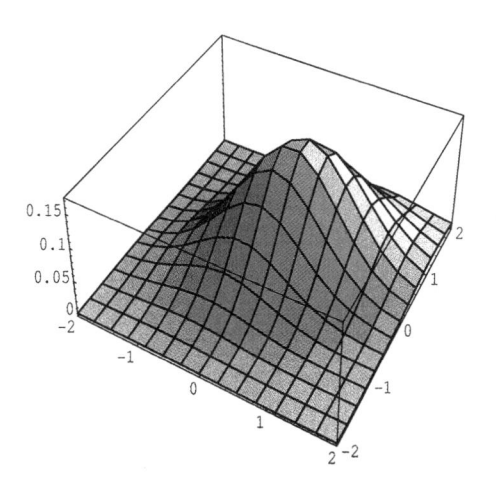

図 5.3 2次元正規分布の密度関数のグラフ

5.2 相関係数に関する検定と推定

5.2.1 2次元正規分布における相関

(1) 無相関の検定

$$\begin{cases} H_0 : \rho = 0 \\ H_1 : \rho \neq 0 \end{cases}$$

の検定をするには，(x, y) が 2 次元正規分布に従い，$\rho = 0$ のとき，

(5.4) $\quad t_0 = \dfrac{r\sqrt{n-2}}{\sqrt{1-r^2}} \sim t_{n-2} \quad under \quad H_0$

（帰無仮説 H_0 のもとで，自由度 $\phi = n-2$ の t 分布に従う）である．そこで，t 分布による次のような検定法がとられる．

―― 検定方式 ――

$|t_0| \geq t(\phi, \alpha) \quad \Longrightarrow \quad H_0$ を棄却する

他に，r 表を用いて検定する方法 がある．これは $t = \dfrac{r\sqrt{n-2}}{\sqrt{1-r^2}}$ を r について解いて $r = \dfrac{t}{\sqrt{n-2+t^2}}$ から t 分布の数表から r 表（付表）を作ることができる．そこで，以下のような検定法がとれる．

―― 検定方式 ――

$|r| \geq r(n-2, \alpha) \quad \Longrightarrow \quad H_0$ を棄却する

―― 例題 5-1 ――

以下の表 5.1 の学生 12 人の情報科学と統計学の成績データから，二つの科目の成績に相関があるかどうか有意水準 5% で検定せよ．

表 5.1 成績データ

学生＼科目	情報科学	統計学
1	57	64
2	71	73
3	87	76
4	88	84
5	83	93
6	89	80
7	81	88
8	93	94
9	76	73
10	79	75
11	89	76
12	91	91

[解] 手順1 散布図の作成

x軸に情報科学，y軸に統計学の成績得点をとり散布図を作成すると図5.4のようになる。図5.4から正の相関がありそうであり，データに癖はなさそうである。

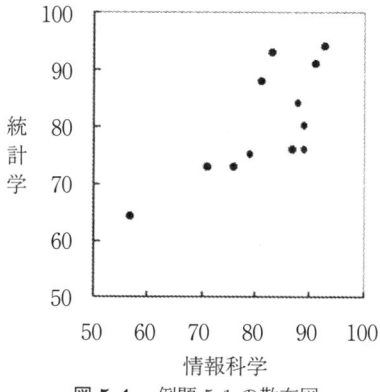

図 5.4 例題 5-1 の散布図

手順2 仮説と有意水準の設定

$$\begin{cases} H_0 &: \rho = 0 \\ H_1 &: \rho \neq 0, \quad \alpha = 0.05 \end{cases}$$

手順3 棄却域の設定（検定方式の決定）

相関係数 r を用いた $t_0 = \dfrac{r\sqrt{n-2}}{\sqrt{1-r^2}}$ によって棄却域 R を $R : |t_0| \geq t(n-2, 0.05) = t(10, 0.05)$ とする。

手順4 検定統計量の計算（r の計算）

計算のため必要な和，2乗和，積和を求めるため表5.2のような補助表を作成する。

表 5.2 補助表

学生 No. 項目	x	y	x^2	y^2	xy
1	57	64	3249	4096	3648
2	71	73	5041	5329	5183
3	87	76	7569	5776	6612
4	88	84	7744	7056	7392
5	83	93	6889	8649	7719
6	89	80	7921	6400	7120
7	81	88	6561	7744	7128
8	93	94	8649	8836	8742
9	76	73	5776	5329	5548
10	79	75	6241	5625	5925
11	89	76	7921	5776	6764
12	91	91	8281	8281	8281
計	984 ①	967 ②	81842 ③	78897 ④	80062 ⑤

表 5.2 より，

$$r = \frac{S_{xy}}{\sqrt{S_{xx}}\sqrt{S_{yy}}}, \quad S_{xy} = ⑤ - \frac{① \times ②}{n} = 80062 - \frac{984 \times 967}{12} = 768,$$

$S_{xx} = ③ - \dfrac{①^2}{n} = 81842 - 984^2/12 = 1154$, $S_{yy} = ④ - \dfrac{②^2}{n} = 78897 - 967^2/12 = 972.92$ より
$r = 0.725$

したがって $t_0 = \dfrac{0.725\sqrt{10}}{\sqrt{1-0.725^2}} = 3.329$

手順 5 判定と結論

$t(10, 0.05) = 2.228$ で $|t_0| > t(10, 0.05)$ だから，有意水準 5% で棄却される．つまり情報科学と統計学の成績は無相関とはいえない．□

───── R による実行結果 ─────

```
> rei51<-read.table("rei51.txt",header=T) # 前もって Excel で入力保存してい
たファイルを読み込む
> rei51 #データの確認
   No jyouhou toukei
1   1      57     64
2   2      71     73
    ...
11 11      89     76
12 12      91     91
> summary(rei51[,2:3]) # 基礎統計量の計算（予備解析）
    jyouhou         toukei
 Min.   :57.00   Min.   :64.00
 1st Qu.:78.25   1st Qu.:74.50
 Median :85.00   Median :78.00
 Mean   :82.00   Mean   :80.58
 3rd Qu.:89.00   3rd Qu.:88.75
 Max.   :93.00   Max.   :94.00
> pairs(rei51[,2:3],gap=0,
+ diag.panel=function(x){
+ par(new=TRUE)
+ hist(x,main="")
+ rug(x)
+ })
> cov(rei51[,2:3])
# （共）分散行列の計算 var(rei51[,2:3]) でも良い（予備解析）
          jyouhou    toukei
jyouhou 104.90909  69.81818
toukei   69.81818  88.44697
```

```
> cor(rei51[,2:3])  # 相関係数行列の計算 (予備解析)
           jyouhou    toukei
jyouhou  1.0000000 0.7248039
toukei   0.7248039 1.0000000
> attach(rei51)  # 変数を単独で扱えるようにする
> cor(jyouhou,toukei)
[1] 0.7248039
> plot(jyouhou,toukei,xlab="情報科学",ylab="統計学",main="成績の散布図")  # 散布図を作成する
> text(x=jyouhou,y=toukei,labels=row.names(rei51),col=2,adj=0)
# 左詰めで点にラベルを付ける
> cor.test(jyouhou,toukei,method="pearson",alt="two.sided")
# ピアソンによる無相関の検定を対立仮説を両側にとって行う
        Pearson's product-moment correlation
data:  jyouhou and toukei
t = 3.3268, df = 10, p-value = 0.007659
alternative hypothesis: true correlation is not equal to 0
95 percent confidence interval:
 0.2583792 0.9171868
sample estimates:
      cor
0.7248039
```

演習 5-1 以下の身長に関するデータに関して,男子大学生の本人と父親,母親の身長の間に相関があるといえるか。

表 5.3 本人と父親,母親の身長データ (単位:cm)

本人	172	173	169	183	171	168	170	165	168	176	177	173
父親	175	170	169	180	169	170	165	164	160	173	182	170
母親	158	160	152	165	156	155	155	152	162	160	165	150
本人	181	167	176	171	160	175	170	173	176	177	163	175
父親	173	160	172	170	169	170	160	168	162	170	165	170
母親	160	145	162	155	153	160	165	160	158	160	150	155
本人	172	171	172	163	172	162	167					
父親	177	160	172	160	176	161	170					
母親	155	165	158	155	158	154	155					

(2) 母相関係数が特定の値と等しいかどうかの検定

$$\begin{cases} H_0 &: \rho = \rho_0 \quad (\text{既知}) \\ H_1 &: \rho \neq \rho_0 \end{cases}$$

を検定するには,r について次の (フィッシャーの) **z** 変換を行う。

(5.5) $$z = \tanh^{-1} r \fallingdotseq \frac{1}{2} \ln \frac{1+r}{1-r}$$

この z は n が十分大のとき近似的に正規分布

$N\left(\zeta, \dfrac{1}{n-3}\right)$ に従う。ただし，$\zeta = \dfrac{1}{2} \ln \dfrac{1+\rho}{1-\rho}$ である。そこで標準化した

(5.6) $$u_0 = \sqrt{n-3}\left(z - \frac{1}{2} \ln \frac{1+\rho_0}{1-\rho_0}\right)$$

は H_0 のもとで標準正規分布に従う。したがって次の検定方式がとられる。

---- 検定方式 ----

$|u_0| \geqq u(\alpha) \quad \Longrightarrow \quad H_0$ を棄却する

実用上 $n \geqq 10$ のとき用いられる。

---- R による実行結果 ----

```
soukan1.test=function(x,y,r0){
n=length(x);r=cor(x,y)
if (r0==0) {
t0=r*sqrt(n-2)/sqrt(1-r^2)
pti=2*(1-pt(t0,n-2))
} else {
t0=sqrt(n-3)*(0.5*log((1+r)/(1-r))-0.5*log((1+r0)/(1-r0)))
pti=2*(1-pnorm(t0))
}
result=c(t0,pti)
names(result)=c("検定統計量の値","p値")
result
}
> soukan1.test(jyouhou,toukei,0)
検定統計量の値           p値
   3.326821223      0.007658817
```

演習 5-2 以下の女子大生本人と母親の身長のデータに関して母相関係数が 0.5 であるといえるか。

表 5.4 本人と母親の身長データ（単位：cm）

本人	158	166	153	153	160	163	150	162	154	155	157	158	154
父親	165	175	170	165	165	161	162	167	160	173	174	172	168
母親	156	159	152	147	165	158	147	156	152	156	151	156	159

(3) 母相関係数の差の検定

母相関係数が ρ_1, ρ_2 である二つの2変量正規分布に従う母集団からそれぞれ n_1, n_2 個のサンプルをとり,標本相関係数が r_1, r_2 であるとする.このとき

$$\begin{cases} H_0 &: \rho_1 - \rho_2 = \rho_0 \quad (既知) \\ H_1 &: \rho_1 - \rho_2 \neq \rho_0 \end{cases}$$

を検定したい.r_1, r_2, ρ をそれぞれ z 変換したものを z_1, z_2, ζ_0 とすれば,H_0 のもとで n_1, n_2 が十分大のとき近似的に $z_1 - z_2$ は正規分布

$$N\left(\zeta_0, \frac{1}{n_1-3} + \frac{1}{n_5-3}\right)$$

に従うので,標準化した

(5.7) $$u_0 = \frac{z_1 - z_2 - \zeta_0}{\sqrt{\dfrac{1}{n_1-3} + \dfrac{1}{n_2-3}}}$$

は H_0 のもとで標準正規分布に従う.そこで検定法として

――― 検定方式 ―――
$|u_0| \geqq u(\alpha) \quad \Longrightarrow \quad H_0$ を棄却する

が採用される.

――― 例題 5-2 ―――
次の例題 5-1 と異なる年度の大学生の情報科学と統計学の成績データの表 5.5 に関して,母相関係数は異なるといえるか.有意水準 10% で検定せよ.

表 5.5 成績のデータ

学生 No. \ 科目	情報科学	統計学
1	72	82
2	72	91
3	81	92
4	72	75
5	52	84
6	52	57
7	67	84
8	62	82
9	75	96
10	58	94
11	76	95
12	62	70
13	49	76
14	66	93
15	71	70

[解] 手順 1 データチェック(散布図の作成等)

図 5.5　例題 5-2 散布図

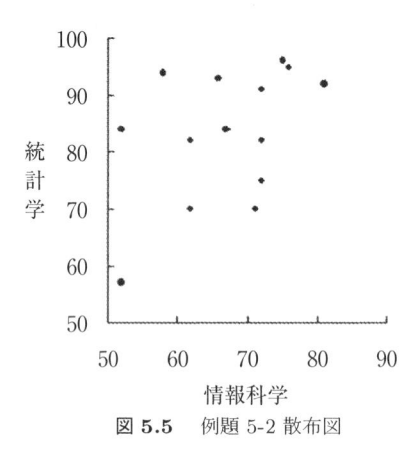

手順 2　仮説および有意水準の設定

それぞれの母相関係数を ρ_1, ρ_2 とすると以下のような仮説の検定となる。

$$\begin{cases} H_0 & : \quad \rho_1 - \rho_2 = 0 \\ H_1 & : \quad \rho_1 - \rho_2 \neq 0, \quad \text{有意水準} \quad \alpha = 0.10 \end{cases}$$

手順 3　棄却域の設定（検定方式の決定）

$n_1 = 12, n_2 = 15$ と 10 以上なので近似条件も満たされるので，

$$u_0 = \frac{z_1 - z_2}{\sqrt{\dfrac{1}{n_1 - 3} + \dfrac{1}{n_2 - 3}}}$$

に基づいて棄却域 R を $R : |u_0| \geqq u(0.10) = 1.645$ とする。

手順 4　検定統計量の計算

r_2 を求める為，例題 5-1 と同様に以下に補助表である表 5.6 を作成する。

表 5.6　補助表

学生 No. ＼ 項目	x	y	x^2	y^2	xy
1	72	82	5184	6724	5904
2	72	91	5184	8281	6552
3	81	92	6561	8464	7452
4	72	75	5184	5625	5400
5	52	84	2704	7056	4368
6	52	57	2704	3249	2964
7	67	84	4489	7056	5628
8	62	82	3844	6724	5084
9	75	96	5625	9216	7200
10	58	94	3364	8836	5452
11	76	95	5776	9025	7220
12	62	70	3844	4900	4340
13	49	76	2401	5776	3724
14	66	93	4356	8649	6138
15	71	70	5041	4900	4970
計	987 ①	1241 ②	66261 ③	104481 ④	82396 ⑤

表 5.6 より，

$$r_2 = \frac{⑤ - ① \times \frac{②}{15}}{\sqrt{③ - \frac{①^2}{15}}\sqrt{④ - \frac{②^2}{15}}} = \frac{82396 - 987 \times \frac{1241}{15}}{\sqrt{66262 - \frac{987^2}{15}}\sqrt{104481 - \frac{1241^2}{15}}}$$
$$= 0.478$$

と求められる。また例題 5-5 より，$r_1 = 0.725$ であった。次に r_1, r_2 をそれぞれ z 変換すると

$$z_1 = \frac{1}{2}\ln\frac{1+0.725}{1-0.725} = 0.918 \ (= 1/2*\mathrm{LN}((1+0.725)/(1-0.725)) : \mathrm{Excel}\ での入力式)$$
$$z_2 = \frac{1}{2}\ln\frac{1+0.478}{1-0.478} = 0.520$$

と求まる。また $n_1 = 12, n_2 = 15$ とともに 10 以上なので，近似条件も満たされるとみなせる。そこで検定統計量は

$$u_0 = (0.918 - 0.520)/\sqrt{1/9 + 1/12} = 0.903$$

と求まる。

手順 5 判定と結論

$u(0.10) = 1.645$ より $|u_0| = 0.903 < u(0.10)$ だから有意水準 10% で H_0 は棄却されない。有意な差があるとはいえない。□

─────── R による実行結果 ───────

```
> rei52<-read.table("rei52.txt",header=T)
> rei52
   No jyouhou toukei
1   1     72     82
2   2     72     91
   ...
14 14     66     93
15 15     71     70
> summary(rei52[,2:3])   # 基礎統計量の計算
    jyouhou         toukei
 Min.   :49.0   Min.   :57.00
 1st Qu.:60.0   1st Qu.:75.50
 Median :67.0   Median :84.00
 Mean   :65.8   Mean   :82.73
 3rd Qu.:72.0   3rd Qu.:92.50
 Max.   :81.0   Max.   :96.00
> pairs(rei52[,2:3],gap=0,# ヒストグラムを含む散布図の作成
+ diag.panel=function(x){
+ par(new=TRUE)
```

```
+ hist(x,main="")
+ rug(x)
+ })
> cov(rei52[,2:3]) # 共分散行列の計算 var(rei52[,2:3]) でも良い
         jyouhou    toukei
jyouhou 94.02857   52.72857
toukei  52.72857  129.20952
> cor(rei52[,2:3]) # 相関係数行列の計算
          jyouhou    toukei
jyouhou 1.0000000 0.4783754
toukei  0.4783754 1.0000000
> x2<-rei52$jyouhou
> y2<-rei52$toukei
> plot(x2,y2,xlab="情報科学",ylab="統計学",main="成績の散布図 (例題 5-2)")
> text(x2,y2,labels=row.names(rei52),col=2,adj=0)
> x1<-jyouhou
> y1<-toukei
> r1<-cor(x1,x2)
> r2<-cor(x2,y2)
> z1<-0.5*log((1+r1)/(1-r1))
> z2<-0.5*log((1+r2)/(1-r2))
> u0<-(z1-z2)/sqrt(1/(length(jyouhou)-3)+1/(length(x)-3))   #検定統計量を計算し u0 に代入
> u0
[1] 0.899896
> p.value<-2*(1-pnorm(u0)) # p 値 (有意確率) を計算し p.value に代入
> p.value
[1] 0.3681756
```

──────── 相関係数の検定関数 soukan2.test ────────

```
soukan2.test=function(x1,y1,x2,y2,sa0){
n1=length(x1);n2=length(x2)
r1=cor(x1,y1);r2=cor(x2,y2)
z1=0.5*log((1+r1)/(1-r1));z2=0.5*log((1+r2)/(1-r2))
u0=(z1-z2-sa0)/sqrt(1/(n1-3)+1/(n2-3))
```

5.2 相関係数に関する検定と推定

```
pti=2*(1-pnorm(u0))
result=c(u0,pti)
names(result)=c("検定統計量の値","p 値")
result
}
```

――――――― R による実行結果 ―――――――
```
> soukan2.test(x1,y1,x2,y2,0)
検定統計量の値          p 値
    0.8998960       0.3681756
```

演習 5-3 演習 5-1, 演習 5-2 のデータを利用し, 男子学生の父親との母相関係数と女子学生の母親との母相関係数に違いはあるか検定せよ.

(補 5-1) 多くの母相関係数が等しいかどうかの検定 つまり m 個の母集団の母相関係数を $\rho_1, \ldots, \rho_m$ とし, 標本相関係数をそれぞれ $r_1, \ldots, r_m$ とするとき, $H_0: \rho_1 = \cdots = \rho_m$ を検定する. 各 r_h $(h=1, \ldots, m)$ を z 変換して z_h とし

$$\bar{z} = \frac{(n_1-3)z_1 + \cdots + (n_m-3)z_m}{(n_1-3) + \cdots + (n_m-3)}$$

を計算し, $\chi_0^2 = (n_1-3)(z_1-\bar{z})^2 + \cdots + (n_m-3)(z_m-\bar{z})^2$ が H_0 のもと近似的に自由度 $m-1$ のカイ 2 乗分布に従うことを利用して検定する. ◁

(4) 母相関係数 ρ の推定

n が十分大のとき近似的に $\sqrt{n-3}(z-\zeta) \sim N(0,1)$ だから

(5.8) $$P\left(\left|\sqrt{n-3}(z-\zeta)\right| \leqq u(\alpha)\right) \fallingdotseq 1-\alpha$$

である. そこで,

――――――― 推定方式 ―――――――

ζ の点推定は $\quad \widehat{\zeta} = \dfrac{1}{2} \ln \dfrac{1+r}{1-r}$

ζ の信頼率 $100(1-\alpha)\%$ の信頼区間は $\quad \zeta_L, \ \zeta_U = z \pm \dfrac{u(\alpha)}{\sqrt{n-3}}$

である. さらに

――――――― 推定方式 ―――――――

ρ の点推定は $\quad \widehat{\rho} = r$

ρ の信頼率 $100(1-\alpha)\%$ の信頼区間は

$$\text{下側信頼限界 } \rho_L = \frac{e^{2\zeta_L}-1}{e^{2\zeta_L}+1}, \quad \text{上側信頼限界 } \rho_U = \frac{e^{2\zeta_U}-1}{e^{2\zeta_U}+1}$$

で与えられる。

例題 5-3

例題 5-1 のデータに関して，情報科学と統計学の母相関係数の 95%信頼区間を求めよ。

[解] **手順 1** 点推定値を求める。

$$\widehat{\zeta} = \frac{1}{2}\ln\frac{1+\widehat{\rho}}{1-\widehat{\rho}} = \frac{1}{2}\ln\frac{1+r_1}{1-r_1} = 0.918$$

手順 2 ζ_L, ζ_U の計算。まず，数表を利用して公式に代入し，区間巾を計算する。

$$\text{区間巾} = \frac{u(0.05)}{\sqrt{n-3}} = \frac{1.96}{3} = 0.653$$

そこで，$\zeta_L = 0.918 - 0.653 = 0.265, \zeta_U = 0.918 + 0.653 = 1.571$

手順 3 z 変換の逆変換より求める。

$$\rho_L = \frac{e^{2\times 0.265}-1}{e^{2\times 0.265}+1} = 0.259, \rho_U = \frac{e^{2\times 1.571}-1}{e^{2\times 1.571}+1} = 0.917 \quad \square$$

相関係数の推定関数 soukan1.est

```
soukan1.est=function(x,y,conf.level){
n=length(x);r=cor(x,y)
alpha=1-conf.level;cl=100*conf.level
z=0.5*log((1+r)/(1-r))
haba=qnorm(1-alpha/2)/sqrt(n-3)
zl=z-haba;zu=z+haba
sita=(exp(2*zl)-1)/(exp(2*zl)+1);ue=(exp(2*zu)-1)/(exp(2*zu)+1)
result=c(r,sita,ue)
names(result)=c("点推定値",paste((cl),"%下側信頼限界"),paste((cl)
,"%上側信頼限界"))
result
}
```

R による実行結果

```
> soukan1.est(jyouhou,toukei,0.95)
        点推定値 95 %下側信頼限界 95 %上側信頼限界
       0.7248039        0.2583792        0.9171868
```

演習 5-4 演習 5-1 のデータから，男子学生と父親の身長に関する母相関係数の 90%信頼区間を求めよ。

5.2.2 相関表からの相関係数

表 5.7　相関表

変量 x ＼ 変量 y	y_1	y_2	$\cdots$	y_j	$\cdots$	y_q	計
x_1	n_{11}	n_{12}	$\cdots$	n_{1j}	$\cdots$	n_{1p}	$n_{1\cdot}$
$\vdots$	$\vdots$	$\vdots$	$\ddots$	$\vdots$	$\ddots$	$\vdots$	$\vdots$
x_i	n_{i1}	n_{i2}	$\cdots$	n_{ij}	$\cdots$	n_{ip}	$n_{i\cdot}$
$\vdots$	$\vdots$	$\vdots$	$\ddots$	$\vdots$	$\ddots$	$\vdots$	$\vdots$
x_p	n_{p1}	n_{p2}	$\cdots$	n_{pj}	$\cdots$	n_{pq}	$n_{p\cdot}$
計	$n_{\cdot 1}$	$n_{\cdot 2}$	$\cdots$	$n_{\cdot j}$	$\cdots$	$n_{\cdot p}$	$n_{\cdot\cdot}$

例えば英語 (x) と数学 (y) の成績がそれぞれ得点でクラス分け（カテゴリー化）されているときに，各クラスに属する人数（度数）がデータで与えられる場合の相関係数は次のように定義される。つまり変数 x について p 個にクラス分けされ，その級の代表値である階級値が $x_i (i=1,\ldots,p)$ で与えられ，同様に変数 y について q 個にクラス分けされ，階級値が $y_j (j=1,\ldots,q)$ で与えられとする。そして，表5.7のように階級値が (x_i, y_j) に属する度数が n_{ij} であたえられる相関表（2次元での度数分布表）からの相関係数 r は，次のように定義される。

(5.9) $$r = \frac{\sum\sum n_{ij}(x_i - \overline{x})(y_j - \overline{y})}{\sqrt{\sum n_{i\cdot}(x_i - \overline{x})^2}\sqrt{\sum n_{\cdot j}(y_j - \overline{y})^2}}$$

これは数量化III類で x, y をそれぞれサンプルスコア，カテゴリースコアとみたときの相関係数 r に相当する。

5.2.3 クロス集計（分割表）での相関

二つの分類規準・属性によって分けられた各セル（クラス）のどこに各サンプル（個体）が属すかを決め，その個数（度数）を表にしたものを分割表（クロス集計表）という。例えば英語と数学での各評価 (A, B, C, D) を行ったとき，各生徒の属す各セルの人数を表にしたり，薬を飲んでいるかいないかで分け，風邪をひいているかいないかで分けたときの表などである。このときの分類規準・属性の関連性を測るとき（いずれもカテゴリーに分けられている）の物差しに以下のようなものがある。

(1) 2×2 分割表の場合

① 分割する前に2変量正規分布の相関を想定し，その推定量としたものに4分相関係数 (four-fold correlation coefficient) またはテトラコリック相関係数 (tetrachoric coefficient) がある。その形は複雑なので省略するが，その近似式を以下に与える。

各セルの度数を $n_{ij}(i=1,2\,;\,j=1,2)$ で表すとき，その4分相関係数 r_{tet} は近似的に

$$(5.10) \quad r_{tet} \fallingdotseq \cos\left(\frac{\pi\sqrt{n_{12}n_{21}}}{\sqrt{n_{11}n_{22}}+\sqrt{n_{12}n_{21}}}\right)$$

で与えられる。

② ϕ (ファイ) 係数 (phi coefficient) または 4 分点相関係数 (fourfold point correlation coefficient) といわれるもので以下で定義される。なお, ϕ で表す。

$$(5.11) \quad \phi = \frac{p_{11}p_{22} - p_{21}p_{12}}{\sqrt{p_{1\cdot}p_{2\cdot}p_{\cdot 1}p_{\cdot 2}}} \quad (\chi^2 = n\phi^2)$$

その推定量 $\widehat{\phi}$ は各 p_{ij} を対応する度数 n_{ij} に置き換えたものとする。

なお, 似た物差しとしてユールの関連係数 Q があり, 以下で定義される。

$$(5.12) \quad Q = \frac{p_{11}p_{22} - p_{21}p_{12}}{p_{11}p_{22} + p_{21}p_{12}}$$

③ オッズ比 (odds ratio) といわれ, 相対確率の比を示すもので α で表し, 以下で定義される。

$$(5.13) \quad \alpha = \frac{p_{11}p_{22}}{p_{12}p_{21}} > 0$$

その推定量 $\widehat{\alpha}$ は各 p_{ij} を対応する度数 n_{ij} に置き換えたものとする。見込み比, 交差積比 (cross product ratio) ともいわれる。

(2) 一般の $\ell \times m$ 分割表の場合

ピアソンの一致係数 (Pearson's contigency coefficient), 独立係数 (coefficient of contigency) または連関係数といわれ, 以下で定義される。なお, C で表す。

$$(5.14) \quad C = \sqrt{\frac{\chi^2}{\chi^2 + n}}$$

がある。ただし, 二つの変量間の独立性を測るものさしであるカイ 2 乗統計量は以下で計算されるものである。

$$(5.15) \quad \chi^2 = \sum_{i=1}^{\ell}\sum_{j=1}^{m} \frac{\left(n_{ij} - \frac{n_{i\cdot}n_{\cdot j}}{n}\right)^2}{\frac{n_{i\cdot}n_{\cdot j}}{n}} = n\left(\sum_{i,j}\frac{n_{ij}^2}{n_{i\cdot}n_{\cdot j}} - 1\right)$$

また, クラーメルの連関係数 (Cramer's coefficient of association), V は以下で定義されるものである。

$$V = \sqrt{\frac{\chi^2}{n \times \min(\ell-1, m-1)}} \quad (0 \leqq V \leqq 1)$$

なお, $\min(\ell-1, m-1)$ は $\ell-1$ と $m-1$ の小さい方を表す。

他に, クロンバックの α, テュプロウの T, グッドマン・クラスカルの予測指数 (Goodman-Kruskal's index of predictive association)λ, グッドマン・クラスカルの順序連関係数 (Goodman-Kruskal's rank measure of association)γ などがある。

5.3 回帰分析とは

　販売高はどのような変量によって左右されるのか，経済全体の景気はどんな経済要因で決まるのか，家計の支出は収入・家族数で説明できるか，入学後の成績は入学試験の結果で予測できるのか，両親の身長が共に高いと子供の身長も高いか，コンピュータの売上げ高は保守サービス拠点数，保守サービス員数，保守料金で説明されるか，…など，社会，日常生活において，原因を説明したり，予測したい事柄はたくさんある。

　このような場合に，原因と考えられる変数（量）を**説明変数**（explanatory variable：独立変数，…）といい，結果となる変数（量）を**目的変数**（criterion variable：従属変数，被説明変数，外的基準）という。これらの変数の間に一方向の因果関係があると考え，結果となる変数の変動は 1 個あるいは複数個の説明変数によって説明されると考えるのである。つまり，指定できる変数 $(x_1, \cdots, x_p)$ に対して，次のような対応があると考える。

$$
\begin{array}{ccc}
\text{説明変数（量）} & \text{関数 } f & \text{目的変数（量）} \\
x_1, \cdots, x_p & \longrightarrow & y \\
\text{原因} & \text{対応} & \text{結果}
\end{array}
$$

　このように，ある変数（量）がいくつかの変数（量）によってきまることの分析をする因果関係の解析手法の一つに，**回帰分析** (regression anaysis) がある。この回帰という表現は，19 世紀後半にイギリスの科学者フランシス・ゴールトン卿が最初に使ったといわれている。実際の目的とされる変数は，誤差 ε（イプシロン）を伴って観測され，以下のように書かれる。

(5.16) $\quad \underbrace{y}_{\text{目的変数}} = \underbrace{f(x_1, \cdots, x_p)}_{f(\text{説明変数})} + \underbrace{\varepsilon}_{\text{誤差}}$

更に，$f(x_1, \cdots, x_p)$ が $x_1, \cdots, x_p$ の線形な式（それぞれ，定数 β_0（ベータゼロ），$\cdots, \beta_p$（ベータピー）倍して足した和の形で，1 次式ともいう）のとき，**線形回帰モデル** (linear regression model) という。つまり，

(5.17) $\quad f(x_1, \cdots, x_p) = \beta_0 + \beta_1 x_1 + \cdots + \beta_p x_p \iff f(\boldsymbol{x}) = \boldsymbol{\beta}^{\mathrm{T}} \boldsymbol{x}$

　（ただし，$\boldsymbol{x} = (1, x_1, \cdots, x_p)^{\mathrm{T}}$，$\boldsymbol{\beta} = (\beta_0, \beta_1, \cdots, \beta_p)^{\mathrm{T}}$ である。）

と書かれる場合である。そして，線形回帰モデルで説明変数が 1 個 のときには，**単回帰モデル** (simple regression model) といい，説明変数が 2 個以上 のとき，**重回帰モデル** (multiple regression model) という。また $f(x_1, \cdots, x_p)$ が $x_1, \cdots, x_p$ の非線形な式のときには，**非線形回帰モデル** (non-linear regression model) という。例えば，x についての 2 次関数 $y = x^2$，無理関数 $y = \sqrt{x}$，分数関数 $y = \frac{1}{x}$，対数関数 $y = \log x$ などは非線形な式である。実際には，

以下のような非線型なモデルが考えられている。

$$y = ax^b, \quad y = ae^{bx}, \quad y = a + b\log x, \quad y = \frac{x}{a+bx}, \quad y = \frac{e^{a+bx}}{1+e^{a+bx}}$$

そして，図 5.6 のように分類される。

```
回帰モデル ─┬─ 非線形回帰モデル
           └─ 線形回帰モデル ─┬─ 単回帰モデル
                              │    説明変数が 1 個
                              └─ 重回帰モデル
                                   説明変数が 2 個以上
```

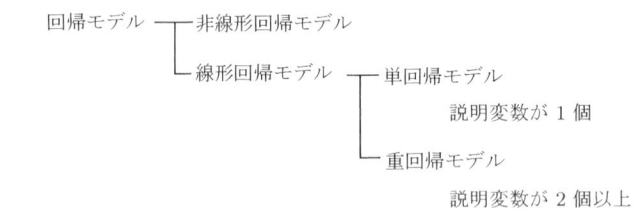

図 5.6 回帰モデルの分類

5.4 単回帰分析

5.4.1 繰返しがない場合

(1) モデルの設定と回帰式の推定

説明変数が 1 個の場合で，目的変数 y が式 (5.3) のように回帰式と誤差の和で書かれる場合である。ここに，<u>x が指定できる</u>ことが相関分析との違いである。

(5.18) $\quad y = f(x) + \varepsilon = \beta_0 + \beta_1 x + \varepsilon$

これを n 個の観測値 $y_1, \cdots, y_n$ が得られる場合について書くと，式 (5.19) のようになる。

(5.19) $\quad y_i = \beta_0 + \beta_1 x_i + \varepsilon_i \quad (i = 1, \cdots, n)$

ここに，β_0 を**母切片**，β_1 を**母回帰係数**といい，まとめて**回帰母数**という。そして ε が**誤差**であり，誤差には普通，次の<u>4 個の仮定</u>（四つのお願い）がされる。**不等独正**（ふとうどくせい）と覚えれば良いだろう。

$$\begin{cases}
\text{(i)} & \textbf{不偏性}\,(E[\varepsilon_i] = 0) \\
\text{(ii)} & \textbf{等分散性}\,(V[\varepsilon_i] = \sigma^2) \\
\text{(iii)} & \textbf{独立性}\,(誤差 \varepsilon_i と \varepsilon_j が独立\,(i \neq j)) \\
\text{(iv)} & \textbf{正規性}\,(誤差の分布が正規分布に従っている)
\end{cases}$$

(i) 〜 (iv) は，まとめて $\varepsilon_1, \cdots, \varepsilon_n \overset{i.i.d.}{\sim} N(0, \sigma^2)$ のようにかける。ただし，$i.i.d.$ は <u>i</u>ndependent <u>i</u>dentically <u>d</u>istributed の略であり，互いに独立に同一の分布に従うことを意味する。そこで，このモデルは図 5.7 のように直線 $f = \beta_0 + \beta_1 x$ のまわりに，正規分布に従う誤差 ε が加わってデータが得られることを仮定している。各 i サンプルについて，$x = x_i$ と指定すればデータ y_i は，$\beta_0 + \beta_1 x_i$ に誤差 ε_i が加わって得られる。

5.4 単回帰分析

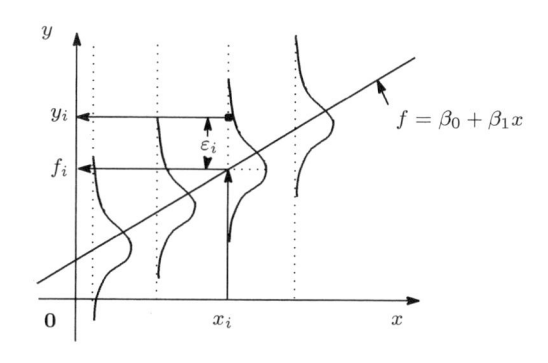

図 5.7 （単）回帰モデル

ここでまた，上記の式を <u>行列表現での成分</u> を使って書けば，次のようになる。

$$(5.20) \quad \begin{pmatrix} y_1 \\ y_2 \\ \vdots \\ y_n \end{pmatrix}_{n\times 1} = \begin{pmatrix} 1 & x_1 \\ 1 & x_2 \\ \vdots & \vdots \\ 1 & x_n \end{pmatrix}_{n\times 2} \begin{pmatrix} \beta_0 \\ \beta_1 \end{pmatrix}_{2\times 1} + \begin{pmatrix} \varepsilon_1 \\ \varepsilon_2 \\ \vdots \\ \varepsilon_n \end{pmatrix}_{n\times 1}$$

$\iff$ （ベクトル・行列表現）

$$(5.21) \quad \boldsymbol{y} = X\boldsymbol{\beta} + \boldsymbol{\varepsilon}, \quad \boldsymbol{\varepsilon} \sim N_n(\boldsymbol{0}, \sigma^2 I_n)$$

ただし，

$$\boldsymbol{y} = \begin{pmatrix} y_1 \\ y_2 \\ \vdots \\ y_n \end{pmatrix}, X = \begin{pmatrix} 1 & x_1 \\ 1 & x_2 \\ \vdots & \vdots \\ 1 & x_n \end{pmatrix}_{n\times 2}, \boldsymbol{\beta} = \begin{pmatrix} \beta_0 \\ \beta_1 \end{pmatrix}, \boldsymbol{\varepsilon} = \begin{pmatrix} \varepsilon_1 \\ \varepsilon_2 \\ \vdots \\ \varepsilon_n \end{pmatrix}$$

である。なお，$\boldsymbol{1} = \begin{pmatrix} 1 \\ 1 \\ \vdots \\ 1 \end{pmatrix}, \quad \boldsymbol{x} = \begin{pmatrix} x_1 \\ x_2 \\ \vdots \\ x_n \end{pmatrix}$ とおけば，$X = (\boldsymbol{1}, \boldsymbol{x})$ と列ベクトル表示される。

（**注 5-1**）正規分布に従う変数が互いに独立であることと，共分散が 0 であることは同値になることに注意しよう。一般の分布では，同値にはならない。◁

データ行列は，表 5.8 のような表になる。

表 5.8 データ表

データ番号 ＼ 変量	x	y
1	x_1	y_1
2	x_2	y_2
⋮	⋮	⋮
n	x_n	y_n

計算を簡単にするため，式 (5.4) ～ (5.6) は次のように変形されることも多い．

(5.22)
$$\begin{aligned}y_i &= \beta_0 + \beta_1 x_i + \varepsilon_i \\ &= \underbrace{\beta_0 + \beta_1 \overline{x}}_{=\alpha} + \beta_1(x_i - \overline{x}) + \varepsilon_i = \alpha + \beta_1(x_i - \overline{x}) + \varepsilon_i \\ &= \begin{pmatrix} 1 & x_i - \overline{x} \end{pmatrix} \begin{pmatrix} \beta_0 + \beta_1 \overline{x} \\ \beta_1 \end{pmatrix} + \varepsilon_i\end{aligned}$$

$\iff$ ($\alpha = \beta_0 + \beta_1 \overline{x}$ とおくと)

(5.23)
$$\begin{pmatrix} y_1 \\ y_2 \\ \vdots \\ y_n \end{pmatrix} = \begin{pmatrix} 1 & x_1 - \overline{x} \\ 1 & x_2 - \overline{x} \\ \vdots & \vdots \\ 1 & x_n - \overline{x} \end{pmatrix} \begin{pmatrix} \alpha \\ \beta_1 \end{pmatrix} + \begin{pmatrix} \varepsilon_1 \\ \varepsilon_2 \\ \vdots \\ \varepsilon_n \end{pmatrix}$$

$\iff$ (ベクトル・行列表現)

(5.24)
$$\boldsymbol{y} = \tilde{X}\tilde{\boldsymbol{\beta}} + \boldsymbol{\varepsilon}, \quad \boldsymbol{\varepsilon} \sim N_n(\boldsymbol{0}, \sigma^2 I_n)$$

ただし，

$$\boldsymbol{y} = \begin{pmatrix} y_1 \\ y_2 \\ \vdots \\ y_n \end{pmatrix}, \tilde{X} = \begin{pmatrix} 1 & x_1 - \overline{x} \\ 1 & x_2 - \overline{x} \\ \vdots & \vdots \\ 1 & x_n - \overline{x} \end{pmatrix}, \tilde{\boldsymbol{\beta}} = \begin{pmatrix} \alpha \\ \beta_1 \end{pmatrix}, \boldsymbol{\varepsilon} = \begin{pmatrix} \varepsilon_1 \\ \varepsilon_2 \\ \vdots \\ \varepsilon_n \end{pmatrix}$$

である．

次に，データから回帰式を求める（推定する：直線を決める）には，y 切片 β_0 と傾き β_1 がわかれば良い．求める基準としては，モデルとデータの離れ具合が小さいほど良いと考えられる．そして，離れ具合（当てはまりの良さ）を測る物指しとしては，普通，誤差の平方和が採用されている．他に，絶対偏差なども考えられている．図 5.8 で，データ (x_i, y_i) と直線上の点 $(x_i, \beta_0 + \beta_1 x_i)$ との誤差 ε_i の 2 乗を各点について足したもの，つまり

$$\sum_{i=1}^{n} \varepsilon_i^2$$

が誤差の平方和である．そこで，次の式 (5.25) を最小にするように β_0 と β_1 を決めれば良い．

5.4 単回帰分析

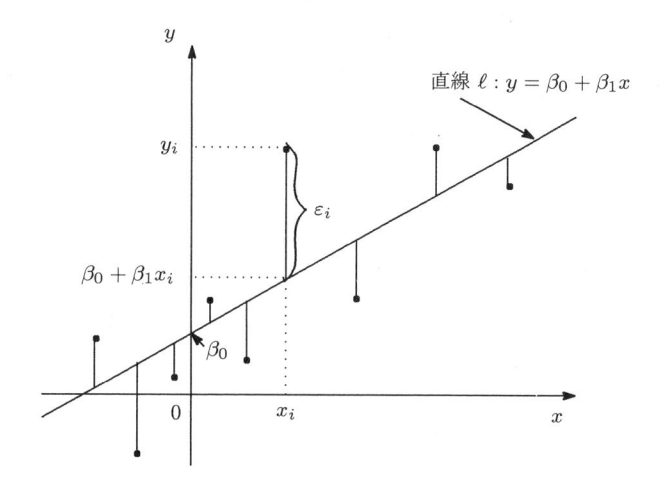

図 5.8 データとモデルとのずれ

(5.25) $\quad Q(\beta_0, \beta_1) = \sum_{i=1}^{n} \varepsilon_i^2 = \sum_{i=1}^{n} \left\{ y_i - (\beta_0 + \beta_1 x_i) \right\}^2 \searrow \quad$ (最小化)

$\iff$ （ベクトル・行列表現）

$$(\bm{y} - X\bm{\beta})^{\mathrm{T}}(\bm{y} - X\bm{\beta}) \searrow \quad \text{(最小化)}$$

このように誤差の2乗和を最小にすることで β_0, β_1 を求める方法を，**最小2（自）乗法** (method of least squares) という。最小化する β_0, β_1 をそれぞれ $\widehat{\beta_0}$, $\widehat{\beta_1}$ で表すと，次式で与えられる。

公式

(5.26) $\quad \widehat{\beta}_1 = \dfrac{S_{xy}}{S_{xx}} = S^{xx} S_{xy}, \qquad \widehat{\beta}_0 = \overline{y} - \widehat{\beta}_1 \overline{x} \quad (S_{xx}^{-1} = S^{xx})$

$\iff$ （ベクトル・行列表現）

$$\widehat{\bm{\beta}} = (X^{\mathrm{T}} X)^{-1} X^{\mathrm{T}} \bm{y}$$

なお，$S_{xx} = \sum_{i=1}^{n}(x_i - \overline{x})^2$, $\quad S_{xy} = \sum_{i=1}^{n}(x_i - \overline{x})(y_i - \overline{y})$ である。

[解] Q を β_0, β_1 について偏微分して 0 とおき，β_0, β_1 について連立方程式を解けば良い。実際，以下の方程式となる。

(5.27) $\quad \begin{cases} \dfrac{\partial Q}{\partial \beta_0} = -\sum_{i=1}^{n} 2\left\{ y_i - (\beta_0 + \beta_1 x_i) \right\} = 0 \\ \dfrac{\partial Q}{\partial \beta_1} = -\sum_{i=1}^{n} 2\left\{ y_i - (\beta_0 + \beta_1 x_i) \right\} x_i = 0 \end{cases}$

式 (5.27) の上の式から，$\overline{y} = \beta_0 + \beta_1 \overline{x}$ が導かれ，$\beta_0 = \overline{y} - \beta_1 \overline{x}$ を式 (5.27) の下の式に代入すると，

$\sum(y_i - \overline{y})x_i - \beta_1 \sum(x_i - \overline{x})x_i = 0$ が成立する。この式の左辺を $\sum(y_i - \overline{y})\overline{x} = 0, \sum(x_i - \overline{x})\overline{x} = 0$ に注意して変形することで，$S_{xy} - \beta_1 S_{xx} = 0$ が導かれ，β_1 について解けば求める結果が得られる。

$\iff$ （ベクトル・行列表現）

$$\frac{\partial Q}{\partial \boldsymbol{\beta}} = -2X^{\mathrm{T}}(\boldsymbol{y} - X\boldsymbol{\beta}) = \boldsymbol{0}$$

より，$X^{\mathrm{T}}\boldsymbol{y} = X^{\mathrm{T}}X\boldsymbol{\beta}$ である。そこで，$X^{\mathrm{T}}X$: 正則のとき逆行列をかけて，$\widehat{\boldsymbol{\beta}} = (X^{\mathrm{T}}X)^{-1}X^{\mathrm{T}}\boldsymbol{y}$ と求まる。□

ここで，$\frac{\partial^2 Q}{\partial \beta_0^2} = 2n, \frac{\partial^2 Q}{\partial \beta_0 \partial \beta_1} = 2\sum x_i = \frac{\partial^2 Q}{\partial \beta_1 \partial \beta_0}, \frac{\partial^2 Q}{\partial \beta_1^2} = 2\sum x_i^2$ より，ヘシアン行列は
$H = \begin{pmatrix} 2n & 2\sum x_i \\ 2\sum x_i & 2\sum x_i^2 \end{pmatrix}$ で，$2n > 0$ かつ $2n \times 2\sum x_i^2 - (2\sum x_i)^2 = 4n\sum(x_i - \overline{x})^2 > 0$ よって，これは正値行列なので $\widehat{\boldsymbol{\beta}}$ で極小値をとる。実際には最小値をとることがわかる。

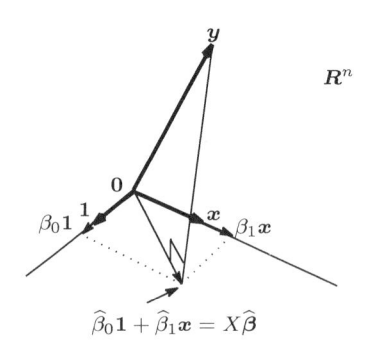

図 5.9　$\boldsymbol{y}$ から X の列ベクトルの張る空間への正射影

幾何的には，図 5.9 のように点 $\boldsymbol{y}$ からベクトル $\boldsymbol{1}, \boldsymbol{x}$ の張る空間への正射影を求めることである。$X\boldsymbol{\beta} = (\boldsymbol{1}, \boldsymbol{x})\boldsymbol{\beta} = \beta_0 \boldsymbol{1} + \beta_1 \boldsymbol{x}$ より，$X\boldsymbol{\beta}$ はベクトル $\boldsymbol{1}, \boldsymbol{x}$ の線形結合，つまりこれらのベクトルの張るベクトル空間を表している。$X\widehat{\boldsymbol{\beta}}$ を $\boldsymbol{y}$ の正射影とすれば，$\boldsymbol{y} - X\widehat{\boldsymbol{\beta}} \perp \boldsymbol{1}$，$\boldsymbol{y} - X\widehat{\boldsymbol{\beta}} \perp \boldsymbol{x}$ だから，$\boldsymbol{1}^{\mathrm{T}}(\boldsymbol{y} - X\widehat{\boldsymbol{\beta}}) = 0$，$\boldsymbol{x}^{\mathrm{T}}(\boldsymbol{y} - X\widehat{\boldsymbol{\beta}}) = 0$（これらは式 (5.12) に対応する）が成立する。行列にまとめて

$$\begin{pmatrix} \boldsymbol{1}^{\mathrm{T}} \\ \boldsymbol{x}^{\mathrm{T}} \end{pmatrix}(\boldsymbol{y} - X\widehat{\boldsymbol{\beta}}) = X^{\mathrm{T}}(\boldsymbol{y} - X\widehat{\boldsymbol{\beta}}) = \boldsymbol{0} \quad \therefore \quad X^{\mathrm{T}}\boldsymbol{y} = X^{\mathrm{T}}X\widehat{\boldsymbol{\beta}}$$

これを解くと，$X^{\mathrm{T}}X$: 正則なとき，$X\widehat{\boldsymbol{\beta}} = X(X^{\mathrm{T}}X)^{-1}X^{\mathrm{T}}\boldsymbol{y}$

次に，推定される回帰式は

$$y = \widehat{\beta}_0 + \widehat{\beta}_1 x = \overline{y} + \widehat{\beta}_1(x - \overline{x}) = \overline{y} + \frac{S_{xy}}{S_{xx}}(x - \overline{x})$$

より

―――― 公式 ――――

(5.28) $\quad y - \overline{y} = \dfrac{S_{xy}}{S_{xx}}(x - \overline{x}) = r_{xy}\sqrt{\dfrac{S_{yy}}{S_{xx}}}(x - \overline{x})$

5.4 単回帰分析

となる.これは点 $(\overline{x}, \overline{y})$ を通る直線であり, y の x への**回帰直線** (regression line of y on x) と呼ぶ.また, $\widehat{\beta}_1$ を回帰係数 (regression coefficient) と呼ぶ.

逆に, x への y の回帰直線 (regression line of x on y) は

$$(5.29) \quad x - \overline{x} = \frac{S_{yx}}{S_{yy}}(y - \overline{y}) \quad (S_{yx} = S_{xy})$$

である.

(補 5-2) ① 式 (5.7) 〜 (5.9) を使うと計算が簡単であり,見通しが良い.以下に,そのことをみよう. (α, β_1) について,誤差の 2 乗和

$$Q(\alpha, \beta_1) = \sum \varepsilon_i^2 = \sum \left\{ y_i - \alpha - \beta_1(x_i - \overline{x}) \right\}^2$$

を最小化する.そこで, Q を α, β_1 について偏微分すると,式 (5.15) が導かれる.

$$(5.30) \quad \begin{cases} \dfrac{\partial Q}{\partial \alpha} = -\sum_{i=1}^{n} 2\left\{ y_i - \alpha - \beta_1(x_i - \overline{x}) \right\} = 0 \\ \dfrac{\partial Q}{\partial \beta_1} = -\sum_{i=1}^{n} 2\left\{ y_i - \alpha - \beta_1(x_i - \overline{x}) \right\}(x_i - \overline{x}) = 0 \end{cases}$$

次に式 (5.15) の上の式は $-\sum y_i + n\alpha = 0$ と変形され, $\widehat{\alpha} = \overline{y}$ と求まる.また,式 (5.15) の下の式は

$$\sum y_i(x_i - \overline{x}) - \beta_1 \underbrace{\sum (x_i - \overline{x})^2}_{= S_{xx}} = \underbrace{\sum (y_i - \overline{y})(x_i - \overline{x})}_{= S_{xy}} - \beta_1 S_{xx} = 0$$

と変形され, $\widehat{\beta}_1 = \dfrac{S_{xy}}{S_{xx}}$ と求まる.

② 微分しないで式変形で導くには,以下のように変形する.

$$(5.31) \quad Q(\alpha, \beta_1) = \sum \left\{ y_i - \alpha - \beta_1(x_i - \overline{x}) \right\}^2$$
$$= \sum (y_i - \alpha)^2 - 2\beta_1 \sum (y_i - \alpha)(x_i - \overline{x}) + \beta_1^2 \sum (x_i - \overline{x})^2$$
$$= \sum (y_i - \alpha)^2 - 2\beta_1 \sum y_i(x_i - \overline{x}) + \beta_1^2 \sum (x_i - \overline{x})^2$$

そして,式 (5.16) の最後の式の第 1 項は

$$\sum y_i^2 - 2\alpha \sum y_i + n\alpha^2 = n(\alpha - \overline{y})^2 + S_{yy} \qquad (\alpha の 2 次関数)$$

であり,式 (5.16) の最後の式の第 2 項+第 3 項は

$$-2\beta_1 S_{xy} + \beta_1^2 S_{xx} = S_{xx}\left(\beta_1 - \frac{S_{xy}}{S_{xx}}\right)^2 - \frac{S_{xy}^2}{S_{xx}} \qquad (\beta_1 の 2 次関数)$$

と変形される.そこで,二つの独立な変数 (α, β_1) についての 2 次関数の最小化より,それぞれ

$$\widehat{\alpha} = \overline{y}, \quad \widehat{\beta}_1 = \frac{S_{xy}}{S_{xx}}$$

で最小化される.そのときの Q の最小値は $S_{yy} - \dfrac{S_{xy}^2}{S_{xx}}$ である. ◁

例題 5-4（回帰式の計算）

表 5.9 のある年度の全国の幾つかの県の 1 世帯あたりの平均月収入額（x 万円）と支出額（y 万円）のデータに回帰直線をあてはめたときの y の x への回帰直線の式を最小 2 乗法により求めよ。（百円単位を四捨五入）

表 5.9 平均月収額と支出額

県 No.	平均月収額（万円） x	月消費額（万円） y
鳥取 1	70.2	38.3
島根 2	60.1	32.6
岡山 3	57.5	32.7
広島 4	54.9	34.9
山口 5	62.4	35.1
徳島 6	61.1	36.6
香川 7	55.7	32.3
愛媛 8	56.4	31.4
高知 9	58.5	34.9
和歌山 10	54.0	31.8

[解] **手順 1** 前提条件の確認（散布図の作成，モデルの設定，データのプロット等）。図 5.10 の散布図より，特に異常なデータもなさそうである。

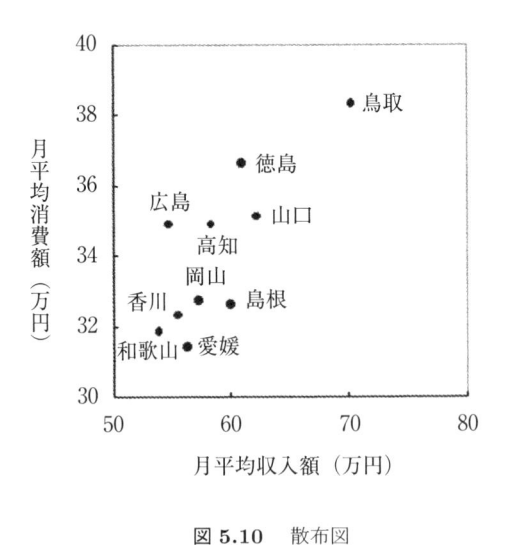

図 5.10 散布図

手順 2 補助表の作成

S_{xx}, S_{xy} など公式の値を求めるため，次のような補助表を作成する。

5.4 単回帰分析

No.	x	y	x^2	y^2	xy
1	70.2	38.3	4928.04	1466.89	2688.66
2	60.1	32.6	3612.01	1062.76	1959.26
3	57.5	32.7	3306.25	1069.29	1880.25
4	54.9	34.9	3014.01	1218.01	1916.01
5	62.4	35.1	3893.76	1232.01	2190.24
6	61.1	36.6	3733.21	1339.56	2236.26
7	55.7	32.3	3102.49	1043.29	1799.11
8	56.4	31.4	3180.96	985.96	1770.96
9	58.5	34.9	3422.25	1218.01	2041.65
10	54.0	31.8	2916.00	1011.24	1717.20
計	590.8 ①	340.6 ②	35108.98 ③	11647.02 ④	20199.6 ⑤

手順3 回帰式の計算

公式に代入して回帰式を求める。

$$\overline{x} = \frac{\sum_{i=1}^{n} x_i}{n} = \frac{①}{n} = \frac{590.8}{10} = 59.08, \quad \overline{y} = \frac{\sum_{i=1}^{n} y_i}{n} = \frac{②}{n} = \frac{340.6}{10} = 34.06,$$

$$S_{xx} = \sum_{i=1}^{n}(x_i - \overline{x})^2 = \sum_{i=1}^{n} x_i^2 - \frac{(\sum_{i=1}^{n} x_i)^2}{n} = ③ - \frac{①^2}{10} = 35108.98 - \frac{590.8^2}{10} = 204.516,$$

$$S_{xy} = \sum_{i=1}^{n}(x_i - \overline{x})(y_i - \overline{y}) = \sum_{i=1}^{n} x_i y_i - \frac{(\sum_{i=1}^{n} x_i)(\sum_{i=1}^{n} y_i)}{n} = ⑤ - \frac{① \times ②}{n} = 20199.6 - \frac{590.8 \times 340.6}{10} = 76.952$$

そこで，

$$\widehat{\beta}_1 = \frac{S_{xy}}{S_{xx}} = 0.376, \quad \widehat{\beta}_0 = \overline{y} - \widehat{\beta}_1 \overline{x} = 11.85$$

である。また回帰式は

$$y - \overline{y} = \frac{S_{xy}}{S_{xx}}(x - \overline{x})(y = \widehat{\beta}_0 + \widehat{\beta}_1 x) \text{ より, } y - 34.06 = 0.376(x - 59.08), \text{ つまり}$$

$$y = 0.376x + 11.85$$

と求まり，図5.5に回帰式の直線を記入する。□

---- **Rによる実行結果** ----

```
> rei54<-read.table("rei54.txt",header=T)
> rei54
    ken syunyu syouhi
1   鳥取   70.2   38.3
2   島根   60.1   32.6
3   岡山   57.5   32.7
4   広島   54.9   34.9
5   山口   62.4   35.1
6   徳島   61.1   36.6
```

```
 7     香川     55.7    32.3
 8     愛媛     56.4    31.4
 9     高知     58.5    34.9
10    和歌山    54.0    31.8
> attach(rei54)
> syunyu
 [1] 70.2 60.1 57.5 54.9 62.4 61.1 55.7 56.4 58.5 54.0
> syouhi
 [1] 38.3 32.6 32.7 34.9 35.1 36.6 32.3 31.4 34.9 31.8
> ken
 [1] 鳥取   島根   岡山   広島   山口   徳島   香川   愛媛   高知   和歌山
Levels: 愛媛 岡山 広島 香川 高知 山口 鳥取 島根 徳島 和歌山
> subset(rei54,ken=="岡山")  # 岡山県のデータの抽出
    ken syunyu syouhi
3  岡山    57.5   32.7
> edit(rei54)  # データエディタにより rei54 の編集に入る。メニューバーの編集の
データエディタを選択しても同じ
> summary(rei54[,2:3])  # 基本統計量の計算（予備解析）
     syunyu          syouhi
 Min.   :54.00   Min.   :31.40
 1st Qu.:55.88   1st Qu.:32.38
 Median :58.00   Median :33.80
 Mean   :59.08   Mean   :34.06
 3rd Qu.:60.85   3rd Qu.:35.05
 Max.   :70.20   Max.   :38.30
> sd(rei54[,2:3])  # 標準偏差の計算
   syunyu   syouhi
4.766970 2.265294
> pairs(rei54[,2:3])  # 多変量連関図の作成（予備解析）
> hist(syunyu)  # ヒストグラムの作成
> hist(syouhi)
> pairs(rei54[,2:3],gap=0,#  ヒストグラムを含む散布図の作成（予備解析）
+ diag.panel=function(x){ par(new=TRUE); hist(x,main="")
+ rug(x)
+ })
> cov(rei54[,2:3])  # 分散行列の計算 var(rei54[,2:3])でも良い（予備解析）
```

5.4 単回帰分析

```
            syunyu    syouhi
syunyu  22.724000  8.550222
syouhi   8.550222  5.131556
> cor(rei54[,2:3])   # 相関行列の計算（予備解析）
            syunyu    syouhi
syunyu  1.0000000 0.7917909
syouhi  0.7917909 1.0000000
> plot(syunyu,syouhi)    # 散布図の作成
> rei54.lm<-lm(syouhi~syunyu)
> z<-lsfit(syunyu,syouhi)
> abline(z,col=2)    # 赤色で回帰直線を引く
> summary(rei54.lm)  # 回帰分析の結果の要約
Call:
lm(formula = syouhi ~ syunyu)
Residuals:
    Min      1Q  Median      3Q     Max
-1.8438 -0.6962 -0.2789  0.8077  2.4128
Coefficients:
            Estimate Std. Error t value Pr(>|t|)
(Intercept)  11.8303     6.0805   1.946  0.08758 .
syunyu        0.3763     0.1026   3.667  0.00634 **
---
Signif. codes:  0 '***' 0.001 '**' 0.01 '*' 0.05 '.' 0.1 ' ' 1
Residual standard error: 1.468 on 8 degrees of freedom
Multiple R-Squared: 0.6269,     Adjusted R-squared: 0.5803
F-statistic: 13.44 on 1 and 8 DF,  p-value: 0.006341
> fitted(rei54.lm)
       1        2        3        4        5        6        7        8
38.24406 34.44379 33.46550 32.48722 35.30920 34.82005 32.78823 33.05161
       9       10
33.84177 32.14858
> resid(rei54.lm)
          1           2           3           4           5           6
 0.05594477 -1.84378924 -0.76550294  2.41278335 -0.20919635  1.77994680
          7           8           9          10
-0.48822782 -1.65161259  1.05823310 -0.34857908
```

```
> segments(syunyu,fitted(rei54.lm),syunyu,syouhi)
> plot(fitted(rei54.lm),resid(rei54.lm))
> qqnorm(resid(rei54.lm));qqline(resid(rei54.lm))
```

演習 5-5 以下に示す表 5.10 の小売店のいくつかの県で，年間の販売額 y（億円/年）を売り場面積 x（万 m^2）で説明するとき，回帰式を求めよ。

表 5.10 県別小売店の売場面積と販売高

県 No.	売り場面積（万 m^2） x	年間販売額（億円） y
1	69.9	6944
2	92.9	7935
3	235.2	21520
4	350.9	35451
5	168.3	16542
6	95.1	8248
7	119.0	13470
8	168.6	15100
9	111.4	8418
10	543.9	54553
11	87.9	8896
12	138.9	14395

演習 5-6 以下に示す表 5.11 の大学生の月平均支出額 y（万円）を，月平均収入額 x（万円）で回帰するときの回帰式を推定せよ。

表 5.11 大学生の月収入額と支出額

学生 No.	収入額（万円） x	支出額（万円） y
1	15	11
2	13	10
3	13	13
4	18.5	15.6
5	15	8
6	16	10
7	13	12
8	10.5	10
9	18	16
10	14.2	14.4
11	17	16
12	14	14
13	16	14.8
14	11	10
15	13	9.1
16	20	17
17	15	15
18	30	20
19	13.6	11.2
20	15	14

(2) あてはまりの良さ

予測値 $\widehat{y}_i = \widehat{\beta}_0 + \widehat{\beta}_1 x_i (i=1,\cdots,n)$ と実際のデータ y_i との離れ具合は, $y_i - \widehat{y}_i$ でこれを**残差** (residual) といい, e_i で表す.

そして, データと平均との差の分解をすると

(5.32) $\underbrace{y_i - \overline{y}}_{\text{データと平均との差}} = y_i - \widehat{y}_i + \widehat{y}_i - \overline{y} = \underbrace{e_i}_{\text{残差}} + \underbrace{\widehat{y}_i - \overline{y}}_{\text{回帰による偏差}}$

となる.

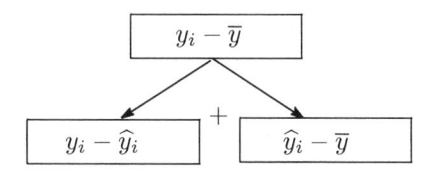

そこで, 図 5.11 のように図示されることがわかる.

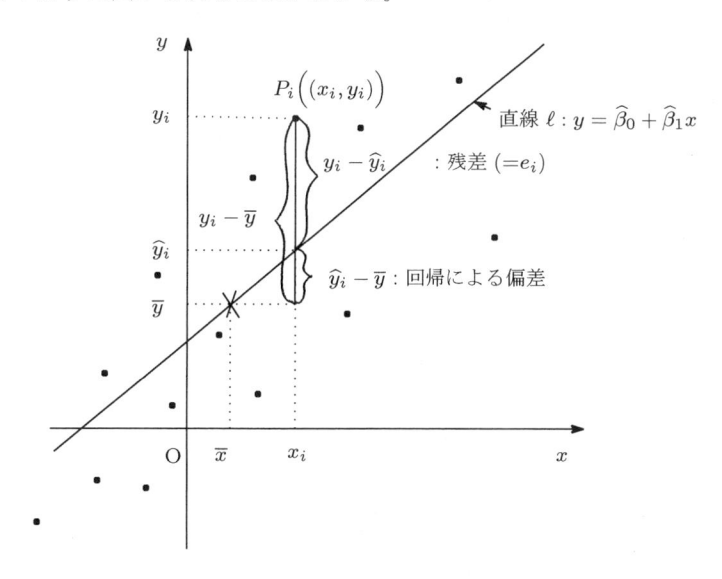

図 5.11 各データと平均との差の分解

そして, 式 (5.17) の両辺を 2 乗して, i について 1 から n まで和をとると, 次の全変動 (平方和) の分解の式が得られる. ただし,

$$\widehat{y}_i - \overline{y} = \widehat{\beta}_0 + \widehat{\beta}_1 x_i - \overline{y} = \overline{y} - \widehat{\beta}_1 \overline{x} + \widehat{\beta}_1 x_i - \overline{y} = \widehat{\beta}_1 (x_i - \overline{x})$$

より $\sum_{i=1}^{n} e_i(\widehat{y}_i - \overline{y}) = \widehat{\beta}_1 \sum_{i=1}^{n} e_i x_i - \widehat{\beta}_1 \overline{x} \sum_{i=1}^{n} e_i$ と変形され, 式 (5.12) の下の式より $\sum_{i=1}^{n} e_i x_i = 0$ かつ 式 (5.12) の上の式から $\sum_{i=1}^{n} e_i = 0$ が成立するので, 積の項が消えることに注意して

(5.33) $\underbrace{\sum_{i=1}^{n}(y_i - \overline{y})^2}_{\text{全変動}} = \sum_{i=1}^{n} e_i^2 + \sum_{i=1}^{n}(\widehat{y}_i - \overline{y})^2 + 2\underbrace{\sum_{i=1}^{n} e_i(\widehat{y}_i - \overline{y})}_{=0}$

$$= \underbrace{\sum_{i=1}^n e_i^2}_{\text{残差変動}} + \underbrace{\sum_{i=1}^n (\widehat{y_i} - \overline{y})^2}_{\text{回帰による変動}}$$

が成立する．ここに，$S_T = S_{yy}$ であり，

$$S_R = \sum_{i=1}^n (\widehat{y_i} - \overline{y})^2 = \widehat{\beta}_1^2 \sum_{i=1}^n (x_i - \overline{x})^2 = \frac{S_{xy}^2}{S_{xx}^2} S_{xx} = \frac{S_{xy}^2}{S_{xx}} = \widehat{\beta}_1 S_{xy},$$

$$S_e = S_T - S_R = S_{yy} - \frac{S_{xy}^2}{S_{xx}}$$

である．以上のことをベクトルを使って書くと，$\bm{y} - \widehat{\bm{y}} \perp \widehat{\bm{y}} - \overline{\bm{y}}$（直交）より

(5.34) $\quad \|\bm{y} - \overline{\bm{y}}\|^2 = \|\bm{y} - \widehat{\bm{y}}\|^2 + \|\widehat{\bm{y}} - \overline{\bm{y}}\|^2$

$\quad\quad\quad\quad = \|\bm{y} - X\widehat{\bm{\beta}}\|^2 + \|X\widehat{\bm{\beta}} - \overline{\bm{y}}\|^2$

ここに，$\widehat{\bm{\beta}} = (X^\mathrm{T} X)^{-1} X^\mathrm{T} \bm{y}$ である．そこで，図 5.12 のように分解される．

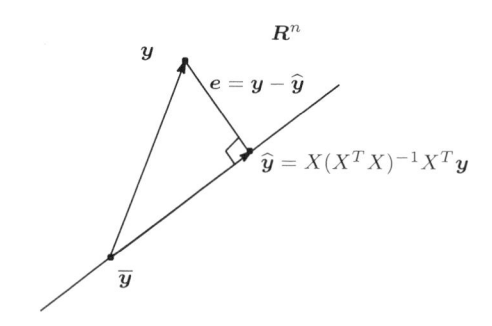

図 5.12 変動の分解

つまり，

$$\underbrace{\text{全変動（平方和）}}_{S_T} = \underbrace{\text{残差変動（平方和）}}_{S_e} + \underbrace{\text{回帰による変動（平方和）}}_{S_R}$$

と分解される．そこで，全変動のうちの回帰による変動の割合

(5.35) $\quad \dfrac{S_R}{S_T} = 1 - \dfrac{S_e}{S_T} (= R^2)$

は，回帰モデルの**あてはまりの良さ**を表す尺度（x で，どれだけ（全）変動が説明できるか）とみられ，これを**寄与率** (proportion) または**決定係数** (coefficient of determination) といい，R^2 で表す．

また各平方和について，自由度 (degrees of freedom : DF) は次のようになる．

総平方和 $S_T (= S_{yy})$ の自由度　$\phi_T = $ データ数 $- 1 = n - 1$,

回帰平方和 S_R の自由度　$\phi_R = 1$,

残差平方和 S_e の自由度　$\phi_e = \phi_T - \phi_R = n - 2$

そして，変動の分解を表 5.12 のようにまとめて，分散分析表に表す．

5.4 単回帰分析

表 5.12 分散分析表

要因	平方和 S	自由度 ϕ	不偏分散 V	分散比 F 値 (F_0)	期待値 $E(V)$
回帰による (R)	S_R	ϕ_R	V_R	$\dfrac{V_R}{V_e}$	$\sigma^2 + \beta_1^2 S_{xx}$
回帰からの残差 (e)	S_e	ϕ_e	V_e		σ^2
全変動 (T)	S_T	ϕ_T			

$$S_R = S_{xy}^2/S_{xx},\ S_e = S_{yy} - S_R,\ S_T = S_{yy}$$
$$\phi_R = 1,\ \phi_e = n-2,\ \phi_T = n-1$$
$$V_R = S_R/\phi_R = S_R,\ V_e = S_e/\phi_e = S_e/(n-2)$$

(注 5-2) 期待値については，基礎的な確率・統計の本を参照されたい。◁

y と予測値 $\widehat{y}$ の相関係数を $r_{y\widehat{y}}$ で表し，これを特に**重相関係数** (multiple correlation coefficient) という．本によって R で表しているが，相関行列を表すのに同じ文字 R を用いているので，混同しないようにしていただきたい．

(5.36)
$$S_{y\widehat{y}} = \sum_{i=1}^{n}(y_i - \overline{y})(\widehat{y}_i - \overline{y}) = \sum_{i=1}^{n}(y_i - \widehat{y}_i + \widehat{y}_i - \overline{y})(\widehat{y}_i - \overline{y})$$
$$= \underbrace{\sum_{i=1}^{n} e_i(\widehat{y}_i - \overline{y})}_{=0} + \sum_{i=1}^{n}(\widehat{y}_i - \overline{y})^2 = S_R$$

だから，

(5.37)
$$r_{y\widehat{y}} = \frac{S_{y\widehat{y}}}{\sqrt{S_{yy}}\sqrt{S_{\widehat{y}\widehat{y}}}} = \frac{\sum_{i=1}^{n}(y_i - \overline{y})(\widehat{y}_i - \overset{=\overline{y}}{\overbrace{\overline{\widehat{y}}}})}{\sqrt{\sum_{i=1}^{n}(y_i - \overline{y})^2}\sqrt{\sum_{i=1}^{n}(\widehat{y}_i - \overline{y})^2}}$$
$$= \frac{S_R}{\sqrt{S_T}\sqrt{S_R}} = \sqrt{\frac{S_R}{S_T}} = \sqrt{R^2}$$

であり，次の関係がある．

―――― 公式 ――――

(5.38) $\quad r_{y\widehat{y}}^2 = \dfrac{S_R}{S_T}$ つまり，y と予測値 $\widehat{y}$ の相関係数の 2 乗＝寄与率

―― 例題 5-5 (寄与率の計算) ――

例題 5-4 のデータに関して，平均月収額による消費額に対する寄与率を求めよ．また回帰モデルを要因とした分散分析表を作成せよ．

[解] **手順 1** S_T, S_R を求める．$S_T = S_{yy}$ より，

$$S_T = \sum(y_i - \overline{y})^2 = \sum y_i^2 - \frac{(\sum y_i)^2}{n} = 11647.02 - \frac{340.6^2}{10} = 46.18 \text{ である。}$$

また，$S_R = \dfrac{S_{xy}^2}{S_{xx}}$ より，$S_R = \dfrac{76.952^2}{204.516} = 28.95$ である。

手順 2 寄与率 $= R^2 = \dfrac{S_R}{S_T}$ を求める。

寄与率の式に代入して，$R^2 = \dfrac{28.95}{46.18} = 0.627$ と求まる。つまり，消費額のバラツキの 62.7% が，平均月収額で説明されることがわかる。なお，相関係数は $r_{y\hat{y}} = 0.792$ で 2 乗すれば 0.627 となり，寄与率と等しいことが確認される。□

───── R による実行結果 ─────

```
> summary(aov(syouhi ~ syunyu))
            Df  Sum Sq  Mean Sq  F value   Pr(>F)
syunyu       1 28.9543  28.9543   13.444  0.006341 **
Residuals    8 17.2297   2.1537
---
Signif. codes:  0 '***' 0.001 '**' 0.01 '*' 0.05 '.' 0.1 ' ' 1
```

または，次のように入力する。

───── R による実行結果 ─────

```
> anova(rei54.lm)
Analysis of Variance Table
Response: syouhi
            Df  Sum Sq  Mean Sq  F value   Pr(>F)
syunyu       1 28.9543  28.9543   13.444  0.006341 **
Residuals    8 17.2297   2.1537
---
Signif. codes:  0 '***' 0.001 '**' 0.01 '*' 0.05 '.' 0.1 ' ' 1
```

演習 5-7 演習 5-5，演習 5-6 での寄与率を求めよ。

演習 5-8 表 5.13 のある年の少年野球チームの勝率について，チーム打率で回帰する場合の寄与率，およびチーム得点/失点で回帰するときの寄与率を求めよ。

表 5.13　少年野球チーム勝率表

チーム名 \ 項目	勝率	打率	得点/失点
A	0.585	0.277	1.23
B	0.556	0.248	1.07
C	0.541	0.267	1.15
D	0.489	0.253	0.900
E	0.444	0.265	0.943
F	0.385	0.242	0.764

(3) 回帰に関する検定・推定
① 回帰係数に関する検定

(i) β_1 について,ある既知の値 β_1° と等しいかどうかを検定

仮説は

$$\begin{cases} 帰無仮説 & H_0 : \beta_1 = \beta_1^\circ \quad (\beta_1^\circ: 既知) \\ 対立仮説 & H_1 : \beta_1 \neq \beta_1^\circ \end{cases}$$

である。そして,$\dfrac{\widehat{\beta}_1 - \beta_1}{\sqrt{\sigma^2/S_{xx}}} \sim N(0, 1^2)$ で σ^2:未知だから,σ^2 の代わりに $V_e = \dfrac{S_e}{n-2}$ を代入して,

$$\frac{\widehat{\beta}_1 - \beta_1}{\sqrt{V_e/S_{xx}}} \sim t_{n-2}$$

である。そこで,仮説 H_0 のもとで,

$$t_0 = \frac{\widehat{\beta}_1 - \beta_1^\circ}{\sqrt{V_e/S_{xx}}} \sim t_{n-2}$$

であるので,次の検定方式が採用される。

検定方式

回帰係数に関する検定 ($H_0: \beta_1 = \beta_1^\circ$ (β_1°: 既知), $H_1: \beta_1 \neq \beta_1^\circ$) について

$\quad |t_0| \geqq t(n-2, \alpha) \quad \Longrightarrow \quad H_0$ を棄却する

特に,$\beta_1^\circ = 0$ のときは帰無仮説 H_0 は $\beta_1 = 0$ で,傾きが 0 より x の変化が y に効かないことを意味し,y が x によって説明されず,モデルが役に立たないことになる。**零仮説の検定**(回帰モデルが有効かどうかの検定)ともいわれる。

(ii) 母切片 β_0 について,既知の値 β_0° に等しいかどうかの検定

仮説は

$$\begin{cases} 帰無仮説 & H_0 : \beta_0 = \beta_0^\circ \quad (\beta_0^\circ: 既知) \\ 対立仮説 & H_1 : \beta_0 \neq \beta_0^\circ \end{cases}$$

である。$\widehat{\beta}_0 \sim N\left(\beta_0, \left(\dfrac{1}{n} + \dfrac{\overline{x}^2}{S_{xx}}\right)\sigma^2\right)$ から

$$\frac{\widehat{\beta}_0 - \beta_0}{\sqrt{\left(\dfrac{1}{n} + \dfrac{\overline{x}^2}{S_{xx}}\right)V_e}} \sim t_{n-2}$$

である。そこで,帰無仮説 H_0 のもと

$$t_0 = \frac{\widehat{\beta}_0 - \beta_0^\circ}{\sqrt{\left(\dfrac{1}{n} + \dfrac{\overline{x}^2}{S_{xx}}\right)V_e}} \sim t_{n-2} \quad \text{under} \quad H_0$$

から，次の検定方式が採用される。

― 検定方式 ―

母切片に関する検定 $(H_0:\beta_0 = \beta_0^\circ \ (\beta_0^\circ: \text{既知}),\ H_1:\beta_0 \neq \beta_0^\circ)$ について
$$|t_0| \geqq t(n-2, \alpha) \implies H_0 \text{ を棄却する}$$

---

② 回帰係数，母回帰の推定

― 推定方式 ―

β_1 の点推定量は，$\widehat{\beta_1} = \dfrac{S_{xy}}{S_{xx}}$

回帰係数 β_1 の信頼率 $100(1-\alpha)\%$ の信頼区間は，

(5.39) $\quad \widehat{\beta_1} \pm t(n-2, \alpha)\sqrt{\dfrac{V_e}{S_{xx}}}$

である。また，ある指定された x_0 での母回帰 $f_0 = \beta_0 + \beta_1 x_0$ の点推定は，$\widehat{f_0} = \widehat{\beta_0} + \widehat{\beta_1} x_0$ で，

$$\widehat{f_0} \sim N\left(f_0, \left(\dfrac{1}{n} + \dfrac{(x_0 - \overline{x})^2}{S_{xx}}\right)\sigma^2\right)$$

より，次式で与えられる。

― 推定方式 ―

$x = x_0$ での母回帰 f_0 の点推定量は，$\quad \widehat{f_0} = \widehat{\beta_0} + \widehat{\beta_1} x_0$

f_0 の信頼率 $100(1-\alpha)\%$ の信頼区間は，

(5.40) $\quad \widehat{f_0} \pm t(n-2, \alpha)\sqrt{\left(\dfrac{1}{n} + \dfrac{(x_0 - \overline{x})^2}{S_{xx}}\right)V_e}$

特に $x_0 = 0$ のときには，母切片 β_0 の信頼区間となる。

③ 個々のデータの予測

$x = x_0$ のときの次のデータの値 y_0 の予測値 $\widehat{y_0}$ は，$y_0 = f_0 + \varepsilon = \beta_0 + \beta_1 x_0 + \varepsilon$ から $\widehat{y_0} = \widehat{\beta_0} + \widehat{\beta_1} x_0$ であり，

$$E[(\widehat{y_0} - y_0)^2] = E[(\widehat{y_0} - f_0)^2] + E[(y_0 - f_0)^2] = \left\{1 + \dfrac{1}{n} + \dfrac{(x_0 - \overline{x})^2}{S_{xx}}\right\}\sigma^2 \text{ より}$$

― 推定方式 ―

$x = x_0$ におけるデータ y_0 の予測値 $\widehat{y_0}$ は，$\quad \widehat{y_0} = \widehat{\beta_0} + \widehat{\beta_1} x_0$

y_0 の信頼率 $100(1-\alpha)\%$ の予測区間は，

(5.41) $\quad \widehat{\beta_0} + \widehat{\beta_1} x_0 \pm t(n-2, \alpha)\sqrt{\left(1 + \dfrac{1}{n} + \dfrac{(x_0 - \overline{x})^2}{S_{xx}}\right)V_e}$

5.4 単回帰分析

で与えられる。

④ 残差の検討

仮定したモデルがデータに適合しているかどうかを検討するための有効な方法に，残差の検討がある。データに異常値が含まれていないか，層別の必要はないか，回帰式は線形回帰でよいのか，回帰の回りの誤差は等分散か，誤差は互いに独立か，などを調べる手段となる。実際，**標準（基準，規準）化残差** $e'_i = e_i/\sqrt{V_e}$ を求め，そのヒストグラム作成，$(x_i, e'_i)(i = 1, \cdots, n)$ の打点（プロット）などにより検討する。図 5.13 に，その例として残差に関するグラフを載せている。図 5.13(a) は標準化残差のヒストグラム，(b) は標準化残差の時系列プロット，(c) は説明変数と標準化残差の散布図である。

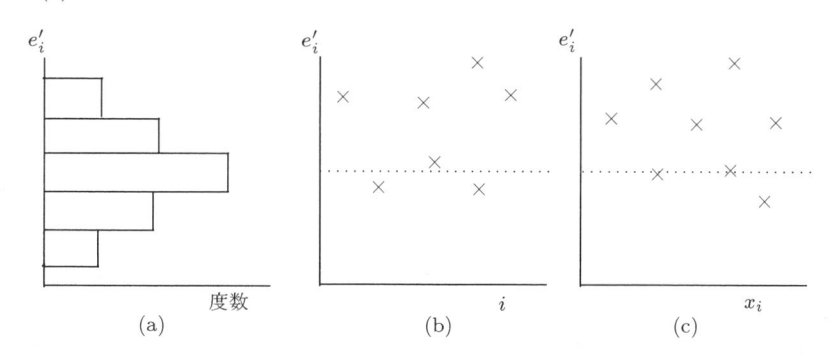

図 5.13 残差に関するグラフ

例題 5-6（回帰診断，信頼区間の構成）

例題 5-4 のデータに関して，平均月収額による消費額の回帰モデルは有効か検討せよ。回帰診断（残差分析，多重共線性）を行なえ。更に回帰式の 95％信頼区間およびデータの 95％信頼予測区間を構成してみよ。

R による実行結果

```
> rei54.res<-resid(rei54.lm)   # 残差を rei54.res に代入
> qqnorm(rei54.res);qqline(rei54.res)
# qq プロットと正規分布の場合の直線を描く
> op<-par(mfrow=c(2,2))
# 1 つの画面を 2 × 2 の 4 分割にし，作図パラメータを変数 op に代入する
> plot(rei54.lm)   # 4 種の診断図を描く
> par(op)   # 作図パラメータを元に戻す
> plot(syouhi,syunyu)
> row.names(rei54)<-ken
> row.names(rei54)
 [1] "鳥取"    "島根"    "岡山"    "広島"    "山口"    "徳島"    "香川"    "愛媛"
```

```
 [9] "高知"    "和歌山"
> text(x=syouhi,y=syunyu,labels=row.names(rei54),adj=0)
# データに県名のラベルを付ける。
> predict(rei54.lm)
        1        2        3        4        5        6        7        8
38.24406 34.44379 33.46550 32.48722 35.30920 34.82005 32.78823 33.05161
        9       10
33.84177 32.14858
> predict(rei54.lm,int="c",level=0.95)
# int は interval, c は confidence の短縮形
        fit      lwr      upr
1  38.24406 35.40331 41.08480
2  34.44379 33.34673 35.54085
3  33.46550 32.33189 34.59911
4  32.48722 31.02992 33.94451
5  35.30920 33.98160 36.63679
6  34.82005 33.64797 35.99213
7  32.78823 31.45218 34.12428
8  33.05161 31.80763 34.29559
9  33.84177 32.76283 34.92071
10 32.14858 30.53910 33.75805
> predict(rei54.lm,int="p",level=0.95)
# int は interval, p は prediction の短縮形
        fit      lwr      upr
1  38.24406 33.82562 42.66249
2  34.44379 30.88623 38.00135
3  33.46550 29.89650 37.03451
4  32.48722 28.80260 36.17184
5  35.30920 31.67392 38.94447
6  34.82005 31.23864 38.40146
7  32.78823 29.14986 36.42660
8  33.05161 29.44603 36.65719
9  33.84177 30.28975 37.39379
10 32.14858 28.40116 35.89600
> x0<-data.frame(syunyu=50)
> predict(rei54.lm,x0,int="c",level=0.95)
```

5.4 単回帰分析

```
            fit      lwr      upr
[1,]  30.64352 28.24306 33.04398
> predict(rei54.lm,x0,int="p",level=0.95)
            fit      lwr      upr
[1,]  30.64352 26.49444 34.79261
> new<-data.frame(syunyu=seq(min(syunyu),max(syunyu),0.1))
> d<-lm(syouhi~syunyu,data=rei54)
> dp<-predict(d,new,int="p",level=0.95)
> dc<-predict(d,new,int="c",level=0.95)
> matplot(new$syunyu,cbind(dp,dc),lty=c(1,2,2,3,3),type="l")
```

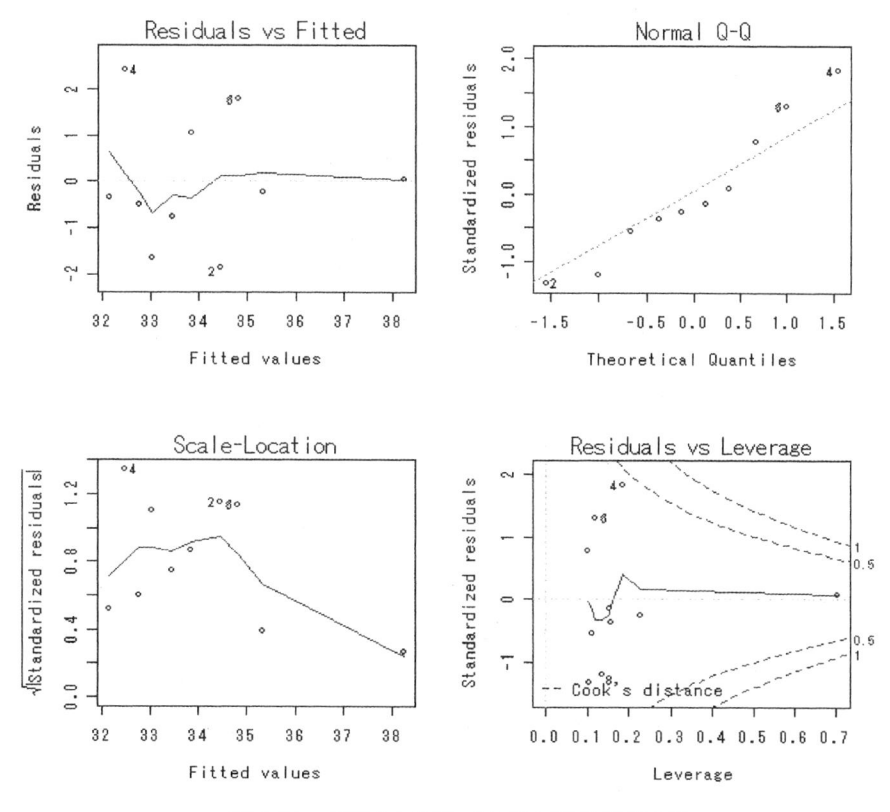

図 5.14　例題 5-4 のデータに関する回帰診断の図

図 5.14 において，左上の図は，縦（上下）方向について直線 $y=0$ と点との離れぐあいによって適合度が高いかどうかが見てとれる．右上の図で点が直線上にのっていればほぼ正規分布していると考えられるが，そうでなければ正規性が疑わしい．左下の図は，絶対値の意味で点が上側にずれていればモデルの適合度が良くない．右下の図によって，クックの距

離による点の影響度が大きいかどうか（大体 0.5 より大きいとき）をみることができる．

次に，今までの手順をまとめておこう．

回帰分析の手順

- 手順 1　モデルの設定と前提条件の確認（散布図の作成を含む）
- 手順 2　回帰式の推定
- 手順 3　分散分析表の作成
- 手順 4　残差の検討
- 手順 5　回帰に関する検定・推定，目的変数の予測など

例題 5-7

以下の表 5.14 の 8 世帯の所得額 x と，そのうちの貯蓄額 y のデータに関して，y の x による単回帰モデルを設定し解析せよ．また，$x = x_0 = 30$（万円）における回帰式の信頼区間，データの予測値の信頼区間を求めよ．

表 5.14　所得額と貯蓄額のデータ

No.	所得額 x（万円）	貯蓄額 y（万円）
1	36	6
2	32	4.5
3	19	2
4	24	3
5	28	4
6	42	6
7	51	8
8	26	3

[解] 手順 1　モデルの設定と散布図の作成

$y = \beta_0 + \beta_1 x_i + \varepsilon_i$ なるモデルをたてる．散布図を描く図 5.15 のようである．

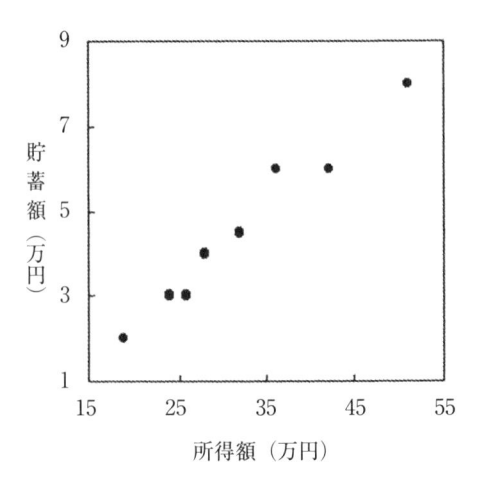

図 5.15　例題 5-7 のデータに関する散布図

5.4 単回帰分析

手順 2 回帰式を推定するため,補助表の表 5.9 を作成する。表 5.9 より

$$\overline{x} = \frac{①}{n} = \frac{258}{8} = 32.25, \quad \overline{y} = \frac{②}{n} = \frac{36.5}{8} = 4.563$$

$$S_{xx} = ③ - \frac{①^2}{8} = 9082 - \frac{258^2}{8} = 761.5$$

$$S_{yy} = ④ - \frac{②^2}{8} = 194.25 - \frac{36.5^2}{8} = 27.72$$

$$S_{xy} = ⑤ - \frac{① \times ②}{n} = 1320 - \frac{258 \times 36.5}{8} = 142.875$$

そこで

$$\widehat{\beta_1} = \frac{S_{xy}}{S_{xx}} = \frac{142.875}{761.5} = 0.188, \quad \widehat{\beta_0} = \overline{y} - \widehat{\beta_1}\overline{x} = 4.563 - 0.188 \times 32.25 = -1.50$$

だから,求める回帰式は $y = -1.50 + 0.188x$ である。

表 5.15 補助表

No.	x	y	x^2	y^2	xy
1	36	6	1296	36	216
2	32	4.5	1024	20.25	144
3	19	2	361	4	38
4	24	3	576	9	72
5	28	4	784	16	112
6	42	6	1764	36	252
7	51	8	2601	64	408
8	26	3	676	9	78
計	258	36.5	9082	194.25	1320
	①	②	③	④	⑤

手順 3 回帰モデルが有効か検討するため,分散分析表を作成する。

以下のような表 5.16 ができる。そこで,

$$S_R = \frac{S_{xy}^2}{S_{xx}} = 142.875^2/761.5 = 26.81, S_T = S_{yy} = 27.72, S_e = S_T - S_R$$

と求まる。

表 5.16 分散分析表

要因	平方和 S	自由度 ϕ	不偏分散 V	分散比 F 値 (F_0)	期待値 $E(V)$
回帰による (R)	$S_R = 26.81$	$\phi_R = 1$	$V_R = 26.81$	$\dfrac{V_R}{V_e} = 176.4^{**}$	$\sigma^2 + \beta_1^2 S_{xx}$
残差 (e)	$S_e = 0.912$	$\phi_e = 6$	$V_e = 0.152$		σ^2
全変動 (T)	$S_T = 27.72$	$\phi_T = 7$			

F 分布の片側 1%点は,

$$F(1,6;0.01) = 13.75 (= \text{FINV}(0.01;1,6) : \text{Excel での入力式})$$

で,$F_0 = 176.4 > 13.75 = F(1,6;0.01)$ より,有意である。そこで,回帰モデルは有効とわかる。また,

$$寄与率 = \frac{S_R}{S_T} = 26.81/27.72 = 0.967$$

で,かなり高いことがわかる。

手順 4 残差の検討をする。

表 5.17 残差の表

No.	x	y	$\widehat{y} = \widehat{\beta}_0 + \widehat{\beta}_1 x$	$e = y - \widehat{y}$	$e'_i = \dfrac{e_i}{\sqrt{V_e}}$
1	36	6	5.268	0.732	1.877
2	32	4.5	4.516	-0.016	-0.0410
3	19	2	2.072	-0.072	-0.1847
4	24	3	3.012	-0.012	-0.0308
5	28	4	3.764	0.236	0.6053
6	42	6	6.396	-0.396	-1.0157
7	51	8	8.088	-0.088	-0.2257
8	26	3	3.388	-0.388	-0.9951

残差 $e_i = y_i - \widehat{y}_i = y_i - \widehat{\beta}_0 - \widehat{\beta}_1 x_i$,標準化残差 $e'_i = \dfrac{e_i}{\sqrt{V_e}}$ を各サンプルについて求めると,表 5.17 のようになる。

次に,残差をプロットする。(x_i, e'_i) を打点すると,図 5.16 のようになる。

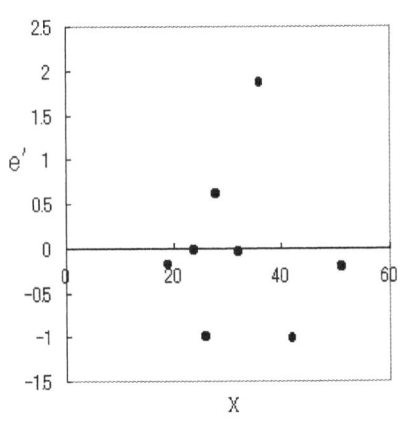

図 5.16 残差プロット

手順 5 回帰母数に関する検定・推定

母切片 β_0 に関しては

$$\begin{cases} \text{帰無仮説} & \text{H}_0 : \beta_0 = \beta_0^\circ \quad (\beta_0^\circ : \text{既知}) \\ \text{対立仮説} & \text{H}_1 : \beta_0 \neq \beta_0^\circ \end{cases}$$

のような検定が考えられる。$x = x_0 = 30$ における回帰式 $f_0 = \beta_0 + \beta_1 x_0$ の点推定は $\widehat{f}_0 = \widehat{\beta}_0 + \widehat{\beta}_1 x_0 = -1.50 + 0.188 \times 30 = 4.14$ であり,その回帰式の信頼率 90% の信頼区間は

$$\widehat{f}_0 \pm t(6, 0.10)\sqrt{\left(\frac{1}{8} + \frac{(x_0 - \overline{x})^2}{S_{xx}}\right)V_e} = 4.14 \pm 1.943\sqrt{\left(\frac{1}{8} + \frac{(30 - 32.25)^2}{761.5}\right)0.152}$$

$$= 4.14 \pm 0.275 = 3.865 \sim 4.415$$

で与えられる。また,$x = x_0 = 30$ におけるデータの予測値 $\widehat{y}_0$ は $\widehat{\beta}_0 + \widehat{\beta}_1 x_0 = 4.14$ であり,その予測値の信頼率 90% の信頼区間は

$$\widehat{\beta}_0 + \widehat{\beta}_1 x_0 \pm t(6, 0.10) \times \sqrt{\left(1 + \frac{1}{8} + \frac{(x_0 - \overline{x})^2}{S_{xx}}\right)V_e} = 4.14 \pm 0.806 = 3.334 \sim 4.946$$

である。□

5.4 単回帰分析

―― R による実行結果 ――

```
> rei57<-read.table("rei57.txt",header=T)
> rei57
  No. syotoku cyotiku
1  1     36     6.0
         ～
8  8     26     3.0
> pairs(rei57[,2:3],gap=0, # ヒストグラムを含む散布図の作成（予備解析）
+ diag.panel=function(x){
+ par(new=TRUE)
+ hist(x,main="")
+ rug(x)
+ })
> summary(rei57[,2:3]) # 基礎統計量の計算（予備解析）
    syotoku         cyotiku
 Min.   :19.00   Min.   :2.000
 1st Qu.:25.50   1st Qu.:3.000
 Median :30.00   Median :4.250
 Mean   :32.25   Mean   :4.563
 3rd Qu.:37.50   3rd Qu.:6.000
 Max.   :51.00   Max.   :8.000
> cov(rei57[,2:3])
# （共）分散行列の計算 var(rei57[,2:3]) でも良い（予備解析）
           syotoku   cyotiku
syotoku  108.78571 20.410714
cyotiku   20.41071  3.959821
> cor(rei57[,2:3]) # 相関係数行列の計算（予備解析）
           syotoku   cyotiku
syotoku  1.0000000 0.9834097
cyotiku  0.9834097 1.0000000
> attach(rei57)
> syotoku
[1] 36 32 19 24 28 42 51 26
> cyotiku
[1] 6.0 4.5 2.0 3.0 4.0 6.0 8.0 3.0
```

```
> plot(syotoku,cyotiku)
> rei57.lm<-lm(cyotiku~syotoku)
> abline(rei57.lm)
> summary(rei57.lm)
Call:
lm(formula = cyotiku ~ syotoku)
Residuals:
     Min       1Q   Median       3Q      Max
-0.39183 -0.15779 -0.04604  0.04777  0.73391
Coefficients:
            Estimate Std. Error t value Pr(>|t|)
(Intercept) -1.48835    0.47605  -3.126   0.0204 *
syotoku      0.18762    0.01413  13.279 1.13e-05 ***
---
Signif. codes:  0 '***' 0.001 '**' 0.01 '*' 0.05 '.' 0.1 ' ' 1
Residual standard error: 0.3899 on 6 degrees of freedom
Multiple R-Squared: 0.9671,     Adjusted R-squared: 0.9616
F-statistic: 176.3 on 1 and 6 DF,  p-value: 1.127e-05
> rei57.res<-resid(rei57.lm)
> qqnorm(rei57.res);qqline(rei57.res)
> op<-par(mfrow=c(2,2))
> plot(rei57.lm)
> par(op)
> x0<-data.frame(syotoku=30)
> predict(rei57.lm,x0,int="c",level=0.90)
          fit      lwr      upr
[1,] 4.140348 3.865454 4.415242
> predict(rei57.lm,x0,int="p",level=0.90)
          fit      lwr      upr
[1,] 4.140348 3.334387 4.946309
```

演習 5-9 以下の売上げ高を，従業員数で回帰する場合にモデルをたてて解析せよ。

表 5.18 従業員数と売上げ高

No.	従業員数 x（千人）	売上げ高 y（千万円）
1	52	45.3
2	45	32.6
3	28	25.7
4	39	32.9
5	42	35.1
6	51	39.6
7	35	30.3
8	25	18.4

5.4.2 ＊繰返しのある場合

各水準 x_i で，繰返しが $n_i(i=1,\cdots,k)$ 回ある場合の観測値 y_{ij} について，以下のような単回帰モデルを考える。

$$(5.42) \quad y_{ij} = \beta_0 + \beta_1 x_i + \gamma_i + \varepsilon_{ij} \quad (i=1,\cdots,k; j=1,\cdots,n_i)$$

ただし，γ_i（ガンマアイ）はモデルのあてはまり具合を表す量であり，全サンプル数は $\sum_{i=1}^{k} n_i = n$ で，ε_{ij} は互いに独立に $N(0,\sigma^2)$ に従う。そこで式 (5.4) の単回帰モデルでの誤差は，<u>あてはまりの悪さ γ_i と誤差の和</u>に対応している。

そして，データと全平均との偏差を次のように分解する。

$$(5.43) \quad \underbrace{y_{ij} - \overline{\overline{y}}_{..}}_{\text{データと平均との偏差}} = \underbrace{y_{ij} - \overline{y}_{i.}}_{\text{級内の偏差}} + \underbrace{\overline{y}_{i.} - \overline{\overline{y}}_{..}}_{\text{級間の偏差}}$$

$$= \underbrace{y_{ij} - \overline{y}_{i.}}_{\text{級（群）内での偏差}} + \underbrace{\overline{y}_{i.} - (\widehat{\beta}_0 + \widehat{\beta}_1 x_i)}_{\text{モデルのあてはまりの偏差}} + \underbrace{(\widehat{\beta}_0 + \widehat{\beta}_1 x_i) - \overline{\overline{y}}_{..}}_{\text{回帰による偏差}}$$

```
        ┌─────────────┐
        │ y_ij - ȳ.. │
        └──┬───────┬──┘
           ▼       ▼
  ┌─────────────┐  ┌─────────────┐
  │ y_ij - ȳ_i. │+ │ ȳ_i. - ȳ..  │
  └─────────────┘  └──┬───────┬──┘
                      ▼       ▼
            ┌──────────────────────┐  ┌──────────────────────┐
            │ ȳ_i.-(β̂_0+β̂_1 x_i)│+ │(β̂_0+β̂_1 x_i)-ȳ..  │
            └──────────────────────┘  └──────────────────────┘
```

式 (5.43) の両辺を 2 乗し，i, j について総和をとると，次の式が得られる。

$$(5.44) \quad S_T = \sum_{i=1}^{k}\sum_{j=1}^{n_i}(y_{ij} - \overline{\overline{y}}_{..})^2$$

$$= \underbrace{\sum_{i=1}^{k}\sum_{j=1}^{n_i}(y_{ij} - \overline{y}_{i.})^2}_{\text{級内の変動}} + \underbrace{\sum_{i=1}^{k} n_i(\overline{y}_{i.} - \overline{\overline{y}}_{..})^2}_{\text{級間の変動}} = S_E + S_A$$

$$= \underbrace{\sum_{i=1}^{k}\sum_{j=1}^{n_i}(y_{ij}-\overline{y}_{i.})^2}_{\text{級(群)内での変動}} + \underbrace{\sum_{i=1}^{k}n_i(\overline{y}_{i.}-\widehat{\beta}_0-\widehat{\beta}_1 x_i)^2}_{\text{モデルのあてはまり}} + \underbrace{\sum_{i=1}^{k}n_i(\widehat{\beta}_0+\widehat{\beta}_1 x_i-\overline{\overline{y}}_{..})^2}_{\text{回帰による変動}}$$

$$= S_E + S_{lof} + S_R \quad (S_A = S_{lof} + S_R, \quad S_e = S_E + S_{lof})$$

ここで，各平方和を計算するため，式を導いておこう．

$T = y_{..} = \sum_{i=1}^{k}\sum_{j=1}^{n_i} y_{ij}$ 　（データの総和）

$CT = \dfrac{T^2}{n}$ 　（修正項，$n = \sum_{i=1}^{k} n_i$ は総データ数）

$S_T = S_{yy} = \sum_{i=1}^{k}\sum_{j=1}^{n_i} y_{ij}^2 - CT$ 　（総平方和）

$S_A = \sum_{i=1}^{k} \dfrac{y_{i.}^2}{n_i} - CT$ 　（要因 A の平方和）

$S_E = S_T - S_A$ 　（誤差 E の平方和）

$S_{xy} = \sum_{i=1}^{k}\sum_{j=1}^{n_i} x_i y_{ij} - \dfrac{\left(\sum_{i=1}^{k} n_i x_i\right)\left(\sum_{i=1}^{k}\sum_{j=1}^{n_i} y_{ij}\right)}{n}$ 　（偏差積和）

$S_{xx} = \sum_{i=1}^{k} n_i x_i^2 - \dfrac{\left(\sum_{i=1}^{k} n_i x_i\right)^2}{n}$ 　（偏差積和）

$S_R = \dfrac{S_{xy}^2}{S_{xx}}$ 　（回帰平方和）

$S_{lof} = S_A - S_R$ 　（あてはまりの悪さの平方和）

また自由度は，$\phi_T = n-1, \phi_A = k-1, \phi_E = \phi_T - \phi_A = n-k,$
$\phi_R = 1, \phi_{lof} = \phi_A - \phi_R = k-2$ である．

データの分解を図に表せば，図 5.17 のようになる．

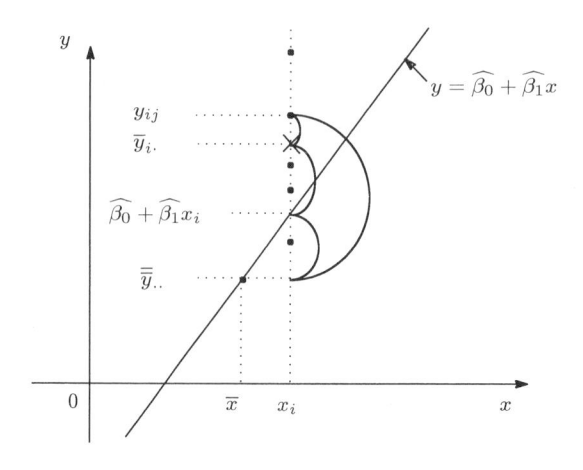

図 5.17 変動の分解

更に, 表 5.19 のようにまとめられる。

表 5.19　分散分析表

要因	平方和 S	自由度 ϕ	不偏分散 V	分散比 F 値 (F_0)	期待値 $E(V)$
回帰による (R)	S_R	ϕ_R	V_R	$\dfrac{V_R}{V_E}$	$\sigma^2 + \beta_1^2 \sum_{i=1}^{k} n_i(x_i - \overline{x})^2$
あてはまり (lof)	S_{lof}	ϕ_{lof}	V_{lof}	$\dfrac{V_{lof}}{V_E}$	$\sigma^2 + \sum_{i=1}^{k} \dfrac{n_i \gamma_i^2}{k-2}$
級間 (A)	S_A	ϕ_A	V_A	$\dfrac{V_A}{V_E}$	$\sigma^2 + \sum_{i=1}^{k} \dfrac{n_i \alpha_i^2}{k-1}$
級内 $(W=E)$	S_E	ϕ_E	V_E		σ^2
全変動 (T)	S_T	ϕ_T			

$S_A = S_R + S_{lof},\ S_T = S_A + S_E,\ lof$：あてはまりの悪さ

$\phi_R = 1, \phi_{lof} = k-2, \phi_A = \phi_R + \phi_{lof} = k-1, \phi_E = n-k,$

$\phi_T = \phi_A + \phi_E = n-1,\ \alpha_i = \beta_1 x_i + \gamma_i$

この分散分析表から, あてはまりの悪さが十分小さい（例えば, 有意水準 20% で有意ぐらい）ならば, 誤差 E へプールして以下の表 5.20 のように分散分析表をつくりなおす。

表 5.20　プーリング後の分散分析表

要因	平方和 S	自由度 ϕ	不偏分散 V	分散比 F 値 (F_0)	期待値 $E(V)$
回帰による (R)	S_R	ϕ_R	V_R	$\dfrac{V_R}{V_E'}$	$\sigma_e^2 + \beta_1^2 \sum_{i=1}^{k} n_i(x_i - \overline{x})^2$
級内 (E)	S_E'	ϕ_E'	V_E'		σ^2
全変動 (T)	S_T	ϕ_T			

$S_E' = S_E + S_{lof},\ \phi_E' = \phi_E + \phi_{lof},\ V_E' = S_E'/\phi_E'$

そしてこの表 5.20 で, R についての F 値が大きく有意であれば, データの構造式を

$$y_{ij} = \beta_0 + \beta_1 x_i + \varepsilon_{ij}$$

として, 解析をすすめる。

例題 5-8

以下の表 5.21 のスーパーの 5 支店（その売り場面積を水準とみる）で, 年 2 回ずつ行われる決算時の売上げ高のデータについて, 単回帰分析により解析せよ。

表 5.21　売場面積と売上げ高

No.	売り場面積 x（百 m^2）	y（千万円）	
1	4	5	6
2	6	8	7
3	12	11	13
4	8	10	9
5	5	7	7.5

第5章 相関分析と単回帰分析

[解] **手順1** モデルをたてる。

データの構造式として

$$y_{ij} = \beta_0 + \beta_1 x_i + \gamma_i + \varepsilon_{ij} \ (i = 1, \cdots, 5; j = 1, 2)$$

とする。

手順2 散布図（図5.18）の作成

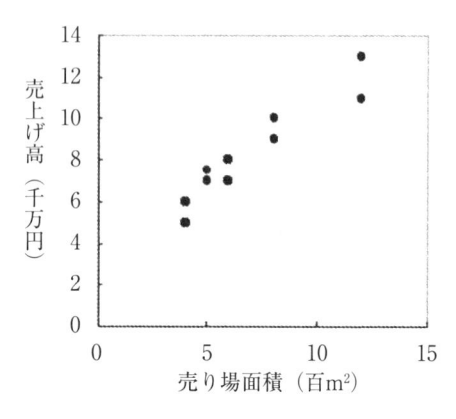

図 **5.18** 例題5-4の散布図

手順3 平方和を求めるために，補助表の表5.22を作成する。

表 **5.22** 補助表

No.	x	y_{i1}	y_{i2}	$y_{i\cdot}$	$y_{i\cdot}^2$	$y_{i\cdot}^2/n_i$	y_{i1}^2	y_{i2}^2	x^2
1	4	5	6	11	121	60.5	25	36	16
2	6	8	7	15	225	112.5	64	49	36
3	12	11	13	24	576	288	121	169	144
4	8	10	9	19	361	180.5	100	81	64
5	5	7	7.5	14.5	210.25	105.125	49	56.25	25
合計	35	41	42.5	83.5	1493.25	746.625	359	391.25	285
	①	②	③	④	⑤	⑥	⑦	⑧	⑨

No.	$n_i x_i$	$n_i x_i^2$	$x_i y_{i1}$	$x_i y_{i2}$
1	8	32	20	24
2	12	72	48	42
3	24	288	132	156
4	16	128	80	72
5	10	50	35	37.5
合計	70	570	315	331.5
	⑩	⑪	⑫	⑬

$$T = y_{\cdot\cdot} = \sum_{i=1}^{k} \sum_{j=1}^{n_i} y_{ij} = 83.5, \quad CT = \frac{T^2}{n} = ④^2/10 = 697.2,$$

$$S_T = S_{yy} = ⑦ + ⑧ - CT = 53.03, \quad S_A = ⑥ - CT = 49.4,$$

$$S_E = S_T - S_A = 3.625, \quad S_{xy} = ⑫ + ⑬ - \frac{⑩ \times ④}{10} = 62,$$

$$S_{xx} = ⑪ - \frac{⑩^2}{10} = 80, \quad S_R = \frac{S_{xy}^2}{S_{xx}} = 48.05$$

$S_{lof} = S_A - S_R = 1.35, \phi_T = n - 1 = 9, \phi_A = k - 1 = 4, \quad \phi_R = 1, \quad \phi_{lof} = \phi_A - \phi_R = 3, \phi_E =$

$\phi_T - \phi_A = 5$

手順4 分散分析表（表 5.23）を作成する。

表 5.23 分散分析表 (1)

要因	平方和 S	自由度 ϕ	不偏分散 V	分散比 F 値 (F_0)
回帰による (R)	$S_R = 48.05$	1	$V_R = 48.05$	$\dfrac{V_R}{V_E} = 66.276^{**}$
あてはまり (lof)	$S_{lof} = 1.35$	3	$V_{lof} = 0.45$	$\dfrac{V_{lof}}{V_E} = 0.6207$
級間 (A)	$S_A = 49.4$	4	$V_A = 12.35$	$\dfrac{V_A}{V_E} = 17.034^{**}$
級内 ($W = E$)	$S_E = 3.625$	5	$V_E = 0.725$	
全変動 (T)	$S_T = 53.025$	9		

なお，$F(1,5;0.01) = 16.3$，$F(3,5;0.05) = 5.41$，$F(4,5;0.01) = 11.4$ である。

手順5 モデルのあてはまりの悪さを評価し，プーリング等の検討をする。あてはまりの悪さの F 値は 0.6207 で，十分小さいので誤差にプールして作成しなおした表 5.18 の分散分析表 (2) が以下の表 5.24 のようになる。またモデルとして，$y_{ij} = \beta_0 + \beta_1 x_{ij} + \varepsilon_{ij}$ として推定等を行う。

表 5.24 分散分析表 (2)（プーリング後）

要因	平方和 S	自由度 ϕ	不偏分散 V	分散比 F 値 (F_0)
回帰による (R)	$S_R = 48.05$	$\phi_R = 1$	$V_R = 48.05$	$\dfrac{V_R}{V'_E} = 77.266^{**}$
級内 (E)	$S'_E = 4.975$	$\phi'_E = 8$	$V'_E = 0.62187$	
全変動 (T)	$S_T = 53.025$	$\phi_T = 9$		

なお，$F(1,8;0.01) = 11.3$ である。

手順6 残差の検討（省略）

手順7 回帰式に関する検定・推定および予測などを行う。（省略）□

──── R による実行結果 ────

```
> library(car)
> rei58<-read.table("rei58.txt",header=T)
> rei58
   menseki  A uriage
1        4 A0    5.0
         ～
10       5 A1    7.5
> attach(rei58)
> plot(menseki,uriage)
> rei58.lm1<-lm(uriage~A,data=rei58)
> Anova(rei58.lm1)
```

```
Anova Table (Type II tests)
Response: uriage
          Sum Sq Df F value   Pr(>F)
A         49.400  4  17.035 0.004068 **
Residuals  3.625  5
---
Signif. codes:  0 '***' 0.001 '**' 0.01 '*' 0.05 '.' 0.1 ' ' 1
> rei58.lm2<-lm(uriage~menseki)
> Anova(rei58.lm2)
Anova Table (Type II tests)
Response: uriage
          Sum Sq Df F value   Pr(>F)
menseki   48.050  1  77.266 2.203e-05 ***
Residuals  4.975  8
Signif. codes:  0 '***' 0.001 '**' 0.01 '*' 0.05 '.' 0.1 ' ' 1
```

演習 5-10 ある製品の強度特性 y は，化合する際の添加剤の量 x の影響をうけると考えられる。それを調べるために添加剤の量 x に関して 6 水準の各水準で繰返し，3 回の計 18 回の実験をランダムに行い，以下の表 5.25 のデータを得た。このとき，単回帰モデルをたてて検討せよ。

表 5.25 添加剤と強度特性のデータ

No.	添加剤の量 x(g)	y		
1	3	4.2	5.4	4.6
2	5	6.8	6.6	6.2
3	7	7.5	8.2	9.1
4	10	10.8	11.2	11.6
5	12	12.9	13.2	12.6
6	15	16.7	17.4	16.9

(**補 5-3**) 式 (5.17)（247 ページ）にあるように，説明変数が $p\ (\geqq 2)$ である重回帰モデルの場合，モデルのあてはまりの良さを表す決定係数（寄与率）である式 (5.35) の R^2 において，S_e を $V_e = \dfrac{S_e}{n-p-1}$，S_T を $V_T = \dfrac{S_T}{n-1}$ で置き換えた

$$(5.45) \qquad (R^*)^2 = 1 - \frac{V_e}{V_T} = 1 - \frac{\dfrac{S_e}{n-p-1}}{\dfrac{S_T}{n-1}} = 1 - \frac{n-1}{n-p-1}(1-R^2)$$

を**自由度調整済寄与率** (adjust propotion) または自由度調整済み決定係数という。その正の平方根 R^* を**自由度調整済重相関係数** (adjusted multiple correlation coefficient) という。n が p よりかなり大きい場合は調整する必要はないが，$n-p-1$ があまり大きくないときは，回帰の寄与率を回帰変動と全変動を，それらの自由度で割った上記の $(R^*)^2$ を用いるのが良い。説明変数を増やせば，寄与率は単調に増えるので，説明変数が多い場合，単純な寄与率で見るのは良くない。◁

付章

R の利用

付 1　R の基本操作入門

付 1.1　R の導入

　Windows 版の R は，インターネットを利用して日本では例えば筑波大学の以下のサイト CRAN（TSUKUBA）から R-2.8.1.tar.gz（2009 年 3 月 31 日現在）をダウンロードできる。
http://cran.md.tsukuba.ac.jp/
　導入の仕方については以下のサイトに説明がある。
http://cwoweb2.bai.ne.jp/ jgb11101/files/cart/cart.html

付 1.2　R の起動と終了

(1)「R」の起動

　Windows 版の「R」を起動するには，以下の 2 通りがある。
　① デスクトップ上に作成したショートカットのアイコンを左ダブルクリック（マウスの左側を続けて 2 回押す）。
　② 画面左下の「スタート」を左クリック後,「すべてのプログラム (P)」→「R」→「R2.4.1」を選択し，左クリックする（ここでは version「R2.4.1」を用いて実行している）。
　起動すると，図付 1.1 のような Window 画面が開かれる。簡単な実行例として，コンソール画面でコマンドとして＞の次に 1+2 をキー入力し⏎（ENTER）キーを押すと，計算結果の 3 が R による実行結果のように表示される。

```
―――――――― R による実行結果 ――――――――
> 1+2
[1] 3
>
```

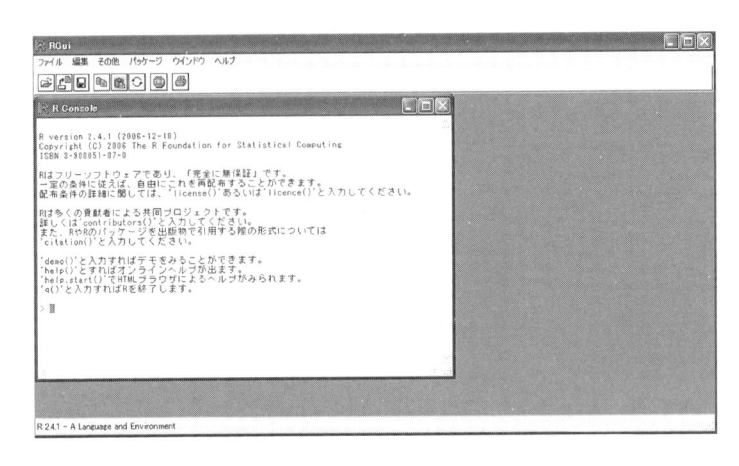

図付 1.1　R の起動画面

(2)「R」の終了

終了するには，

① R コンソール画面でコマンドとして＞の次に q() (quit()) をキー入力し⏎(ENTER) キーを押す．

② 閉じるボタン ✕ を左クリックする．

③ メニューバーの「ファイル」→「終了」を選択し，左クリックする．

すると画面に，作業中で作成したオブジェクト（データ，変数，関数など）を保存しますかと表示されるので，保存する場合は はい(Y) を，保存しない場合は いいえ(N) を左クリックする．

（補付 1-1）　なお，R にはインストールしたときに入っている基本パッケージと後からインストールできる拡張パッケージがあり，最新のものは逐次インターネットを通じてインストールできる．ここでは，パッケージ「qcc」のインストール方法を説明しておこう．インストール方法は，インターネットに接続した状態で図付 1.1 の R の起動画面において，メニューバーの「パッケージ」から「パッケージのインストール…」を選択後，CRAN mirror から例えば Japan(Tsukuba) を選択し OK をクリックする．さらに Packages から qcc を選択し，OK をクリックするとインストールが始まり，少しして完了する．その後，R コンソール画面で，library(qcc) と入力することで，ライブラリの「qcc」が利用可能となる．詳しくは参考文献 [A2] を参照されたい．◁

付 1.3　データと変数

データには実数 (numeric)，複素数 (complex)，文字 (character)，文字列，論理値 (logical) などの型があり，ベクトル，行列，配列，データフレーム，リストとして扱うことができる．変数はそれらのデータを入れる箱である．

ベクトルは，同じ型のデータを（縦または横の）1 方向に一定の順にまとめたものである．**行列**は，同じ型のデータを縦と横方向の平面に並べて長方形にしたものである．**配列**は，あ

る次元のデータを各要素として配置したものである．**データフレーム**は，数値ベクトル，文字ベクトルなどの異なる型のデータをまとめて一つのデータとしたものである．**リスト**は，ベクトル，行列，配列などの異なる型を一つのオブジェクトとして扱うことが可能なデータの型である．

付1.4 データおよびプログラムの入力と編集

データ，プログラムなどを入力する方法としては，以下のような方法がある．

① R コンソール上での直接入力

1行入力する度に ⏎ キーにより実行する．継続する場合には改行され，先頭に + が自動的に表示され，続けて入力を行う．この入力方法は途中でエラーなどにより中断した場合，それまで入力した部分は保存されないため，行数が多い入力には適さない．

② エディタ (editor) の利用

R エディタ（「R」専用のエディタ），メモ帳，Excel などを利用して，データ，プログラムなどを入力し保存する．そして，入力したプログラムなどを R のコンソール上に貼り付けるか，読み込んで利用する．プログラムが正常に動作しない場合は，エディタで修正し，それを貼り付けて実行する操作を繰り返す．

ここで，R エディタを具体的に利用してみよう．

手順1 メニューバーの「ファイル」から「新しいスクリプト」を選択する（図付1.2）．

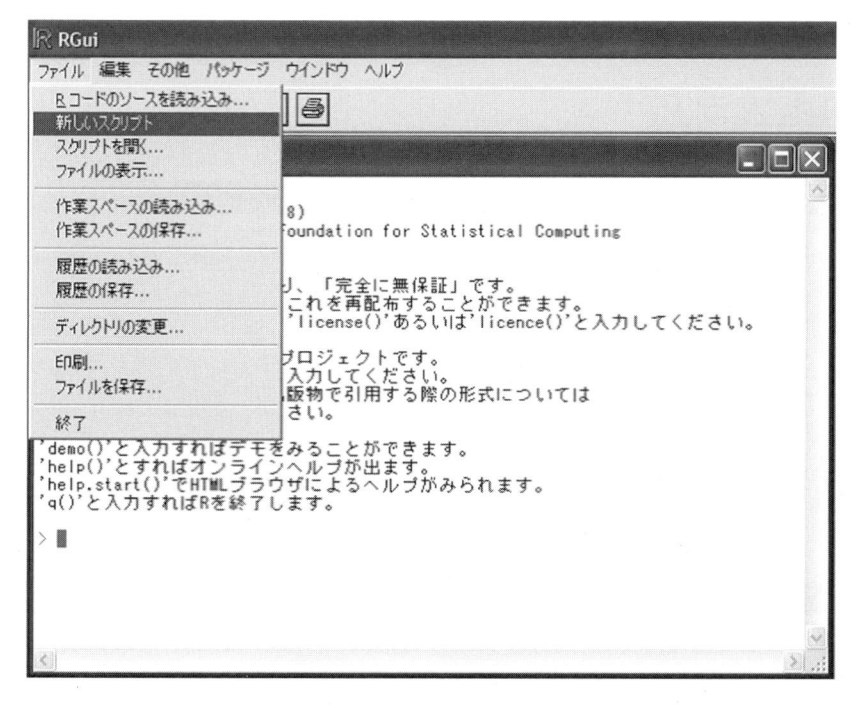

図付1.2 新しいスクリプトの選択画面

手順 2　R エディタを起動する（図付 1.3）。このエディタに実行したい計算式などを入力する。

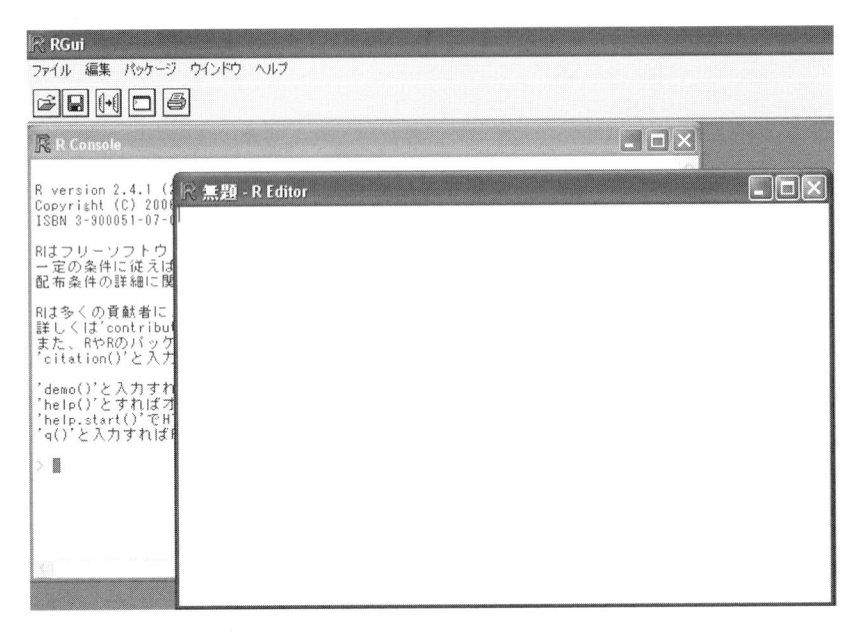

図付 1.3　R エディタの起動画面

手順 3　計算したい式，ここでは $2+3, 2-3, 2*3, 2/3, 2\ \hat{}\ 3, 2\ \hat{}\ (1/2)$ などを入力する（図付 1.4）。

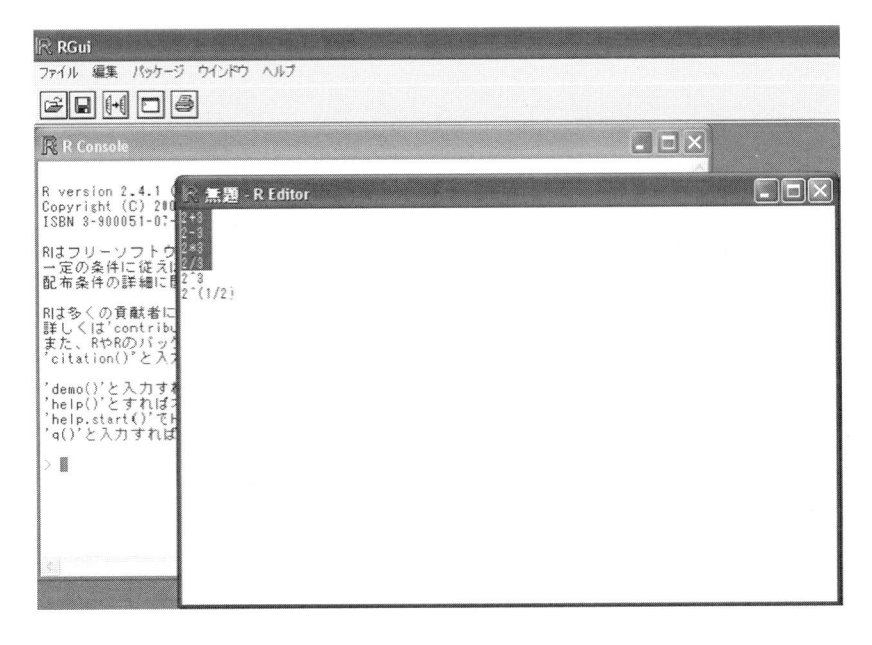

図付 1.4　計算式の入力と範囲指定画面

手順4 計算する式の範囲をドラッグして範囲指定し，右クリックにより選択画面を表示する（図付 1.5）。

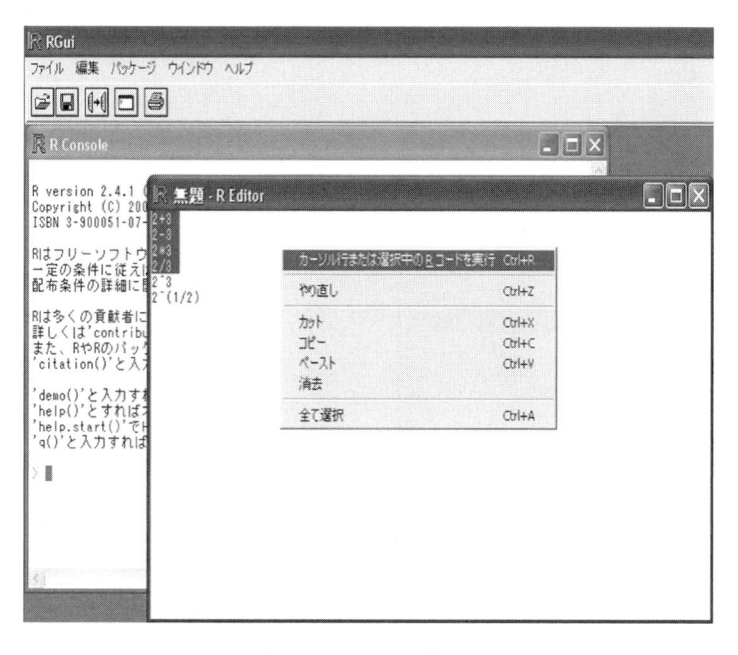

図付 1.5 実行選択画面

手順5 「カーソル行または…」を選択し，左クリックすると計算結果が表示される（図付 1.6）。

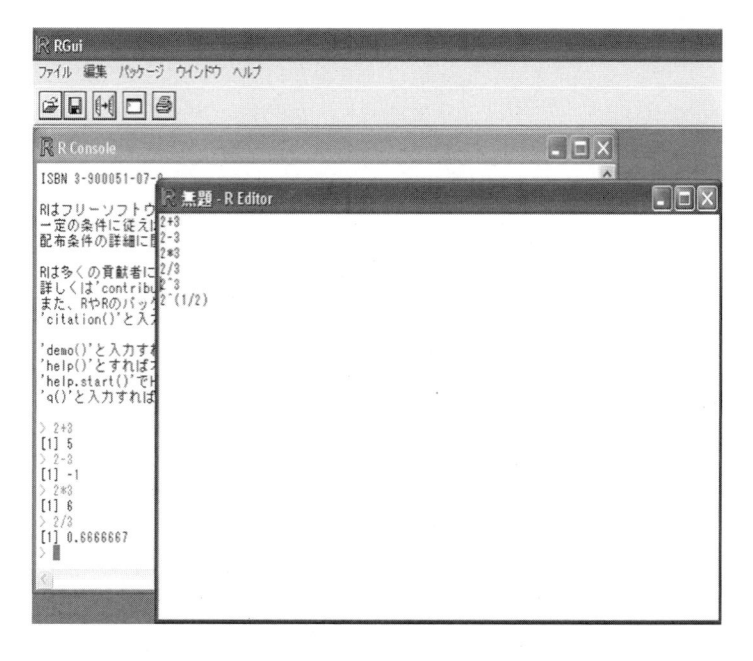

図付 1.6 計算実行結果画面

手順 6 メニューバーの「編集」からも，例えば「全て実行」を選択し左クリックすると全ての計算がされる（図付 1.7）。

図付 1.7 編集から実行を選択する画面

手順 7 実行結果の画面が表示される（図付 1.8）。

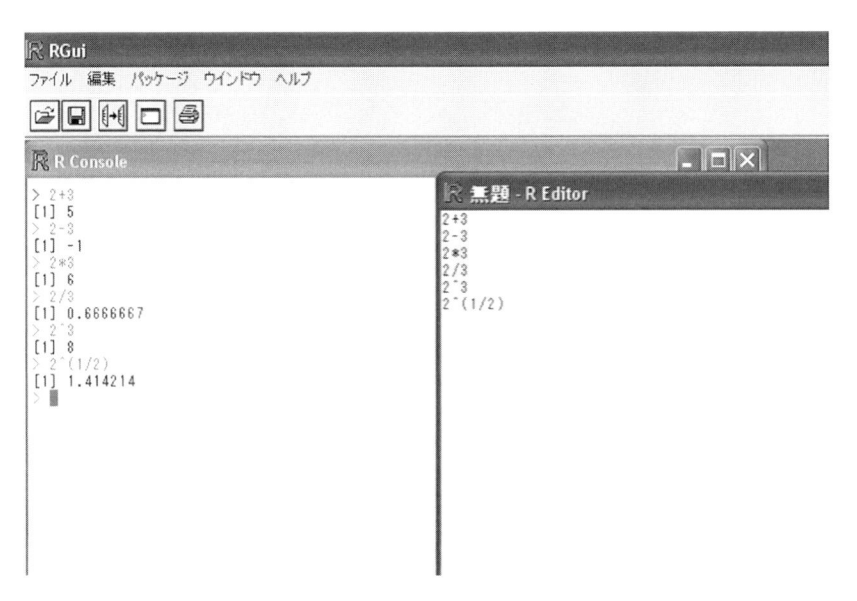

図付 1.8 計算実行結果画面

付1　Rの基本操作入門　　285

手順8　プログラムの保存をするため，メニューバーの「ファイル」から「保存」を選択し，左クリックする（図付 1.9）。

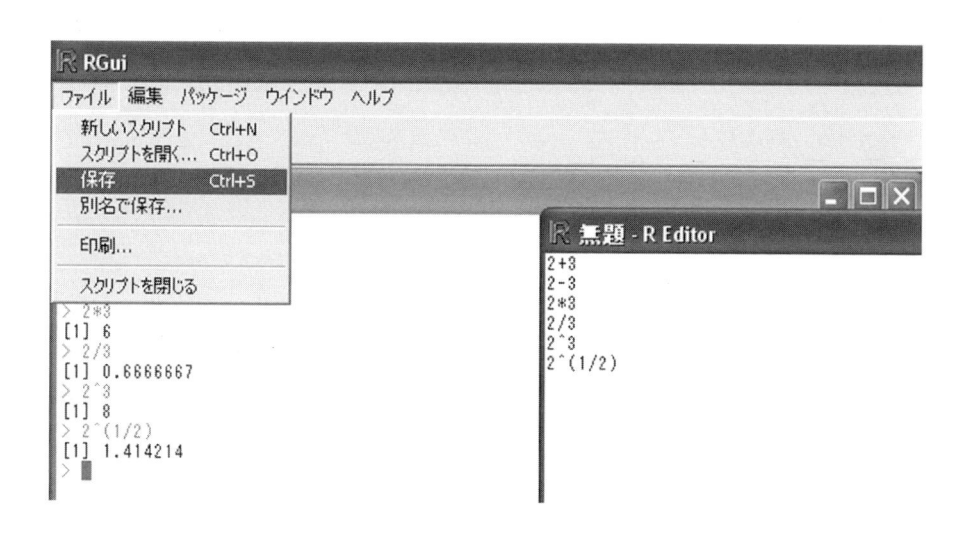

図付 **1.9**　プログラム保存画面

手順9　保存するフォルダを指定する画面が表示される（図付 1.10）。また保存するファイル名（ここでは rei.txt とする）も入力し，保存 (S) を左クリックする。

図付 **1.10**　プログラムの保存画面

286　　　　　　　　　　　　　付章　Rの利用

手順10　保存したプログラムを呼び出すには，メニューバーの「ファイル」から「スクリプトを開く...」を選択し，左クリックする（図付1.11）。

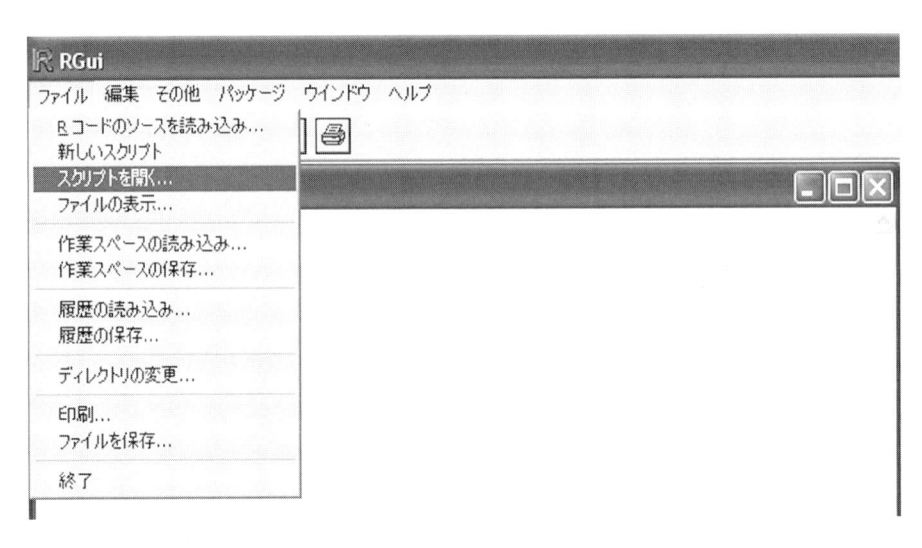

図付 **1.11**　プログラムを呼び出す画面

手順11　呼び出すファイルのあるフォルダを選択し，ファイルを指定し，開く(O)を左クリックする（図付1.12）。

図付 **1.12**　呼び出すファイルの指定画面

付 1.5　データの入出力

付 1.5.1　直接入力

(1) ベクトルの場合

―――――― R による実行結果 ――――――
```
> x<- c(1,2,3,4,5)  # x に 1,2,3,4,5 を代入する。
> x   # x を表示する。
[1] 1 2 3 4 5
```

(2) 行列の場合

―――――― R による実行結果 ――――――
```
> A<-matrix(1:12,3,4)
# 1 列の上から下,2 列の上から下... と順に代入する。
> A
     [,1] [,2] [,3] [,4]
[1,]    1    4    7   10
[2,]    2    5    8   11
[3,]    3    6    9   12
> B<-matrix(1:12,3,4,byrow=T)
# byrow = T より 1 行の左から右,2 行... と順に代入する。
> B
     [,1] [,2] [,3] [,4]
[1,]    1    2    3    4
[2,]    5    6    7    8
[3,]    9   10   11   12
```

(3) 配列の場合

―――――― R による実行結果 ――――――
```
> A<-array(1:24,c(2,4,3))  # 3 次元配列にしたデータを A に代入
> A
, , 1
     [,1] [,2] [,3] [,4]
[1,]    1    3    5    7
[2,]    2    4    6    8
```

```
, , 2
     [,1] [,2] [,3] [,4]
[1,]    9   11   13   15
[2,]   10   12   14   16
, , 3
     [,1] [,2] [,3] [,4]
[1,]   17   19   21   23
[2,]   18   20   22   24
```

付 1.5.2　ファイルからの入力

(1) read.table の利用

まず，Excel などによりデータファイルを作成しておき，それを R コンソール上の read.table コマンドに読み込む．具体的に以下で実行してみよう．

Excel によりワークシートで図付 1.13 のようにデータをセルに入力し，テキストファイルで保存する．

図付 1.13　Excel によるデータ作成画面

データを入力後，メニューバーの「ファイル」から「名前を付けて保存 (A)」を選択し，ファイルの種類 (T) としてプルダウンメニューからテキスト（タブ区切り，CSV ファイルなど）を指定する．そして，ファイル名 (N)（ここでは test）を入力し，保存 (S) をクリックする（図付 1.14）．

付1　Rの基本操作入門

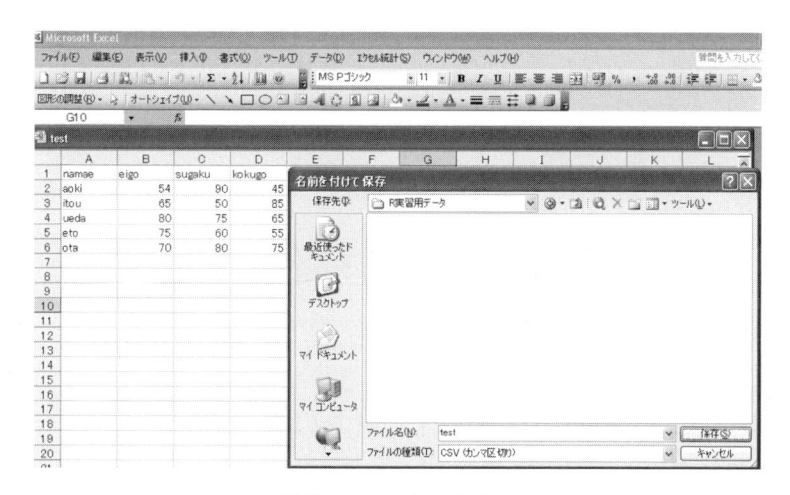

図付 1.14　データ保存画面

すると，図付 1.15 のような画面が表れるので，OK をクリックする。

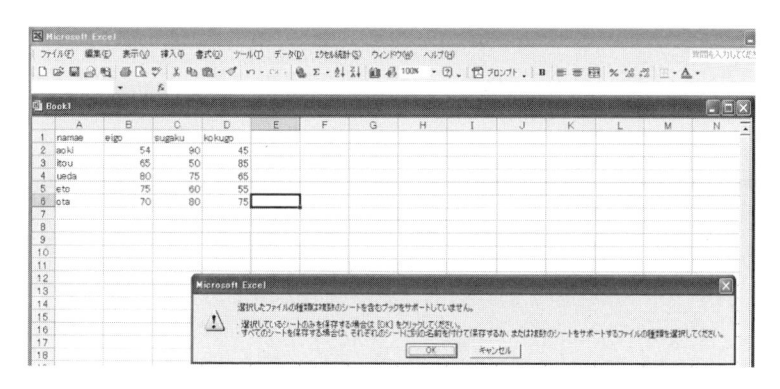

図付 1.15　選択シートのみの保存の指定画面

さらに，図付 1.16 のような画面が表れるが，そのまま はい (Y) をクリックする。

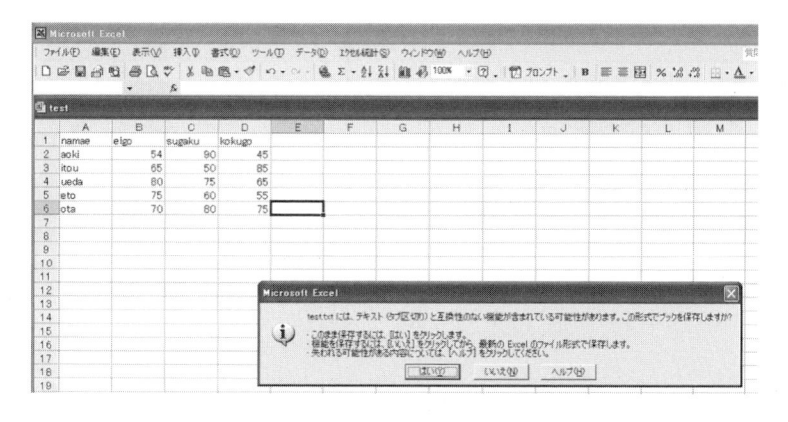

図付 1.16　Excel によるデータ作成画面

次にデータを読み込むディレクトリを変更しておくため，図付 1.17 のようにメニューバーの「ファイル」から「ディレクトリの変更...」を選択する。

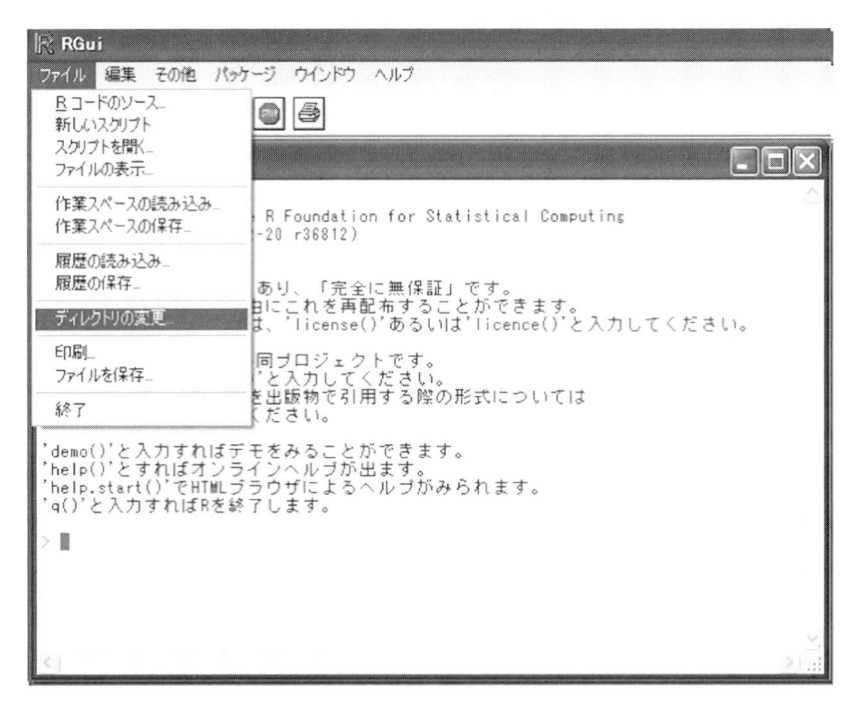

図付 **1.17** ディレクトリの変更画面

図付 1.18 で ブラウズ をクリックし，フォルダの参照からデータを保存しているフォルダ（ここでは，R 実習用データ）を選択し，OK をクリックする。

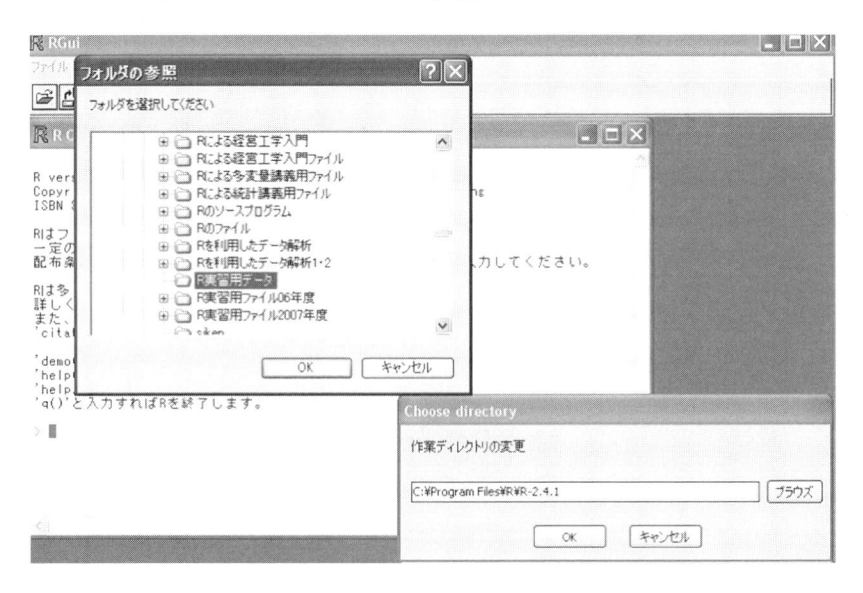

図付 **1.18** フォルダの指定画面

すると，図付 1.19 のような画面が表れるので，OK をクリックする。

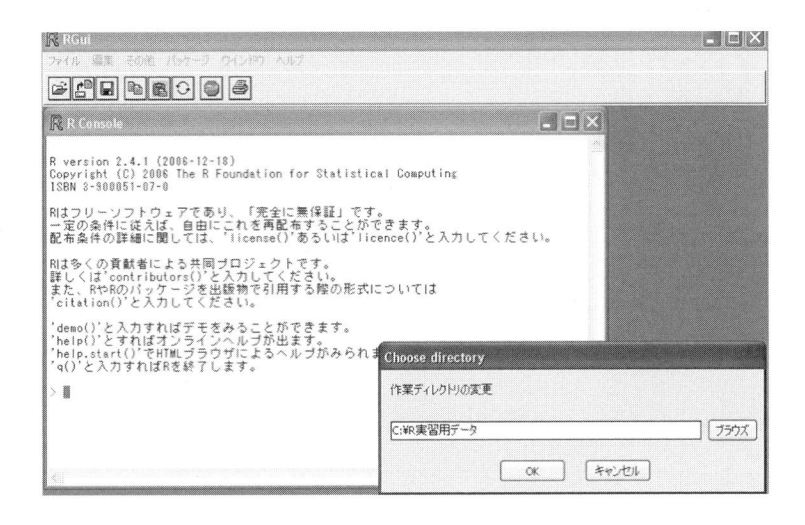

図付 1.19 作業ディレクトリの変更決定画面

そして，R コンソール画面でデータファイルを読み込むには次のように入力する。

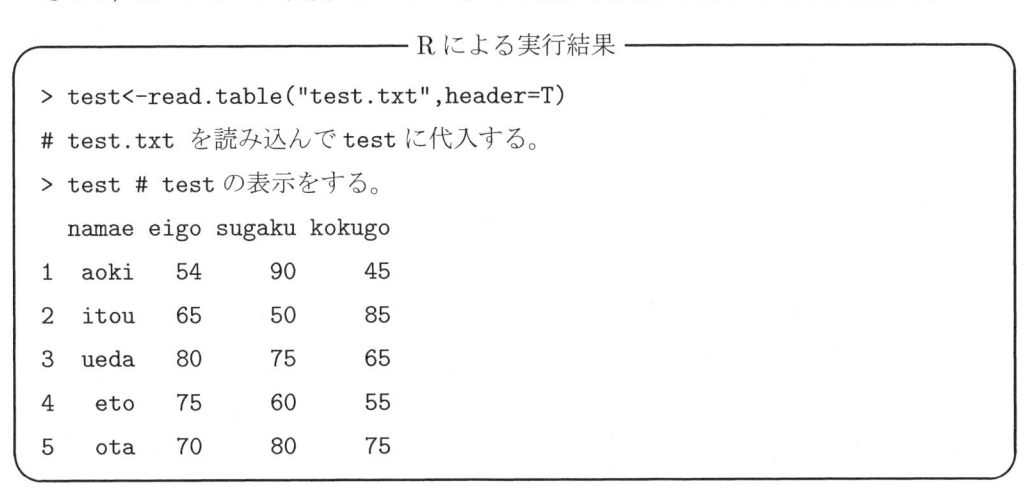

――――――― R による実行結果 ―――――――
```
> test<-read.table("test.txt",header=T)
# test.txt を読み込んで test に代入する。
> test # test の表示をする。
  namae eigo sugaku kokugo
1  aoki   54     90     45
2  itou   65     50     85
3  ueda   80     75     65
4   eto   75     60     55
5   ota   70     80     75
```

付 1.5.3 ファイルへの出力

(1) write の利用

扱っているデータ（オブジェクト）をファイルに出力する場合には関数 write （または write.table：データフレームの出力の場合）を用いる。（例）write(data,"C:/out.txt")

――――――― R による実行結果 ―――――――
```
> data<-scan("ex.txt")
Read 12 items
```

```
> data
 [1] 1 1 1 1 2 2 2 2 3 3 3 3
> write(data,"out.txt")
> scan("out.txt")
Read 12 items
 [1] 1 1 1 1 2 2 2 2 3 3 3 3
```

(2) sink の利用

コンソールに返される内容をファイルに出力する場合には関数 sink を用い，次の sink() までの結果を保存する。（例） sink("C:/kek.txt")

─────── R による実行結果 ───────
```
> sink("kek.txt") # 以後の出力を kek.txt ファイルに書く。
> i<-1:5;i # i に 1 から 5 を代入し，i を出力する。
> sink() # ファイルへの書込みを終了する。
> sink(type="message") # 画面に表示する。
> (read.table("kek.txt",header=F))
# kek.txt を読んで表示する。
    V1 V2 V3 V4 V5 V6
1 [1]  1  2  3  4  5
```

付1.6 データの編集

データサイズの確認，データの修正，結合，削除，並替えなどを行うために，表付1.1 のような関数がある。

表付 1.1 データの操作に関連して

表　記	意　味
nrow()	行の数
ncol()	列の数
length()	データの長さ
dim()	行列，配列のサイズ
names()	データ項目に名前を付ける
colnames()	列に名前を付ける
rownames()	行に名前を付ける
rm()	オブジェクトを削除する
ls()	オブジェクトのリストを返す
edit()	エディタの起動
fix()	オブジェクトの編集
rbind	データの行を縦に結合
cbind	データの列を横に結合

―― Rによる実行結果 ――

```
> x<- c(1,2,3,4,5);A<- matrix(0,3,4);B<-array(1:24,c(2,4,3))
> dim(x);dim(A);dim(B)
NULL
[1] 3 4
[1] 2 4 3
> ncol(x);ncol(A);ncol(B) # それぞれの列の大きさを表示する。
NULL
[1] 4
[1] 4
> length(x) # ベクトルxの成分数（長さ）を表示する。
[1] 5
> DA<-data.frame(A) # AをデータフレームとしてDAに代入する。
> DA
  X1 X2 X3 X4
1  0  0  0  0
2  0  0  0  0
3  0  0  0  0
> test<-read.table("test.txt",header=T)
# ヘッダー有りでtest.txtを読み込んでtestに代入する。
> test # testの表示をする。
  namae eigo sugaku kokugo
1  aoki   54     90     45
2  itou   65     50     85
3  ueda   80     75     65
4   eto   75     60     55
5   ota   70     80     75
> names(test) # testの変数名を表示する。
[1] "namae"  "eigo"   "sugaku" "kokugo"
> colnames(test) # testの列変数名を表示する。
[1] "namae"  "eigo"   "sugaku" "kokugo"
> rownames(test) # testの行変数名を表示する。
[1] "1" "2" "3" "4" "5"
```

なお，データの編集を表形式で行う場合は次のようにする．

―― Rによる実行結果 ――
```
>rei=data.frame()
>fix(rei)
# または edit(rei) ファイル rei を R のエディタで編集する。
```

また，新しいスクリプトを開きデータ入力後，「別の名前で保存する」を選択し，保存ファイル名を例えば rei.txt のようにテキストファイルで保存する。

付 1.7　簡単な計算など

四則演算およびべき乗などの計算には表付 1.2 のような算術演算子がある。

表付 1.2　算術演算子

表記	意味	使用例	使用例の意味	優先順位
$-$	負の符号	-2	-2	1
^	べき乗	2^3	$2^3 (=8)$	2
%/%	除算の商	5%/%3	5を3で割った商 (=1)	3
%%	剰余	5%%3	5を3で割った余り (=2)	3
*	乗算	2*3	2×3	4
/	除算	2/3	$2 \div 3$	4
+	加算	2+3	$2+3$	5
$-$	減算	2-3	$2-3$	5

―― Rによる実行結果 ――
```
> 2+3;2*3;2-3;2/3
[1] 5
[1] 6
[1] -1
[1] 0.6666667
> 2^3;5%/%3;5%%3
[1] 8
[1] 1
[1] 2
```

演習付 1-1　ある二つの整数を引数として，それらの和，差，積，商，余り，べき乗を計算して表示する関数を作成せよ。

また数学でよく用いられる以下のような関数がある（表付 1.3）。

付1　Rの基本操作入門

表付 1.3　いろいろな関数

関　数	表　記	意　味
絶対値	abs(x)	実数 x の絶対値
整数部分	trunc(x)	実数 x の整数部分
丸め	round(x)	実数 x の小数を丸める (四捨五入する)
切捨て	floor(x)	小数部分を切り捨てる
切上げ	ceiling(x)	切り上げる
平方根	sqrt(x)	$\sqrt{x}$
べき乗	x ^ y	x^y
正弦	sin(x)	$\sin x$
余弦	cos(x)	$\cos x$
正接	tan(x)	$\tan x$
逆正弦	asin(x)	$\sin^{-1} x$ (arcsin x)
逆余弦	acos(x)	$\cos^{-1} x$ (arccos x)
逆正接	atan(x)	$\tan^{-1} x$ (arctan x)
自然対数	log(x)	$\log_e x$ ($x>0$)
対数	log a(x) または log(x,a)	$\log_a x$ ($x>0$)
指数関数	exp(x)	e^x

― Rによる実行結果 ―

```
> trunc(-4.567);trunc(4.567)
[1] -4
[1] 4
> round(-2.13);round(2.13)
[1] -2
[1] 2
> floor(-2.13);floor(2.13)
[1] -3
[1] 2
> log2(8);log(2,8)
[1] 3
[1] 0.3333333
> ceiling(-2.13);ceiling(2.13)
[1] -2
[1] 3
> sin(pi/6);sin(pi/4);sin(pi/3);sin(pi/2)
[1] 0.5
[1] 0.7071068
[1] 0.8660254
[1] 1
> asin(0.5);asin(0.7071);asin(0.8661);asin(1)
```

```
[1] 0.5235988
[1] 0.7853886
[1] 1.047347
[1] 1.570796
> exp(1)
[1] 2.718282
```

演習付 1-2 上と同じように cos, acos, tan, atan を利用した計算をせよ。

演習付 1-3 ある数を引数として，その数を超えない最大の整数を表示する関数を作成せよ。

付 1.8　行列における演算と関数

対応した英小文字は行列の対応する成分を表している（表付 1.4）。

表付 1.4　行列における演算

表　記	意　味	使用例	使用例の意味
－	負の符号	－A	$(-a_{ij})$
%*%	積	A%*%B	AB
*	要素ごとの積	A*B	$(a_{ij} \times b_{ij})$
t	転置	t(A)	A^{T}
solve	逆行列	solve(A)	A^{-1}
eign	固有値と固有ベクトル	eigen(A)	A の固有値と固有ベクトル
＋	加算	A+B	$(a_{ij} + b_{ij})$
－	減算	A－B	$(a_{ij} - b_{ij})$

- **行列への適用関数**

行列，データフレームやリストなどの要素に対して一定の処理を行う関数に

　　apply, lapply, sapply, tapply, mapply

などがある。

　　＜書式＞

apply（行列またはデータフレーム，行または列，関数，…）

　　＜意味＞

データの行または列に対して関数を適用する。

―――――― R による実行結果 ――――――

```
> x<-matrix(c(1,2,3,4,5,6),2,3)
# 1から6の整数を2行3列の行列としてxに代入する。
```

```
> x # xを表示する。
     [,1] [,2] [,3]
[1,]    1    3    5
[2,]    2    4    6
> apply(x,1,mean) # xの行ごとに平均を計算する。
[1] 3 4
```

他の関数は機能はほぼ同じだが，適用するデータのタイプが異なる。そこで書式をあげておこう。

<書式>

lapply（リスト，関数，列，関数，…）# リストとして返す
sapply（リスト，関数，列，関数，…）# ベクトルや行列として返す
tapply（ベクトル，インデックス，関数，…）
by（データフレーム，インデックス，関数，…）
mapply（関数，引数1，引数2，…）

──────── Rによる実行結果 ────────

```
> y<-data.frame(x) # xをデータフレームに変換してyに代入する。
> lapply(y,mean) # yの変数ごとに平均を計算する。
$X1
[1] 1.5
$X2
[1] 3.5
$X3
[1] 5.5

> sapply(y,mean) # yの変数ごとに平均を計算する。
 X1  X2  X3
1.5 3.5 5.5
> z<-seq(2,1,-0.2) # zに2から1まで-0.2ずつ減らした数値を代入する。
> z # zを表示する。
[1] 2.0 1.8 1.6 1.4 1.2 1.0
> f<-c("a","b","a","a","b","a") # fに文字a,…を代入する。
> tapply(z,f,sum) # zのfの文字ごとに合計を計算する。
a b
```

```
6 3
> by(z,f,sum)  # z の f の文字ごとに合計を計算する。
INDICES: a
[1] 6
------------------------------------------------------------
INDICES: b
[1] 3
> mapply(rep,1:3,3:1)  # 1 から 3 までの数値に 3 回から 1 回繰返す。
[[1]]
[1] 1 1 1

[[2]]
[1] 2 2

[[3]]
[1] 3
```

付 1.9　プログラミング

R では新たに関数を定義することによってプログラムを作成する。以下で簡単なプログラムを関数を定義することで作成しよう。

付 1.9.1　関数の定義

新たに関数を定義したい場合は以下のように記述する。

```
関数名 <- function(仮引数 1, … , 仮引数 n ) {
  関数の定義
}
```

(1) 返り値が 1 個の場合

例えば数値 x を引数とし，2x+1 を返す関数を考えてみよう。それには以下のように書き，実行する。

―――― Rによる実行結果 ――――
```
> kansu1 <- function(x) {
+ return(2*x+1)
+ }
> kansu1(5)
[1] 11
```

　return 文が実行され，関数が終了する．ただし，return を書かなくても最後の文が文全体の返り値になるので，単に値だけを書くことで値を返すこともできる．

―――― Rによる実行結果 ――――
```
> kansu2 <- function(x) {
+   2*x+1      # 2*x+1 を返す ( return する)
+ }
> kansu2(5)
[1] 11
```

(2) 返り値が複数個の場合

　複数の値を返すには，ベクトル・配列等のオブジェクトを返り値にすればよい．関数 return() に複数の引数を与えると，それらは自動的にリストとして返される．このとき，リストの各成分には元の変数名が名前タグとして自動的に付加される．

―――― Rによる実行結果 ――――
```
> kansu3 <- function(x){y <- x^2; z <- 1/x; return(x,y,z)}
> kansu3(1:5)
$x
[1] 1 2 3 4 5
$y
[1]  1  4  9 16 25
$z
[1] 1.0000000 0.5000000 0.3333333 0.2500000 0.2000000
Warning message:
multi-argument returns are deprecated in: return(x, y, z)
```

付1.9.2 制御（分岐・反復）

(1) 分岐
if文を用いる

<u>処理する文が1行の場合</u>

　　　＜書式＞
　if（条件式）　文
　　　＜意味＞
条件式が真（成立する）なら，
文を実行する。

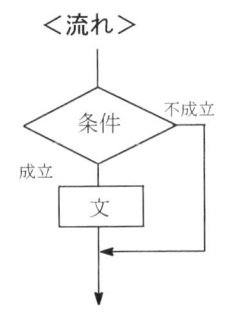

　　　　　　　　　　　　　　　＜流れ＞

<u>処理する文が複数行の場合</u>

　　　＜書式＞
　if（条件式）
　　　文1
　else
　　　文2
　　　＜意味＞
条件式が真なら文1を実行し，
条件式が偽（不成立）なら文2
を実行する。

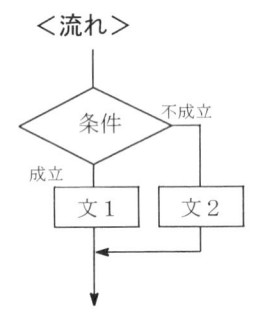

　　　　　　　　　　　　　　　＜流れ＞

　　　＜書式＞
　if（条件式）｛
　　　文1
　　　…
　　　文n
　｝
　　　＜意味＞
条件式が真（成立する）なら，
文1から文nを実行する。

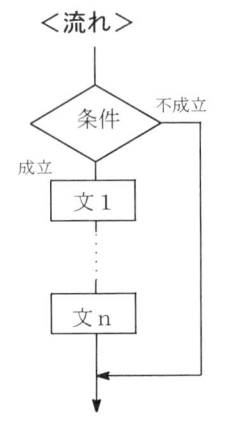

　　　　　　　　　　　　　　　＜流れ＞

付1　Rの基本操作入門

<書式>
```
if (条件式) {
    文 1
    ...
    文 n₁
} else {
    文 n₁+1
    ...
    文 n₂
}
```

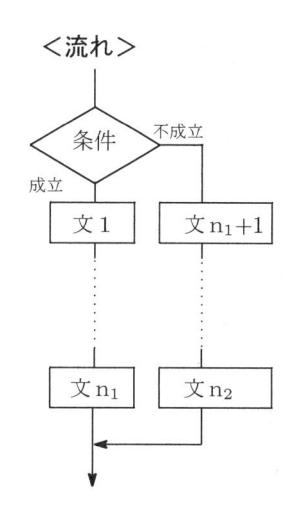

<流れ>

条件 → 成立 → 文1 … 文n₁
条件 → 不成立 → 文n₁+1 … 文n₂

<意味>
条件式が真なら文1から文n_1を実行し，条件式が偽なら文n_1+1から文n_2を実行する。

例題付 1-1（単一条件）

走り幅跳びの競技大会で，6m70cm以上跳べば予選通過となる。跳んだ距離(cm)を引数として670以上なら『決勝進出です。』，670未満なら『予選落ちです。』と表示するプログラムを作成せよ。

跳んだ距離の判定関数 tobi

```
tobi=function(x){ # 引数を1個の x とする関数 tobi() を定義する。
if (x>=670){ cat("決勝進出です。￥n") }
   else { cat("予選落ちです。￥n") }
}
```

Rによる実行結果

```
> tobi(700)
決勝進出です。
```

[解説] 関数 tobi の上から2行で関係（比較）演算子(>=)を用いて引数の値が，670以上なら『決勝進出です。』と表示し，そうでなければ else の後の『予選落ちです。』と表示し，改行する。なお，cat は concatenate（結び付ける）の短縮形である。また，￥は外国のパソコンだと \ である。

大小の比較を考えるときの関係演算子には，表付1.5のようなものがある。なお，等号は**右側**にあることに注意しよう。

表付 1.5 関係（比較）演算子

演算子	例	意味	優先順位
<	a<b	a が b より小さいとき真となる	1
<=	a<=b	a が b 以下のとき真となる	1
>	a>b	a が b より大きいとき真となる	1
>=	a>=b	a が b 以上のとき真となる	1
==	a==b	a と b が等しいとき真となる	2
!=	a!=b	a と b が等しくないとき真となる	2

演習付 1-4 ある整数について，偶数か奇数かを判定して表示するプログラムを作成せよ．

例題付 1-2（複合条件）

2 でも 3 でも割り切れたら『6 の倍数です．』と表示し，そうでなければ『6 の倍数ではありません．』と表示する関数を作成せよ．

──── 6 の倍数の判定関数 hantei ────
```
hantei=function(n){ # n:判定する自然数
 amari1<-n%%2;amari2<-n%%3
  if ((amari1==0) & (amari2==0)) {
    cat(n,"は 6 の倍数です．¥n")
    } else {cat(n,"は 6 の倍数ではありません．¥n")
  } }
```

──── R による実行結果 ────
```
> hantei(15)
15 は 6 の倍数ではありません．
```

[解説]　二つ以上の条件があり，それらの条件を同時にまたはどちらか一方というように連結して表現するときに，表付 1.6 の論理演算子を用いて表す．

表付 1.6 論理演算子

演算子	意味	優先順位
!	否定（NOT）　否定	1
&	論理積（AND）　かつ	2
&&	論理積（AND）　かつ	2
|	論理和（OR）　または	3
||	論理和（OR）　または	3
xor	排他的論理和（exclusive OR）	3

演習付 1-5 ある整数について 2 または 3 で割り切れないとき，『6 の倍数ではありません．』と表示する関数を作成せよ．

演習付 1-6 ある整数について 2 でも 3 でも割り切れたら『6 の倍数です．』と表示し，2 だけで割

り切れたら『偶数です。』と表示し，3 だけで割り切れたら『3 だけで割り切れる。』と表示する関数を作成せよ。

(2) 反復

繰返し処理を行うプログラムを作成するには，主に① for 文 ② while 文 を用いる。それぞれについて，具体的に以下に作成してみよう。

① for 文

<書式>
```
for （変数 in 初期値：終了値）{
  文
}
```

<流れ>

<意味>
初期値から始まって終了値まで繰返し文を実行する。

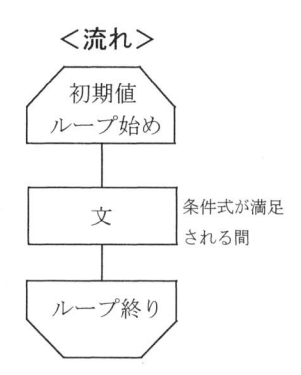

例題付 1-3

自然数 n に対し，1 から n までの整数の和を求め，表示する関数を作成せよ。

―― 和を求める関数 wa ――
```
wa=function(n){ # n までの和を求める関数の定義
 s=0
 for (i in 1:n){
   s<-s+i
 }
 return(s)
}
```

―― R による実行結果 ――
```
> wa(10)
[1] 55
```

演習付 1-7 フィボナッチ (Fibonacci) 数列 $\{a_n\}:a_1=1, a_2=1, a_{n+2}=a_n+a_{n+1}(n=1,2,\cdots)$ を逐次求め表示する関数を作成せよ。

② while 文
 <書式>

while （条件式）｛
 文
｝

 <意味>

前判定反復，つまり判定条件の条件式が先にあり，条件式が真である限り，文を実行するときに用いる。

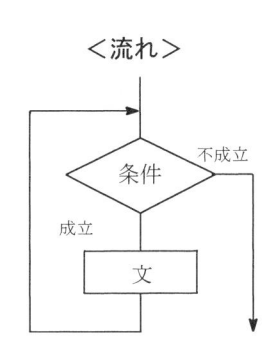

<流れ>

例題付 1-4

自然数 n に対し，n の階乗を求め表示する関数を作成せよ。

階乗を求める関数 kaijyou

```
kaijyou=function(n){ # n までの階乗を求める
 kai<-1;i<-1
  while (i<=n) {
  kai<-kai*i;i<-i+1
 }
 return(kai)
}
```

R による実行結果

```
> kaijyou(6)
[1] 720
```

演習付 1-8 ニュートン法により $x^2 = 2$ を解く関数を作成し，$\sqrt{2}$ を求めよ。

付 1.9.3 その他

- インストールの仕方[1]

① ソースファイル（R-2.8.0-win32.exe：2008 年 12 月 5 日現在の最新版）をダウンロードし，ダウンロードしたファイルをダブルクリックする。そして，指示通り OK を逐次選択する。するとフォルダ（C:Program Files\ R\ R-2.4.1）にインストールされる。

---

[1] インターネットのウェブページ RjpWiki([C4]) からもインストールの仕方についての詳しいページを見ることができる。

② R を携帯し，それをパソコンに入れて利用したい場合，インストールした R2.8.0 のディレクトリを USB メモリ，CD などに丸ごとコピーし，R-2.8.0\ bin フォルダにある Rgui.exe をクリックして実行する。

● ソースプログラムの読み込み

自作または他の R の関数を最初に読み込んでおくには，R のメニューバーのファイルをクリックし，「R コードのソースを読み込み ...」を選択し，ファイルのあるディレクトリを指定して読み込む。例えば，C ドライブの R で学ぶ統計学 \ R の関数 にある rnokansu.r を読み込むとき，R のメニューバーの「ファイル」 → 「R コードのソースを読み込み ...」→ ファイルのあるディレクトリを指定し，読み込む。すると，これらの読み込んだ関数が使用可能となる。

● 作業ディレクトリの変更の仕方

① コマンドによる方法として
> getwd() # 現在のディレクトリを表示する
> setwd() # 設定したいディレクトリを () 内に入力し，設定する

② メニューバー →「ディレクトリの変更...」から ブラウズ をクリック後，読み込むデータ（ファイル）のあるディレクトリを選択する。

● 入出力画面の設定

R での入出力での使用文字を変更するする場合

「編集」 → 「GUI プリファレンス...」を選択すると図付 1.20 が表示される。そして，例えば size の欄で数値を変更すると，表示される文字サイズが変更されたサイズとなる。

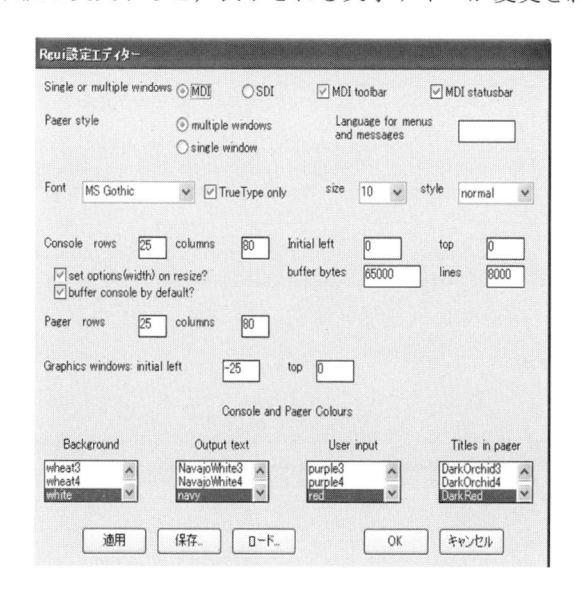

図付 **1.20** Rgui 設定エディター

付2　Rコマンダーの利用

付2.1　Rコマンダーのインストールと起動・終了

(1) Rコマンダーのインストール

　パッケージとして「Rcmdr」をインストールする。まず，メニューバーの「パッケージ」→「パッケージのインストール」を選択し，ミラーサイトとして例えばJapan(Tsukuba)を選択し，その後パッケージとして「Rcmdr」を選択してインストールを行う。なお，初めてRコマンダーを立ち上げようとするときは，更に必要なパッケージをインストールするよう要求されることがある。

(2) Rコマンダーを起動する

―――――――――――Rによる実行結果―――――――――――
```
> library(Rcmdr)  # Rコマンダーを起動する。
```

を入力する。すると図付2.1のようなRコマンダーの初期画面が現れる。上から，操作を選択するメニューバー，データセットに関する操作のメニューバー，コマンドを入力するスクリプトウィンドウ，結果を出力する出力ウィンドウ，メッセージを表示するメッセージウィンドウから構成されている。

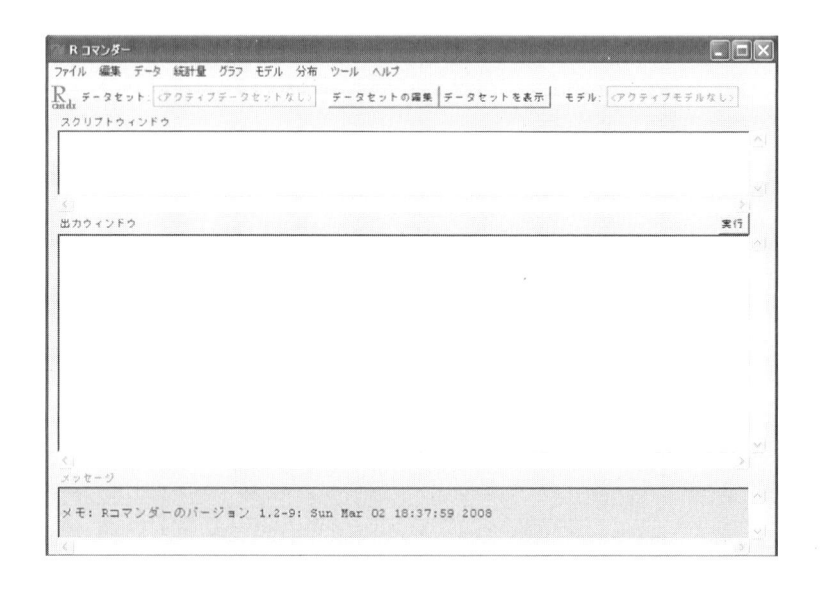

図付2.1　Rコマンダーの初期画面

　なお，スクリプトウィンドウには，R Editor と同様にコマンドをキー入力して，範囲指定して右クリック後，「実行」を選択し，左クリックして実行できる。

(3) 終了する

メニューバーから

① ファイル → 終了 → Rコマンダーと R を

と選択するとRとRコマンダーを終了する。

② ファイル → 終了 → Rコマンダーを

と選択するとRコマンダーのみを終了する。その後，OK をクリック

付2.2　Rコマンダーの機能

メニューバーの各項目に沿って以下の機能がある。
1．ファイル，2．編集，3．データ，4．統計量，5．グラフ，6．モデル，7．分布，8．ツール，9．ヘルプ

1．ファイル

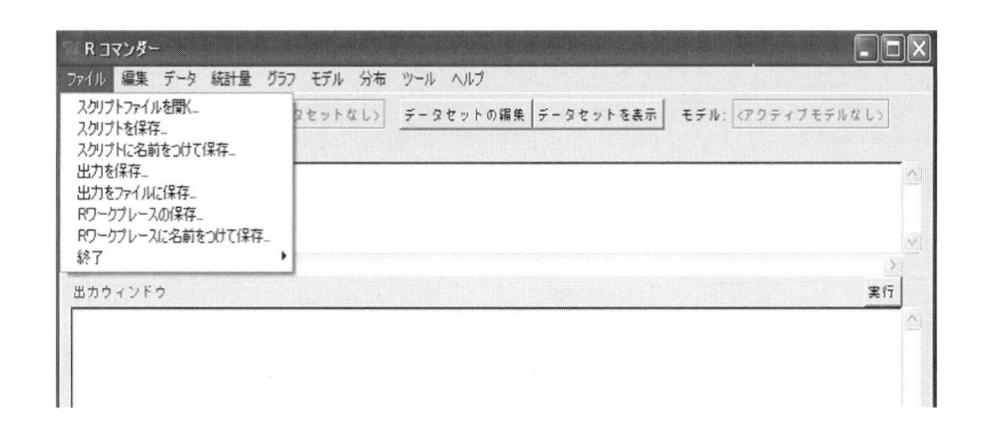

図付 2.2　Rコマンダーのメニューバーのファイル選択画面

- スクリプトファイルを開く
- スクリプトを保存
- スクリプトに名前をつけて保存
- 出力を保存
- 出力をファイルに保存
- Rワークプレースの保存
- Rワークプレースに名前をつけて保存
- 終了　▶

2．編集
- ウィンドウをクリア
- 切り取り
- コピー
- 貼り付け
- 削除
- 検索
- 全てを選択

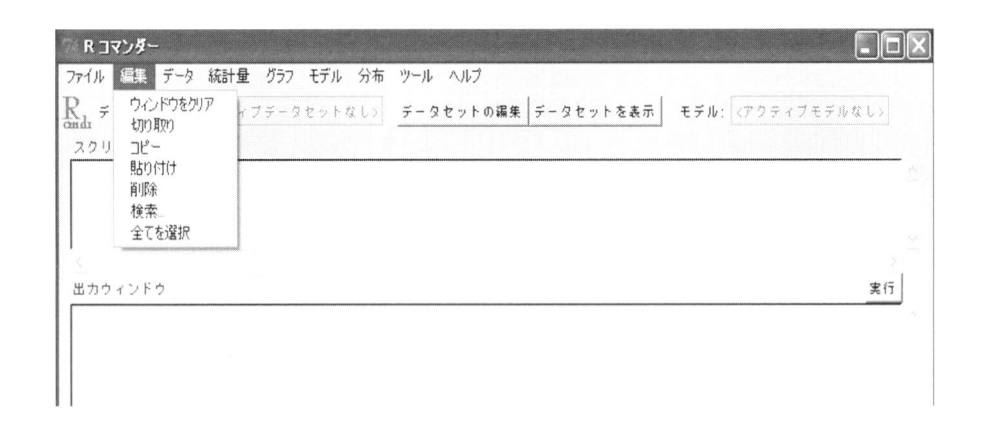

図付 2.3　R コマンダーのメニューバーの編集選択画面

3．データ

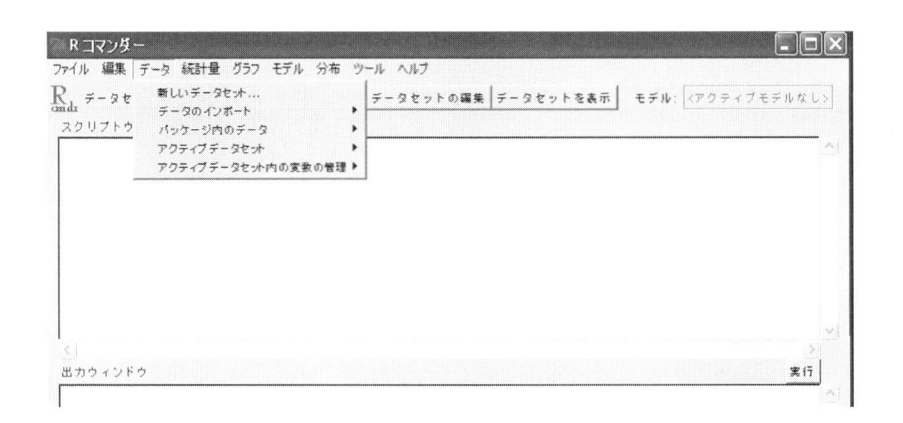

図付 2.4　R コマンダーのメニューバーのデータ選択画面

(1) データの作成

[データ] → [新しいデータセット] をクリックし，データセット名をキー入力後，[OK] を

クリックする。

その後，シートの入力したいセルをマウスでクリック後，データをキー入力する。

(2) データの読み込み

[データ] → [データのインポート] をクリック後，以下からデータのファイル形式を指定する。

- SPSS, Mnitab, STATA, Excel・Acess・d Base などから形式
- テキストファイルまたはクリップボードから：データセット名をキー入力

(3) パッケージ内のデータの読み込み

[データ] → [パッケージ内のデータ] をクリック後，[パッケージ内のデータセットの表示] を選択するとサンプルデータの一覧が表示される。

[データ] → [パッケージ内のデータ] をクリック後，[アタッチされたパッケージからデータセットを読み込む] を選択する。

(4) データのアクティブ化

[データ] → [アクティブデータセット] → [アクティブデータセットの選択] をクリックして指定し，[OK]をクリック。

4．統計量

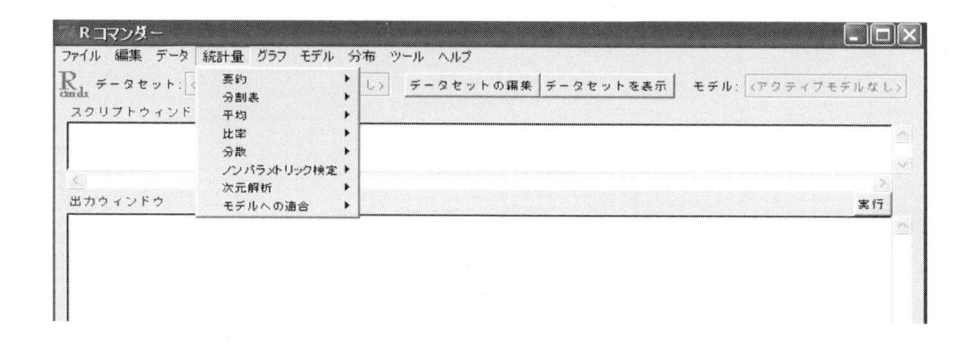

図付 2.5　R コマンダーのメニューバーの統計量選択画面

- 要約：アクティブデータセット，数値による要約，頻度分布，欠測値を数える，層別の統計量，相関行列，相関の検定分割表の作成
- 分割表：2 元表，多元表，2 元表の入力と分析
- 平均：1 標本 t 検定，独立サンプル t 検定，対応のある t 検定，1 元配置分散分析，多元配置分散分析
- 比率：1 標本比率の検定，
- 分散：分散の比の F 検定，バートレットの検定，ルビーンの検定
- ノンパラメトリック検定：2 標本ウィルコクソン検定，対応のあるウィルコクソン検定，クラスカル・ウォリス検定

- 次元解析：スケールの信頼性，主成分分析，因子分析，クラスター分析
- モデルへの適合：線形回帰，線形モデル，一般化線形モデル，多項ロジットモデル，比例オッズロジットモデル

5．グラフ

- インデックスプロット：点プロットもしくは線プロットをデータの順に表示する。
- ヒストグラム：データの度数分布に基づいた柱状図を描く。
- 幹葉表示：データの度数分布に基づいた柱状図を描く。
- 箱ひげ図：データの度数分布に基づいた柱状図を描く。
- QQ プロット：データの度数分布に基づいた柱状図を描く。
- 散布図：データの度数分布に基づいた柱状図を描く。
- 折れ線グラフ：データの度数分布に基づいた柱状図を描く。
- 条件付き散布図：データの度数分布に基づいた柱状図を描く。
- 平均のプロット：データの度数分布に基づいた柱状図を描く。
- 棒グラフ：データの度数分布に基づいた柱状図を描く。
- 円グラフ：データの度数分布に基づいた柱状図を描く。
- 3次元グラフ：データの度数分布に基づいた柱状図を描く。
- グラフをファイルで保存：データの度数分布に基づいた柱状図を描く。

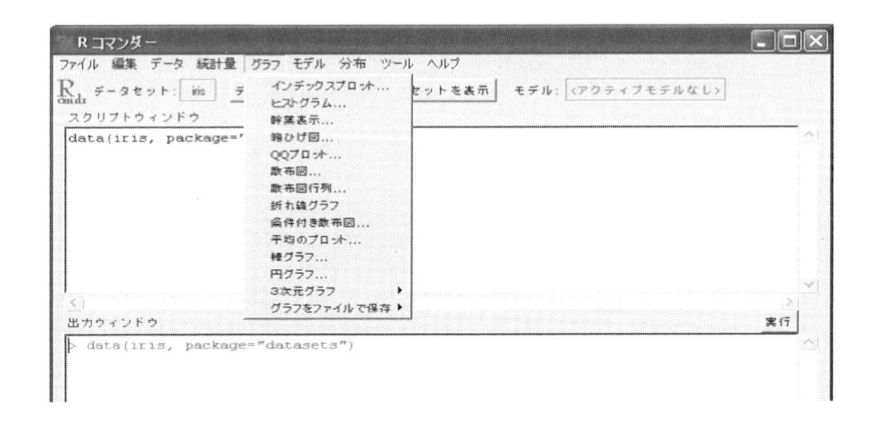

図付 2.6　R コマンダーのメニューバーのグラフ選択画面

6．モデル

- アクティブモデルを選択
- モデルを要約
- 計算結果をデータとして保存
- 信頼区間
- 仮説検定

付2　Rコマンダーの利用

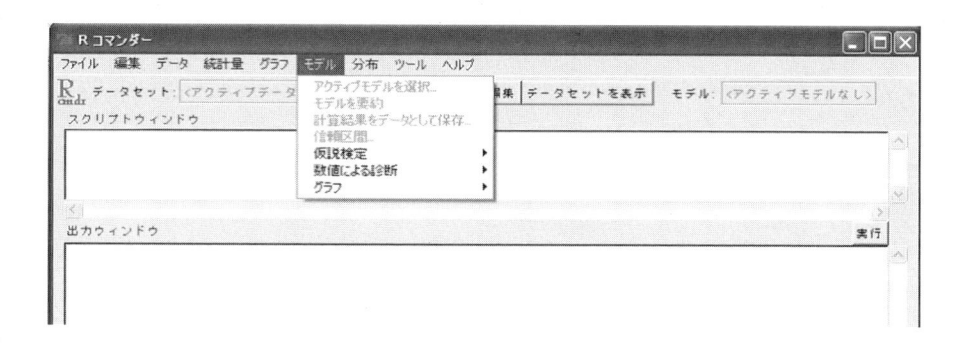

図付 2.7　Rコマンダーのメニューバーのモデル選択画面

- 数値による診断
- グラフ
    - 基本的診断プロット
    - 残差QQプロット
    - 偏残差プロット
    - 偏回帰プロット
    - 影響プロット
    - 効果プロット

7．分布

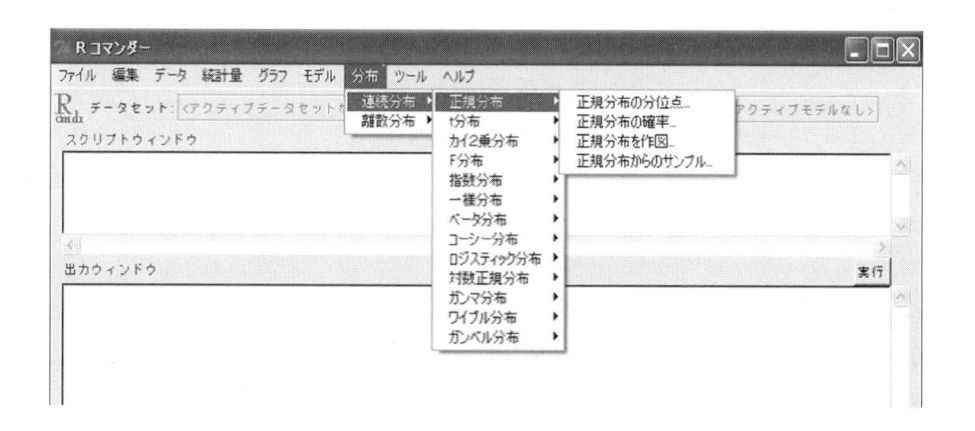

図付 2.8　Rコマンダーのメニューバーの分布選択画面

- 連続分布
    - 正規分布
    - t 分布
    - 偏残差プロット
    - 偏回帰プロット
    - 影響プロット

- 離散分布

8．ツール

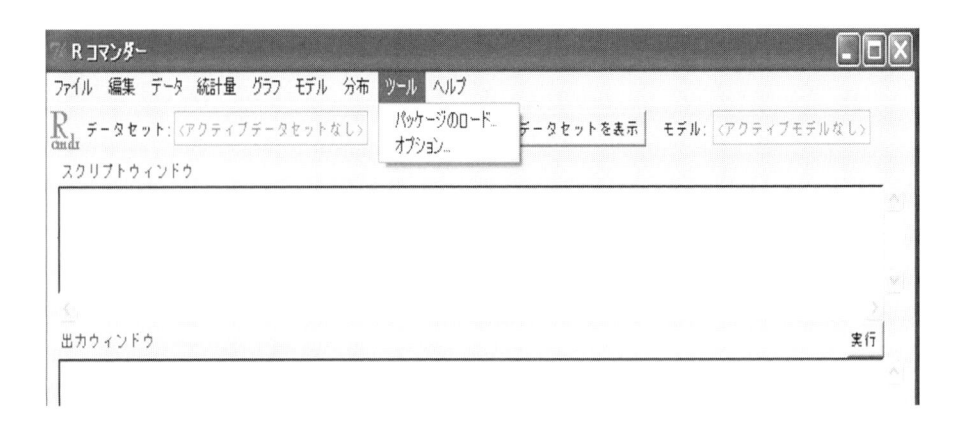

図付 **2.9**　R コマンダーのメニューバーのツール選択画面

- パッケージのロード
- オプション

9．ヘルプ

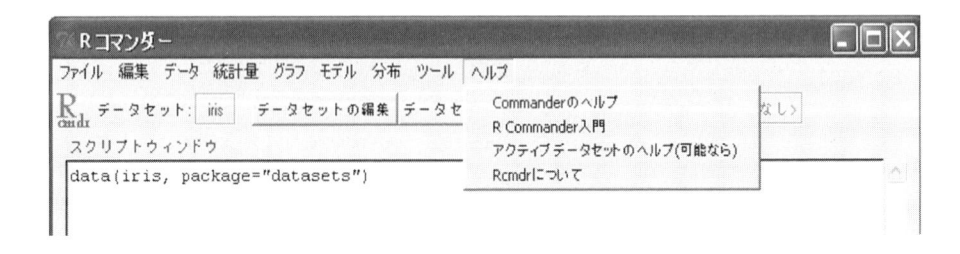

図付 **2.10**　R コマンダーのメニューバーのヘルプ選択画面

- Commandar のヘルプ
- R Commandar 入門
- アクティブデータセットのヘルプ
- Rcmdr について

参 考 文 献

本書を著すにあたっては，多くの書籍・事典などを参考にさせていただきました．また，一部を引用させていただきました．引用にあたっては本文中に明記させていただいております．ここに心から感謝いたします．以下に，その中のRに関連した文献を中心にいくつかの文献をあげさせていただきます．なお，メニュー方式によるRの実行（Rコマンダー）とパッケージの取り込みについては [A2], [A25] を参考にしてください．また，Rの入門的な取り扱いについては [A24], [A26] を参考にしてください．

◆和書

[A1] 赤間世紀・山口善博 (2006)「Rによる統計入門」技報堂出版
[A2] 荒木孝治編著 (2005)「フリーソフトウェアRによる統計的品質管理入門」日科技連
[A3] 荒木孝治編著 (2007)「RとRコマンダーではじめる多変量解析」日科技連
[A4] B. エヴェリット（原著）石田基広他訳 (2007)「RとS-PLUSによる多変量」シュプリンガー・ジャパン
[A5] 岡田昌史編著 (2004)「The R Book — データ解析環境Rの活用事例集」九天社
[A6] 金明哲 (2007)「Rによるデータサイエンス-データ解析の基礎から最新手法まで」森北出版
[A7] 熊澤吉起 (2004)「Rによるデータ解析入門」講義用自作テキスト
[A8] 熊谷悦生・舟尾暢男 (2007)「Rで学ぶデータマイニング① I データ解析の視点から」九天社
[A9] 熊谷悦生・舟尾暢男 (2007)「Rで学ぶデータマイニング I データ解析の視点から」九天社
[A10] J. クローリー（原著）野間口謙太郎・菊池泰樹（訳）(2008)「統計学：Rを用いた入門書」共立出版
[A11] 小寺平治 (1986)「明解演習 数理統計」共立出版
[A12] 竹村彰通 (2007)「共立講座 21世紀の数学 14 統計 第2版」共立出版
[A13] 垂水共之・飯塚誠也 (2006)「R/S－PLUSによる統計解析入門」共立出版
[A14] 田中孝文 (2008)「Rによる時系列分析入門」オーム社
[A15] 椿広計 (2006)「ビジネスへの統計モデルアプローチ」朝倉書店
[A16] 中澤港 (2003)「Rによる統計解析の基礎」ピアソンエデュケーション
[A17] 中村知靖・松井仁・前田忠彦 (2006)「心理統計法への招待」サイエンス社
[A18] 永田靖・吉田道弘 (1997)「統計的多重比較法の基礎」サイエンティスト社
[A19] 長畑秀和 (2000)「統計学へのステップ」共立出版
[A20] 長畑秀和 (2002)「ORへのステップ」共立出版
[A21] 長畑秀和・大橋和正 (2008)「Rで学ぶ経営工学の手法」共立出版
[A22] 新納浩幸 (2005)「Rで学ぶクラスタ解析」オーム社

[A23] 野田一雄・宮岡悦良 (1990)「入門・演習 数理統計」共立出版
[A24] 舟尾暢男 (2004)「The R tips — データ解析環境 R の基本技・グラフィックス活用集」九天社
[A25] 舟尾暢男 (2007)「R Commander ハンドブック」九天社
[A26] 舟尾暢男・高浪洋平 (2006)「データ解析環境「R」― 定番フリーソフトの基本操作からグラフィックス、統計解析まで」工学社
[A27] 牧厚志他 (2005)「経済・経営のための統計学」有斐閣
[A28] 間瀬茂・鎌倉稔成・神保雅一・金藤浩司 (2004)「工学のためのデータサイエンス入門 – フリーな統計環境 R を用いたデータ解析」数理工学社
[A29] 間瀬茂 (2007)「R プログラミングマニュアル」数理工学社
[A30] 村上正康・安田正實 (1989)「統計学演習」培風館
[A31] 柳川堯 (1990)「統計数学」近代科学社
[A32] 山田剛史・杉澤武俊・村井潤一郎 (2008)「R によるやさしい統計学」オーム社
[A33] U. リゲス (原著) 石田基広他訳 (2006)「R の基礎とプログラミング技法」シュプリンガー・ジャパン
[A34] 渡辺利夫 (2005)「フレッシュマンから大学院生までのデータ解析・R 言語」ナカニシヤ出版

◆洋書

[B1] Crawley,M.J.(2005)Statistics:An Introduction using R..John Wiely & Sons,England
[B2] Dalgaard,P.(2002)Introductory Statistics with R.Springer-Verlag,New York
[B3] Maindonald,J. and Braun,J.(2003)Data Analysis and Graphics Using R-an Example-based Approach.Cambridge University Press,United Kingdom

◆ウェブページ

[C1] 青木繁伸氏のホームページ http://aoki2.si.gunma-u.ac.jp/
[C2] CRAN(The Comprehensive R Archive Network) http://www.R-project.org/
[C3] RjpWiki http://www.okada.jp.org/RWiki/

演習の解答

第 1 章

演習 1-1 ①名義 ② 名義 ③ 間隔 ④ 比例 ⑤ 名義 ⑥ 名義 ⑦ 名義 ⑧ 比例

演習 1-2 例えば交通死亡事故の発生に関して考えてみよう。大骨として発生の起因別にみると、人（運転者・歩行者）によるか、車に起因するか、道路環境によるかが考えられる。更に人では運転手では酒酔い、スピードの出しすぎなどと考えられる。各自考えてみよう。

演習 1-3 ①スポーツ新聞等からデータを得てヒストグラムを作成しよう。② 省略。

演習 1-4, 演習 1-5 表計算ソフトに入力しグラフを作成してみよう。

演習 1-6

```
> en16<-read.table("en16.txt",header=T)
> en16
> attach(en16)
> plot(syoritu,daritu,main="勝率と打率の散布図")
> abline(v=mean(syoritu),h=mean(daritu),col=2)
> plot(syoritu,tokusitu,main="勝率と得失点の散布図")
> abline(v=mean(syoritu),h=mean(tokusitu),col=2)
> plot(daritu,tokusitu,main="打率と得失点の散布図")
> abline(v=mean(daritu),h=mean(tokusitu),col=2)
```

演習 1-7

```
> x<-c(3000,1000,4500,25000,6000)
> mean(x)
[1] 7900
```

$\bar{x} = 7900$ （円）

演習 1-8

```
> x<-c(20,15,5,18,40,30)
> median(x)
[1] 19
```

$\tilde{x} = 19$ （分）

演習 1-9

```
> x<-c(rep(0,5),rep(1,10),rep(2,76),
+ rep(3,44),rep(4,25),rep(5,10),rep(6,30))
> table(x)
x
0  1  2  3  4  5  6
5 10 76 44 25 10 30
```

$x_{\mathrm{mod}} = 2$ （冊）

演習 1-10 クラスとして岡山県である。

演習 1-11

```
> x<-c(1.01,1.03,1.02,1.05,1.02,
+ 1.03,1.02,1.01,1.04,1.02)
> prod(x)^(1/length(x))-1
[1] 0.02492964
```

$\sqrt[10]{1.01 \times 1.03 \times \cdots \times 1.04 \times 1.02} \fallingdotseq 1.02493$ より $2.493(\%)$

演習 1-12

```
> x<-c(30,50)
> length(x)/sum(1/x)
[1] 37.5
```

$\bar{x}_H = 37.5$ （km/時）

演習 1-13

```
> x<-c(90,100,120,112)
> length(x)/sum(1/x)
[1] 104.2399
```

$\bar{x}_H = 104.24$ （円）

演習 1-14 帰納法による。

演習 1-15

```
> x<-c(650,2000,750,900,850,800,650,950)
> xbar<-mean(x)
> S<-sum((x-xbar)^2)
> S
[1] 1357188
```

$S = 1357188$

演習 1-16

```
> x<-c(1,2,4,1,3,2,5,2)
> mean(x)
[1] 2.5
> median(x)
[1] 2
> table(x)
x
1 2 3 4 5
2 3 1 1 1
> var(x)
[1] 2
> sd(x)
[1] 1.414214
> max(x)-min(x)
[1] 4
> range(x) # range を使うと最小と最大が表示
される
[1] 1 5
> IQR(x)
[1] 1.5
> sum(abs(x-mean(x)))/length(x)
[1] 1.125
> sd(x)/mean(x)
[1] 0.5656854
```

① 2.5（時間）② 2（時間）③ 2（時間）④ 2
⑤ 1.414 ⑥ 4 ⑦ 1.5 ⑧ 1.125 ⑨ 0.5657

演習 1-17 略　**演習 1-18**

① 左辺 $= \sum_{i=1}^{n-1} \sum_{j=i+1}^{n} (x_{(j)} - x_{(i)})$

$= \sum_{i=2}^{n} (i-1)x_{(i)} - \sum_{i=1}^{n-1} (n-i)x_{(i)} = $ 右辺

② 左辺 $= \sum_{i=1}^{n} \frac{1}{2} \frac{1}{n} \left(\frac{i}{n} - \frac{r_i}{T} + \frac{i-1}{n} - \frac{r_{i-1}}{T} \right)$

$= \sum_{i=1}^{n} \frac{T(2i-1) - n(r_i + r_{i-1})}{2n^2 T}$

$= \frac{n^2 T - 2n \sum (n+1-i)x_{(i)} + nT}{2n^2 T} = $ 右辺

第 2 章

演習 2-1 $P(x_1 = x_2 | x_1 + x_2 = 6) = \frac{P(x_1 = x_2 かつ x_1 + x_2 = 6)}{P(x_1 + x_2 = 6)} = \frac{1/36}{5/36} = \frac{1}{5}$

演習 2-2 $P(E|T) = \frac{P(E \cap T)}{P(T)} = \frac{P(E|T)P(T)}{P(T)} = \frac{P(T|E)P(E)}{P(T|E)P(E) + P(T|E^c)P(E^c)}$
$= \frac{0.8 \times 0.6}{0.8 \times 0.6 + 0.04 \times 0.4} = 0.967742$

演習 2-3 ① 表の出る個数を X とする。

x	$x < 0$	0	$0 < x < 1$	1	$1 < x < 2$	2
$P(X = x) = p(x)$	0	1/4	0	1/2	0	1/4
$P(X \leq x) = F(x)$	0	1/4	1/4	3/4	3/4	1

② 出る目の和を X とすると 2 以上 12 以下の整数値をとる ($2 \leq x_1 + x_2 \leq 12$)

x	$\cdots$	2	$\cdots$	3	$\cdots$	4	$\cdots$	5	$\cdots$	6	$\cdots$
$p(x)$	0	$\frac{1}{36}$	0	$\frac{1}{18}$	0	$\frac{1}{12}$	0	$\frac{1}{9}$	0	$\frac{5}{36}$	0
$F(x)$	0	$\frac{1}{36}$	$\frac{1}{36}$	$\frac{1}{12}$	$\frac{1}{12}$	$\frac{1}{6}$	$\frac{1}{6}$	$\frac{5}{18}$	$\frac{5}{18}$	$\frac{5}{12}$	$\frac{5}{12}$

x	7	$\cdots$	8	$\cdots$	9	$\cdots$	10	$\cdots$	11	$\cdots$	12
$p(x)$	$\frac{1}{6}$	0	$\frac{5}{36}$	0	$\frac{1}{9}$	0	$\frac{1}{12}$	0	$\frac{1}{18}$	0	$\frac{1}{36}$
$F(x)$	$\frac{7}{12}$	$\frac{7}{12}$	$\frac{13}{18}$	$\frac{13}{18}$	$\frac{5}{6}$	$\frac{5}{6}$	$\frac{11}{12}$	$\frac{11}{12}$	$\frac{35}{36}$	$\frac{35}{36}$	1

演習 2-4 $E(X) = 100 \times P(X = 偶数) + (-50) \times P(X = 奇数) = 25$

演習 2-5 $E(X) = 0 \times P(X = 0) + 1 \times P(X = 1) = 1/2$

演習 2-6 $V(X) = E(X - E(X))^2 = \sum_{i=1}^{6} \frac{(i-3.5)^2}{6} = \frac{2}{6}(2.5^2 + 1.5^2 + 0.5^2) = \frac{17.5}{6}$ または $V(X) = E(X^2) - \{E(X)\}^2 = \frac{91}{6} - \left(\frac{7}{2}\right)^2 = \frac{35}{12}$

演習 2-7 $V(aX+b) = E(aX+b-aE(X)-b)^2 = a^2 E(X-E(X))^2 = a^2 V(X)$

演習 2-8

① $F(x) = \begin{cases} 0 & (x < -1) \\ \dfrac{(x+1)^2}{2} & (-1 \leqq x < 0) \\ \dfrac{-(x-1)^2}{2} + 1 & (0 \leqq x < 1) \\ 1 & (1 \leqq x) \end{cases}$

② $E(X) = 0, V(X) = \dfrac{1}{6}$

演習 2-9 ① 左より $0.4, 0.1, 0.6$ ② $p_{x\cdot} = \{p_{0\cdot} = 0.4, p_{1\cdot} = 0.6\}, p_{\cdot y} = \{p_{\cdot 1} = 0.4, p_{\cdot 2} = 0.6\}$, $p(0,1) = 0.3 \neq 0.4 \times 0.4 = p_{0\cdot} \times p_{\cdot 1}$ より独立でない。③ $E(X) = 0 \times p_{0\cdot} + 1 \times p_{1\cdot} = 0.6, V(X) = E(X-E(X))^2 = (0-0.6)^2 \times 0.4 + (1-0.6)^2 \times 0.6 = 0.24$ ④ $E(Y) = 1 \times p_{\cdot 1} + 2 \times p_{\cdot 2} = 1.6, V(Y) = 0.24, Cov(X,Y) = E(XY) - E(X)E(Y) = 1.1 - 0.6 \times 1.6 = 0.14, \rho(X,Y) = Cov(X,Y)/\sqrt{V(X)}/\sqrt{V(Y)} = 0.14/\sqrt{0.24}/\sqrt{0.24} = 0.5833$ ⑤ $p(x|1) = p(x,1)/p_{\cdot 1} = \{0.3/0.4 = 0.75, 0.1/0.4 = 0.25\}, E(X|Y=1) = 0 \times p(0|1) + 1 \times p(1|1) = 0.25, V(X|Y=1) = E(X-E(X|1))^2|Y=1 = (0-0.25)^2 \times p(0|1) + (1-0.25)^2 \times p(1|1) = 0.1875$ ⑥ $P(Z=1) = P(X=0, Y=1) = 0.3, P(Z=2) = P(X=0, Y=2) + P(X=1, Y=1) = 0.1 + 0.1 = 0.2, P(Z=3) = P(X=1, Y=2) = 0.5, E(Z) = 1 \times 0.3 + 2 \times 0.2 + 3 \times 0.5 = 2.2, V(Z) = E(Z-E(Z))^2 = (1-2.2)^2 \times 0.3 + (2-2.2)^2 \times 0.2 + (3-2.2)^2 \times 0.5 = 0.76$

演習 2-10 離散型分布の場合，同時分布を $p(x_1, \cdots, x_n)$ とすると
$E(a_1 X_1 + \cdots + a_n X_n) = \sum (a_1 x_1 + \cdots + a_n x_n) p(x_1, \cdots, x_n) = a_1 \sum x_1 p(x_1, \cdots, x_n) + \cdots + a_n \sum x_n p(x_1, \cdots, x_n) = a_1 E(X_1) + \cdots + a_n E(X_n)$, $V(a_1 X_1 + \cdots + a_n X_n) = E(a_1 X_1 + \cdots + a_n X_n - a_1 E(X_1) - \cdots - a_n E(X_n))^2 = a_1^2 E(X_1 - E(X_n))^2 + \cdots + a_n^2 E(X_n - E(X_n))^2 + \sum_{i \neq j} a_i a_j E(X_i - E(X_i)) E(X_j - E(X_j)) = $ 右辺

演習 2-11 ① $P(X = x | Y = 偶数) = \dfrac{P(X = x, Y = 偶数)}{P(Y = 偶数)} = P(X = x) = \dfrac{1}{6} (x = 1, \cdots, 6)$ ② $P(X = 奇数 | Y = 偶数) = \dfrac{P(X = 奇数, Y = 偶数)}{P(Y = 偶数)} = P(X = 奇数) = \dfrac{1}{2}$
③ $P(X = 偶数 かつ Y = 偶数 | X + Y = 8)$
$= \dfrac{P(X = 偶数 かつ Y = 偶数 かつ X + Y = 8)}{P(X + Y = 8)} = \dfrac{3/36}{5/36} = \dfrac{3}{5}$

演習 2-12 (1) ① $P(X \leqq 4)$
$= P\left(\dfrac{X-20}{16} \leqq \dfrac{4-20}{16}\right) = P(U \leqq -1) = P(U \geqq 1) = 0.1587$

```
> pnorm((4-20)/16)
[1] 0.1586553
```

② $P(X \leqq 25) = P\left(\dfrac{X-20}{16} \leqq \dfrac{25-20}{16}\right) = P(U \leqq 0.3125) \fallingdotseq 1 - P(U \geqq 0.31) = 0.6217$

```
> pnorm((25-20)/16)
[1] 0.6226697
```

③ $P(X \geqq 35) = P\left(\dfrac{X-20}{16} \geqq \dfrac{35-20}{16}\right) = P(U \geqq 0.9375) \fallingdotseq P(U \geqq 0.94) = 0.1736$

```
> 1-pnorm((35-20)/16)
[1] 0.1742507
```

④ $P(-2 \leqq X \leqq 45)$
$= P\left(\dfrac{-2-20}{16} \leqq \dfrac{X-20}{16} \leqq \dfrac{45-20}{16}\right) = P(-1.375 \leqq U \leqq 1.5625) \fallingdotseq P(-1.38 \leqq U \leqq 1.56) = 1 - 0.0838 - 0.0594 = 0.8568$

```
> pnorm((45-20)/16)-pnorm((-2-20)/16)
[1] 0.8563492
```

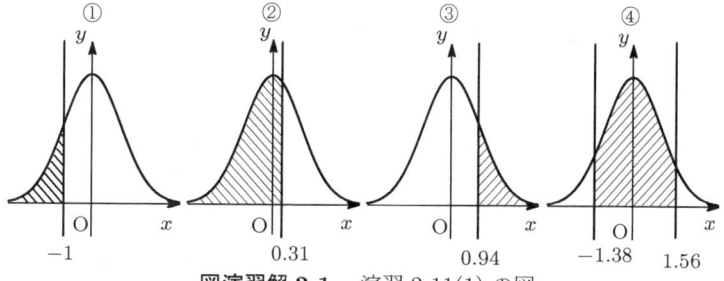

図演習解 2-1 演習 2-11(1) の図

(2) ① 偏差値 $H = 50 + 10 \times \dfrac{70-40}{12} = 75$
② $P(H \geqq 60) = P\left(\dfrac{H-50}{10} \geqq \dfrac{60-50}{10}\right) = P(U \geqq 1) = 0.1587$ より約 16% である。

```
> 1-pnorm((60-50)/10)
[1] 0.1586553
```

演習 2-13 ① $F(x) = \begin{cases} 0 & x < a \\ \dfrac{x-a}{b-a} & a \leqq x \leqq b \\ 1 & b \leqq x \end{cases}$

② $Y = F(X)$ とおくと $P(Y \leqq y) = P(F(X) \leqq y) = P(X \leqq F^{-1}(y)) = F(F^{-1}(y)) = y$ だから、これは $(0,1)$ 上の一様分布の分布関数である。

演習 2-14 ① $E(X) = \int x f(x) dx = \int_a^b \dfrac{x}{b-a} dx = \dfrac{1}{b-a}\left[\dfrac{x^2}{2}\right]_a^b = \dfrac{a+b}{2}$, $V(X) = E(X^2) - \{E(X)\}^2 = \int x^2 f(x) dx - \dfrac{(a+b)^2}{4} = \int_a^b \dfrac{x^2}{b-a} dx - \dfrac{(a+b)^2}{4} = \dfrac{(b-a)^2}{12}$

② $P\left(\dfrac{X-a}{b-a} \leqq x\right) = P(X \leqq a + x(b-a)) = x$

演習 2-15 ① $P(X \leqq x) = \int_0^x \lambda e^{-\lambda x} dx = 1 - e^{-\lambda x}$ $(x \geqq 0)$ 0(その他) ② $P(-\log X \leqq y) = P(X \leqq e^{-y}) = e^{-y}$

演習 2-16 $E(X) = \int_0^\infty x \lambda e^{-\lambda x} dx = \lambda\left(\left[\dfrac{e^{-\lambda x}}{-\lambda}x\right]_0^\infty - \int_0^\infty \dfrac{e^{-\lambda x}}{-\lambda} dx\right) = \left[\dfrac{e^{-\lambda x}}{-\lambda}\right]_0^\infty = \dfrac{1}{\lambda}$, $V(x) = E(X^2) - \{E(X)\}^2 = \dfrac{1}{\lambda^2}$

演習 2-17 ① $E(X) = 1/\lambda = 10$(分) ② $P(X \geqq 15) = e^{-15/10} = 0.223$

演習 2-18 $P(X = x) = \binom{3}{x} 0.2^x 0.8^{3-x}$ から。

演習 2-19 $(p + 1 - p)^n = 1$ の2項展開を考えれば良い。

演習 2-20 $P(X = x) = \binom{4}{x} 0.3^x 0.7^{4-x}$ から。

演習 2-21 $P(X = x) = \binom{6}{x} 0.8^x 0.2^{6-x}$ から。

演習 2-22 $P(5 \leqq X \leqq 10) = p_5 + \cdots + p_{10} = \sum_{x=5}^{10} \binom{20}{x} 0.3^x 0.7^{20-x} = 0.7453$

```
> pbinom(10,20,0.3)-pbinom(4,20,0.3)
[1] 0.7453474
```

$P(5 \leqq X \leqq 10)$
$= P\left(\dfrac{5-6}{\sqrt{20 \cdot 0.3 \cdot 0.7}} \leqq \dfrac{X - np}{\sqrt{np(1-p)}} \leqq \dfrac{10-6}{\sqrt{20 \cdot 0.3 \cdot 0.7}}\right)$
$\fallingdotseq P(-0.49 \leqq U \leqq 1.95) = 0.6623$

```
> pnorm((10-6)/sqrt(20*0.3*0.7))
-pnorm((5-6)/sqrt(20*0.3*0.7))
[1] 0.6617264
```

演習 2-23 自分の住んでいる都市について調べてみよう。

演習 2-24

とる値 x	0	1	2	3	4	5	6
確率 $P(X=x)$	0.0498	0.149	0.224	0.224	0.168	0.101	0.0504

演習 2-25 $1 = e^{-\lambda} e^{\lambda} = \sum_{x=0}^\infty \dfrac{e^{-\lambda}\lambda^x}{x!}$

演習 2-26 ① $X \sim P_o(3)$ より $P(X \geqq 5) = 1 - P(x \leqq 4) = \sum_{x=0}^4 \dfrac{e^{-3} 3^x}{x!} = 0.185$

```
> 1-ppois(4,3)
[1] 0.1847368
```

② 2時間に来る客の数を Y とすると $Y = X_1 + X_2 \sim P_o(6)$ より $P(Y = 0) = e^{-6} = 0.0025$ ③ 1分当りの来客数もポアソン分布するとする。20分間での来客数 Y は $Y \sim P_0(1)$ となるので、求める確率は $P(Y = 0) = e^{-1} = 0.3679$

```
> dpois(0,6)
[1] 0.002478752
```

指数分布からだと $P(X \geqq 1/3) = 1 - (1 - e^{3/3}) = e^{-1}$ である。

演習 2-27 $E(X(X-1)) = \sum_{x=0}^\infty x(x-1) \dfrac{e^{-\lambda}\lambda^x}{x!} = \sum_{x=2}^\infty \dfrac{e^{-\lambda}\lambda^2 \lambda^{x-2}}{(x-2)!} = \lambda^2$ より $E(X^2) = \lambda^2 + \lambda$ だから $V(X) = E(X^2) - \{E(X)\}^2 = \lambda$ である。

演習 2-28 $P(X \leqq 4) = \sum_{x=0}^4 \dfrac{e^{-8} 8^x}{x!} = 0.0996$

```
> ppois(4,8)
[1] 0.0996324
```

, $\Phi\left(\dfrac{x - \lambda}{\sqrt{\lambda}}\right) = \Phi(-1.41) = 0.0793$

```
> pnorm((4-8)/sqrt(8))
[1] 0.0786496
```

, $\Phi\left(\dfrac{x - \lambda + 0.5}{\sqrt{\lambda}}\right) = \Phi(-1.24) = 0.1075$

```
> pnorm((4-8+0.5)/sqrt(8))
[1] 0.1079625
```

演習 2-29 $P(X \leqq 3) = \sum_{x=0}^3 \dfrac{e^{-4} 4^x}{x!} = 0.4335$

演習の解答

```
> ppois(3,4)
[1] 0.4334701
```
, $\Phi\left(\dfrac{x-\lambda}{\sqrt{\lambda}}\right) = \Phi(-0.5) = 0.3085$
```
> pnorm((3-4)/sqrt(4))
[1] 0.3085375
```
, $\Phi\left(\dfrac{x-\lambda+0.5}{\sqrt{\lambda}}\right) = \Phi(-0.25) = 0.4013$
```
> pnorm((3-4+0.5)/sqrt(4))
[1] 0.4012937
```
演習 2-30 $X \sim B(100, 0.008)$ のとき, $P(X \geqq 2) = 1 - \sum_{x=0}^{1}\binom{100}{x}0.008^x 0.992^{100-x} = 0.1909$
```
> 1-pbinom(1,100,0.008)
[1] 0.1909161
```
, $X \sim P_o(np) = P_o(0.8)$ のとき, $P(X \geqq 2) = 1 - P(X \leqq 1) = 1 - \sum_{x=0}^{1}\dfrac{e^{-0.8}0.8^x}{x!} = 0.1912$
```
> 1-ppois(1,0.8)
[1] 0.1912079
```
, $X \sim N(np, np(1-p))$ のとき, $P(X \geqq 2) = 1 - \Phi\left(\dfrac{2-0.8}{\sqrt{0.8 \times 0.992}}\right) = \Phi(1.35) = 0.0885$
```
> 1-pnorm((2-0.8)/sqrt(0.8*0.992))
[1] 0.08898371
```
, $\Phi\left(\dfrac{x-\lambda+0.5}{\sqrt{\lambda}}\right) = 1 - \Phi(0.79) = 0.2148$
```
> 1-pnorm((2-0.8-0.5)/sqrt(0.8))
[1] 0.2169240
```
演習 2-31 略。 **演習 2-32** $E(X) = a \times P(X = a) = a$, $V(X) = E(X-a)^2 = (a-a)^2 \times 1 = 0$
演習 2-33 ① 二項分布 $B(n,p)$ である。② $E(X) = ap + b(1-p)$, $V(X) = (a - ap - b(1-p))^2 p + (b - ap - b(1-p))^2(1-p) = (a-b)^2 p(1-p)$
演習 2-34 $P(L=2, M=4, S=4) = \dfrac{10!}{2!4!4!}0.2^2 0.5^4 0.3^4 = 0.0638$
```
> prob<-gamma(11)/gamma(3)/gamma(5)
/gamma(5)*0.2^2*0.5^4*0.3^4
> prob
[1] 0.0637875
```
演習 2-35 ① 7.81 ② 12.83 ③ 2.18

```
> qchisq(0.95,3)
[1] 7.814728
> qchisq(0.975,5)
[1] 12.83250
> qchisq(0.025,8)
[1] 2.179731
```
演習 2-36 ① 2.776 ② 2.75 ③ 1.96
```
> qt(0.975,4)
[1] 2.776445
> qt(0.9875,8)
[1] 2.751524
> qnorm(0.975,0,1)
[1] 1.959964
```
演習 2-37 ① 19.16 ② 6.98 ③ $1/F(6,5;0.025) = 0.1433$
```
> qf(0.95,3,2)
[1] 19.16429
> qf(0.975,6,5)
[1] 6.977702
> qf(0.025,5,6)
[1] 0.1433137
> 1/qf(0.975,6,5)
[1] 0.1433137
```
演習 2-38 ① 1.96 と 3.84 ② 1.96 と 1.96 ③ 2.447 と 5.99 ④ 7.81 と $3 \times 2.6 = 7.8$
```
> qnorm(0.975,0,1)
[1] 1.959964
> qchisq(0.95,1)
[1] 3.841459
> sqrt(qchisq(0.95,1))
[1] 1.959964
> qt(0.975,500)
[1] 1.96472
> qnorm(0.975,0,1)
[1] 1.959964
> qt(0.975,6)
[1] 2.446912
> qf(0.95,1,6)
[1] 5.987378
> sqrt(qf(0.95,1,6))
[1] 2.446912
> qchisq(0.95,3)
[1] 7.814728
> 3*qf(0.95,3,500)
[1] 7.868204
```

第 3 章

演習 3-1 $\widehat{p} = \dfrac{x}{n}$

演習 3-2 点推定量: $\overline{X}$, 90%信頼区間: $\overline{X} \pm u(\alpha)\sqrt{\dfrac{\sigma^2}{n}} = \overline{X} \pm u(0.10)\sqrt{\dfrac{4^2}{n}} = \overline{X} \pm 1.645\dfrac{4}{\sqrt{n}}$

演習 3-3

── Rによる実行結果 ──

```
par(mfrow=c(1,1))
sinrai=function(n,r,m,s){ # n:発生乱数の個数 r:繰返し数 m:平均 s:標準偏差
kaisu=0;haba=qnorm(0.975)*sqrt(s^2/n)
ko=1:r
v<-matrix(c(0,0),nrow=2)
 mu.l<-c();mu.u<-c();ch<-c()
   for (i in 1:r ) {
     x=rnorm(n,m,s)
     mu.l[i]=mean(x)-haba; mu.u[i]=mean(x)+haba
     v<-cbind(v,c(mu.l[i],mu.u[i]))
     kai=0
     if ( (mu.l[i]<=m) && (m<=mu.u[i])){
      kai=1;ch[i]=""
     } else {
     kai=0;ch[i]="*"}
    kaisu=kaisu+kai
     cat("(",mu.l[i],mu.u[i],")",ch[i],"\n")
   }
ylim=range(c(mu.l,mu.u))
xlim=range(ko)
v<-v[,2:(r+1)]
plot(apply(v,2,mean),xlim=xlim,ylim=ylim,col="red")
abline(m,0,col=4)
#axis(side=1,pos=m,col="red",labels=F)
segments(1:r,mu.l,1:r,mu.u,lwd=2)
wari=kaisu/r*100
c("割合=",wari,"%")
}

> sinrai(10,100,60,5)
```

演習 3-4

── Rによる実行結果 ──

```
#①
> 1-pbinom(4,6,0.5)
[1] 0.109375
#②
> p<-seq(0.2,0.8,0.2)
> 1-pbinom(4,6,p)
[1] 0.00160 0.04096 0.23328 0.65536
```

演習 3-5

── Rによる実行結果 ──

```
> pbinom(1,30,1/6)+1-pbinom(8,30,1/6)
```

```
[1] 0.0800546
```

演習 3-6 ① $\alpha = P(\overline{X} \leqq 55) = P((\overline{X}-60)/\sqrt{12^2/9} \leqq (55-60)/\sqrt{12^2/9})$

───────── R による実行結果 ─────────
```
> pnorm((55-60)/sqrt(12^2/9))
[1] 0.1056498
```

② $P(\overline{X} \leqq 55) = P((\overline{X}-\mu)/\sqrt{12^2/9} \leqq (55-\mu)/\sqrt{12^2/9}) = P\left(U \leqq \dfrac{55-\mu}{4}\right)$

───────── R による実行結果 ─────────
```
>m<-seq(40,65,5)
>u<-(55-m)/4
>power=pnorm(u)
> c(paste("平均",m,"検出力",power))
[1] "平均 40 検出力 0.9999115827148"     "平均 45 検出力 0.993790334674224"
[3] "平均 50 検出力 0.894350226333145"   "平均 55 検出力 0.5"
[5] "平均 60 検出力 0.105649773666855"   "平均 65 検出力 0.00620966532577613"
```

③ $P(\overline{X} \leqq 55) = P((\overline{X}-\mu)/\sqrt{12^2/n} \leqq (55-\mu)/\sqrt{12^2/n}) = P\left(U \leqq \dfrac{\sqrt{n}(55-\mu)}{12}\right) = 0.98$,

$\dfrac{\sqrt{n}(55-50)}{12} = \Phi^{-1}(0.98)$ より

───────── R による実行結果 ─────────
```
> n=qnorm(0.98)^2*12^2/5^2
> n
[1] 24.29502
```

演習 3-7
───────── R による実行結果 ─────────
```
#①正規分布の1標本で平均の検定で分散既知
n1m.tvk=function(x,m0,v0,alt){
 n=length(x);mx=mean(x)
 u0=(mx-m0)/sqrt(v0/n)
 if (alt=="l") { pti=pnorm(u0)
  } else if (alt=="r") {pti=1-pnorm(u0)}
   else if (u0<0) {pti=2*pnorm(u0)}
   else {pti=2*(1-pnorm(u0))
   }
   c(u 値=u0,P 値=pti)
}
> x<-c(12.5,13,15,14,11,16,17)
> n1m.tvk(x,15,4,"t")
       u 値         P 値
```

```
              -1.2283845   0.2193026
#② 正規分布の 1 標本で平均の推定で分散既知
n1m.evk=function(x,v0,conf.level){
n=length(x);mx=mean(x)
alpha=1-conf.level
cl=100*conf.level
haba=qnorm(1-alpha/2)*sqrt(v0/n)
sita=mx-haba;ue=mx+haba
result=c(mx,sita,ue)
names(result)=c("点推定",paste((cl),"%下側信頼限界"),paste((cl),"%上側信頼限界"))
result
}
> n1m.evk(x,4,0.90)
          点推定  90 %下側信頼限界  90 %上側信頼限界
        14.07143          12.82804          15.31482
```

$$③\ 1-\beta = P(|u_0|>u(\alpha)) = P\left(\left|\frac{\overline{x}-\mu_0}{\sqrt{\sigma_0^2/n}}\right|>u(\alpha)\right) = P\left(\left|\frac{\overline{x}-\mu+\mu-\mu_0}{\sqrt{\sigma_0^2/n}}\right|>u(\alpha)\right)$$

$$= P\left(\left|U+\frac{\sqrt{n}(\mu-\mu_0)}{\sigma_0}\right|>u(\alpha)\right) = P\left(U+\frac{\sqrt{n}(\mu-\mu_0)}{\sigma_0}<-u(\alpha)\right)$$

$$+ P\left(U+\frac{\sqrt{n}(\mu-\mu_0)}{\sigma_0}>u(\alpha)\right) = \Phi\left(-u(\alpha)-\frac{\sqrt{n}(\mu-\mu_0)}{\sigma_0}\right)+1-\Phi\left(u(\alpha)-\frac{\sqrt{n}(\mu-\mu_0)}{\sigma_0}\right)$$

─────── R による実行結果 ───────

```
#正規分布の 1 標本での平均に関する検定の検出力関数 (分散:既知)
n1m.pwvk=function(x,m,m0,v0,alpha,alt){
n=length(x);mx=mean(x)
d=(m-m0)/sqrt(v0/n)
u0=(mx-m0)/sqrt(v0/n)
if (alt=="l") { ualpha=qnorm(alpha);power=pnorm(ualpha-d)
  } else if (alt=="r") {ualpha=qnorm(1-alpha);power=1-pnorm(ualpha-d)}
  else {ualpha=qnorm(1-alpha/2);power=pnorm(-ualpha-d)+1-pnorm(ualpha-d)
  }
c(検定統計量=u0, 平均=m, 有意水準=alpha, 検出力=power)
}
> n1m.pwvk(x,14,15,4,0.05,"t")
検定統計量        平均      有意水準       検出力
-1.2283845  14.0000000   0.0500000    0.2625475
```

演習 3-8

─────── R による実行結果 ───────

```
#①正規分布の 1 標本で分散の検定で平均既知
n1v.tmk=function(x,m0,v0,alt){
#x:データ,v0:帰無仮説の分散値,対立仮説は左片側,右片側,両側
  n=length(x);m=m0;S=sum((x-m0)^2)
```

```
      chi0=S/v0
      if (alt=="l") { pti=pchisq(chi0,n)
      } else if (alt=="r") {pti=1-pchisq(chi0,n)}
      else if (chi0<1) {pti=2*pchisq(chi0,n)}
      else {pti=2*(1-pchisq(chi0,n))
      }
      c(カイ2乗値=chi0,P値=pti)
  }
> x<-c(-2,1,-5,6,-4,3,8)
> n1v.tmk(x,0,9,"t")
  カイ2乗値          P値
  17.2222222    0.0320362
#② 正規分布の1標本で分散の推定で平均既知
n1v.emk=function(x,m0,conf.level){
  alpha=1-conf.level;cl=100*conf.level
  n=length(x);m=m0;S=sum((x-m0)^2)
  vhat=S/n
  sita=S/qchisq(1-alpha/2,n);ue=S/qchisq(alpha/2,n)
  c(点推定=vhat,区間推定の信頼係数=cl,下側=sita,上側=ue,)
}
> n1v.emk(x,0,0.90)
        点推定  区間推定の信頼係数          下側          上側
      22.14286           90.00000      11.01859      71.51591
```

演習 3-9

──── R による実行結果 ────

```
#①正規分布の1標本で分散の検定で平均未知
n1v.tmu=function(x,v0,alt){
#x:データ,v0:帰無仮説の分散値,対立仮説は左片側,右片側,両側
  n=length(x);m=mean(x);S=(n-1)*var(x)
  chi0=S/v0
  if (alt=="l") { pti=pchisq(chi0,n-1)
  } else if (alt=="r") {pti=1-pchisq(chi0,n-1)}
  else if (chi0<1) {pti=2*pchisq(chi0,n-1)}
  else {pti=2*(1-pchisq(chi0,n-1))
  }
  c(カイ2乗値=chi0,P値=pti)
}
> x<-c(7.8,8.0,7.7,7.4,8.1,7.9,8.8,8.1,8.2,7.9)
> n1v.temu(x,0.25^2,"r")
  カイ2乗値          P値
  19.34400000   0.02242172
#② 正規分布の1標本で分散の推定で平均未知
n1v.emu=function(x,conf.level){
  alpha=1-conf.level;cl=100*conf.level
  n=length(x);S=(n-1)*var(x)
  vhat=var(x)
  sita=S/qchisq(1-alpha/2,n-1);ue=S/qchisq(alpha/2,n-1)
```

```
        c(点推定=vhat,区間推定の信頼係数=cl,下側=sita,上側=ue)
}
x<-c(7.8,8.0,7.7,7.4,8.1,7.9,8.8,8.1,8.2,7.9)
> n1v.emu(x,0.99)
           点推定 区間推定の信頼係数          下側          上側
       0.13433333         99.00000000      0.05125194      0.69685692
```

演習 3-10

― Rによる実行結果 ―

```
#① 正規分布の1標本で分散の検定で平均未知
n1v.tmu=function(x,v0,alt){
#x:データ,v0:帰無仮説の分散値,対立仮説は左片側,右片側,両側
  n=length(x);m=mean(x);S=(n-1)*var(x)
  chi0=S/v0
  if (alt=="l") { pti=pchisq(chi0,n-1)
  } else if (alt=="r") {pti=1-pchisq(chi0,n-1)}
  else if (chi0<1) {pti=2*pchisq(chi0,n-1)}
  else {pti=2*(1-pchisq(chi0,n-1))
  }
  c(カイ2乗値=chi0,P値=pti)
}
> x<-c(124,121,115,118,120,113)
> n1v.tmu(x,8^2,"l")
 カイ2乗値        P値
1.27343750 0.06235894
#② 正規分布の1標本で分散の推定で平均未知
n1v.emu=function(x,conf.level){
  alpha=1-conf.level;cl=100*conf.level
  n=length(x);S=(n-1)*var(x)
  vhat=var(x)
  sita=S/qchisq(1-alpha/2,n-1);ue=S/qchisq(alpha/2,n-1)
  c(点推定=vhat,区間推定の信頼係数=cl,下側=sita,上側=ue,)
}
> n1v.emu(x,0.95)
           点推定 区間推定の信頼係数          下側          上側
       16.300000          95.000000        6.351061       98.049641
```

演習 3-11

― Rによる実行結果 ―

```
#①
> x<-c(865,910,940,795,830,765,770)
> n1v.temu(x,50^2,"r")
 カイ2乗値        P値
11.2685714  0.0804222
#② 正規分布の1標本で分散の推定で平均未知
> n1v.emu(x,0.90)
           点推定 区間推定の信頼係数          下側          上側
```

| | 4695.238 | 90.000 | 2237.321 | 17226.197 |

演習 3-12

```
─────────── R による実行結果 ───────────

#① 正規分布の1標本で平均の検定で分散既知
n1m.tvk=function(x,m0,v0,alt){
 n=length(x);mx=mean(x)
 u0=(mx-m0)/sqrt(v0/n)
 if (alt=="l") { pti=pnorm(u0)
  } else if (alt=="r") {pti=1-pnorm(u0)}
   else if (u0<0) {pti=2*pnorm(u0)}
   else {pti=2*(1-pnorm(u0))
   }
  c(u値=u0,P値=pti)
}
> x<-c(2400,2300,2700,3300,2900,2600,3000,2800)
>
> n1m.tvk(x,2500,300^2,"t")
       u値         P値
2.35702260 0.01842213
#②正規分布の1標本で平均の推定で分散既知
n1m.evk=function(x,v0,conf.level){
n=length(x);mx=mean(x)
alpha=1-conf.level;cl=100*conf.level
haba=qnorm(1-alpha/2)*sqrt(v0/n)
sita=mx-haba;ue=mx+haba
result=c(mx,sita,ue)
names(result)=c("点推定",paste((cl),"%下側信頼限界"),paste((cl),"%上側信頼限界"))
result
}
> n1m.evk(x,300^2,0.90)
        点推定  90 %下側信頼限界  90 %上側信頼限界
      2750.000         2575.537         2924.463
```

演習 3-13

```
─────────── R による実行結果 ───────────

#①
> x<-c(100.5,100,99.5,101,101.5,102)
> n1m.tevk(x,100,1,"r")
       u値         P値
1.83711731 0.03309629
#②
> n1m.esvk(x,1,0.95)
         点推定  95 %下側信頼限界  95 %上側信頼限界
      100.75000         99.94985        101.55015
```

演習 3-14

―― R による実行結果 ――

```
#① 正規分布の1標本で平均の検定で分散未知
n1m.tvu=function(x,m0,alt){
 n=length(x);mx=mean(x);v=var(x)
 t0=(mx-m0)/sqrt(v/n)
 if (alt=="l") { pti=pt(t0,n-1)
  } else if (alt=="r") {pti=1-pt(t0,n-1)}
  else if (t0<0) {pti=2*pt(t0,n-1)}
  else {pti=2*(1-pt(t0,n-1))
  }
  c(t値=t0,P値=pti)
}
> x<-c(3,2,5,1,0,2,3.5,2.5,1.5)
> n1m.tvu(x,3,"t")
       t値         P値
 -1.4838984   0.1761292
#② 正規分布の1標本で平均の推定で分散未知
n1m.evu=function(x,conf.level){
  n=length(x);mx=mean(x);v=var(x)
  alpha=1-conf.level;cl=100*conf.level
  haba=qt(1-alpha/2,n-1)*sqrt(v/n)
  sita=mx-haba;ue=mx+haba
  result=c(mx,sita,ue)
  names(result)=c("点推定",paste((cl),"%下側信頼限界"),paste((cl),"%上側信頼限界"))
  result
}
> n1m.evu(x,0.90)
     点推定  90 %下側信頼限界  90 %上側信頼限界
    2.277778         1.372725         3.182831
```

演習 3-15

―― R による実行結果 ――

```
#①二項分布の1標本における不良率の検定で小標本の場合
b1p.t=function(x,n,p0,alt){
 if ((n*p0<5) || (n*(1-p0)<5)) { pr=pbinom(x,n,p0)
  if (alt=="l") { pti=pbinom(x,n,p0)}
  else if (alt=="r") {pti=1-pbinom(x-1,n,p0)}
  else if (pr<0.5) {pti=2*pr}
  else {pti=2*(1-pbinom(x-1,n,p0))}
  c(P値=pti)
  } else {
  phat=x/n
 u0=(phat-p0)/sqrt(p0*(1-p0)/n)
 if (alt=="l") { pti=pnorm(u0)
  } else if (alt=="r") {pti=1-pnorm(u0)}
  else if (u0<0) {pti=2*pnorm(u0)}
```

演習の解答

```
   else {pti=2*(1-pnorm(u0))
   }
  c(u0 正規近似=u0,P 値=pti)
 }
}
> b1p.t(120,200,0.6,"t")
u0 正規近似       P 値
           0       1
#② 二項分布の1標本における不良率の推定で大標本の場合
b1p.e=function(x,n,conf.level){
 phat=x/n
 alpha=1-conf.level;cl=conf.level*100
 haba=qnorm(1-alpha/2)*sqrt(phat*(1-phat)/n)
 sita=phat-haba;ue=phat+haba
 c(点推定値=phat,"信頼度 (%)"=cl, 下側=sita, 上側=ue)
}
> b1p.e(120,200,0.95)
   点推定値 信頼度 (%)       下側       上側
  0.6000000 95.0000000   0.5321049  0.6678951
```

演習 3-16 省略。

演習 3-17

――― R による実行結果 ―――

```
#① ポアソン分布の1標本における欠点数の検定で小標本の場合
p1lam.t=function(x,lam0,alt){
 if (lam0<5) { pr=ppois(x,lam0)
  if (alt=="l") { pti=ppois(x,lam0)}
  else if (alt=="r") {pti=1-ppois(x-1,lam0)}
  else if (pr<0.5) {pti=2*pr}
  else {pti=2*(1-ppois(x-1,lam0))}
  c(P 値=pti)
  } else {
  lamhat=x
 u0=(lamhat-lam0)/sqrt(lam0)
 if (alt=="l") { pti=pnorm(u0)
  } else if (alt=="r") {pti=1-pnorm(u0)}
  else if (u0<0) {pti=2*pnorm(u0)}
  else {pti=2*(1-pnorm(u0))
  }
  c(u0 正規近似=u0,P 値=pti)
 }
}
> x<-21/5
> p1lam.t(x,3,"t")
       P 値
0.7055362
#② ポアソン分布の1標本における欠点数の推定で大標本の場合
p1lam.e=function(x,conf.level){
```

```
 lamhat=x
 alpha=1-conf.level
 haba=qnorm(1-alpha/2)*sqrt(lamhat)
 sita=lamhat-haba;ue=lamhat+haba
 result = c(lamhat,sita,ue)
 names(result) <- c("点推定",paste((conf.level), "%下側信頼限界", sep=""),
 paste((conf.level), "%上側信頼限界", sep=""))
 result
}
> p1lam.e(x,0.95)
         点推定 0.95%下側信頼限界 0.95%上側信頼限界
      4.2000000        0.1832691        8.2167309
```

演習 3-18

―― R による実行結果 ――

```
#① 2 標本での等分散の検定（平均：未知）
n2v.tmu=function(x1,x2){
 n1=length(x1);n2=length(x2)
 v1=var(x1);v2=var(x2)
 if (v1>v2) {
 f0=v1/v2;pti=2*(1-pf(f0,n1-1,n2-1))
 } else {f0=v2/v1;pti=2*(1-pf(f0,n2-1,n1-1))
 }
 result=c(f0,pti)
names(result)= c("f0 値","p 値")
 result
}
> x1<-c(8,10,7,15,10,6)
> x2<-c(5,4,3,5,4)
> n2v.tmu(x1,x2)
       f0 値        p 値
14.66666667 0.02221061
#② 2 標本での分散比の推定（平均：未知）
n2v.emu=function(x1,x2,conf.level){
 n1=length(x1);n2=length(x2)
 v1=var(x1);v2=var(x2)
 alpha=1-conf.level;cl=100*conf.level
 f0=v1/v2;fl=qf(1-alpha/2,n1-1,n2-1);fu=qf(1-alpha/2,n2-1,n1-1)
 sita=f0/fl;ue=f0*fu
 result=c(f0,sita,ue)
 names(result) = c("点推定",paste((cl), "%下側信頼限界", sep=""),
 paste((cl), "%上側信頼限界", sep=""))
result
}
> n2v.emu(x1,x2,0.90)
          点推定 90%下側信頼限界 90%上側信頼限界
       14.666667        2.344395       76.151794
```

演習 3-19

─── R による実行結果 ───

```
#① 2 標本での平均の差の検定 (分散：既知)
n2m.tvk=function(x1,x2,v1,v2,d0){
 n1=length(x1);n2=length(x2)
 m1=mean(x1);m2=mean(x2)
 u0=(m2-m1-d0)/sqrt(v1/n1+v2/n2)
 pti=1-pnorm(u0)
 result=c(u0,pti)
names(result)=c("u0 値","p 値")
result
}
> x1<-c(18,17,19,18)
> x2<-c(20,21,22,23,21,22)
> n2m.tvk(x1,x2,2,2.5,2)
      u0 値         p 値
1.56669890 0.05859254
#② 2 標本での平均の差の推定 (分散：既知)
n2m.evk=function(x1,x2,v1,v2,conf.level){
n1=length(x1);n2=length(x2)
alpha=1-conf.level;cl=100*conf.level
sahat=mean(x1)-mean(x2)
haba=qnorm(1-alpha/2)*sqrt(v1/n1+v2/n2)
sita=sahat-haba;ue=sahat+haba
result = c(sahat,sita,ue)
names(result) = c("点推定",paste((cl), "%下側信頼限界", sep=""),
paste((cl), "%上側信頼限界", sep=""))
result
}
> n2m.evk(x1,x2,2,2.5,0.90)
       点推定  90%下側信頼限界  90%上側信頼限界
    -3.500000        -5.074827        -1.925173
```

演習 3-20

─── R による実行結果 ───

```
#① 2 標本での平均の差の検定 (分散：既知)
> x1<-c(17,18,20,19,18)
> x2<-c(26,30,24,22,28,32)
> n2m.tvk(x1,x2,8,10,5)
      u0 値         p 値
1.99182001 0.02319541
#② 2 標本での平均の差の推定 (分散：既知)
n2m.evk=function(x1,x2,v1,v2,conf.level){
n1=length(x1);n2=length(x2)
alpha=1-conf.level;cl=100*conf.level
sahat=mean(x1)-mean(x2)
haba=qnorm(1-alpha/2)*sqrt(v1/n1+v2/n2)
```

```
sita=sahat-haba;ue=sahat+haba
result = c(sahat,sita,ue)
names(result) = c("点推定",paste((cl), "%下側信頼限界", sep=""),
paste((cl), "%上側信頼限界", sep=""))
result
}
> n2m.evk(x1,x2,8,10,0.95)
         点推定 95%下側信頼限界 95%上側信頼限界
      -8.600000      -12.142424       -5.057576
```

演習 3-21

──── R による実行結果 ────

```
#① 2 標本での母平均の差の検定 (等分散で未知)
n2m.tevu=function(x1,x2,d,alt){
n1=length(x1);n2=length(x2)
v1=var(x1);v2=var(x2)
v=((n1-1)*v1+(n2-1)*v2)/(n1+n2-2)
sahat=mean(x1)-mean(x2)
t0=(sahat-d)/sqrt((1/n1+1/n2)*v)
pti=pt(t0,n1+n2-2)
result = c(t0,pti)
names(result) = c("検定統計量","p 値")
result
}
> x1<-c(18,26,22,17,25,21,24)
> x2<-c(34,36,22,27,35,28,32,25)
n2m.tevu(x2,x1,5,"r")
#② 2 標本での母平均の差の推定 (等分散で未知)
t02.et1=function(m1,m2,S1,S2,n1,n2,conf.level){
alpha=1-conf.level;cl=100*conf.level
 V=(S1+S2)/(n1+n2-2)
 sahat=m1-m2
 haba=qt(1-alpha/2,n1+n2-2)*sqrt((1/n1+1/n2)*V)
 sita=sahat-haba;ue=sahat+haba
result=c(sahat,sita,ue)
names(result)= c("差の点推定",paste((cl), "%下側信頼限界", sep=""),
paste((cl), "%上側信頼限界", sep=""))
result
}
n2m.evem=function(x1,x2,conf.level){
n1=length(x1);n2=length(x2)
v1=var(x1);v2=var(x2)
alpha=1-conf.level
v=((n1-1)*v1+(n2-1)*v2)/(n1+n2-2)
sahat=mean(x1)-mean(x2)
haba=qt(1-alpha/2,n1+n2-2)*sqrt((1/n1+1/n2)*v)
sita=sahat-haba;ue=sahat+haba
result = c(sahat,sita,ue)
```

演習の解答   331

```
cl=100*conf.level
names(result) = c("点推定",paste((cl), "%下側信頼限界", sep=""),
paste((cl), "%上側信頼限界", sep=""))
result
}
> x1<-c(18,26,22,17,25,21,24)
> x2<-c(34,36,22,27,35,28,32,25)
> n2m.evem(x1,x2,0.95)
        点推定  95%下側信頼限界  95%上側信頼限界
     -8.017857       -12.957500        -3.078214
```

演習 3-22

― Rによる実行結果 ―

```
#①2標本での母平均の差の検定(分散いずれも未知)
n2m.tvu=function(x1,x2,d0,alt){
n1=length(x1);n2=length(x2)
 m1=mean(x1);m2=mean(x2)
 v1=var(x1);v2=var(x2)
 phis=(v1/n1+v2/n2)^2/((v1/n1)^2/(n1-1)+(v2/n2)^2/(n2-1))
 t0=(m1-m2-d0)/sqrt(v1/n1+v2/n2)
 if (alt=="t") {pti=2*(1-pt(abs(t0),phis))}
  else if (alt=="l") {pti=pt(t0,phis)}
  else {pti=1-pt(t0,phis)}
result = c(t0, phis, pti)
names(result) = c("t0値", "自由度", "p値")
result
}
> x1<-c(23,18,21,19,22,28,23,22)
> x2<-c(34,35,31,37,33,42,38,36,33,39)
> n2m.tvu(x2,x1,10,"r")
        t0値        自由度          p値
 2.54620920   15.63672392    0.01092238
#②2標本での母平均の差の推定(分散いずれも未知)
n2m.evu=function(x1,x2,conf.level){
n1=length(x1);n2=length(x2)
m1=mean(x1);m2=mean(x2)
v1=var(x1);v2=var(x2)
alpha=1-conf.level;cl=100*conf.level
phi= (v1/n1+v2/n2)^2/((v1/n1)^2/(n1-1)+(v2/n2)^2/(n2-1))
dhat=m1-m2
haba=qt(1-alpha/2,phi)*sqrt(v1/n1+v2/n2)
sita=dhat-haba;ue=dhat+haba
result = c(dhat, sita, ue)
names(result) = c("点推定", paste((cl),"%下側信頼限界",sep=""),
paste((cl),"%上側信頼限界",sep=""))
result

> x1<-c(18,26,22,17,25,21,24)
```

```
> x2<-c(34,36,22,27,35,28,32,25)
> n2m.esvu(x2,x1,0.95)
         点推定 95％下側信頼限界 95％上側信頼限界
       13.80000         10.63024         16.96976
```

演習 3-23

― Rによる実行結果 ―

```
#①2標本での母平均の差の検定(対応のあるデータ)
n2m.tvup=function(x1,x2,d0,alt){
d=x1-x2;n=length(d)
v=var(d)
dhat=mean(d)
t0=(dhat-d0)/sqrt(v/n)
if (alt=="t") {pti=2*(1-pt(abs(t0),n-1))}
  else if (alt=="l") {pti=pt(t0,n-1)}
  else {pti=1-pt(t0,n-1)}
result = c(t0, n-1, pti)
names(result) = c("t0値", "自由度", "p値")
result
}
> x1<-c(68,55,78,45)
> x2<-c(75,66,88,52)
> n2m.tvup(x2,x1,0,"r")
        t0値        自由度           p値
8.488746876 3.000000000 0.001716436
#②2標本での平均値の差の推定関数(対応のあるデータ)
n2m.evup=function(x1,x2,conf.level){
d=x1-x2;n=length(d)
v=var(d)
alpha=1-conf.level
dhat=mean(d)
haba=qt(1-alpha/2,n-1)*sqrt(v/n)
sita=dhat-haba;ue=dhat+haba
cl=100*conf.level
result = c(dhat, sita, ue)
names(result) = c("点推定", paste((cl),"％下側信頼限界",sep=""),
paste((cl),"％上側信頼限界",sep=""))
result
}
> n2m.evup(x2,x1,0.90)
         点推定 90％下側信頼限界 90％上側信頼限界
       8.750000         6.324208        11.175792
```

演習 3-24

― Rによる実行結果 ―

```
#①
> x1<-c(142,150,138,141,135)
```

```
> x2<-c(165,170,155,165,155)
> n2m.tvup(x2,x1,15,"r")
     t0 値       自由度           p 値
4.673773191 4.000000000 0.004745801
#②
> n2m.evup(x2,x1,0.90)
          点推定 90 ％下側信頼限界 90 ％上側信頼限界
         20.80000        18.15445        23.44555
```

演習 3-25

――― R による実行結果 ―――

```
#①
> x1<-c(85,73,88,95,59)
> x2<-c(92,77,82,90,66)
> n2m.tvup(x2,x1,0,"r")
    t0 値      自由度         p 値
0.4871223 4.0000000 0.3258306
#②
> n2m.evup(x2,x1,0.90)
          点推定 90 ％下側信頼限界 90 ％上側信頼限界
         1.400000       -4.726974        7.526974
```

演習 3-26

――― R による実行結果 ―――

```
#①
> x1<-c(930,543,334,1390,1910,898,340)
> x2<-c(700,673,355,1040,1999,1019,350)
> n2m.tevup(x1,x2,0,"t")
    t0 値      自由度         p 値
0.4230879 6.0000000 0.6869762
#②
> n2m.evup(x1,x2,0.95)
          点推定 95 ％下側信頼限界 95 ％上側信頼限界
         29.85714      -142.82044       202.53473
```

演習 3-27

――― R による実行結果 ―――

```
#① 2 標本での母比率の差の検定
b2p.t=function(x1,n1,x2,n2,alt){
p1hat=x1/n1;p2hat=x2/n2;pbar=(x1+x2)/(n1+n2)
sahat=p1hat-p2hat
u0=sahat/sqrt((1/n1+1/n2)*pbar*(1-pbar))
if (alt == "t" ){
pti=2*(1-pnorm(abs(u0)))
} else if (alt=="l" ){
pti=pnorm(u0)
```

```
} else pti=1-pnorm(u0)
result = c(u0, pti)
names(result) = c("u0 値", "p 値")
result
}
> b2p.t(28,50,16,24,"t")
       u0 値         p 値
   -0.8748795    0.3816395
#② 2 標本での 2 標本での母比率の差の推定
b2p.e=function(x1,n1,x2,n2,conf.level){
p1hat=x1/n1;p2hat=x2/n2
sahat=p1hat-p2hat
alpha=1-conf.level
haba=qnorm(1-alpha/2)*sqrt(p1hat*(1-p1hat)/n1+p2hat*(1-p2hat)/n2)
sita=sahat-haba;ue=sahat+haba
cl=100*conf.level
result = c(sahat, sita, ue)
names(result) = c("点推定", paste((cl),"%下側信頼限界",sep=""),
paste((cl),"%上側信頼限界",sep=""))
result
}
> b2p.e(28,50,16,24,0.95)
         点推定  95 %下側信頼限界  95 %上側信頼限界
     -0.1066667       -0.3401185         0.1267852
```

演習 3-28

――― R による実行結果 ―――

```
#①
> b2p.t(12,200,9,150,"t")
u0 値  p 値
   0    1
#②
> b2p.e(12,200,9,150,0.95)
          点推定  95 %下側信頼限界  95 %上側信頼限界
      0.00000000      -0.05027604       0.05027604
```

演習 3-29

――― R による実行結果 ―――

```
#①
> b2p.t(40,50,18,30,"t")
     u0 値        p 値
  1.9395246   0.0524375
#②
> b2p.e(40,50,18,30,0.95)
           点推定  95 %下側信頼限界  95 %上側信頼限界
      0.200000000     -0.007423091       0.407423091
```

演習 3-30

――― R による実行結果 ―――

```
#①
> b2p.t(65,80,52,80,"t")
     u0 値         p 値
2.31833496  0.02043112
#②
> b2p.e(65,80,52,80,0.95)
          点推定  95 ％下側信頼限界  95 ％上側信頼限界
       0.16250000       0.02744658       0.29755342
```

演習 3-31

――― R による実行結果 ―――

```
#① 2 標本での欠点の差の検定 (大標本)
p2lam.t=function(x1,k1,x2,k2,alt){
lam1hat=x1/k1;lam2hat=x2/k2;lambar=(x1+x2)/(k1+k2)
sahat=lam1hat-lam2hat
u0=sahat/sqrt((1/k1+1/k2)*lambar)
if (alt == "t" ){
pti=2*(1-pnorm(abs(u0)))
} else if (alt== "l" ){
pti=pnorm(u0)
} else pti=1-pnorm(u0)
result = c(u0, pti)
names(result) = c("u0 値", "p 値")
result
}
> p2lam.t(15,6,19,6,"t")
     u0 値         p 値
-0.6859943   0.4927167
#② 2 標本での欠点の差の推定 (大標本)
p2lam.e=function(x1,k1,x2,k2,conf.level){
lam1hat=x1/k1;lam2hat=x2/k2
sahat=lam1hat-lam2hat
alpha=1-conf.level
haba=qnorm(1-alpha/2)*sqrt(lam1hat/k1+lam2hat/k2)
sita=sahat-haba;ue=sahat+haba
cl=100*conf.level
result = c(sahat, sita, ue)
names(result) = c("点推定", paste((cl),"％下側信頼限界",sep=""),
paste((cl),"％上側信頼限界",sep=""))
result
}
> p2lam.e(15,6,19,6,0.95)
         点推定  95 ％下側信頼限界  95 ％上側信頼限界
      -0.6666667       -2.5714093        1.2380760
```

演習 3-32

```
#①
> p2lam.t(10,6,15,4,"t")
        u0 値           p 値
    -2.04124145    0.04122683
#②
> p2lam.e(10,6,15,4,0.90)
           点推定  90％下側信頼限界  90％上側信頼限界
       -2.0833333      -3.8966140      -0.2700526
```
Rによる実行結果

演習 3-33

```
# 1元分類の分割表での検定
d1t.te=function(x,p){
 kei=sum(x);k=length(x)
 e=kei*p
 chi0=sum((x-e)^2/e)
 pti=1-pchisq(chi0,k-1)
 c("カイ 2 乗値"=chi0,"自由度"=k-1,"p 値"=pti)
}
> x<-c(24,18,21,35,44)
> p<-c(1,1,1,1,1)/5
> d1t.te(x,p)
   カイ 2 乗値        自由度          p 値
  16.521126761    4.000000000    0.002393979
```
Rによる実行結果

演習 3-34

```
> x<-c(8,12,15,11,23)
> p<-c(1,1,1,1,1)/5
> d1t.te(x,p)
  カイ 2 乗値    自由度        p 値
  9.47826087   4.00000000   0.05019586
```
Rによる実行結果

演習 3-35

```
> x<-c(12,35,21,32)
> p<-c(1,1,1,1)/4
> d1t.te(x,p)
   カイ 2 乗値      自由度          p 値
  13.360000000   3.000000000   0.003919367
```
Rによる実行結果

演習 3-36

―― R による実行結果 ――

```
> u<-runif(300,0,1)
> me<-floor(6*u+1)
> table(me)
me
 1  2  3  4  5  6
53 41 53 49 59 45
> x<-table(me)
> x
me
 1  2  3  4  5  6
53 41 53 49 59 45
> p<-c(1,1,1,1,1,1)/6
> d1t.t(x,p)
カイ2乗値     自由度        p値
4.1200000   5.0000000   0.5322716
```

演習 3-37

―― R による実行結果 ――

```
> x<-c(6,11,18,5)
> p<-c(1,2,3,1)/7
> d1t.te(x,p)
カイ2乗値     自由度        p値
0.1625000   3.0000000   0.9834032
```

演習 3-38

―― R による実行結果 ――

```
> x<-c(182,63,59,19)
> p<-c(9,3,3,1)/16
> d1t.te(x,p)
カイ2乗値     自由度        p値
0.2088063   3.0000000   0.9761553
```

演習 3-39

―― R による実行結果 ――

```
> x<-c(45,52,63,75,84,56,74,78,94,86,60,64,62)
> qqnorm(x);qqline(x)
> shapiro.test(x)

        Shapiro-Wilk normality test

data:  x
W = 0.9747, p-value = 0.9432
```

演習 3-40

──── Rによる実行結果 ────

```
# 2元分類の分割表での検定
d2t.t=function(x){
 l=nrow(x);m=ncol(x)
 e=matrix(0,l,m)
 gyowa=apply(x,1,sum);retuwa=apply(x,2,sum)
 kei=sum(x)
 for (j in 1:m){
  for (i in 1:l){
       e[i,j]=gyowa[i]*retuwa[j]/kei
  }
 }
 chi0=sum((x-e)^2/e)
 df=(l-1)*(m-1)
 pti=1-pchisq(chi0,df)
 c("カイ2乗値"=chi0,"自由度"=df,"p値"=pti)
}
> x<-matrix(c(46,32,38,43,25,18,21,22,26),nrow=3,ncol=3)
> d2t.t(x)
 カイ2乗値      自由度         p値
7.89778426 4.00000000 0.09539507
```

演習 3-41

──── Rによる実行結果 ────

```
> x<-matrix(c(23,15,17,6,8,7,12,11,9,5,6,7),nrow=3,ncol=4)
> d2t.te(x)
 カイ2乗値    自由度       p値
2.3190983 6.0000000 0.8881387
> chisq.test(x) #既存の関数を利用する

        Pearson's Chi-squared test

data:  x
X-squared = 2.3191, df = 6, p-value = 0.8881
```

第 4 章

演習 4-1

──── Rによる実行結果 ────

```
par(mfrow=c(1,1))
> en41<-read.table("en41.txt",header=T)
> en41
   time gakunen
1  11.3       1
```

```
2  12.4    1
       ～
29  7.2    6
30  7.5    6
> attach(en41)
> aov(time~gakunen)
Call:
   aov(formula = time ~ gakunen)
Terms:
                gakunen  Residuals
Sum of Squares  105.87500  28.93867
Deg. of Freedom      1        28
Residual standard error: 1.016624
Estimated effects may be unbalanced
```

演習 4-2

―― R による実行結果 ――

```
par(mfrow=c(1,1))
> en42<-read.table("en42.txt",header=T)
> en42
   nenpi kuruma
1    8     1
2    9     1
       ～
11   9     3
12   8     3
> attach(en42)
> aov(nenpi~kuruma)
Call:
   aov(formula = nenpi ~ kuruma)
Terms:
                kuruma  Residuals
Sum of Squares   4.5      46.5
Deg. of Freedom   1        10
Residual standard error: 2.156386
Estimated effects may be unbalanced
```

演習 4-3

―― R による実行結果 ――

```
> en43<-read.table("en43.txt",header=T)
> en43
   seiseki houho
1     8     1
2     6     1
       ～
13    8     3
14    7     3
```

```
> attach(en43)
> boxplot(seiseki~houho)
> en43.aov<-aov(seiseki~houho)
> summary(en43.aov)
          Df Sum Sq Mean Sq F value  Pr(>F)
houho      1 16.900  16.900  4.3586 0.05881 .
Residuals 12 46.529   3.877
---
Signif. codes:  0 '***' 0.001 '**' 0.01 '*' 0.05 '.' 0.1 ' ' 1
```

演習 4-4

― Rによる実行結果 ―

```
> en44<-read.table("en44.txt",header=T)
> en44
   syuritu ondo
1       68    A
       ~
6       77    B
       ~
10      89    C
       ~
15      79    D
       ~
19      82    D
> attach(en44)
> boxplot(syuritu~ondo)
> en44.aov<-aov(syuritu~ondo)
> summary(en44.aov)
          Df  Sum Sq Mean Sq F value   Pr(>F)
ondo       3 1188.93  396.31  71.839 3.966e-09 ***
Residuals 15   82.75    5.52
---
Signif. codes:  0 '***' 0.001 '**' 0.01 '*' 0.05 '.' 0.1 ' ' 1
```

演習 4-5

― Rによる実行結果 ―

```
> en45<-read.table("en45.txt",header=T)
> en45
   haritu atu ondo
1      80  A1   B1
2      70  A1   B1
       ~
35     65  A3   B4
36     66  A3   B4
> attach(en45)
> par(mfrow=c(1,1))
> interaction.plot(atu,ondo,haritu)
```

```
> en45.aov<-aov(haritu~atu+ondo+atu*ondo)
> summary(en45.aov)
            Df  Sum Sq  Mean Sq  F value    Pr(>F)
atu          2  315.36   157.68  10.0445  0.000677 ***
ondo         3 1397.99   466.00  29.6854 3.026e-08 ***
atu:ondo     6  497.79    82.96   5.2851  0.001353 **
Residuals   24  376.75    15.70
---
Signif. codes:  0 '***' 0.001 '**' 0.01 '*' 0.05 '.' 0.1 ' ' 1
> en45.lm<-lm(haritu~atu+ondo+atu*ondo)
> summary(en45.lm)
Call:
lm(formula = haritu ~ atu + ondo + atu * ondo)
Residuals:
    Min      1Q   Median      3Q     Max
-8.0000 -1.5000   0.3333  2.6667  5.0000
Coefficients:
              Estimate Std. Error t value Pr(>|t|)
(Intercept)     75.250      1.981  37.985  < 2e-16 ***
atuA2           -6.250      3.431  -1.821 0.081020 .
atuA3            9.750      3.026   3.222 0.003641 **
ondoB2         -14.917      3.026  -4.929 4.97e-05 ***
ondoB3         -15.917      3.026  -5.260 2.16e-05 ***
ondoB4          -2.917      3.026  -0.964 0.344735
atuA2:ondoB2    10.250      4.716   2.174 0.039832 *
atuA3:ondoB2    -1.083      4.430  -0.245 0.808876
atuA2:ondoB3     1.917      4.716   0.406 0.688024
atuA3:ondoB3    -4.750      4.430  -1.072 0.294248
atuA2:ondoB4    -1.083      4.716  -0.230 0.820253
atuA3:ondoB4   -19.750      4.430  -4.459 0.000165 ***
---
Signif. codes:  0 '***' 0.001 '**' 0.01 '*' 0.05 '.' 0.1 ' ' 1
Residual standard error: 3.962 on 24 degrees of freedom
Multiple R-Squared: 0.8544,    Adjusted R-squared: 0.7877
F-statistic: 12.81 on 11 and 24 DF,  p-value: 1.619e-07
```

演習 4-6

―― R による実行結果 ――

```
> en46<-read.table("en46.txt",header=T)
> en46
   jikan iro  katati
1     45 aka      en
         ~
24    42 kuro   batu
> attach(en46)
> interaction.plot(iro,katati,jikan)
> en46.aov<-aov(jikan~iro+katati+iro*katati)
> summary(en46.aov)
```

```
              Df  Sum Sq  Mean Sq  F value    Pr(>F)
iro            2  734.33   367.17  114.442  1.528e-08 ***
katati         3  895.46   298.49   93.035  1.413e-08 ***
iro:katati     6  280.67    46.78   14.580  6.937e-05 ***
Residuals     12   38.50     3.21
---
Signif. codes:  0 '***' 0.001 '**' 0.01 '*' 0.05 '.' 0.1 ' ' 1
> en46.lm<-lm(jikan~iro+katati+iro*katati)
> summary(en46.lm)
Call:
lm(formula = jikan ~ iro + katati + iro * katati)
Residuals:
       Min         1Q     Median         3Q        Max
-2.500e+00 -1.000e+00  1.665e-16  1.000e+00  2.500e+00
Coefficients:
                      Estimate Std. Error t value Pr(>|t|)
(Intercept)             36.000      1.267  28.424 2.23e-12 ***
iroao                    6.500      1.791   3.629 0.003458 **
irokuro                  6.500      1.791   3.629 0.003458 **
katatien                 8.000      1.791   4.466 0.000771 ***
katatihosi              15.000      1.791   8.374 2.35e-06 ***
katatisikaku             7.500      1.791   4.187 0.001260 **
iroao:katatien          13.500      2.533   5.329 0.000180 ***
irokuro:katatien         3.000      2.533   1.184 0.259217
iroao:katatihosi        -1.500      2.533  -0.592 0.564737
irokuro:katatihosi      -6.500      2.533  -2.566 0.024726 *
iroao:katatisikaku      16.000      2.533   6.316 3.85e-05 ***
irokuro:katatisikaku     8.500      2.533   3.356 0.005721 **
---
Signif. codes:  0 '***' 0.001 '**' 0.01 '*' 0.05 '.' 0.1 ' ' 1
Residual standard error: 1.791 on 12 degrees of freedom
Multiple R-Squared: 0.9802,    Adjusted R-squared: 0.9621
F-statistic: 54.13 on 11 and 12 DF,  p-value: 1.738e-08
```

演習 4-7

——— R による実行結果 ———

```
> en47<-read.table("en47.txt",header=T)
> en47
   shusekiritu  gakubu  youbi
1           85  kougaku getu
2           75  keizai  getu
            〜
14          82  keizai  kin
15          88  kyouiku kin
> attach(en47)
> interaction.plot(gakubu,youbi,shusekiritu)
> en47.aov<-aov(shusekiritu~gakubu+youbi)
> summary(en47.aov)
```

```
              Df Sum Sq Mean Sq F value  Pr(>F)
gakubu         2 234.13  117.07  6.8260 0.01864 *
youbi          4 367.60   91.90  5.3586 0.02135 *
Residuals      8 137.20   17.15
---
Signif. codes:  0 '***' 0.001 '**' 0.01 '*' 0.05 '.' 0.1 ' ' 1
> en47.lm<-lm(shusekiritu~gakubu+youbi)
> summary(en47.lm)
Call:
lm(formula = shusekiritu ~ gakubu + youbi)
Residuals:
   Min     1Q Median     3Q    Max
-4.533 -2.900 -0.200  1.867  5.800
Coefficients:
              Estimate Std. Error t value Pr(>|t|)
(Intercept)     75.200      2.829  26.582 4.31e-09 ***
gakubukougaku    9.200      2.619   3.513  0.00793 **
gakubukyouiku    7.200      2.619   2.749  0.02510 *
youbika         -7.667      3.381  -2.267  0.05311 .
youbikin         4.333      3.381   1.282  0.23589
youbimoku        4.333      3.381   1.282  0.23589
youbisui         6.000      3.381   1.774  0.11391
---
Signif. codes:  0 '***' 0.001 '**' 0.01 '*' 0.05 '.' 0.1 ' ' 1
Residual standard error: 4.141 on 8 degrees of freedom
Multiple R-Squared: 0.8143,     Adjusted R-squared: 0.6751
F-statistic: 5.848 on 6 and 8 DF,  p-value: 0.01294
```

演習 4-8

―― R による実行結果 ――

```
> en48<-read.table("en48.txt",header=T)
> en48
   jikan tiku    houho
1     80    A  densha
2     55    A    basu
        ～
11    50    C  kuruma
12    15    C jitensha
> attach(en48)
> interaction.plot(tiku,houho,jikan)
> en48.aov<-aov(jikan~tiku+houho)
> summary(en48.aov)
          Df Sum Sq Mean Sq F value  Pr(>F)
tiku       2  504.2   252.1  1.4938 0.29752
houho      3 3400.0  1133.3  6.7160 0.02404 *
Residuals  6 1012.5   168.8
---
Signif. codes:  0 '***' 0.001 '**' 0.01 '*' 0.05 '.' 0.1 ' ' 1
```

```
> en48.lm<-lm(jikan~tiku+houho)
> summary(en48.lm)
Call:
lm(formula = jikan ~ tiku + houho)
Residuals:
      Min      1Q   Median      3Q     Max
  -17.5000 -6.7708   0.4167  8.7500 14.1667
Coefficients:
               Estimate Std. Error    t value  Pr(>|t|)
(Intercept)    5.458e+01  9.186e+00      5.942   0.00101 **
tikuB         -1.375e+01  9.186e+00     -1.497   0.18506
tikuC         -6.918e-15  9.186e+00  -7.53e-16   1.00000
houhodensha    1.667e+01  1.061e+01      1.571   0.16716
houhojitensha -3.000e+01  1.061e+01     -2.828   0.03002 *
houhokuruma    1.915e-15  1.061e+01   1.81e-16   1.00000
---
Signif. codes:  0 '***' 0.001 '**' 0.01 '*' 0.05 '.' 0.1 ' ' 1
Residual standard error: 12.99 on 6 degrees of freedom
Multiple R-Squared: 0.7941,    Adjusted R-squared: 0.6225
F-statistic: 4.627 on 5 and 6 DF,  p-value: 0.0446
```

演習 4-9

――― R による実行結果 ―――

```
> en49<-c(23.5,34.2,28.5,30.5,31.5,45.6,48.2)
> en49
[1] 23.5 34.2 28.5 30.5 31.5 45.6 48.2
```

第 5 章

演習 5-1

――― R による実行結果 ―――

```
par(mfrow=c(1,1))
> en51<-read.table("en51.txt",header=T)
> en51
   honin titi haha
1    172  175  158
2    173  170  160
       ~
30   162  161  154
31   167  170  155
> cor.test(en51[,1],en51[,2],method="pearson",alt="t")
        Pearson's product-moment correlation
data:  en51[, 1] and en51[, 2]
t = 3.9397, df = 29, p-value = 0.0004711
alternative hypothesis: true correlation is not equal to 0
95 percent confidence interval:
```

```
 0.2985715 0.7813189
sample estimates:
      cor
0.590445
> cor.test(en51[,1],en51[,3],method="pearson",alt="t")
        Pearson's product-moment correlation
data:  en51[, 1] and en51[, 3]
t = 3.9634, df = 29, p-value = 0.0004418
alternative hypothesis: true correlation is not equal to 0
95 percent confidence interval:
 0.3017984 0.7826965
sample estimates:
      cor
0.5927503
```

演習 5-2

― Rによる実行結果 ―

```
par(mfrow=c(1,1))
> en52<-read.table("en52.txt",header=T)
> en52
   she father mother
1  158    165    156
2  166    175    159
       ～
12 158    172    156
13 154    168    159
# 2変数の相関係数が特定の値と等しいかどうかの検定
n1cor.te=function(x,y,r0){
n=length(x);r=cor(x,y)
if (r0==0) {
t0=r*sqrt(n-2)/sqrt(1-r^2)
pti=2*(1-pt(t0,n-2))
} else {
t0=sqrt(n-3)*(0.5*log((1+r)/(1-r))-0.5*log((1+r0)/(1-r0)))
pti=2*(1-pnorm(t0))
}
result=c(t0,pti)
names(result)=c("検定統計量の値","p値")
result
}
> n1cor.te(en52[,1],en52[,3],0.5)
検定統計量の値          p値
    0.7954149       0.4263722
```

演習 5-3

― Rによる実行結果 ―

```
par(mfrow=c(1,1))
```

```
# 相関係数の差に関する検定
n2cor.te=function(x1,y1,x2,y2,sa0){
n1=length(x1);n2=length(x2)
r1=cor(x1,y1);r2=cor(x2,y2)
z1=0.5*log((1+r1)/(1-r1));z2=0.5*log((1+r2)/(1-r2))
u0=(z1-z2-sa0)/sqrt(1/(n1-3)+1/(n2-3))
pti=2*(1-pnorm(u0))
result=c(u0,pti)
names(result)=c("検定統計量の値","p値")
result
}
> n2cor.te(en51[,1],en51[,2],en52[,1],en52[,3],0)
  検定統計量の値          p値
    -0.3324958       1.2604851
```

演習 5-4

― Rによる実行結果 ―

```
# 母相関係数の推定
n1cor.es=function(x,y,conf.level){
n=length(x);r=cor(x,y)
alpha=1-conf.level;cl=100*conf.level
z=0.5*log((1+r)/(1-r))
haba=qnorm(1-alpha/2)/sqrt(n-3)
zl=z-haba;zu=z+haba
sita=(exp(2*zl)-1)/(exp(2*zl)+1);ue=(exp(2*zu)-1)/(exp(2*zu)+1)
result=c(r,sita,ue)
names(result)=c("点推定値",paste((cl),"%下側信頼限界"),paste((cl),"%上側信頼限界"))
result
}
> n1cor.es(en51[,1],en51[,2],0.90)
      点推定値  90 %下側信頼限界  90 %上側信頼限界
     0.5904450        0.3518038        0.7570197
```

演習 5-5

― Rによる実行結果 ―

```
> en55<-read.table("en55.txt",header=T)
> en55
   no uriba hanbai
1   1  69.9   6944
2   2  92.9   7935
       ～
11 11  87.9   8896
12 12 138.9  14395
>attach(en55)
> en55.lm<-lm(hanbai~uriba)
> summary(en55.lm)
Call:
```

```
lm(formula = hanbai ~ uriba)
Residuals:
    Min     1Q  Median     3Q    Max
-2048.5 -783.4   219.0  724.8 2231.3
Coefficients:
             Estimate Std. Error t value Pr(>|t|)
(Intercept) -851.928    631.736  -1.349    0.207
uriba        101.602      2.808  36.177 6.19e-12 ***
---
Signif. codes:  0 '***' 0.001 '**' 0.01 '*' 0.05 '.' 0.1 ' ' 1
Residual standard error: 1288 on 10 degrees of freedom
Multiple R-Squared: 0.9924,     Adjusted R-squared: 0.9917
F-statistic:  1309 on 1 and 10 DF,  p-value: 6.189e-12
```

演習 5-6

― R による実行結果 ―

```
> en56<-read.table("en56.txt",header=T)
> en56
   no syunyu sisyutu
1   1   15.0    11.0
2   2   13.0    10.0
    ～
19 19   13.6    11.2
20 20   15.0    14.0
> attach(en56)
> en56.lm<-lm(sisyutu~syunyu)
> summary(en56.lm)
Call:
lm(formula = sisyutu ~ syunyu)
Residuals:
    Min     1Q  Median     3Q    Max
-4.7431 -1.4515  0.6237 1.4906 2.2569
Coefficients:
            Estimate Std. Error t value Pr(>|t|)
(Intercept)   4.0802     1.8262   2.234   0.0384 *
syunyu        0.5775     0.1137   5.078 7.84e-05 ***
---
Signif. codes:  0 '***' 0.001 '**' 0.01 '*' 0.05 '.' 0.1 ' ' 1
Residual standard error: 2.057 on 18 degrees of freedom
Multiple R-Squared: 0.5889,     Adjusted R-squared: 0.5661
F-statistic: 25.79 on 1 and 18 DF,  p-value: 7.843e-05
```

演習 5-7 前の演習 5-5, 5-6 の解にある。

演習 5-8

― R による実行結果 ―

```
> en58<-read.table("en58.txt",header=T)
> en58
```

```
   team syouritu daritu tokusitu
1    A    0.585  0.277    1.230
2    B    0.556  0.248    1.070
     ~
5    E    0.444  0.265    0.943
6    F    0.385  0.242    0.764
> attach(en58)
> en581.lm<-lm(syouritu~daritu)
> summary(en581.lm)
Call:
lm(formula = syouritu ~ daritu)
Residuals:
        1        2        3        4        5        6
  0.02327  0.09191  0.01294  0.00808 -0.07732 -0.05888
Coefficients:
            Estimate Std. Error t value Pr(>|t|)
(Intercept)  -0.3709     0.6000  -0.618     0.57
daritu        3.3669     2.3171   1.453     0.22
Residual standard error: 0.06832 on 4 degrees of freedom
Multiple R-Squared: 0.3455,    Adjusted R-squared: 0.1819
F-statistic: 2.112 on 1 and 4 DF,  p-value: 0.2199
> en582.lm<-lm(syouritu~tokusitu)
> summary(en582.lm)
Call:
lm(formula = syouritu ~ tokusitu)
Residuals:
         1         2         3         4         5         6
 -0.005529  0.031161 -0.016684  0.033957 -0.028698 -0.014207
Coefficients:
            Estimate Std. Error t value Pr(>|t|)
(Intercept)  0.08554    0.07791   1.098  0.33387
tokusitu     0.41056    0.07625   5.384  0.00575 **
---
Signif. codes:  0 '***' 0.001 '**' 0.01 '*' 0.05 '.' 0.1 ' ' 1
Residual standard error: 0.0294 on 4 degrees of freedom
Multiple R-Squared: 0.8788,    Adjusted R-squared: 0.8484
F-statistic: 28.99 on 1 and 4 DF,  p-value: 0.005752
```

演習 5-9

―――――――――――― R による実行結果 ――――――――――――

```
> en59<-read.table("en59.txt",header=T)
> en59
  no jyugyouin uridaka
1  1        52    45.3
2  2        45    32.6
     ~
7  7        35    30.3
8  8        25    18.4
```

```
> attach(en59)
> en59.lm<-lm(uridaka~jyugyouin)
> summary(en59.lm)
Call:
lm(formula = uridaka ~ jyugyouin)
Residuals:
    Min      1Q  Median      3Q     Max
-4.1153 -2.0220  0.8243  1.6769  3.0787
Coefficients:
            Estimate Std. Error t value Pr(>|t|)
(Intercept)   1.3196     4.2722   0.309 0.767851
jyugyouin     0.7866     0.1050   7.493 0.000292 ***
---
Signif. codes:  0 '***' 0.001 '**' 0.01 '*' 0.05 '.' 0.1 ' ' 1
Residual standard error: 2.753 on 6 degrees of freedom
Multiple R-Squared: 0.9034,     Adjusted R-squared: 0.8874
F-statistic: 56.14 on 1 and 6 DF,  p-value: 0.0002921
> aov(en59.lm)
Call:
   aov(formula = en59.lm)
Terms:
                jyugyouin Residuals
Sum of Squares   425.5841   45.4847
Deg. of Freedom         1         6
Residual standard error: 2.753322
Estimated effects may be unbalanced
```

演習 5-10 省略。

付　章

演習付 1-1
```
sisoku=function(x,y){
wa=x+y;sa=x-y;seki=x*y;syo=x/y
amari=x%%y;beki=x^y
keka=c(wa,sa,seki,syo,amari,beki)
names(keka)=c("wa","sa","seki",
"syo","amari","beki")
keka
}
> sisoku(8,3)
        wa          sa        seki
 11.000000    5.000000   24.000000
       syo       amari        beki
  2.666667    2.000000  512.000000
```

演習付 1-2
```
> cos(pi/6);cos(pi/4);cos(pi/3)
;cos(pi/2)
[1] 0.8660254
[1] 0.7071068
[1] 0.5
[1] 6.123032e-17
> acos(0.8660);acos(0.7071)
;acos(0.5);acos(0)
```

```
> tan(pi/6);tan(pi/4);tan(pi/3)
> atan(0.5774);atan(1);atan(1.732)
```

演習付 1-3
```
gauss=function(x){
n=floor(x);return(n)
}
> gauss(3.4567);gauss(-3.4567)
[1] 3
[1] -4
```

演習付 1-4
```
guki=function(n){
  amari=n%%2
  if (amari==0){
    cat(n,"は偶数です。¥n")
  } else{
    cat(n,"は奇数です。¥n")
  }
}
> guki(7)
7 は奇数です。
```

演習付 1-5

```
rokubai=function(n){
  amari1=n%%2;amari2=n%%3
if ((amari1!=0) || (amari2!=0)){
 cat(n,"は6の倍数ではありません。¥n")
}
}
> rokubai(15)
15 は6の倍数ではありません。
```

演習付 1-6

```
nisanbai=function(n){
  amari1=n%%2;amari2=n%%3
 if ((amari1==0) & (amari2==0)){
  cat(n,"は6の倍数です。¥n")
 } else if (amari1==0) {
  cat(n,"は偶数です。¥n")
  } else if (amari2==0){
  cat(n,"は3だけで割り切れます。¥n")
 }
}
> nisanbai(12);nisanbai(8)
;nisanbai(15)
12 は6の倍数です。
8 は偶数です。
15 は3だけで割り切れます。
```

演習付 1-7

```
fibo=function(n){
a<-numeric(n)
# 長さ n の数値ベクトルとする
a[1]=1;a[2]=1
  for (i in 1:n){
    a[i+2]=a[i]+a[i+1]
    }
 cat(a,"¥n")
}
> fibo(8)
1 1 2 3 5 8 13 21 34 55
```

演習付 1-8

```
newton=function(x0,eps=1e-9
,maxiter=100){
    xold<-x0
    xnew<-(xold*xold+2)/2/xold
    sa<-xnew-xold
    iter<-1
 cat("1回の反復での x は",xnew,"¥n")
 while((abs(sa)>eps) &
+ (iter<maxiter)){
    xold<-xnew
    xnew<-(xold*xold+2)/2/xold
    sa<-xnew-xold
    iter<-iter+1
    cat("反復回数",iter,"での x の値
+  は",xnew,"¥n")
  }
 if(abs(sa)>eps){
  cat("アルゴリズムは発散した。¥n")
  return(NULL)
  } else{
   cat("アルゴリズムは収束した。¥n")
  return(xnew)
   }
  }
> newton(2)
1 回の反復での x は 1.5
反復回数 2 での x の値は 1.416667
反復回数 3 での x の値は 1.414216
反復回数 4 での x の値は 1.414214
反復回数 5 での x の値は 1.414214
アルゴリズムは収束した。
[1] 1.414214
```

索引

ア行

アルファ係数	38
1元配置法	195
一様分布	60
ウィリアムズの方法	206
エディタ	281
F 分布	80
オッズ比	246
オブジェクト	281

カ行

回帰直線	253
回帰分析	247
階級	9
階級値	9
カイ2乗(χ^2)分布	75
ガウス分布	50
ガンマ関数	76
確率	39
確率の公理	39
確率関数	42
確率変数	42
片側検定	95
偏り	4
間隔尺度	5
関係演算子	301
危険率	92
寄与率	260
幾何平均	25
期待値	43
期待度数	180
棄却	92
帰無仮説	92
記述統計	2
級の幅	9
級間変動	197
共分散	48
区間推定	87
空事象	39
クラーメルの連関係数	246
検出力	93
検出力曲線	93
検定	92
検定のサイズ	92
検定統計量	92
誤差変動	197
交互作用	211
工程能力指数	34
行列	280
コクランの検定	175

サ行

最小2乗法	251
最小有意差	200
最尤法	87
採択	92
算術演算子	294
残差	259
サタースウェイトの方法	155
サンプリング	2
サンプリング誤差	5
サンプル	2
サンプルの大きさ	2
サンプル数	2
四分位偏差	29
4分相関係数	245
CSV ファイル	288
指数分布	61
下側境界値	9
事後確率	41
事象	39
事前確率	41
自由度	20
質的データ	5
シェフェの方法	206
ジニ係数	35
実現値	42
主効果	212
周辺分布	46
修正項	26
重回帰モデル	247
重相関係数	261
順序尺度	5
順序統計量	22
上側境界値	9
条件付確率	40
条件付分布	49
信頼下限	87
信頼区間	87
信頼上限	87
信頼性	4
信頼率	87
推測統計	2
スタージェスの式	10
正の相関	17, 232
正規確率プロット	202
正規分布	50
積事象	39
積率母関数	46
説明変数	247
千三つの法則	56
尖度	33

タ行

線形回帰モデル	247
全確率の定理	41
全事象	39
相関係数	37
相関分析	231
測定誤差	5

タ行

多元配置法	195
多項分布	74
多重比較法	206
多段サンプリング	4
対立仮説	92
大数の法則	54
第1種の誤り	92
第2種の誤り	92
単位分布	74
単回帰モデル	247
ダネットの方法	206
タブ区切り	288
チェビシェフの不等式	54
中心極限定理	54
調和平均	26
超幾何分布	73
適合度検定	180
点推定	87
t 分布	78
データ	2
データに対応がある	158
データフレーム	280
テューキーの方法	206
度数分布	8
同時確率関数	46
特性要因図	7
独立	40
独立性の検定	188

ナ行

2元配置法	195
二項分布	62
2段サンプリング	4
2標本問題	137
ニュートン法	304

ハ行

配列	280
ばらつき	4
反復	303
範囲	29
ハートレーの検定	175
バートレットの検定	175
パレートの原則	14

p 値 94	変動係数 31	有限母集団 2
左片側検定 95	変量因子 227	ユールの関連係数 246
比例尺度 5	母欠点数 129	余事象 39
非線形回帰モデル 247	母集団 2	
非復元抽出 2	母数 87	**ラ行**
標準化 53	母数因子 227	
標準化残差 265	母相関係数 233	乱塊法 227
標準正規分布 50	母比率 121	離散型データ 5
標準偏差 28	母比率の差 163	離散型確率変数 42
ピアソンの一致係数 246	ポアソン分布 68	リスト 281
復元抽出 2		両側検定 94
負の相関 17, 232	**マ行**	量的データ 5
不偏 87		臨界値 95
ブレーンストーミング 8	右片側検定 95	零仮説の検定 263
分位点 54	見せかけの相関 233	連続型データ 5
分散 45	密度関数 42	連続型確率変数 42
分散分析法 193	無限母集団 2	連続補正 67
分布関数 42	無相関 231	論理演算子 302
平均 20	名義尺度 5	
平均平方和 197	メディアン 22	**ワ行**
平均偏差 30	目的変数 247	
平方和 26		和事象 39
ベイズの定理 41	**ヤ行**	歪度 32
ベクトル 260	尤度比 98	
偏差値 53	有意確率 94	
	有意水準 92	

Memorandum

Memorandum

Memorandum

Memorandum

著者紹介

長畑　秀和（ながはた　ひでかず）
　　1979年　九州大学大学院理学研究科修士課程修了
　　現　在　岡山大学大学院社会文化科学研究科教授，博士（理学）（岡山大学）
　　著　書　『統計学へのステップ』，共立出版（2000）／『多変量解析へのステップ』，共立出版（2001）／『ORへのステップ』，共立出版（2002）／『RとRコマンダーではじめる多変量解析』，共著・日科技連出版社（2007）／『Rで学ぶ経営工学の手法』，共著・共立出版（2008）

Rで学ぶ統計学

Introduction to Statistics using R

2009年5月1日　初版1刷発行

著　者　長畑　秀和　Ⓒ 2009
発行者　南條　光章
発行所　共立出版株式会社
　　　　〒112-8700
　　　　東京都文京区小日向4-6-19
　　　　電話 03-3947-2511（代表）
　　　　振替口座 00110-2-57035
　　　　URL http://www.kyoritsu-pub.co.jp/

印　刷
製　本　藤原印刷

検印廃止
NDC 417.007
ISBN 978-4-320-01880-8

社団法人
自然科学書協会
会員

Printed in Japan

JCLS ＜㈱日本著作出版権管理システム委託出版物＞
本書の無断複写は著作権法上での例外を除き禁じられています。複写される場合は，そのつど事前に㈱日本著作出版権管理システム（電話03-3817-5670，FAX 03-3815-8199）の許諾を得てください。

■数学関連書 (解析学/関数論/積分論/微分方程式/演算子法/関数解析/集合/論理/確率/統計) 共立出版

解析学Ⅰ・Ⅱ	宮岡悦良他著
物理現象の数学的諸原理	新井朝雄著
ウェーブレット解析	芦野隆一他著
差分と超離散	広田良吾他著
応用解析学	廣池和夫他著
応用解析学概論	明石重男他著
応用解析入門	阪井 章著
応用解析 —微分方程式—	阪井 章著
応用解析 —複素解析/フーリエ解析—	阪井 章著
応用数学の基礎 第6版	久保忠雄訳
フーリエ解析入門	谷川明夫著
演習で身につくフーリエ解析	黒川隆志他著
現代ベクトル解析の原理と応用	新井朝雄著
理工系 ベクトル解析	丸山祐一著
Advancedベクトル解析	立花俊一他著
微分積分学としてのベクトル解析	宮島静雄著
複素解析入門	原 惟行他著
複素解析とその応用	新井朝雄著
エクササイズ複素関数	立花俊一他著
超幾何・合流型超幾何微分方程式	西本敏彦著
測度・積分・確率	梅垣寿春他著
やさしく学べる微分方程式	石村園子著
テキスト 微分方程式	小寺平治著
詳解 微分方程式演習	福田安蔵他編
新課程 微分方程式	石原 繁他著
解いて分って使える微分方程式	土岐 博著
わかりやすい微分方程式	渡辺昌昭著
微分方程式と変分法	高桑昇一郎著
Hirsch・Smale・Devaney 力学系入門 原著第2版	桐木 紳他訳
微分方程式による計算科学入門	三井斌友他著
ポントリャーギン常微分方程式 新版	千葉克裕訳
偏微分方程式入門	神保秀一著
精説 ラプラス変換	久保 忠他著
使える数学フーリエ・ラプラス変換	楠田 信他著
ソボレフ空間の基礎と応用	宮島静雄著
数学の基礎体力をつけるためのろんりの練習帳	中内伸光著
ノイズと遅れの数理	大平 徹著
はじめての確率論測度から確率へ	佐藤 坦著
エクササイズ確率・統計	立花俊一他著
関連性データの解析法	齋藤堯幸他著
社会環境情報の計数データの実践的解析法	淺野長一郎他著
やさしく学べる統計学	石村園子著
統計学:Rを用いた入門書	野間口謙太郎他訳
Excelによる統計クイックリファレンス	井川俊彦著
統計学の基礎と演習	濱田 昇他著
集中講義!統計学演習	石村貞夫著
集中講義!実践統計学演習	石村貞夫他著
Excelで楽しむ統計	中村美枝子他著
Excelで学ぶやさしい統計処理のテクニック 第2版	三和義秀著
Excelによるメディカル/コ・メディカル統計入門	勝敦恵子他著
長期記憶過程の統計	松葉育雄著
知の統計学1 第2版	福井幸男著
知の統計学2	福井幸男著
知の統計学3	福井幸男著
看護師のための統計学	三野大來著
経済・経営 統計入門 第2版	稲葉三男他著
数学を使わない医療福祉系の統計学	兵頭明和著
メディカル/コ・メディカルの統計学	仮谷太一他著
看護師のための統計学	三野大來著
理工・医歯薬系の統計学要論 増補版	久保応助監修
数理統計学	長尾壽夫他著
数理統計学の基礎	野田一雄他著
明解演習 数理統計	小寺平治著
多変量解析へのステップ	長畑秀和著
クックルとパックルの大冒険	石村貞夫他著
サイコロとExcelで体感する統計解析	石川幹人著
統計解析ツールMinitab実践ガイド	構造計画研究所創造工学部訳
統計解析入門	白旗慎吾著
Lisp-Statによる統計解析入門	垂水共之著
製品開発のための統計解析学	松岡由幸編著
Windows版 統計解析ハンドブック 基礎統計	田中 豊他編
Windows版 統計解析ハンドブック 多変量解析	田中 豊他編
Windows版 統計解析ハンドブック ノンパラメトリック法	田中 豊他編

■経営工学・経済関連書

http://www.kyoritsu-pub.co.jp/ 共立出版

- 進化経済学ハンドブック……………進化経済学会編
- 理工系のための実践・特許法……………古谷時英男著
- ユビキタス時代の起業講座……………速水智子著
- 基礎 経営システム工学……………松井正之他著
- 複雑系マーケティング入門……………北中英明著
- 生産企業のマネジメント……………松井正之著
- 時間に遅れないプロジェクトマネジメント 石野福弥監訳
- 事業継続マネジメント入門 SEMI日本地区BCM研究会編
- 社会的責任マネジメント……………清水克彦著
- 定量的リスク管理……………塚原英敦訳者代表
- リスクマネジメント……………三浦良造訳者代表
- リスクマネジメントの本質……………三浦良造訳者代表
- 限定合理性のモデリング……………兼田敏之他訳
- 実用 実験計画法……………松本哲夫他著
- 高校数学から理解して使える経営ビジネス数学 芳沢光雄著
- 読んで使える！Excelによる経営データ解析……東渕則之著
- 真の顧客を見極める/ヒット商品開発のための 実践！ビジネスデータ解析入門……上田太一郎監修
- 損保数理・リスク数理の基礎と発展……清水邦夫著
- 例題で学ぶ損害保険数理……………小暮雅一他著
- 実用 実験計画法……………松本哲夫他著
- 経営情報システム……………杉原敏夫他著
- ネットワーク経営情報システム……………加藤英雄著
- Rで学ぶ経営工学の手法……………長畑秀和他著

- ORへのステップ……………長畑秀和著
- オペレーションズ・リサーチ －モデル化と最適化－ 大鹿 譲他著
- オペレーションズ・リサーチ －経営科学入門－ 岡太彬訓他著
- オペレーションズ・リサーチ入門……河原 靖著
- 新編 生産管理システム……………橋本文雄他著
- 生産管理……………朝尾 正他著
- 生産システム技法……………大崎紘一他著
- 入門編 生産システム工学 第3版……人見勝人著
- FACTOR/AIMによる生産・物流シミュレーション入門 福田好朗他訳
- FACTOR/AIMによる実践シミュレーション 野本真輔他著
- 技術者のための統計的品質管理入門……安藤貞一他著
- 品質管理のための統計的方法……………安藤貞一他著
- 数理ファイナンス入門……………木島正明監訳
- 確率解析とファイナンス……………岩城秀樹著
- ファイナンスの確率積分……………津野義道著
- ファイナンスの数学的基礎……………津野義道著
- ファイナンスのための計量分析……祝迫得夫他訳
- コーポレートファイナンス入門……野間幹晴他著
- デリバティブの数学入門……………伊藤幹夫他訳
- Q&A ISO 9001活用ハンドブック……横山吉男他著
- ISO9001:2000年版QMS構築マニュアル 横山吉男他著

酒井聡樹 著

これから論文を書く若者のために

大改訂増補版

A5判・並製・326頁／定価2,730円（税込）

▼大改訂増補のポイント▼

- 初版では弱かった「論文をいかに書き上げるか」の説明を充実させた。論文で書くべきことを知っただけでは、論文を書き上げることはできない。どうすれば効率よく執筆できるのか、挫けずに論文を完成させることができるのか。こうしたことを知ることは、論文を書き上げる上で非常に大切である。改訂版では、この説明を大いに強化した。
- いろいろな部分の解説を大幅にバージョンアップした。初版出版以降に新たに経験したこと・考えたことをすべて書き加えた。説明不足だったところも書き直した。特に、**イントロの書き方・考察の書き方・文献集めの方法・レフリーコメントへの対応法・わかりやすい論文を書くコツ等を大改訂**した。これにより、より有益でわかりやすい本に生まれ変わっている。

【主要目次】論文を書く前に／論文書きの歌：執筆開始から掲載決定まで／論文を書き上げるために／わかりやすく、面白い論文を書こう／付録の部：論文の審査過程

これからレポート・卒論を書く若者のために

これ論の姉妹書 ジュニア版！

A5判・並製・242頁／定価1,890円（税込）

▼本書の内容・構成▼

- 本書はこれからレポート・卒論を書く若者にとって必要なことをすべて書いた本である。こうした文書を書いたことがない若者や、書こうと思って苦しんでいる若者のための入門書。理系文系は問わない。どんな分野にも通じるように書いてある。
- 本書は三部構成である。第1部では、レポート・卒論とは何かを解説する。高校までに書いていた作文とはいかに違うのかを知って欲しい。第2部は、本書の核となる部分である。レポート・卒論を書くために必要なことすべてを解説している。ここを読めば、レポート・卒論の各章で何を書くべきなのか、どのように書くべきなのかがわかるはずである。第3部は文章技術の解説である。わかりやすい文章を書くために必要な技術を徹底的に解説している。
  本書の内容は、こうしたレポート執筆にも役立つはずである。

【主要目次】レポート，卒論を書く前に／レポート，卒論の書き方／日本語の文章技術

〒112-8700　東京都文京区小日向4-6-19
TEL 03-3947-2511／FAX 03-3947-2539
共立出版
http://www.kyoritsu-pub.co.jp/
★共立ニュースメール会員募集中★